W0390305

Wiederholen und Überprüfen

Mit den **Test** -Aufgaben prüfen Sie, ob Sie den neuen Stoff verstanden haben (*Lösungen* finden Sie am Ende des Buches.)

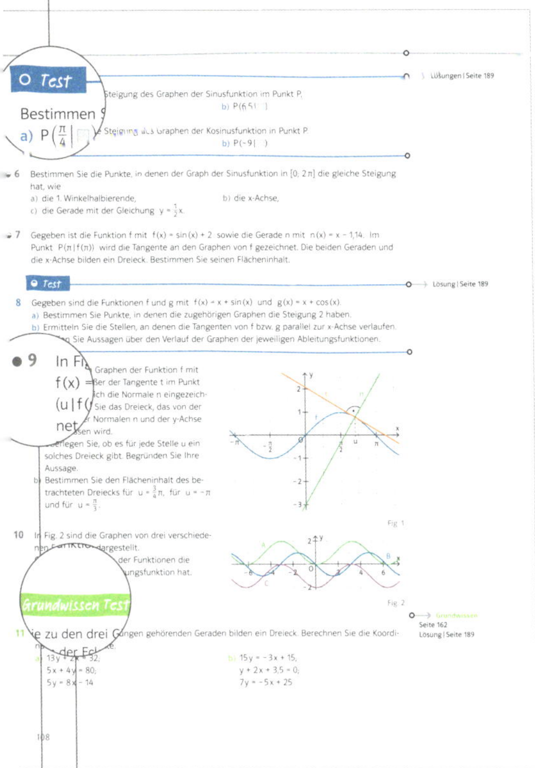

Prüfen Sie mit **Grundwissen Test**, ob der Stoff aus früheren Kapiteln oder Klassen noch sitzt. (*Lösungen* finden Sie am Ende des Buches.)

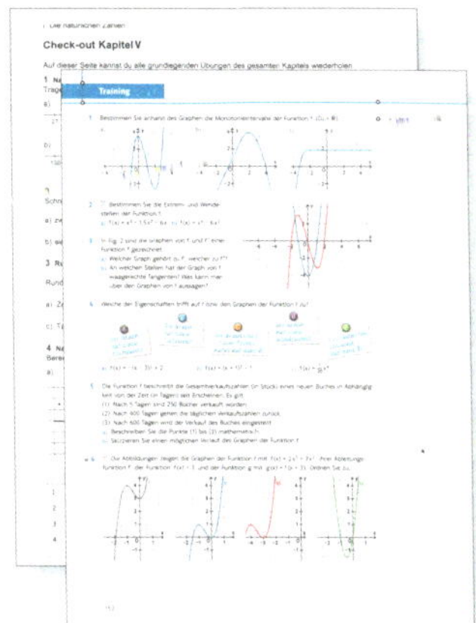

Check-out
Überprüfen Sie, welche Kompetenzen Sie im Kapitel erworben haben.

Training
Sie können alle Inhalte des Kapitels wiederholen und trainieren.

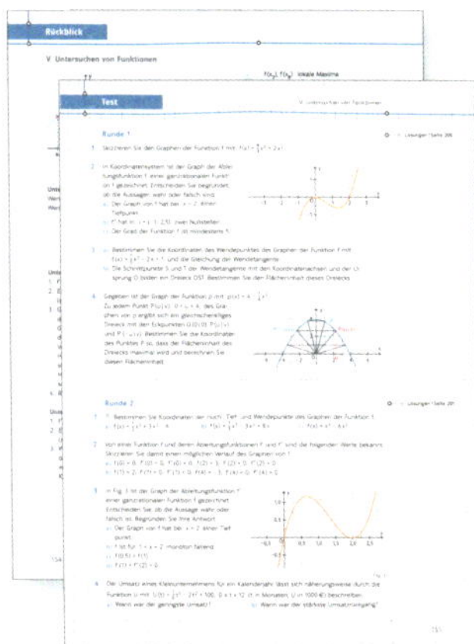

Rückblick
Zum schnellen Nachschlagen, was im Kapitel gemacht wurde.

Test
Bereiten Sie sich auf Klassenarbeiten vor. Für jede Testrunde haben Sie etwa 45 Minuten Zeit. (*Lösungen* finden Sie am Ende des Buches.)

Grundwissen sichern

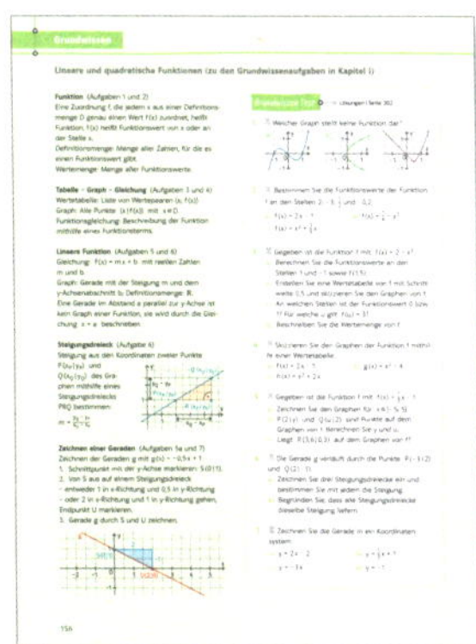

Grundwissen
Am Ende des Buches finden Sie den fürs Abitur notwendigen Stoff aus früheren Klassen zum Nachschlagen und Wiederholen sowie weitere Aufgaben zum Üben.

Differenzierung

Die Symbole vor den Aufgaben kennzeichnen unterschiedliche Niveaustufen.
○ einfach, ◒ mittel, ● schwierig

weitere Symbole

ohne Hilfsmittel bearbeiten

Partnerarbeit

Zusatzmaterialien zu diesem Band für Schülerinnen und Schüler:
- Arbeitsheft Lambacher Schweizer Einführungsphase (ISBN 978-3-12-735526-0)
- Arbeitsheft Lambacher Schweizer Einführungsphase mit Lernsoftware (ISBN 978-3-12-735525-3)
- Lösungen (ISBN 978-3-12-735523-9)

Dr. Theophil Lambacher (13.04.1899 - 14.12.1981) und **Wilhelm Schweizer** (11.11.1901 - 23.07.1990) lehrten beide Mathematik an der Schule. Theophil Lambacher wurde danach Oberschulamtspräsident und Ministerialrat am Kultusministerium, Wilhelm Schweizer arbeitete als Schulleiter, Fachleiter am Seminar und Dozent an der Universität. Der erste Band des Lambacher Schweizer erschien 1946: Lambacher Schweizer Mathematik für höhere Schulen, Mittelstufe 1. Teil enthielt auf 91 Seiten Algebra und Geometrie für die Klasse 7.

1. Auflage 1 6 5 4 3 2 | 22 21 20 19 18

Alle Drucke dieser Auflage sind unverändert und können im Unterricht nebeneinander verwendet werden.
Die letzte Zahl bezeichnet das Jahr des Druckes.

Autoren: Martin Bellstedt, Boris Boor, Dr. Dieter Brandt, Gerhard Brüstle, Heidi Buck (†), Jürgen Denker, Günther Dopfer, Prof. Rolf Dürr, Prof. Hans Freudigmann, Herbert Götz, Dieter Greulich, Dr. Frieder Haug, Manfred Herbst, Edmund Herd, Carolin Herrmann, Prof. Detlef Hoche, Thomas Jörgens, Thorsten Jürgensen-Engl, Christine Kestler, Andreas König, Hans-Georg Kosuch, Prof. Dr. Detlef Lind, Dr. Johannes Novotný, Marion Rauscher, Rolf Reimer, Dr. Wolfgang Riemer, Rüdiger Sandmann, Dr. Torsten Schatz, Hartmut Schermuly (†), Reinhard Schmitt-Hartmann, Ulrich Schönbach, Maximilian Selinka, Heike Spielmans, Michael Stanzel, Jörg Stark, Andrea Stühler, Barbara Sy, Thomas Thiessen, Dr. Heike Tomaschek, Prof. Dr. Ingo Weidig, Alexander Wollmann, Dr. Peter Zimmermann, Prof. Manfred Zinser, Arnold Zitterbart

Redaktion: Andreas Marte, Anke Stöckle
Herstellung: Simone Glauner

Umschlagfotos: Gebäude: Getty Images (Moment/John Hemmingsen), München; Blüte: Shutterstock.com (Alekcey), New York, NK
Illustrationen: Uwe Alfer, Waldbreitbach; imprint GmbH, Zusmarshausen; Anja Malz, Taunusstein; SMP Oehler, Remseck
Satz: imprint GmbH, Zusmarshausen
Druck: PASSAVIA Druckservice GmbH & Co. KG, Passau

Printed in Germany
ISBN 978-3-12-735521-5

9 783127 355215

Inga Manske

Lambacher Schweizer

Mathematik Einführungsphase

Niedersachsen

bearbeitet von

Boris Boor
Dieter Brandt
Jürgen Denker
Carolin Herrmann

Ernst Klett Verlag
Stuttgart · Leipzig

I Beschreibende Statistik

1 Erhebung von Daten 6
2 Lagemaße 10
3 Streumaße 14
4 Klassierte Daten 18
Exkursion: Boxplots 22
Training 24
Rückblick 28
Test 29

II Funktionen

1 Funktionen 32
2 Potenzfunktionen mit natürlichen Exponenten 36
3 Potenzfunktionen mit negativen Exponenten 40
4 Wurzelfunktionen 44
5 Parametervariation 47
Exkursion: Umkehrfunktion 51
Training 53
Rückblick 56
Test 57

III Ganzrationale Funktionen und ihre Graphen

1 Summen und Differenzen von Funktionen 60
2 Ganzrationale Funktionen und ihr Verhalten für $x \to \pm\infty$ 63
3 Symmetrie von Graphen 66
4 Nullstellen ganzrationaler Funktionen 69
5 Linearfaktoren – Anzahl der Nullstellen 73
6 Ermitteln von Funktionsgleichungen 76
Exkursion: Polynomdivision 79
Training 80
Rückblick 82
Test 83

IV Ableitung – Differenzialrechnung

1 Differenzenquotient – mittlere Änderungsrate 86
2 Ableitung – lokale Änderungsrate 90
3 Die Ableitungsfunktion 95
4 Ableitungsregeln 100
5 Tangenten und Normalen 104
6 Ableitung trigonometrischer Funktionen 107
Exkursion: Der Streit um die Ableitung 109
Training 112
Rückblick 114
Test 115

V Untersuchen von Funktionen

1 Monotonie 120
2 Lokale Extremstellen 124
3 Nachweis von Extremstellen 127
4 Die Bedeutung der zweiten Ableitung – Wendestellen 131
5 Vom Funktionsterm zum Graphen 135
6 Differenzialrechnung in Sachzusammenhängen 140
7 Extremwertprobleme mit Nebenbedingungen 144
Exkursion: Stetigkeit und Differenzierbarkeit 149
Training 152
Rückblick 154
Test 155

Grundwissen 156
Check-in 165
Lösungen 171

Register 211
Bild- und Textquellen 213
Mathematische Begriffe und Bezeichnungen

Gesamtübersicht der Codes
ih36cv

Hinweise zur Handhabung der Rechner
r5f9z6

Aufgaben

○ **1** Überprüfen Sie die folgenden Stichproben und geben Sie jeweils an, ob sie für die Grundgesamtheit repräsentativ sind. Erläutern Sie, wie die Stichprobe sonst verändert werden muss.

a) In einer Autowerkstatt wird einen Werktag lang jeder fünfte Kunde befragt, ob er mit den Arbeiten der Werkstatt zufrieden ist.

b) Herr Schmidt kauft eine Großpackung Glühbirnen. Um herauszufinden, ob alle Glühbirnen funktionieren, nimmt er die oberste Lage heraus und prüft diese.

○ **2** Bei einer Stichprobe zur Kontrolle eines Würfels wird der Würfel zwanzigmal geworfen. Man erhält die Urliste {5; 6; 2; 3; 1; 6; 1; 1; 4; 6; 6; 2; 2; 1; 1; 5; 1; 3; 2; 6}.

a) Nennen Sie bei dieser Erhebung die Grundgesamtheit, den Merkmalsträger, das untersuchte Merkmal und die Merkmalsausprägungen.

b) Erstellen Sie eine Häufigkeitstabelle mit absoluten und relativen Häufigkeiten.

c) Stellen Sie die Häufigkeitsverteilungen in einem Säulendiagramm mit zwei y-Achsen dar.

d) Interpretieren Sie das Ergebnis.

○ **3** Die Teilnehmer eines Kurses wurden befragt, an wie viele der Begriffe „relative Häufigkeit“, „Baumdiagramm“, „Pfadregel“ sie sich erinnern. Es ergab sich die folgende Urliste.

{3; 1; 1; 3; 3; 1; 1; 0; 0; 3; 1; 3; 3; 2; 0; 0; 1; 3; 1; 3; 3; 2; 1; 1; 0; 0; 1; 3; 0; 2}

a) Bestimmen Sie die absoluten und die relativen Häufigkeiten der Merkmalsausprägungen.

b) Zeichnen Sie ein Säulendiagramm und ein Kreisdiagramm mit relativen Häufigkeiten.

○ Test

Lösung | Seite 171

4 Bei einer Erhebung wurde stichprobenartig untersucht, ob in einem Supermarkt die angegebenen Gewichte bei den Waren stimmen. Bei geringer Abweichung (maximal 2%) wurde „0“ notiert, bei mehr als 2% nach unten eine „−1“ und bei Abweichung von mehr als 2% nach oben eine „1“. Dabei ergab sich die Urliste {1; −1; −1; 0; 0; 0; 0; 0; 1; 0; 0; −1; 0; 0; 0; 0; 0; 1; −1; 1}.

a) Nennen Sie bei dieser Erhebung die Grundgesamtheit, die Merkmalsträger, das untersuchte Merkmal, den Stichprobenumfang und die Merkmalsausprägungen.

b) Erstellen Sie eine Häufigkeitstabelle für die absoluten und relativen Häufigkeiten.

c) Stellen Sie die Häufigkeitsverteilungen in einem Säulendiagramm mit zwei y-Achsen dar.

d) Interpretieren Sie das Ergebnis.

◒ **5** An einer Blutspendenaktion nehmen 83 Personen mit Blutgruppe A, 31 Personen mit Blutgruppe B, 14 Personen mit Blutgruppe AB und 78 Personen mit Blutgruppe 0 teil.

a) Passen diese Zahlen zu der am Rand dargestellten Verteilung der Blutgruppen?

b) Beschreiben Sie die Stichprobe und die Grundgesamtheit.

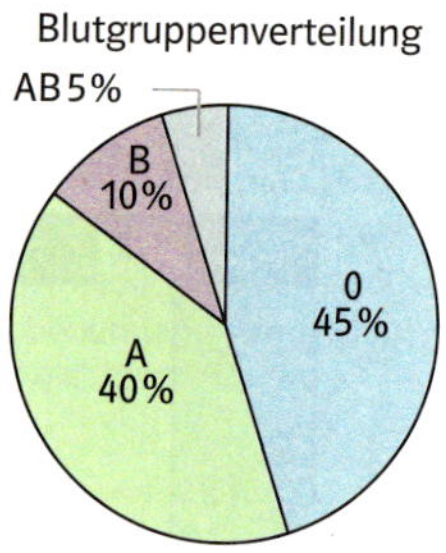

◒ **6** An einem Gymnasium wurde für jeden Schüler ermittelt, an welchem Wochentag er geboren wurde. Das Säulendiagramm zeigt, wie sich das Merkmal auf die einzelnen Wochentage verteilt.

a) Nennen Sie plausible Gründe dafür, dass am Wochenende weniger Kinder geboren werden als am Wochenanfang.

b) Wenn an Ihrer Schule die Schülerdaten elektronisch gespeichert werden: Lassen Sie sich die Geburtstage als Tabelle ausgeben und untersuchen Sie mit einer Tabellenkalkulation, ob auch an Ihrer Schule „Samstags-“ und „Sonntagskinder“ seltener sind als „Montags-“ oder „Dienstagskinder“. Diskutieren Sie, ob Ihre Stichprobe repräsentativ ist.

	A	B	C
1	Mo	178	15,4%
2	Di	180	15,6%
3	Mi	165	14,3%
4	Do	154	13,4%
5	Fr	170	14,7%
6	Sa	152	13,2%
7	So	154	13,4%
8		1153	100%
9			
10			

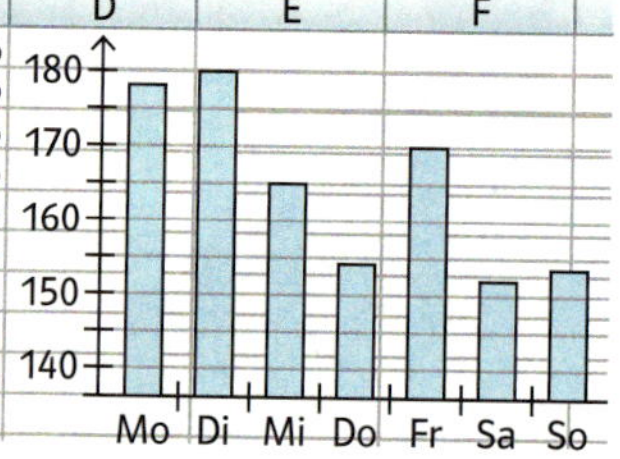

Mit einer Tabellenkalkulation können Sie ein Geburtsdatum in den zugehörigen Wochentag umwandeln.

7 Erzeugen Sie mithilfe eines geeigneten Rechners 25 Würfe mit drei Münzen. Notieren Sie als Urliste, wie oft dabei jeweils Kopf oben liegt. Ihre Urliste besteht dann aus 25 Zahlen, die 0, 1, 2 oder 3 sein können.

a) Erstellen Sie eine Häufigkeitstabelle mit absoluten und relativen Häufigkeiten für die möglichen Ergebnisse 0, 1, 2 oder 3.

b) Erstellen Sie ein Säulendiagramm der Häufigkeitstabelle aus Teilaufgabe a).

c) Erklären Sie, wieso 0 und 3 in der Regel seltener auftreten als 1 oder 2.

Test

Lösung | Seite 171

8 Erzeugen Sie mithilfe eines geeigneten Rechners 100 Würfe mit zwei Würfeln. Notieren Sie dabei als Urliste, wie oft dabei jeweils keine „6", genau eine „6" bzw. zweimal „6" geworfen werden. Ihre Urliste besteht dann aus 100 Zahlen, die 0, 1 oder 2 sein können.

a) Erstellen Sie eine Häufigkeitstabelle mit absoluten und relativen Häufigkeiten für die möglichen Ergebnisse 0, 1 oder 2.

b) Erstellen Sie ein Säulendiagramm der Häufigkeitstabelle aus Teilaufgabe a).

c) Erklären Sie, wieso die Ergebnisse unterschiedlich oft auftreten.

9 Daten werden oft anders als mit einem Säulendiagramm dargestellt. Die Abbildung zeigt die „Verkehrsdichte" (Anzahl der Kraftfahrzeuge je Stunde) im Verlaufe eines Tages auf drei Autobahn-Spuren. Fassen Sie die dargestellten Informationen in Worte.
Nennen Sie weitere Möglichkeiten, Daten grafisch darzustellen.

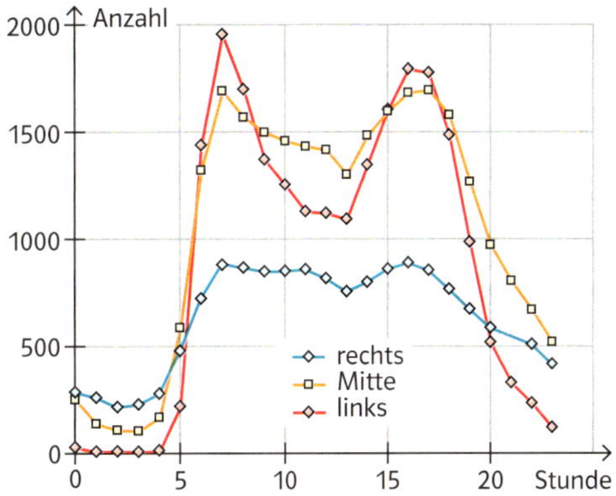

10 a) Simulieren Sie 100 Würfe eines Spielwürfels und stellen Sie die Wurfergebnisse in einer Tabelle und grafisch in einem Säulendiagramm dar. Das Säulendiagramm soll zeigen, wie oft jede Augenzahl aufgetreten ist.

b) Wiederholen Sie Teilaufgabe a) für 1000 Würfe. Was ändert sich?

c) Simulieren Sie 100 Würfe mit drei Würfeln. Erstellen Sie für die möglichen Augensummen ein Säulendiagramm, das die Verteilung der Augensummen zeigt.

11 Wenn eine Maschine Bauteile herstellt, ist ein bestimmter Prozentsatz davon fehlerhaft. Die durchschnittliche Fehlerquote sei 5%, d.h. bei einer großen Anzahl von Bauteilen werden etwa 5% der Bauteile defekt sein. Man sagt auch: Die Wahrscheinlichkeit dafür, dass ein Bauteil defekt ist, beträgt 5%. Es werden 100 Bauteile produziert. Bestimmen Sie durch eine Simulation, wie viele davon defekt sind. Vergleichen und diskutieren Sie Ihre Ergebnisse.

Grundwissen Test

Grundwissen Seite 156
Lösung | Seite 171

12 a) Geben Sie die Gleichungen der Graphen an.

b) Zeichnen Sie die Graphen der Funktionen f und g mit
$f(x) = 2x - 3$ bzw.
$g(x) = -\frac{1}{4}x + 1$.

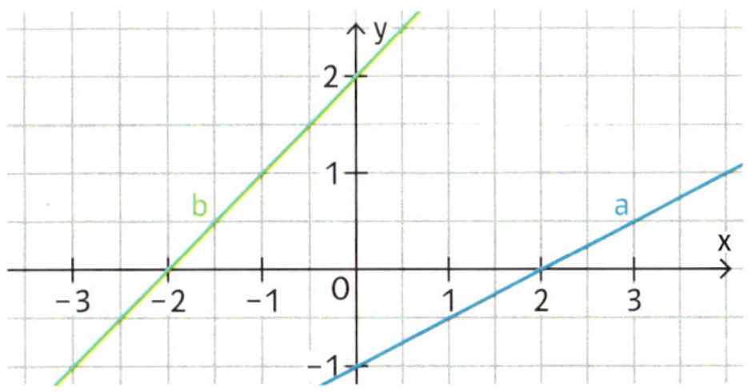

Aufgaben

○ **1** Berechnen Sie die Spannweite, das arithmetische Mittel, die Varianz und die Standardabweichung der Liste {2; 0; 5; 6; 3; 8}.

Lassen Sie in dieser Lerneinheit bei Aufgaben ohne Rechner ggf. Wurzeln wie z. B. $\sqrt{5}$ einfach stehen.

○ **2** Von einer Lieferung Fahrradspeichen wurde bei einer Stichprobe von 10 Speichen die Länge (in mm) der Speichen gemessen: {269; 274; 269; 268; 272; 270; 269; 270; 268; 271}.
a) Geben Sie die Spannweite der Längen an.
b) Berechnen Sie das arithmetische Mittel, die Varianz und die Standardabweichung.

○ **3** Die Anzahl der Regentage beträgt im langjährigen Mittel für Amsterdam bzw. Rangun:

Monat	Jan.	Feb.	März	April	Mai	Juni	Juli	Aug.	Sept.	Okt.	Nov.	Dez.
Amsterdam	10	8	11	8	9	9	11	11	10	13	11	13
Rangun	1	1	1	2	13	23	25	24	20	11	4	1

a) Stellen Sie die Verteilung der Anzahl der Regentage grafisch dar.
b) Berechnen Sie für beide Messreihen das arithmetische Mittel der Anzahl der Regentage, die Spannweite und die Standardabweichung.

○ **4** Deutschland hat mit Österreich, Tschechien, den Niederlanden, Frankreich, Polen, der Schweiz, Belgien, Luxemburg und Dänemark Grenzen mit den Längen 817 km, 812 km, 576 km, 455 km, 449 km, 316 km, 157 km, 136 km bzw. 68 km.
Berechnen Sie die Spannweite, das arithmetische Mittel und die Standardabweichung der Grenzlängen.

O Test

Lösungen | Seite 172

5 Berechnen Sie die Spannweite, das arithmetische Mittel, die Varianz und die Standardabweichung der Liste {5; 9; 6; 8; 12}.

6 In einer Klasse wurden die Körpergewichte in zwei Stichproben gemessen.
Stichprobe I: Franzi 51 kg, Holger 59 kg, Dirk 53 kg, Andrea 55 kg und Kai 57 kg.
Stichprobe II: Johanna 37 kg, Mirco 78 kg, Lars 45 kg, Jens 55 kg und Julia 60 kg.
Berechnen Sie zu jeder Stichprobe das arithmetische Mittel, den Median, die Spannweite, die Varianz und die Standardabweichung der Gewichte. Vergleichen Sie.

◒ **7** Eine Fabrik hat die Wahl zwischen zwei gleich teuren Lieferanten von 10-mm-Bolzen. Sie hat aus den Produktionen jeweils eine Stichprobe von 12 Bolzen genommen und die Durchmesser genau vermessen.
a) Berechnen Sie für beide Firmen jeweils das arithmetische Mittel, die Spannweite und die Standardabweichung der Durchmesser. Welche Firma fertigt genauer?
b) Begründen Sie, dass die Varianz als Streumaß für den Durchmesser nicht geeignet ist.

Firma Faller GmbH:
Durchmesser (in mm)

10,16	10,09	9,99	10,03	10,00	10,04
9,85	10,00	10,02	9,95	9,90	9,97

Firma Geiger & Sohn:
Durchmesser (in mm)

10,03	9,90	9,87	10,01	9,99	9,91
10,10	9,85	9,95	10,08	10,15	10,16

◒ **8** Würfeln Sie zwanzigmal und notieren Sie die Ergebnisse in einer Liste.
a) Bestimmen Sie das arithmetische Mittel und die Standardabweichung Ihrer Liste. Vergleichen Sie Ihre Ergebnisse mit denen Ihrer Mitschüler. Erklären Sie, wieso die Abweichungen nur gering sind.
b) Fügen Sie alle Listen zu einer Gesamtliste zusammen. Wie verhalten sich die Maßzahlen?

9 Eine Bürgerinitiative zur Bekämpfung des Fluglärms erhob am Flughafen Hannover die Zahl der startenden Flugzeuge in den 24 Stunden eines Tages, siehe Tabelle.

Zahl der startenden Flugzeuge (pro Stunde)	0	1	2	3	4	5	6	7
Anzahl	6	6	2	2	3	1	3	1

a) Berechnen Sie arithmetisches Mittel und Standardabweichung der Starts pro Stunde.
b) Beurteilen Sie, ob die in a) bestimmten Daten für die Argumentation gegen Fluglärm brauchbar sind.

10 Simulieren Sie 200 Würfe mit vier Münzen mithilfe eines geeigneten Rechners. Zählen Sie, wie oft bei jedem Wurf „Kopf" oben liegt. Fassen Sie die Ergebnisse in einer Liste zusammen.
a) Berechnen Sie das arithmetische Mittel $\bar{x}$ und die Standardabweichung s der Liste.
b) Zählen Sie, wie viel Prozent ihrer Werte sich im Intervall $[\bar{x} - s; \bar{x} + s]$ befinden. Können Sie für diese Liste die 68%-Regel bestätigen?
c) Stellen Sie die Verteilung in einem Säulendiagramm dar. Handelt es sich um eine glockenförmige Verteilung?

Test

Lösung | Seite 172

11 Die Tabelle zeigt Ergebnisse bei 50-maligem Würfeln.

Augenzahl	1	2	3	4	5	6
Häufigkeit	7	6	11	11	7	8

a) Berechnen Sie das arithmetische Mittel und die Standardabweichung der Augenzahl.
b) Wieso ist hier die Angabe der Spannweite wenig sinnvoll?

12 Mit einer elektronischen Waage wurde wiederholt das Gewicht eines Briefes (in g) gemessen. Man erhielt die Urliste {22,94; 22,90; 22,92; 22,76; 22,80; 22,85; 22,84; 22,86; 22,83; 22,87; 22,88; 22,86; 22,88; 22,85; 22,96; 22,93; 22,95; 22,61; 22,70; 22,69}.
a) Berechnen Sie das arithmetische Mittel und die Standardabweichung für das Briefgewicht.
b) Die Angabe einer Messgenauigkeit (0,1%) bedeutet: Die Standardabweichung der Messwerte beträgt höchstens 0,1% des „wahren Wertes".
Darf die Waage das „Gütesiegel 0,1%" tragen?

13 a) Zählen Sie bei 5 (bei 10) Telefongesprächen, wie oft Sie klingeln lassen müssen, bis der Gesprächspartner sich meldet. Mailbox und erfolglose Verbindungsversuche bleiben unberücksichtigt. Ermitteln Sie das arithmetische Mittel und die Standardabweichung Ihrer Urliste.
b) Fassen Sie gemeinsam die Urlisten aller Kursteilnehmer zusammen und berechnen Sie das arithmetische Mittel und die Standardabweichung der gemeinsamen Urliste. Untersuchen Sie, ob die 68%-Regel ein brauchbares Ergebnis liefert.

14 Bei einer Stichprobe werden die Werte $x_1, \ldots, x_n$ mit den relativen Häufigkeiten $h_1, \ldots, h_n$ ermittelt. Geben Sie eine Formel für die Varianz bzw. die Standardabweichung an.

15 In einer Formelsammlung findet man für die Varianz einer Urliste $\{x_1, \ldots, x_n\}$ mit dem arithmetischen Mittel $\bar{x}$ auch die Formel $v = \frac{x_1^2 + \ldots + x_n^2}{n} - \bar{x}^2$.
Überprüfen Sie die Formel an einem selbst gewählten Beispiel. Leiten Sie die Formel her.

Grundwissen Test

Grundwissen
Seite 157
Lösung | Seite 172

16 Überführen Sie bei der quadratischen Funktion f
a) mit $f(x) = 2(x - 3)^2 - 1$ die Scheitelpunktform in die allgemeine Form,
b) mit $f(x) = x^2 + 4x - 1$ die allgemeine Form in die Scheitelpunktform.

4 Klassierte Daten

An der Leibnizschule haben Schülerinnen und Schüler die Geschwindigkeit von 100 vorbeifahrenden Autos gemessen.
Florian: „Ich finde das Diagramm unübersichtlich."
Maya: „Dann mach's doch besser!"

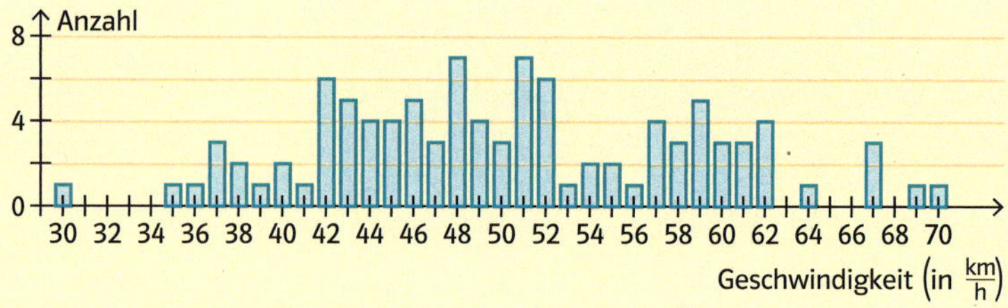

Wenn sehr viele Daten dargestellt werden, ist es zweckmäßig, nicht jede Merkmalsausprägung einzeln darzustellen, sondern **Klassen** zu bilden.
Ein Hersteller von Sitzmöbeln benötigt einen Überblick über Körpergrößen. Die einzelnen Größen sind dabei nicht so wichtig. Daher werden die Körpergrößen bei einer Stichprobe in Klassen erfasst wie in der Tabelle. Die Klassen haben hier alle die **Klassenbreite** 10. Neben dem Säulendiagramm (Abbildung links), bei dem die relativen Häufigkeiten auf der Hochachse abgetragen sind, wird noch die Darstellung als **Histogramm** verwendet (Abbildung rechts).

Wenn keine Klassen gebildet werden, kann man trotzdem wie bei Klassen vorgehen; die Klassenbreite ist dann 1.

Klassen Körpergröße H (in cm)	relative Häufigkeit	Dichte
145 ≤ H < 155	8 %	0,008
155 ≤ H < 165	22 %	0,022
165 ≤ H < 175	35 %	0,035
175 ≤ H < 185	21 %	0,021
185 ≤ H < 195	13 %	0,013
195 ≤ H < 205	1 %	0,001

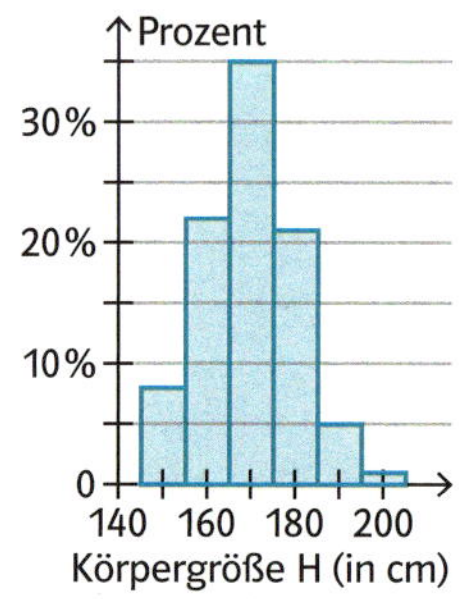

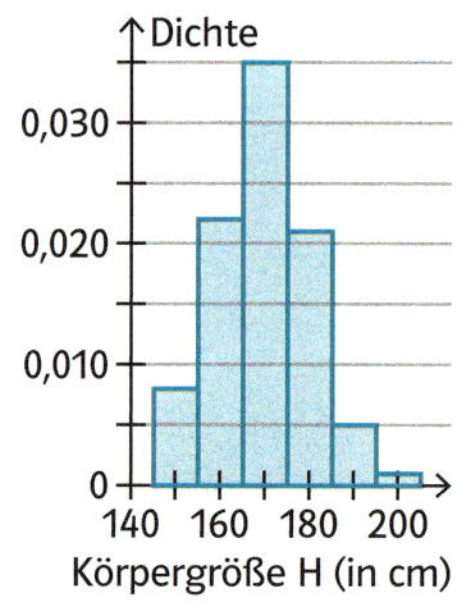

Auf der Hochachse des Histogramms ist die **Häufigkeitsdichte**, kurz **Dichte,** abgetragen. Die Dichte wird so bestimmt, dass der Flächeninhalt einer Säule gleich der zugehörigen relativen Häufigkeit ist. Es gilt also „Dichte mal Klassenbreite = relative Häufigkeit". Für die relative Häufigkeit 0,35 in der Klasse „165 ≤ H < 175" ist daher die zugehörige Dichte $\frac{0,35}{10} = 0,035$. Da die Summe der relativen Häufigkeiten 1 beträgt, ist der Gesamtflächeninhalt aller Säulen 1 bzw. 100 %. Ein Histogramm veranschaulicht also eine Verteilung zusätzlich durch Flächeninhalte.

Später wird auch der verwandte Begriff „Wahrscheinlichkeitsdichte" verwendet. Dann ist zur Unterscheidung die ausführliche Bezeichnung „Häufigkeitsdichte" nötig.

Definition: Ein **Histogramm** ist ein Säulendiagramm, bei dem die Säulenbreiten die Klassenbreiten und die Säulenhöhen die Dichten sind.
Die Dichte einer Säule wird bestimmt mit der Formel $\frac{\text{relative Häufigkeit der zugehörigen Klasse}}{\text{Klassenbreite}}$.
Der Flächeninhalt einer Säule ist gleich der zugehörigen relativen Häufigkeit.
Die Summe der Flächeninhalte aller Säulen des Histogramms ergibt 1.

Bei einem Histogramm werden die Säulen ohr Lücken dargestellt, dar das gesamte Diagram wie eine zusammenhä gende Fläche mit Inha erscheint.

Bei verschiedenen Klassenbreiten wird deutlich, dass das Histogramm rechts die Verteilung besser darstellt als das Säulendiagramm links, bei dem die Randklassen zu groß erscheinen.

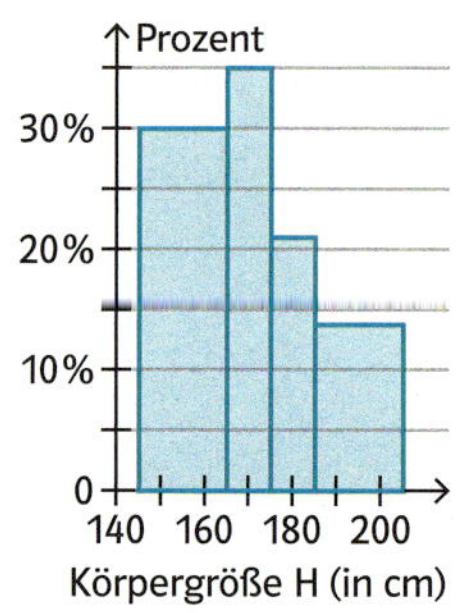

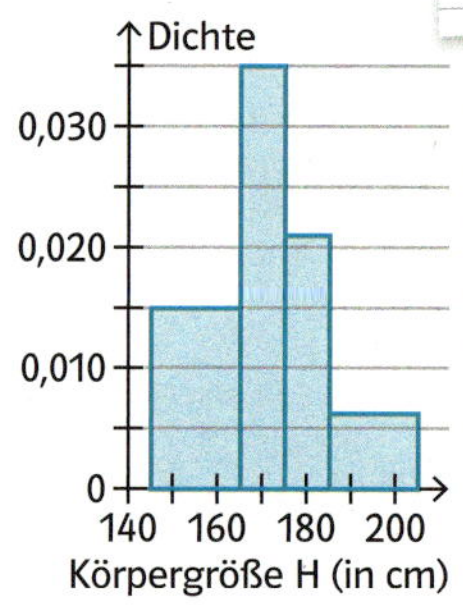

Beispiel 1 Klassen bilden, Histogramm interpretieren

Bei 25 Erwachsenen wurde die Körpergröße K in cm bestimmt. Die Urliste lautet {172; 186; 178; 181; 181; 158; 184; 175; 167; 167; 192; 170; 171; 171; 173; 185; 162; 175; 182; 168; 169; 165; 175; 168; 172}.

a) Erstellen Sie eine Tabelle mit relativen Häufigkeiten und Dichten für die Klassen „$150 \le K < 170$", „$170 \le K < 180$" bzw. „$180 \le K < 200$".

b) Zeichnen Sie ein Histogramm.

c) Beschreiben Sie, was der mittlere Balken bzw. die beiden äußeren Balken in Ihrem Histogramm veranschaulichen.

Lösung

a)

Klasse (K in cm)	relative Häufigkeit	Klassenbreite	Dichte
$150 \le K < 170$	$\frac{8}{25} = 0{,}32$	20	0,016
$170 \le K < 180$	$\frac{10}{25} = 0{,}40$	10	0,04
$180 \le K < 200$	$\frac{7}{25} = 0{,}28$	20	0,014

b)

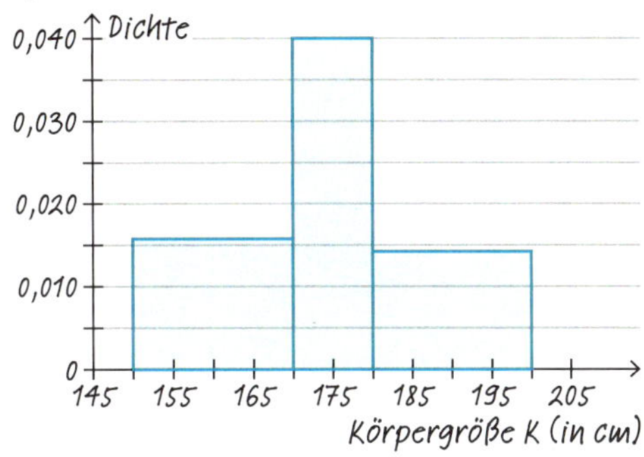

c) Der mittlere Balken veranschaulicht durch seine Fläche mit Inhalt $10 \cdot 0{,}04 = 0{,}40$ die relative Häufigkeit der Klasse „170 cm bis 179 cm". Die beiden äußeren Balken veranschaulichen durch ihre Flächen $0{,}32 + 0{,}28 = 0{,}60$, welcher Anteil der Körpergrößen außerhalb des Bereichs „170 cm bis 179 cm" liegt, also die sehr kleinen und sehr großen Körpergrößen.

Beispiel 2 Näherungswerte für arithmetisches Mittel, Varianz und Standardabweichung

Die Tabelle stellt klassierte Messwerte der Geschwindigkeiten von 2584 Autos dar.

Geschwindigkeit G (in km/h)	relative Häufigkeit	Dichte
$20 \le G < 30$	15,8 %	0,0158
$30 \le G < 40$	27,4 %	0,0274
$40 \le G < 50$	30,4 %	0,0304
$50 \le G < 80$	26,4 %	0,0088

a) Bestimmen Sie Näherungswerte für das arithmetische Mittel $\overline{G}$, die Varianz v und die Standardabweichung s der gefahrenen Geschwindigkeiten.

b) Zeichnen Sie ein Histogramm und tragen Sie näherungsweise ein:
- das arithmetische Mittel $\overline{G}$ sowie das Intervall $[\overline{G} - s;\ \overline{G} + s]$
- den Anteil des Flächeninhalts, der über dem Intervall $[\overline{G} - s;\ \overline{G} + s]$ liegt.

Bestimmen Sie den Flächeninhalt und interpretieren Sie das Ergebnis.

Lösung

a) Man rechnet wie bei nicht klassierten Daten, verwendet aber dabei die Klassenmitten 25, 35, 45 bzw. 65 als Geschwindigkeiten für alle in der Klasse enthaltenen Autos. Damit ergibt sich:
$\overline{G} \approx 0{,}158 \cdot 25 + 0{,}274 \cdot 35 + 0{,}304 \cdot 45 + 0{,}264 \cdot 65 \approx 44{,}4$
$v \approx (25 - 44{,}4)^2 \cdot 0{,}158 + (35 - 44{,}4)^2 \cdot 0{,}274 + (45 - 44{,}4)^2 \cdot 0{,}304 + (65 - 44{,}4)^2 \cdot 0{,}264 \approx 195{,}8$;
$s \approx \sqrt{v} \approx 14{,}0$. $\overline{G}$ beträgt etwa 44,4 km/h mit einer Standardabweichung von 14,0 km/h.

Da man die Urliste hier nicht kennt, kann man so nur Näherungswerte bestimmen. Zur Güte der Näherungen siehe Aufgabe 10.

b) Histogramm mit Näherungen für $\overline{G}$ (rot markiert) und das Intervall $[\overline{G} - s; \overline{G} + s] \approx [30{,}4; 58{,}4]$ (gelb markiert).
Der Flächeninhalt über dem Intervall beträgt etwa
$(40 - 30{,}4) \cdot 0{,}0274 + 0{,}304$
$+ (58{,}4 - 50) \cdot 0{,}0088 \approx 0{,}64$.
Etwa 64 % der Werte weichen höchstens um die Standardabweichung vom arithmetischen Mittel ab.

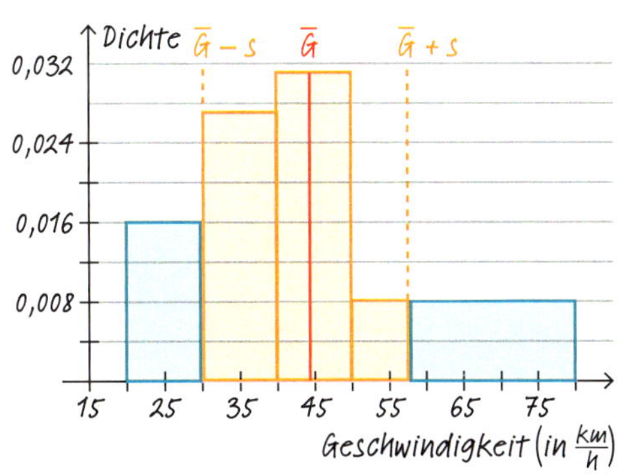

Die 68 %-Regel ist also bei dieser Verteilung näherungsweise erfüllt.

Aufgaben

1 Eine Umfrage bei 30 Männern ergab die Liste {69; 92; 54; 61; 62; 41; 56; 74; 45; 74; 67; 68; 76; 80; 63; 86; 68; 68; 93; 72; 80; 66; 61; 62; 86; 78; 64; 67; 60; 63} für ihre Körpergewichte G in kg. Bestimmen Sie für Klassen „$40 \le G < 50$“, „$50 \le G < 60$“, …, „$90 \le G < 100$“ die relativen Häufigkeiten und erstellen Sie damit ein Säulendiagramm und ein Histogramm mit Dichten und Angabe der Klassenmitten.

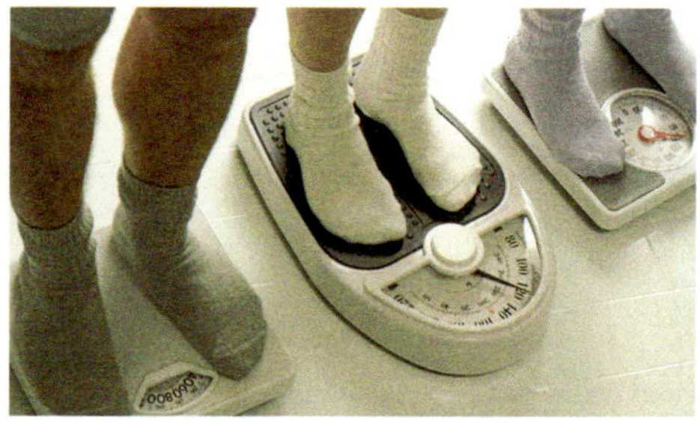

2 Bei der Überprüfung der Preise P in € von einem Liter Milch ergab eine Stichprobe in verschiedenen Supermärkten die Urliste {1,14; 1,29; 1,24; 0,96; 1,18; 0,96; 1,11; 1,05; 1,19; 0,89; 1,22; 1,06; 1,21; 0,82; 1,16; 1,13; 0,98; 1,24; 1,16; 1,27; 1,32; 1,37; 1,16; 0,95; 1,33}.

a) Bilden Sie Klassen „$0{,}80 \le P < 1{,}10$“, „$1{,}10 \le P < 1{,}30$“, „$1{,}30 \le P < 1{,}50$“. Geben Sie in einer Tabelle die Klassenmitten an und bestimmen Sie die relativen Häufigkeiten sowie die Dichten der Klassen. Zeichnen Sie das zugehörige Histogramm.

b) Berechnen Sie das arithmetische Mittel $\overline{P}$ und die Standardabweichung s der Preise sowohl mit allen Daten als auch entsprechende Näherungen, die sich aus der Klassierung ergeben.

c) Wie viel Prozent der Preise liegen jeweils im Intervall $[\overline{P} - s;\ \overline{P} + s]$?

3 a) Bestimmen Sie für die Klassen des Merkmals X der Tabelle Klassenmitten, relative Häufigkeiten und Dichten. Zeichnen Sie das zugehörige Histogramm.

b) Berechnen Sie Näherungswerte für das arithmetische Mittel und die Standardabweichung der zugrunde liegenden Daten.

Klasse	Anzahl
$0 \le X < 20$	4
$20 \le X < 30$	12
$30 \le X < 40$	16
$40 \le X < 60$	8

Test

Lösung | Seite 172

4 Bei der Produktion einer Schraubensorte mit der „Solllänge“ 150 mm ergab eine Stichprobe für die Länge L in mm die Urliste {150,3; 151,5; 150,2; 150,7; 149,1; 150,3; 150,0; 150,2; 151,0; 150,4; 150,6; 149,4; 151,4; 149,9; 150,6; 150,1; 148,6; 149,3; 151,0; 148,2}.

a) Bilden Sie Klassen „$148 \le L < 149$“, „$149 \le L < 151$“, „$151 \le L < 152$“. Geben Sie die Klassenmitten an und bestimmen Sie die relativen Häufigkeiten sowie die Dichten der Klassen. Zeichnen Sie das zugehörige Histogramm.

b) Berechnen Sie das arithmetische Mittel und die Standardabweichung mit allen Daten und eine Näherung, die sich aus der Klassierung ergibt.

5 a) Zeichnen Sie zu dem Säulendiagramm des Merkmals X ein Histogramm mit den Klassenbreiten 10. Im Säulendiagramm sind jeweils die Klassenmitten angegeben.

b) Fassen Sie die zwei benachbarten Klassen links bzw. rechts jeweils zu einer Klasse zusammen und zeichnen Sie das Histogramm für die vier so entstandenen Klassen.

c) Berechnen Sie Näherungswerte für arithmetisches Mittel und Standardabweichung bei den klassierten Daten der Teilaufgaben a) und b). Vergleichen Sie.

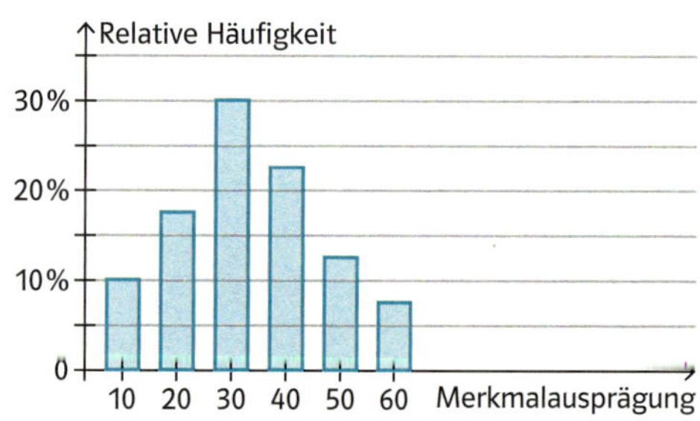

6 a) Bestimmen Sie bei dem Histogramm die relativen Häufigkeiten der Klassen.
b) Berechnen Sie Näherungswerte für das arithmetische Mittel $\overline{x}$ und die Standardabweichung s.
c) Veranschaulichen Sie die 68 %-Regel und überprüfen Sie, ob die Regel zutrifft

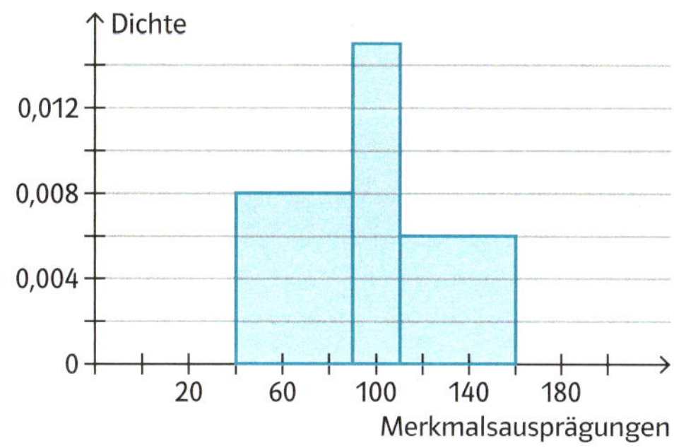

Klassen Gewicht G in kg	rel. Häufigkeit
$40 \le G \le 60$	15 %
$60 \le G \le 70$	40 %
$70 \le G \le 75$	25 %
$75 \le G \le 80$	10 %
$80 \le G \le 100$	10 %

7 Die Tabelle am Rand erfasst das Gewicht G bei einer Stichprobe von 200 Personen.
a) Berechnen Sie Näherungswerte für das durchschnittliche Gewicht und die Standardabweichung der Gewichte.
b) Zeichnen Sie ein Histogramm.
c) Überprüfen Sie, ob die 68 %-Regel zutrifft.

Test

Lösung | Seite 172

8 a) Bestimmen Sie bei dem Histogramm die relativen Häufigkeiten der Klassen.
b) Berechnen Sie Näherungswerte für das arithmetische Mittel $\overline{x}$ und die Standardabweichung s.
c) Bestimmen Sie den Anteil des Flächeninhalts, der über dem Intervall $[\overline{x} - s; \overline{x} + s]$ liegt. Interpretieren Sie das Ergebnis.

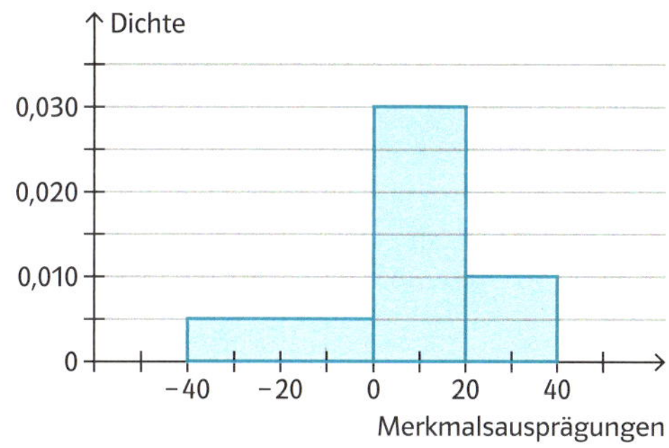

9 Bei einer Erhebung mit k Klassen von Merkmalsausprägungen mit den Klassenmitten $m_1, \dots, m_k$ wurden die relativen Häufigkeiten $h_1, \dots, h_k$ ermittelt. Geben Sie Formeln an, mit denen man Näherungswerte für das arithmetische Mittel und die Varianz berechnen kann.

10 In der Jahrgangsstufe 11 ergab sich am Schuljahresanfang die „Altersverteilung" aus dem Säulendiagramm für das Alter A.
a) Berechnen Sie näherungsweise das mittlere Alter x unter Benutzung der Klassenmitten $k_1 = 15{,}3, \dots, k_9 = 20{,}1$.
b) Vergleichen Sie Ihr Ergebnis mit dem aus der Urliste berechneten Wert $\overline{x} = 16{,}98$. Begründen Sie: Der Unterschied ist stets höchstens halb so groß wie die Klassenbreite.

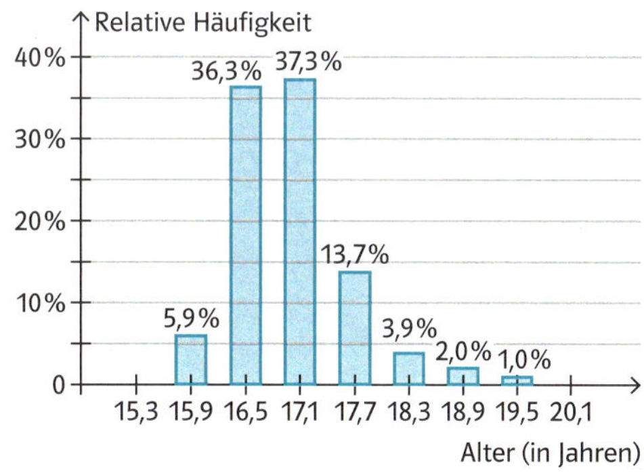

Grundwissen Test

Grundwissen Seite 157
Lösung | Seite 172

11 Bestimmen Sie die Gleichung der Funktion f.
a) f ist linear und der Graph von f geht durch $P(1|1)$ und $Q(4|5)$.
b) f ist quadratisch, hat die Nullstelle $x = 1$ und der Graph von f hat den Scheitelpunkt $S(2|-2)$.
c) Der Graph von f ist eine nach unten geöffnete Normalparabel, die symmetrisch zur y-Achse ist und mit der Geraden mit der Gleichung $y = 3$ genau einen Punkt gemeinsam hat.

Boxplots

Um Verteilungen wie z.B. die Größenverteilung bei den abgebildeten 23 Schülerinnen und Schülern zu kennzeichnen, wurden bisher vor allem das arithmetische Mittel und die Standardabweichung verwendet. Eine andere Möglichkeit wird hier vorgestellt. Dazu wird mit **Quartilen** ein Streumaß eingeführt, das zum Median und zur Spannweite passt.

Die Urliste der Körpergrößen (in cm) wird zunächst aufsteigend sortiert: {146; 155; 156; 156; 157; 157; 158; 158; 159; 160; 160; 161; 162; 163; 170; 171; 174; 175; 175; 175; 178; 184; 185}. Man bestimmt den Median und erhält $m = 161$. Nun wird für die untere Datenhälfte 146; 155; 156; 156; 157; 157; 158; 158; 159; 160; 160 zusätzlich der Median 157 bestimmt. Den Wert $Q_1 = 157$ nennt man **1. Quartil**. Es ist die obere Grenze für das untere Viertel der Daten. Außerdem wird für die obere Datenhälfte 162; 163; 170; 171; 174; 175; 175; 175; 178; 184; 185 der Median 175 bestimmt. Den Wert $Q_3 = 175$ nennt man **3. Quartil**. Es ist die obere Grenze für die drei unteren Viertel der Daten. Die Quartile zusammen mit dem kleinsten Wert 146 und größten Wert 185 kennzeichnen die Streuung der Daten.

Die Aufteilung der Daten in Median und Quartile wird durch einen **Boxplot** veranschaulicht. Der Bereich zwischen den Quartilen Q_1 und Q_3 wird als Rechteck dargestellt (englisch: box). Dort liegen die „zentralen" 50 % der Daten. Die Länge der Box heißt **Quartilsabstand**. Der Quartilsabstand beträgt hier 18. Oberes und unteres Viertel werden durch Strecken dargestellt, die man **Antennen** nennt.

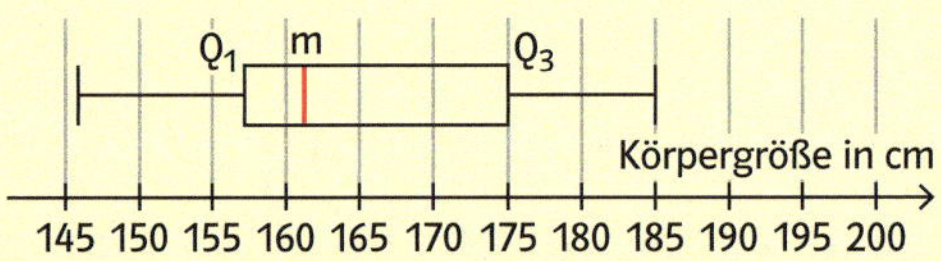

Vorgehen bei der **Erstellung eines Boxplots**:
1. Urliste mit n Werten aufsteigend sortieren.
2. Kleinsten Wert, größten Wert, Median und Quartile bestimmen:
   Der Median befindet sich an der Position $\frac{n+1}{2}$, die Quartile bei $\frac{n+1}{4}$ bzw. $3 \cdot \frac{n+1}{4}$.
3. Die Daten zwischen Q_1 und Q_3 werden durch eine Box dargestellt, die Daten des oberen und des unteren Viertels durch Antennen. Der Median trennt die Box in zwei Teile.

Falls z.B. $\frac{n+1}{4}$ keine ganze Zahl ist, nimmt man das arithmetische Mittel der benachbarten Positionen als Q_1.

Die Darstellung als Boxplot ist schnell zu erstellen, weil die Bestimmung von Median und Quartilen einfach ist. Boxplots bieten also einen guten Überblick über die Daten und deren Streuung. Die Quartile hängen nicht von „Ausreißern" ab, d.h. sehr große und sehr kleine Werte haben keinen Einfluss. Außerdem eignen sich Boxplots auch sehr gut zum Vergleich von Daten, siehe z.B. Aufgabe 4.

Trotzdem wird meistens die Angabe des arithmetischen Mittels $\overline{x}$ und der Standardabweichung s bevorzugt, weil sich dabei Gesetzmäßigkeiten wie die 68 %-Regel ergeben. Wenn man z.B. für ein Werkstück mit einer bestimmten Sollgröße weiß, dass die Größe von etwa 68 % der Werkstücke im Bereich $[\overline{x} - s; \overline{x} + s]$ liegt, ist das nützlicher als zu wissen, wo die Quartile liegen. Außerdem gibt es in der Wahrscheinlichkeitsrechnung Kenngrößen bei Zufallsgrößen, die dem arithmetischen Mittel und der Standardabweichung entsprechen.

1 Lesen Sie bei dem Boxplot den kleinsten Wert, das 1. Quartil , den Median, das 3. Quartil und den größten Wert ab. Geben Sie zwei verschiedene Listen an, welche diese Ergebnisse liefern.

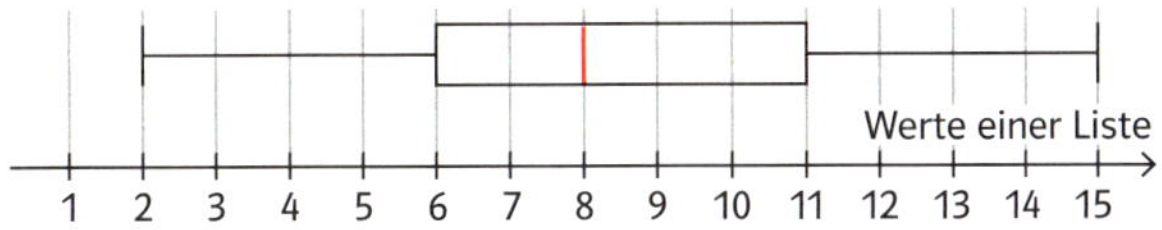

2 a) Bestimmen Sie die Körpergrößen (in cm) in Ihrer Klasse. Erstellen Sie ein Histogramm mit Klassen der Breite 10 und einen Boxplot.

b) Berechnen Sie das arithmetische Mittel und die Standardabweichung der Körpergrößen. Diskutieren Sie Vor- und Nachteile von arithmetischem Mittel und Median und den zugehörigen Streumaßen.

c) In einem Statistikbuch findet man die Aussage: „Der Median ist im Gegensatz zum arithmetischen Mittel robust gegenüber Ausreißern." Was könnte damit gemeint sein?

3 Ermitteln Sie in einer Umfrage die Daten zu folgender Fragestellung und stellen Sie sie in einem Histogramm und einem Boxplot dar.

a) Wie lange lesen die Befragten pro Woche in einem Buch?

b) Wie lange sehen sich die Befragten täglich das Fernsehprogramm an?

c) Wie lange betätigen sich die Befragten pro Monat sportlich?

d) Wie lange betätigen sich die Befragten pro Tag mit digitalen Medien?

e) Wie lange betätigen sich die Befragten pro Tag in sozialen Netzwerken?

4 Ein Skispringer macht vor und nach einem Trainingslager 20 Testsprünge. Die Boxplots zeigen seine Ergebnisse. Beschreiben Sie, wie sich seine Sprungleistung verändert hat.

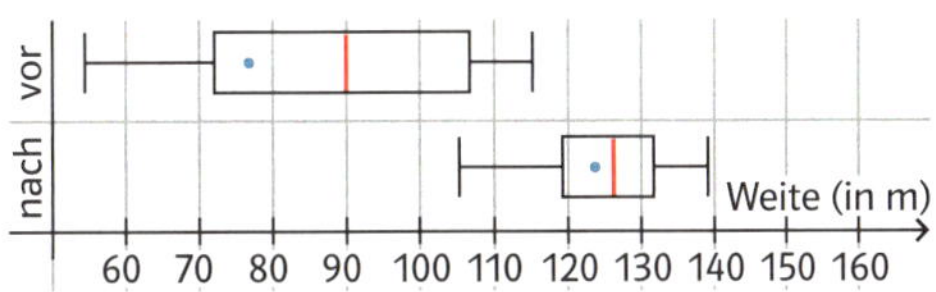

Das arithmetische Mittel ist bei den Boxplots der Aufgaben 4 und 6 durch einen blauen Punkt gekennzeichnet.

5 a) Frau Achatz misst, wie viel Wasser in ihrem Drei-Personen-Haushalt täglich verbraucht wird. Hier die Verbrauchszahlen (in Litern): {327; 273; 340; 425; 264; 341; 410; 279; 350; 321; 472; 378}. Zeichnen Sie einen Boxplot zum Wasserverbrauch von Frau Achatz.

b) Um Wasser zu sparen, lässt Frau Achatz an ihren beiden WCs Spülkästen mit Stopptaste einbauen. In der Folgezeit misst sie folgende tägliche Verbrauchszahlen (in Litern): {412; 313; 274; 253; 312; 228; 165; 159; 289; 344; 277; 355; 245; 277}. Zeichnen Sie einen Boxplot und vergleichen Sie ihn mit dem Boxplot aus Teilaufgabe a).

6 Die Größe der sieben Zwerge wird gemessen. Die Zwerge sind alle verschieden groß. Entnehmen Sie dem Boxplot möglichst viele Informationen über die Größe der Zwerge. Begründen Sie.

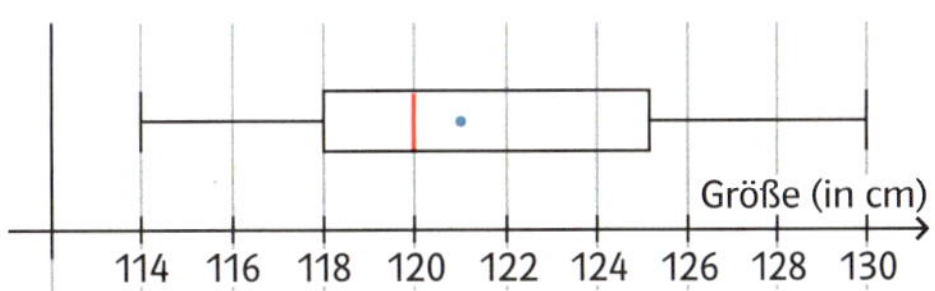

Lösungen | Seite 172

○ **1** Erstellen Sie eine Häufigkeitstabelle mit relativen Häufigkeiten und ein Säulendiagramm. Berechnen Sie die Spannweite, den Median und den Modalwert sowie das arithmetische Mittel und die Standardabweichung der Urliste.

a) {2; 5; 7; 3; 4; 2; 4; 2; 5; 6; 2}
b) {−5; 3; 0; 2; 5; 3; −4; 5; −4; 1; 1; 3}
c) {21; 17; 18; 21; 17; 21; 20; 19; 18; 24; 20; 17; 15; 15; 25; 20; 17; 24; 16; 19}

○ **2** Bestimmen Sie für das Säulendiagramm eine Häufigkeitstabelle mit relativen Häufigkeiten und die Lagemaße.

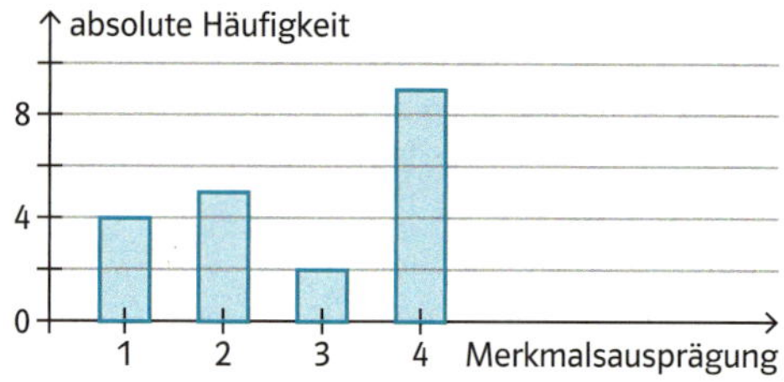

○ **3** a) Entscheiden Sie ohne Rechnung, ob der Median größer oder kleiner als das arithmetische Mittel ist.
A {3,4 m; 38 m; 3,1 m; 3,5 m; 3,3 m}
B {2,2 m; 2,1 m; 0,18 m; 1,9 m; 2,2 m; 2,1 m}
b) Berechnen Sie jeweils das arithmetische Mittel und den Median.

○ **4** Geben Sie eine Urliste mit sieben Werten an, bei der
a) arithmetisches Mittel und Median gleich sind und alle Listenwerte verschieden sind
b) das arithmetische Mittel 0 und die Standardabweichung mindestens 1 ist
c) der Modalwert 5 und der Median größer als 5 ist
d) die Spannweite 2 und die Varianz höchstens 1 ist.

○ **5** Rolf und Arne erreichen beim Weitsprung die in der Tabelle notierten Weiten (in m).
a) Bestimmen Sie das arithmetische Mittel und den Median.
b) Erklären Sie, warum bei einem der Springer Median und arithmetisches Mittel weit auseinanderliegen, beim anderen nicht.
c) Diskutieren Sie, ob es in Ordnung ist, dass Arne für seine Sprünge am Ende mehr Punkte bekommt.

Rolf	4,31	4,12	4,51	4,52	4,24
Arne	3,57	3,42	3,39	4,74	3,42

○ **6** In zwei Betrieben haben die Beschäftigten folgende Monatsgehälter (gerundet):

Gehalt (in Euro)	500	1000	1500	2000	2500	3000	3500	4000	5000	6000	7000
Beschäftigte in Betrieb I	1	6	10	5	2	–	3	1	–	2	–
Beschäftigte in Betrieb II	1	2	5	7	3	–	1	–	–	–	1

Berechnen Sie für beide Betriebe jeweils die durchschnittliche Höhe, die Spannweite und die Standardabweichung der Gehälter. Vergleichen Sie.

○ **7** Die Tabelle zeigt den Anteil der Spiele mit der angegebenen Anzahl von Toren, welche die deutsche Fußballnationalmannschaft der Männer bis 2016 erzielt hat:

Tore	0	1	2	3	4	5	6	7	8	9
Anteil	15,4 %	25,8 %	24,5 %	15,1 %	8,5 %	3,5 %	2,5 %	2,5 %	1,9 %	0,3 %

Die Spiele mit mehr als 10 erzielten Toren wurden nicht berücksichtigt.

a) Zeichnen Sie ein Säulendiagramm.
b) Berechnen Sie durchschnittliche Anzahl und die Standardabweichung der erzielten Tore.

○ **8** Die Grafik aus dem Statistischen Jahrbuch 2016 zeigt die Anzahl der Mobiltelefone der privaten Haushalte in den Jahren 2010 bzw. 2015 mit den zugehörigen Prozentzahlen.

a) Berechnen Sie jeweils die Lage- und Streumaße für die Anzahl der Mobiltelefone.

b) Diskutieren Sie, wie sich die Werte von 2010 bis 2015 verändert haben.

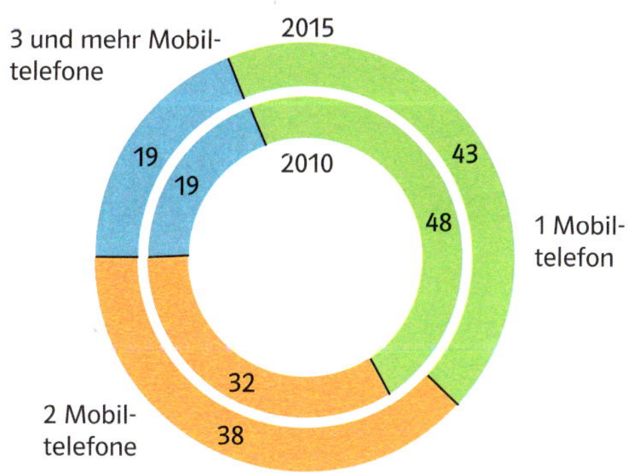

Gehen Sie bei der Berechnung der Kennzahlen davon aus, dass es pro Haushalt nicht mehr als drei Telefone gibt.

○ **9** a) Berechnen Sie den Median sowie das arithmetische Mittel und die Standardabweichung der Ausfuhrwerte für die angegebenen Staaten.

b) Wie würden sich die in Teilaufgabe a) berechneten Werte ändern, wenn dort alle Handelspartner eingingen?

c) Welche Folgen für die in Teilaufgabe a) berechneten Werte hätten Maßnahmen, welche die Einfuhren erschweren?

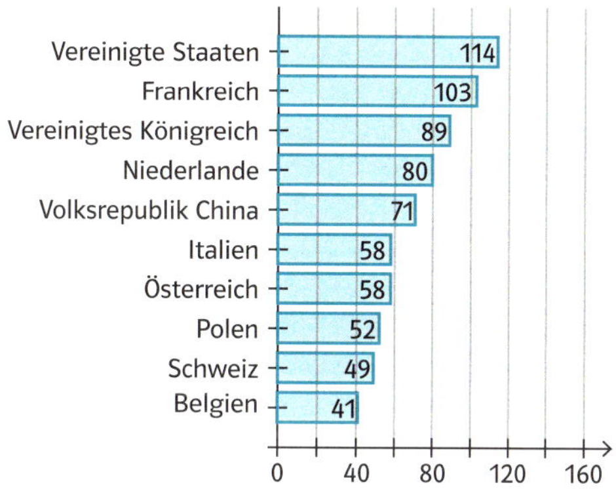

Die Grafik aus dem Statistischen Jahrbuch 2016 zeigt die 10 wichtigsten Handelspartner der Bundesrepublik beim Export und den Wert der ausgeführten Waren in Milliarden Euro (Werte für 2015).

10 Paul erzielte bei einem Spiel bisher die Punktezahlen 12; 9; 11 und 8. Seine Gesamtpunktzahl ist das arithmetische Mittel der Punktzahlen, das auf ganze Zahlen gerundet wird.

a) Berechnen Sie Pauls Gesamtpunktzahl, wenn alle Ergebnisse gleich zählen.

b) Die zweite und die vierte Punktzahl sind Joker-Ergebnisse, die doppelt zählen. Wie wirkt sich das auf die Gesamtpunktzahl aus?

c) Paul spielt eine weitere Runde mit bzw. ohne Joker. Untersuchen Sie, welche Gesamtpunktzahl Paul dabei mindestens erzielen muss, damit er sich verbessert.

11 Frau Kolmetz fährt mit ihrem PKW die ersten 100 km mit der Geschwindigkeit $80\,\frac{km}{h}$, die zweiten 100 km mit $120\,\frac{km}{h}$, Frau Kaiser fährt die erste Stunde mit genau $80\,\frac{km}{h}$, danach eine Stunde mit $120\,\frac{km}{h}$. Mit welcher konstanten Geschwindigkeit hätten die beiden Damen fahren müssen, ohne ihre jeweiligen Gesamtfahrzeiten zu ändern?

12 Es werden alle Schülerinnen und Schüler der Klassen 11 a und b danach befragt, wie viele Nachrichten sie pro Monat versenden. Dabei ergibt sich die nebenstehende Tabelle.

a) Wann kann man die Stichprobe als repräsentativ ansehen?

b) Erstellen Sie getrennt nach Geschlechtern je ein Histogramm für die Klassen „weniger als 5“, „5 bis 8“, „9 bis 20“, „21 bis 50“ (Nachrichten pro Monat) und interpretieren Sie das Ergebnis.

Nachrichten pro Monat	Häufigkeit Jungen	Häufigkeit Mädchen
0 bis 4	17	11
5 bis 8	3	2
9 bis 12	0	1
13 bis 16	0	4
17 bis 20	0	1
21 bis 24	0	1
25 bis 28	1	2
29 bis 32	1	0
33 bis 36	1	1
37 bis 40	0	0
41 bis 50	0	6

13 Das Diagramm zeigt für Hannover die durchschnittlichen monatlichen Niederschlagsmengen (in mm) als Säulendiagramm und die Temperaturen (in °C) als Kurve.

a) Legen Sie für die beiden Merkmale je eine Tabelle mit den ungefähren Niederschlagsmengen bzw. Temperaturen an.

b) Bestimmen Sie jeweils den Median sowie das arithmetische Mittel und die Standardabweichung.

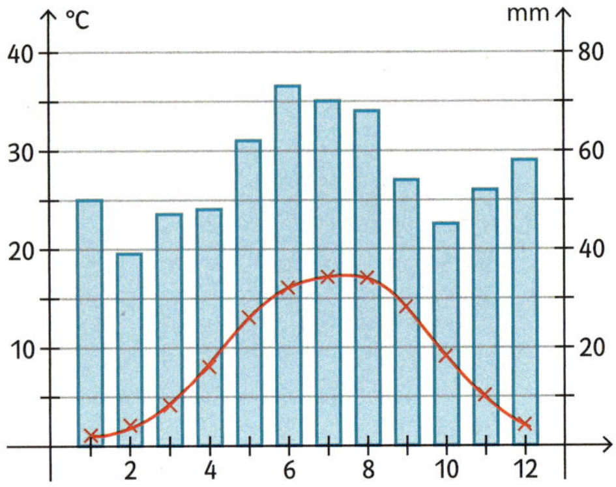

14 In einem kleinen Dorf wohnen 35 Personen. Sieben von ihnen verdienen monatlich 500 €, acht verdienen 1000 €, zwölf von ihnen 1500 € und acht verdienen 2000 €.

a) Bestimmen Sie die Lagemaße und die Streumaße.

b) Wie verändern sich die Werte aus a), wenn eine weitere Person in das Dorf zieht, die ein monatliches Einkommen von 1 000 000 € hat?

c) Erläutern Sie, warum manche Kenngrößen von „Ausreißern" beeinflusst werden. Geben Sie ein eigenes Beispiel an, bei dem sich die Lage- und Streumaße verändern, wenn Ausreißer hinzukommen.

15 Die Liste {800; 802; 800; 799; 796; 800; 798; 797; 797; 800; 801; 804; 799; 799; 802; 801; 800; 799; 803; 803; 799; 798; 800; 800; 803} gibt Stichprobenwerte (in mm) für die Länge L einer Nagelsorte aus einer Massenproduktion an.

a) Erstellen Sie eine Häufigkeitstabelle mit absoluten Häufigkeiten und ein Säulendiagramm.

b) Bestimmen Sie das arithmetische Mittel $\overline{L}$ und die Standardabweichung s.

c) Wie viel Prozent der Werte aus der Urliste liegen im Intervall $[\overline{L} - s;\ \overline{L} + s]$?

d) Geben Sie an, was bei dieser Erhebung das Merkmal, die Merkmalsträger, die Merkmalsausprägungen, die Grundgesamtheit und der Stichprobenumfang sind.

e) Diskutieren Sie Bedingungen, unter denen die Stichprobe als repräsentativ gelten kann.

16 Die 25 Schülerinnen und Schüler einer Klasse 11 wurden anonym befragt, wie lange sie sich auf die letzte Klassenarbeit vorbereitet haben. Es ergab sich die Urliste {120; 50; 190; 150; 160; 45; 190; 120; 105; 46; 105; 75; 45; 95; 75; 135; 145; 75; 190; 175; 45; 85; 155; 20; 135} (Zeiten in Minuten).

a) Stellen Sie die Umfrageergebnisse in einer Tabelle mit relativen Häufigkeiten und Dichten dar. Wählen Sie 0, 40, 100, 140 und 200 als Klassengrenzen.
Zeichnen Sie ein Histogramm.

b) Berechnen Sie Näherungswerte für die durchschnittliche Vorbereitungszeit $\overline{T}$ und die Standardabweichung s. Markieren Sie im Histogramm den Bereich $[\overline{T} - s; \overline{T} + s]$ und berechnen Sie näherungsweise, wie viel Prozent der Umfrageergebnisse zwischen $\overline{T} - s$ und $\overline{T} + s$ liegen. Überprüfen Sie, ob die 68 %-Regel zutrifft.

17 Bei einem Fahrradrennen kommen die 160 Fahrer in drei Gruppen ins Ziel. In der Spitzengruppe kommen 65 % der Fahrer nach 2 Stunden und 23 Minuten zeitgleich ins Ziel. In der zweiten Gruppe kommen 17 Fahrer 18 Minuten später an. Der Rest kommt nochmals 6 Minuten später.
Bestimmen Sie den Modalwert, den Median sowie das arithmetische Mittel und die Standardabweichung der benötigten Zeiten

18 Welche Aussage ist wahr, welche falsch? Begründen Sie Ihre Antwort.
(A) Wird in einer Zahlenreihe mit acht Zahlen eine Zahl um 8 erhöht, so erhöht sich das arithmetische Mittel um 1.
(B) Wird in einer Zahlenreihe mit acht Zahlen eine Zahl um 8 erhöht, so ändert sich der Median nicht.
(C) Sind in einer Zahlenreihe mit sieben Zahlen vier Zahlen gleich 3, so ist auch der Median 3.
(D) Wird in einer Zahlenreihe mit acht Zahlen jeder Wert um 2 erhöht, so ändert sich die Standardabweichung nicht.
(E) Wird in einer Zahlenreihe mit sieben Zahlen ein Wert verdoppelt, so wird die Standardabweichung größer.
(F) Wird in einer Zahlenreihe mit acht Zahlen jeder Wert verdoppelt, so ändert sich die Standardabweichung nicht.

19 Die Tabelle zeigt die Verteilung der Listenpreise L (in Euro) der 95 Modelle des Jahrgangs 2016 bei einem großen deutschen Autohersteller.

$30\,000 \le L < 50\,000$	30,53 %
$50\,000 \le L < 80\,000$	43,16 %
$80\,000 \le L < 110\,000$	21,05 %
$110\,000 \le L < 140\,000$	5,26 %

a) Erstellen Sie ein Histogramm. Erklären Sie, weshalb die Säulenhöhen nicht den Prozentzahlen entsprechen.
b) Berechnen Sie Näherungswerte für den durchschnittlichen Listenpreis $\overline{L}$ und die Standardabweichung s. Markieren Sie im Histogramm den Bereich $[\overline{L} - s; \overline{L} + s]$ und berechnen Sie näherungsweise, wie viel Prozent der Listenpreise zwischen $\overline{L} - s$. und $\overline{L} + s$ liegen. Überprüfen Sie, ob die 68 %-Regel zutrifft.

20 Eine Statistik der Filmwirtschaft gibt in der Urliste {125; 133; 143; 149; 149; 153; 178; 164; 149; 157; 127; 137; 125, 129; 146; 127; 130; 135; 130; 122; 139; 121} an, wie viele Millionen Besucher B ihre Filme in den Jahren 1995 bis 2016 besucht haben.
a) Stellen Sie die Besucherzahlen in einer Tabelle mit relativen Häufigkeiten und Dichten dar. Wählen Sie die Klassen „$120 \le B < 130$", „$130 \le B < 150$", „$150 \le B < 180$". Zeichnen Sie ein Histogramm.
b) Berechnen Sie Näherungswerte für die durchschnittliche Besucherzahl $\overline{B}$ und die Standardabweichung s. Überprüfen Sie, ob die 68 %-Regel zutrifft.
c) In den 1950er Jahren lag der Durchschnitt bei etwa 600 Millionen Besuchern. Diskutieren Sie den starken Rückgang der Besucherzahlen.

21 An der 2012 durchgeführten PISA-Studie nahmen insgesamt 510 000 Schülerinnen und Schüler in 34 OECD-Mitgliedstaaten und 31 Partnerländern teil. Der OECD-Durchschnittswert liegt in jedem Kompetenzbereich (bzw. Fach) bei 500 Punkten, die Standardabweichung bei 100 Punkten.

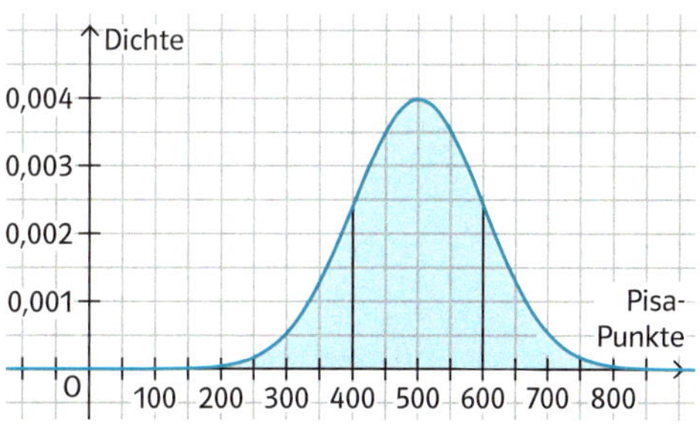

a) Was besagt die 68 %-Regel für diese Studie?
b) Die Fläche unter der Kurve hat den Inhalt 1.
Bestimmen Sie einen Näherungswert für den Anteil des Flächeninhalts im Bereich zwischen den vertikalen Balken, indem Sie die Kurve durch Geradenstücke ersetzen. Interpretieren Sie das Ergebnis.

PISA (**P**rogramme for **I**nternational **S**tudent **A**ssessment) ist die internationale Schulleistungsstudie der OECD.
Bei der Pisa-Studie gilt die 68 %-Regel, da die Verteilung glockenförmig ist.

Test

Kopiervorlage
Check-out
p6t8aa

I Statistik

Statistische Erhebungen

Merkmal	Zu erhebende Größe
Merkmalsträger	Objekt, bei dem ein Merkmal erhoben werden kann
Merkmalsausprägung	möglicher Wert eines Merkmals
Grundgesamtheit	Alle Merkmalsträger zusammen
Stichprobe	Teil der Grundgesamtheit
Stichprobenumfang	Anzahl der Merkmalsträger in der Stichprobe
repräsentative Stichprobe	Stichprobe mit gleichen Eigenschaften wie die Grundgesamtheit

Vorgehen bei einer statistischen Erhebung:
1. Man legt das zu untersuchende Merkmal fest und wählt eine Stichprobe vom Umfang n aus.
2. Man bestimmt eine Urliste mit den Werten $x_1, \ldots, x_n$.
3. Man bestimmt für die Merkmalsausprägungen eine Häufigkeitstabelle und stellt sie grafisch als Säulendiagramm dar.

Merkmal: Note einer Klausur in Klasse 11
Merkmalsträger: Schülerin oder Schüler einer Klasse 11
Merkmalsausprägungen: 0,1, …,15 (Punkte)
Grundgesamtheit: Schüler aller 11. Klassen
Stichprobe: Klasse 11a am AEG
Stichprobenumfang: n = 25

Urliste: {9; 12; 9; 7; 14; 7; 10; 9; 4; 6; 3; 7; 8; 4; 14; 10; 6; 10; 12; 10; 10; 3; 9; 3; 12}

Häufigkeitstabelle:

Punkte	3	4	6	7	8	9	10	12	14
Anzahl	3	2	2	3	1	4	5	3	2
Anteil %	12	8	8	12	4	16	20	12	8

Lagemaße

Das arithmetische Mittel, Median und Modalwert sind Lagemaße einer Urliste mit n Zahlenwerten $x_1, \ldots, x_n$.
Das arithmetische Mittel $\bar{x}$ wird berechnet mit der Formel $\bar{x} = \frac{x_1 + \ldots + x_n}{n}$. Der Median m teilt die geordnete Liste in eine untere und in eine obere Hälfte. Er befindet sich bei der geordneten Liste an der Position $\frac{n+1}{2}$, falls n ungerade ist. Er ist das arithmetische Mittel der Werte an den Positionen $\frac{n}{2}$ und $\frac{n}{2} + 1$, falls n gerade ist. Der Modalwert ist der häufigste Wert in der Liste.

Säulendiagramm:

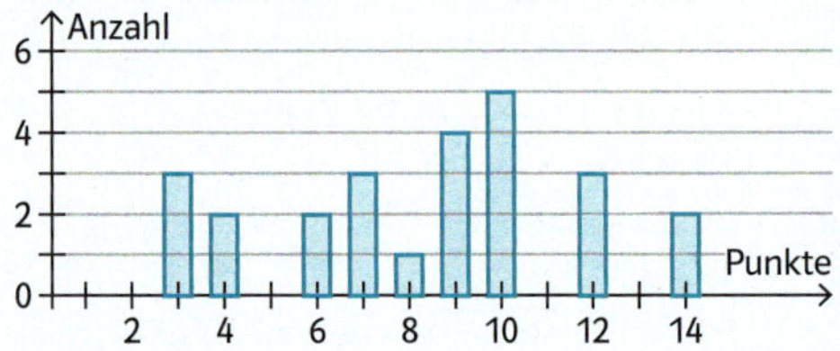

Arithmetisches Mittel: 8,32
Median: 9 Modalwert: 10

Streumaße

Spannweite, Varianz und (empirische) Standardabweichung sind Streumaße einer Urliste mit n Zahlenwerten $x_1, \ldots, x_n$ und dem arithmetischen Mittel $\bar{x}$.
Die Spannweite ist die Differenz des größten und des kleinsten Wertes der Liste.
Die Varianz v ist das arithmetische Mittel der Quadrate aller Abweichungen von $\bar{x}$: $v = \frac{(x_1 - \bar{x})^2 + (x_2 - \bar{x})^2 + \ldots + (x_n - \bar{x})^2}{n}$
Die Standardabweichung ist die Wurzel aus der Varianz: $s = \sqrt{v}$.

Spannweite: 11 Varianz: 10,3776
Standardabweichung: ≈ 3,22

Klassierte Daten

Wenn es viele Merkmalsausprägungen gibt, fasst man oft Bereiche von Merkmalsausprägungen zu Klassen zusammen. Dargestellt werden klassierte Daten in einem Histogramm.
Ein Histogramm ist ein Säulendiagramm, bei dem die Säulenbreiten die Klassenbreiten und die Säulenhöhen die Häufigkeitsdichten sind. Die Häufigkeitsdichte einer Säule wird bestimmt mit der Formel $\frac{\text{relative Häufigkeit der zugehörigen Klasse}}{\text{Klassenbreite}}$.
Der Flächeninhalt einer Säule ist gleich der relativen Häufigkeit der zugehörigen Klasse. Die Summe der Flächeninhalte aller Säulen des Histogramms ergibt 1 bzw. 100 %.

Klassenbildung:

Klasse	Anteil	Dichte
0 ≤ Punkte < 5	20 %	0,04
5 ≤ Punkte < 11	60 %	0,10
11 ≤ Punkte < 15	20 %	0,05

Histogramm:

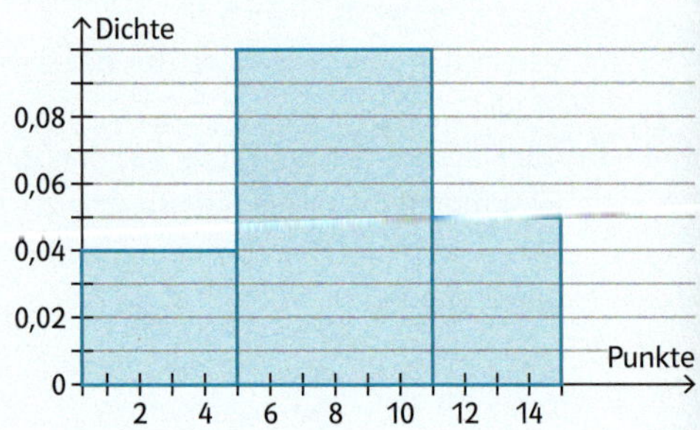

Runde 1

Lösungen | Seite 176

1 Berechnen Sie für die Urliste {4; 3; 4; 5; 4} die Spannweite, den Median, den Modalwert, das arithmetische Mittel, Varianz und Standardabweichung.

2 a) Überprüfen Sie bei dem Säulendiagramm, ob es zu der Tabelle passt. Korrigieren Sie gegebenenfalls die Werte in der Tabelle.

b) Bestimmen Sie für die Werte des Säulendiagramms den Median, das arithmetische Mittel und die Varianz.

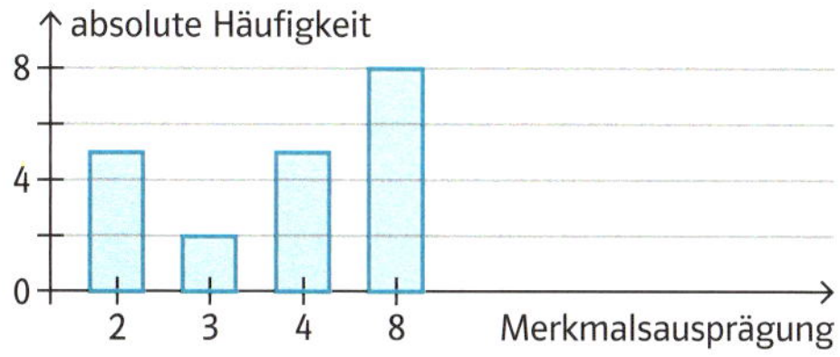

Merkmalsausprägung	2	3	4	8
relative Häufigkeit	20 %	10 %	30 %	40 %

3 Geben Sie eine Stichprobe mit fünf verschiedenen Werten an, bei der

a) das arithmetische Mittel und der Median nicht übereinstimmen,

b) das arithmetische Mittel 2 und die Standardabweichung 0 ist,

c) der Modalwert 5 und der Median kleiner als 5 ist,

d) die Spannweite 4 und die Varianz kleiner als 2 ist.

4 In einem Krankenhaus wurden Gewichte (in kg) stichprobenweise ermittelt und in einer Tabelle mit Klassen erfasst.

a) Berechnen Sie näherungsweise arithmetisches Mittel und Standardabweichung der Gewichte.

b) Zeichnen Sie ein Histogramm.

Gewichtsklasse G	Häufigkeit
$50 \le G < 60$	20
$60 \le G < 70$	23
$70 \le G < 80$	12
$80 \le G < 90$	5

Runde 2

Lösungen | Seite 177

1 Berechnen Sie für die Urliste $\left\{\frac{1}{2}; \frac{3}{4}; 1; \frac{3}{4}\right\}$ die Spannweite, den Median, den Modalwert, das arithmetische Mittel, die Varianz und die Standardabweichung.

2 Ändern Sie in der Urliste {2; 2; 3; 4; 5} jeweils einen Wert so ab, dass

a) arithmetisches Mittel und Median übereinstimmen

b) die Standardabweichung kleiner als 1 ist

c) der Modalwert größer ist als der Median

3 Die Grafik aus dem Statistischen Jahrbuch 2016 zeigt den Wert von Importwaren (in Milliarden Euro) für die größten Handelspartner Deutschlands im Jahre 2015.

a) Berechnen Sie den Median sowie das arithmetische Mittel und die Standardabweichung der Einfuhrwerte für die angegebenen Staaten.

b) Diskutieren Sie, wie sich die Werte aus Teilaufgabe a) vermutlich ändern würden, wenn Deutschland Handelserleichterungen vornehmen würde.

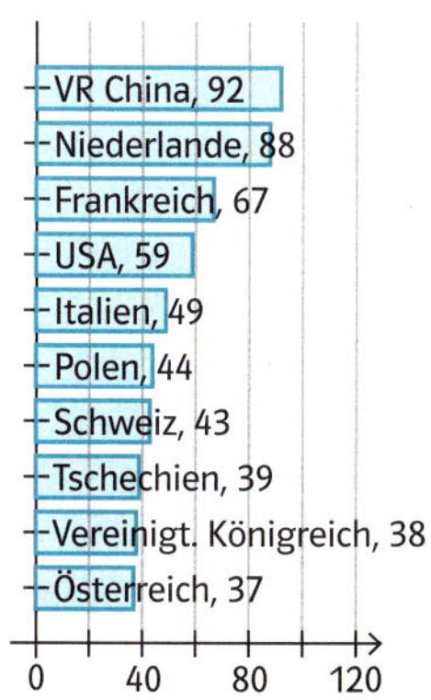

4 Bei einer Erhebung in einem Supermarkt, welche Beträge B (in €) Kunden für ihre Einkäufe ausgeben, wurden drei Klassen „$0 \le B < 10$", „$10 \le B < 50$", „$50 \le B < 100$" gebildet, deren relative Häufigkeiten 25 % bzw. 60 % bzw. 15 % betrugen.

a) Zeichnen Sie ein Histogramm und berechnen Sie Näherungswerte für das arithmetische Mittel $\overline{B}$ und die Standardabweichung s der Kaufbeträge.

b) Bestimmen Sie einen Näherungswert für den Anteil der Einkaufspreise, die im Intervall $[\overline{B} - s;\ \overline{B} + s]$ liegen.

II Funktionen

„Hyperbolisches Schema“:
Die Landschaft wird durch gegenläufige Hyperbelformen konstruiert.

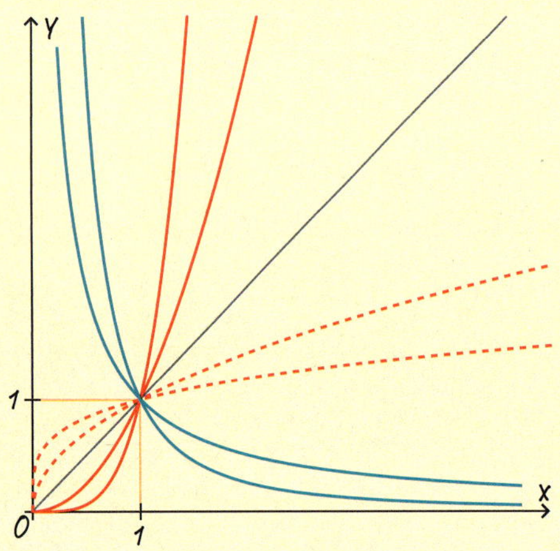

kleine Ursache –
große Wirkung!

Das können Sie schon

- Zahlen in Terme einsetzen und deren Wert berechnen
- Zu quadratischen Funktionen den Graphen zeichnen
- Die Graphen von Sinus- und Exponentialfunktionen mit Funktionsgleichung beschreiben

Check-in

Beherrschen Sie die inhaltlichen Voraussetzungen?
→ Seite 167

Caspar David Friedrich:
Kreidefelsen auf Rügen, 1819

Das können Sie bald

- Potenzfunktionen grafisch darstellen
- Wurzelfunktionen als Potenzfunktionen darstellen
- Graphen von Potenzfunktionen verschieben und strecken
- Verschiebung und Streckung des Graphen an der Funktionsgleichung ablesen

1 Funktionen

„Oh, du hast auch 69 € bezahlt. Bist du auch in Oldenburg zugestiegen?"

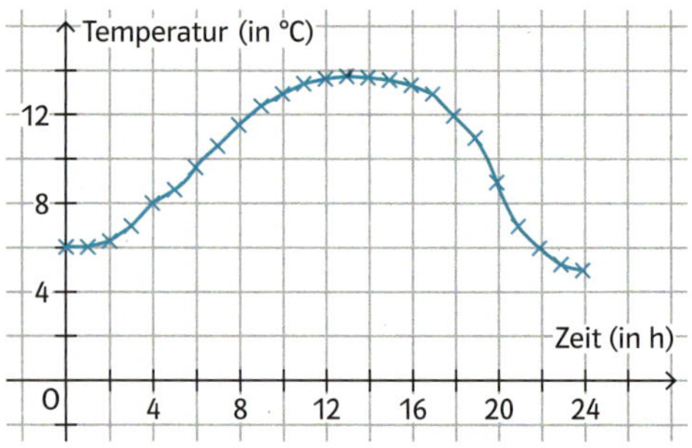

Bei der mathematischen Beschreibung einer Situation ergeben sich oft Zuordnungen zwischen zwei Größen. Will man beispielsweise der Uhrzeit die Temperatur an einem bestimmten Ort zuordnen, kann man das mithilfe der Zuordnung *Uhrzeit → Temperatur* tun. Diese Zuordnung ist **eindeutig**, da es zu jeder Uhrzeit genau eine bestimmte Temperatur gibt. Eindeutige Zuordnungen nennt man **Funktionen**. Die umgekehrte Zuordnung *Temperatur → Uhrzeit* ist jedoch nicht eindeutig, da es zu verschiedenen Uhrzeiten gleich warm sein kann. Einer Temperatur werden dann mehrere Uhrzeiten zugeordnet. Eine solche Zuordnung ist nicht eindeutig, und somit auch keine Funktion.

Bei der Funktion f mit der Gleichung $f(x) = 3x^2 + 5$ kann man für jede reelle Zahl $x \in \mathbb{R}$ den Funktionswert $3x^2 + 5$ berechnen. Man sagt: Die **Definitionsmenge** der Funktion f ist $\mathbb{R}$ und schreibt $\mathbf{D_f} = \mathbb{R}$. Die Menge aller Funktionswerte einer Funktion f heißt **Wertemenge $\mathbf{W_f}$**. Für die Funktion f gilt: Alle reellen Zahlen, die größer oder gleich 5 sind, gehören zu W_f. Man schreibt dafür: $W_f = \{y \mid y \geq 5\}$.

Es gibt Funktionen, deren Definitionsmenge nicht alle reellen Zahlen umfasst. So besteht z. B. die Definitionsmenge der Funktion *Länge einer Holzleiste → Preis* nur aus positiven Zahlen, da negative Längen nicht sinnvoll sind. Auch die Wertemenge besteht sinnvollerweise nur aus positiven Werten (kurz: $W_f = \mathbb{R}^+$).
Zur Definitionsmenge D_h der Funktion h mit $h(x) = \frac{1}{x}$ gehören alle reellen Zahlen außer 0.
Man schreibt dafür kurz: $\mathbf{D_h} = \mathbb{R} \setminus \{0\}$ (lies: „R ohne null").

Folgende Schreibweisen sind üblich:

f, g, h ...	sind Bezeichnungen für Funktionen.
D_f	ist die Menge aller Werte, die für die Funktionsvariable eingesetzt werden dürfen. Sie heißt **Definitionsmenge** von f.
$f(x_0)$	ist der **Funktionswert an der Stelle x_0**, also derjenige Wert, der der Zahl x_0 durch die Funktion f zugeordnet wird.
W_f	ist die Menge aller Funktionswerte. Sie heißt **Wertemenge** von f.
$f: x \mapsto 3x^2 + 5$	ist die **Funktionsvorschrift**, welche ausdrückt, dass jedem Wert für x die Summe aus 5 und dem Dreifachen des Quadrates von x zugeordnet wird. Man nennt $3x^2 + 5$ den **Funktionsterm**.
$f(x) = 3x^2 + 5$	ist die **Funktionsgleichung**, mithilfe derer man zu jedem Wert x_0 der Definitionsmenge den zugehörigen Funktionswert $f(x_0)$ berechnen kann.

Funktionsvorschrift
$f: x \mapsto 3x^2 + 5$
Funktionsname   Funktionsterm
$f(x) = 3x^2 + 5$
Funktionsgleichung

Der **Graph von f** ist die Menge aller Punkte $P(x\,|\,y)$, deren Koordinaten die Gleichung $y = f(x)$, hier also $y = 3x^2 + 5$, erfüllen. Weil bei Funktionen jedem x-Wert genau ein y-Wert zugeordnet wird, werden Graphen von Funktionen von keiner Parallelen zur y-Achse in mehr als einem Punkt geschnitten.

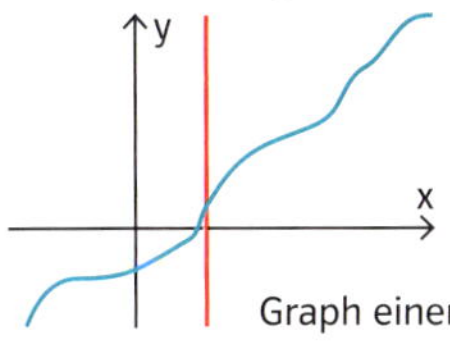

Graph einer Funktion

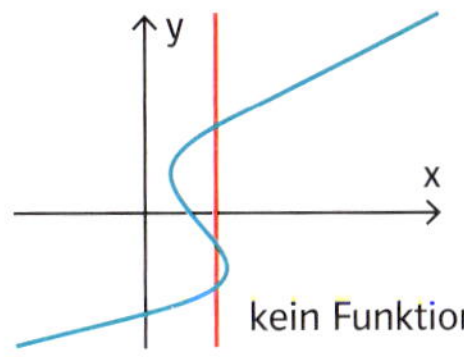

kein Funktionsgraph

Definition: Eine **Funktion f** ist eine Zuordnung, die jedem Element x der Definitionsmenge D_f von f **genau ein** Element f(x) (lies: f von x) der Wertemenge W_f zuordnet.
Der zugeordnete Wert f(x) heißt **Funktionswert**.
Die Punkte $P(x\,|\,y)$ mit $y = f(x)$ bilden den **Graphen von f**.

Die Definitions- und Wertemengen von Funktionen, die nicht alle reellen Zahlen umfassen, werden häufig als Intervall angegeben. Die nebenstehende Tabelle zeigt die Mengenschreibweise und die zugehörige Intervallschreibweise. Bei nach rechts oder links unbeschränkten Intervallen kann man die Intervallschreibweise ebenfalls benutzen, verwendet an der „Unendlich"-Grenze allerdings die Klammer für das offene Intervall.
Weiterhin wird vereinbart: $\mathbb{R}^+ = (0; +\infty)$, $\mathbb{R}_0^+ = [0; +\infty)$, $\mathbb{R}^- = (-\infty; 0)$, $\mathbb{R}_0^- = (-\infty; 0]$.

Mengenschreibweise	Intervallschreibweise
$\{x\,\|\,a \le x \le b\}$	$[a; b]$
$\{x\,\|\,a < x < b\}$	$(a; b)$ oder $]a; b[$
$\{x\,\|\,a < x \le b\}$	$(a; b]$ oder $]a; b]$
$\{x\,\|\,a \le x < b\}$	$[a; b)$ oder $[a; b[$
$\{x\,\|\,x \ge a\}$	$[a; +\infty)$ oder $[a; +\infty[$
$\{x\,\|\,x > a\}$	$(a; +\infty)$ oder $]a; +\infty[$
$\{x\,\|\,x \le b\}$	$(-\infty; b]$ oder $]-\infty; b]$
$\{x\,\|\,x < b\}$	$(-\infty; b)$ oder $]-\infty; b[$

Ein Intervall nennt man „offen", wenn die entsprechenden Randwerte nicht zum Intervall gehören.

Beispiel 1 Definitions- und Wertemenge bestimmen, Graphen zeichnen

Gegeben ist die Funktion f mit $f(x) = \frac{6}{x^2}$.

a) Bestimmen Sie die Definitionsmenge von f.
b) Zeichnen Sie den Graphen von f im Intervall $[-4; 4]$ mithilfe einer Wertetabelle.
c) Geben Sie begründet die Wertemenge von f an.

Lösung

a) Der Nenner des Bruches darf nicht den Wert 0 annehmen. Also gilt: $D_f = \mathbb{R} \setminus \{0\}$.

b)

x	−4	−3	−2	−1	0	1	2	3	4
f(x)	0,375	$0,\overline{6}$	1,5	6	–	6	1,5	$0,\overline{6}$	0,375

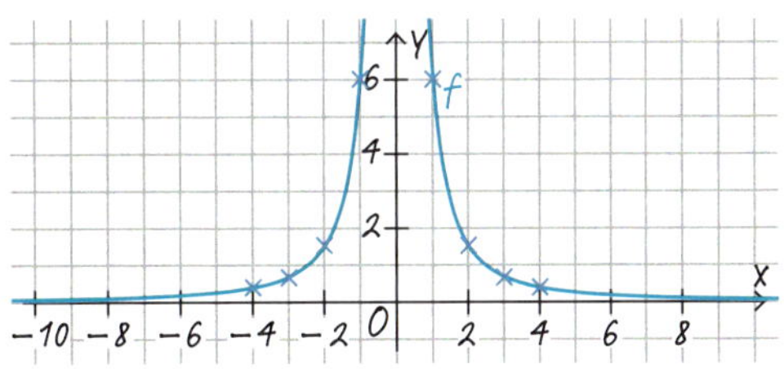

c) Wertemenge: $W_f = \mathbb{R}^+$, weil x^2 für alle Werte von D_f positiv ist.

Beispiel 2 Bezeichnungen und Symbole

Formulieren Sie mithilfe mathematischer Symbole.

a) Der Funktionswert von f an der Stelle 5 ist 7.
b) Die Funktion g ordnet jeder Zahl ihr Doppeltes zu.
c) Die Definitionsmenge von h besteht aus allen positiven reellen Zahlen.
d) g und h haben an der Stelle $x = -1$ verschiedene Werte.
e) An der Stelle a ist der Funktionswert von f kleiner als der Funktionswert von g.

Lösung

a) $f(5) = 7$
b) $g(x) = 2x$
c) $D_h = \mathbb{R}^+$
d) $g(-1) \neq h(-1)$
e) $f(a) < g(a)$

Aufgaben

○ **1** Gehört der Graph zu einer Funktion? Begründen Sie.

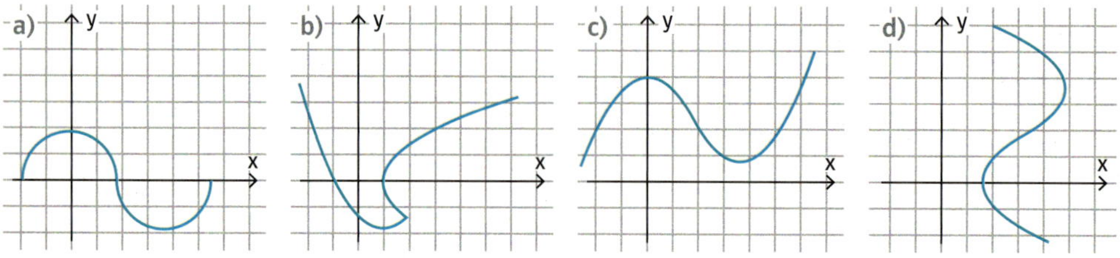

○ **2** Formulieren Sie mithilfe mathematischer Symbole.

a) Der Funktionswert an der Stelle 3 ist 10.

b) Die Funktion g ordnet jeder Zahl einen Wert zu, der um 1 größer ist als ihr Dreifaches.

c) Die Zahl 3 gehört nicht zur Definitionsmenge der Funktion f.

d) Die Funktionen f und g haben an der Stelle 2 denselben Funktionswert.

○ **3** Formulieren Sie die Aussage der mathematischen Symbole in Worten.

a) $f(4) = 6$ b) $D_f = \mathbb{R} \setminus \{0\}$ c) $f(a) = g(a)$ d) $h(x) = 1 - 4x$

○ **4** Gegeben sind die Funktionen f, g und h mit $f(x) = 5 - 3x$, $g(x) = 3 - x^2$ und $h(x) = 3 + \sqrt{x}$.
Bearbeiten Sie jeweils für alle drei Funktionen.

a) Geben Sie die Definitionsmenge der Funktion an.

b) Berechnen Sie die Funktionswerte an den Stellen $x_1 = 2$, $x_2 = 0{,}01$ und $x_3 = -7$.

c) Zeichnen Sie den Graphen der Funktionen f und g mithilfe einer Wertetabelle und den Graphen von h mithilfe Ihres Rechners. Geben Sie die Wertemengen an.

d) Prüfen Sie rechnerisch, ob die Punkte $P(1|2)$ und $Q(0|3)$ auf den Graphen der Funktionen liegen.

○ Test

Lösungen | Seite 177

5 Formulieren Sie mithilfe mathematischer Symbole.

a) Der Wert der Funktion g an der Stelle −2 ist 7.

b) Für jede Zahl ist 7 der Funktionswert von f.

c) Die Funktion g ordnet jeder Zahl einen Wert zu, der 4 weniger als ihr Quadrat ist.

d) Die Funktionswerte von f sind an jeder Stelle größer als die von g.

6 Gegeben sind die beiden Funktionen f und g mit $f(x) = -2 + \sqrt{x}$ und $g(x) = 7 - x^2$.

a) Bestimmen Sie jeweils die Definitionsmenge und die Wertemenge von f und g.

b) Zeichnen Sie die beiden Graphen mithilfe von Wertetabellen im Bereich $[-4; 4]$.

◒ **7** Welche Aussage ist richtig, welche Aussage ist falsch? Begründen Sie Ihre Antwort.

a) Eine Parallele zur x-Achse kann nicht Graph einer Funktion sein.

b) Eine Parallele zur y-Achse kann nicht Graph einer Funktion sein.

c) Jede Parallele zur x-Achse hat mit dem Graphen einer beliebigen Funktion höchstens einen Punkt gemeinsam.

d) Jede Parallele zur y-Achse hat mit dem Graphen einer beliebigen Funktion höchstens einen Punkt gemeinsam.

◒ **8** Bestimmen Sie die Definitionsmenge und die Wertemenge der Funktion f. Berechnen Sie die Funktionswerte an den Stellen 2 und −3.

a) $f(x) = 3x - 0{,}5$ b) $f(x) = 7 - 5x$ c) $f(x) = 2{,}5 - x^2$ d) $f(x) = (x + 1)(x - 2)$

e) $f(x) = \sqrt{x + 2} - 1$ f) $f(z) = -2z + z^2$ g) $f(z) = \frac{1 + z}{z}$ h) $f(x) = \sqrt{-x}$

9 Ein Rechteck mit den Seitenlängen a und b hat den Flächeninhalt $A = 20\,m^2$.
a) Geben Sie die Gleichung der Funktion $f\colon a \mapsto b$ an.
b) Berechnen Sie die Funktionswerte an drei unterschiedlichen Stellen.
c) Geben Sie die Definitionsmenge und die Wertemenge von f an.
d) Zeichnen Sie den Graphen von f.

10 In der Abbildung sehen Sie den Graphen einer Funktion f.
a) Lesen Sie $f(0)$, $f(2)$ und $f(-2{,}5)$ näherungsweise ab.
b) Geben Sie alle x-Werte mit $f(x) = 2$ an.
c) Geben Sie den kleinsten y-Wert im Intervall $[-4; 5]$ an. An welcher Stelle wird er angenommen?

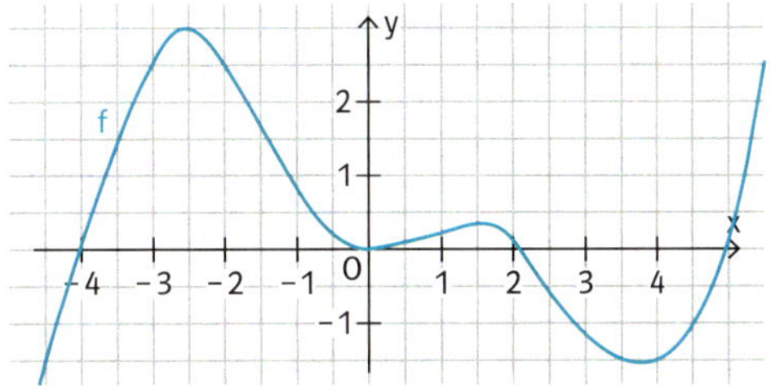

Test

Lösung | Seite 177

Hier empfiehlt sich der Einsatz eines Rechners

11 Gegeben sind die beiden Funktionen f mit $f(x) = \frac{1}{\sqrt{x}} - 2$ und g mit $g(x) = \frac{1}{x+3}$.
a) Bestimmen Sie die Definitionsmengen D_f und D_g.
b) Berechnen Sie die Funktionswerte von f und g an den Stellen $x_1 = 9$ und $x_2 = 0{,}25$.
c) Zeichnen Sie die Graphen von f und g und geben Sie ihre Wertemengen an.

12 Verschiedene zylinderförmige Glasgefäße sollen durch eine 1-Liter-Markierung geeicht werden. Für das Volumen V eines Zylinders vom Radius r und der Höhe h gilt $V = \pi \cdot r^2 \cdot h$.
a) In welcher Höhe muss der Eichstrich bei einem Durchmesser von 1 dm angebracht werden? Rechnen Sie ohne Einheiten.
b) Berechnen Sie die Gleichung der Funktion f, die die Höhe h der Eichmarke in Abhängigkeit vom Zylinderdurchmesser d beschreibt. Geben Sie eine sinnvolle Definitionsmenge für f an. Zeichnen Sie den Graphen von f für diese Definitionsmenge.

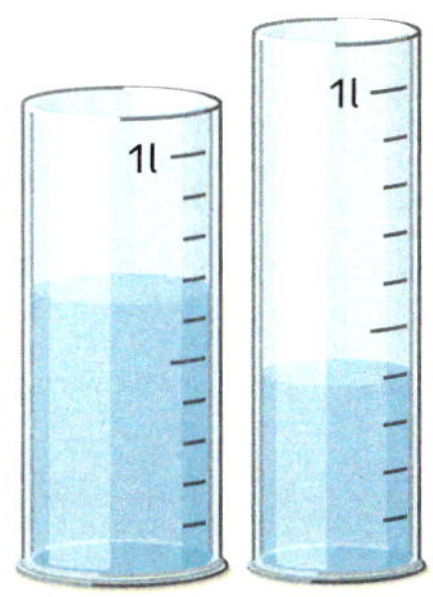

13 Die Gerade g und der Kreis K sind nicht Graphen einer Funktion.
Mit welcher der Gleichungen kann man die Menge aller Punkte $P(x\,|\,y)$ auf der Geraden g bzw. auf dem Kreis K beschreiben?

$x = 1{,}5$ $y = 1{,}5$ $x = y$ $x^2 + y^2 = 1$

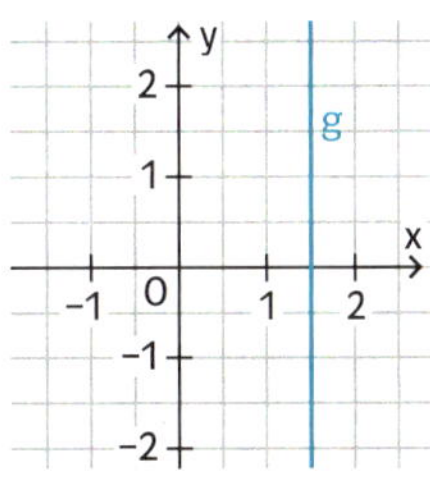

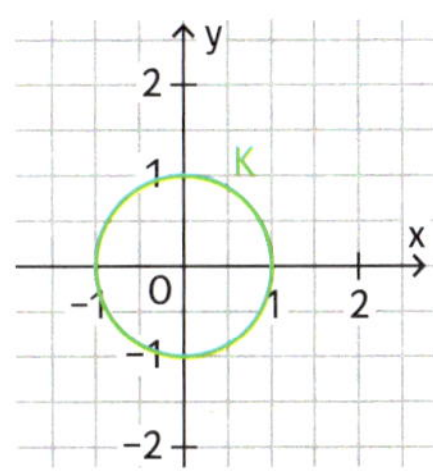

14 Durch folgende Vorschrift wird eine Funktion f mit $D_f = \mathbb{N}$ definiert: $f(0) = 1$, $f(n) = 2 \cdot f(n-1)$.
a) Berechnen Sie die Funktionswerte $f(n)$ für $1 \le n \le 5$.
b) Geben sie eine Gleichung der Funktion f an.

15 Untersuchen Sie mithilfe eines Rechners die Wertemengen der Funktionen f mit $f(x) = x^n$, $n \in \mathbb{N} \setminus \{0\}$. Beschreiben Sie Gemeinsamkeiten und Unterschiede.

Grundwissen Test

Grundwissen Seite 158
Lösung | Seite 177

16 Vereinfachen Sie.
a) $2^5 \cdot 2^3$ b) $a^2 \cdot a^5$ c) $2^2 \cdot 5^2$ d) $x^3 \cdot y^3$
e) $\frac{k^4}{k^3}$ f) $(a^3)^4$ g) $\frac{x^5 y^4 z}{x^2 y^3}$ h) $9^4 : 3^4$

2 Potenzfunktionen mit natürlichen Exponenten

Tinas kleiner Bruder Nick hat ein Radladermodell im Maßstab 1:25. Das Modell seines Freundes Hendrik ist im Maßstab 1:50 gebaut. Nick meint stolz: „Mein Radlader ist doppelt so groß wie der von Hendrik. Damit kann ich doppelt so viel Sand aufladen wie er.“ Tina findet, dass ihr Bruder ein schöner Angeber ist, kann sich aber trotzdem ein Schmunzeln nicht verkneifen.

Bei einem Würfel kann man für jede Kantenlänge k das Volumen V(k) berechnen. Dabei wird der 2-fachen (3-fachen, 4-fachen, …, k-fachen) Kantenlänge das 8-fache (27-fache, 64-fache, … k^3-fache) Volumen zugeordnet. Dieser Zusammenhang lässt sich durch die Funktion V mit $V(k) = k^3$ beschreiben.

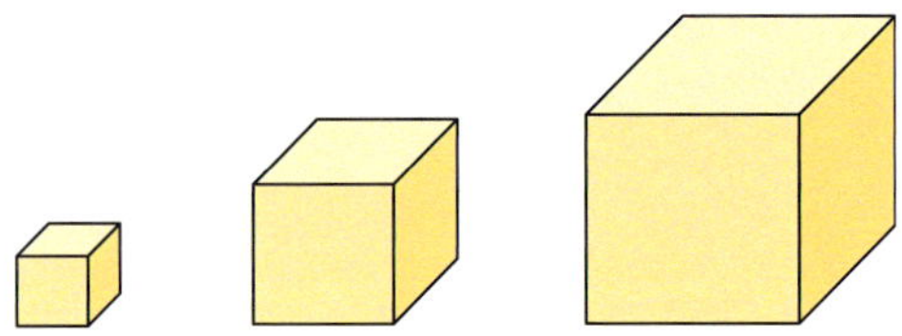

k = 1 cm, V = 1 cm³ | k = 2 cm, V = 8 cm³ | k = 3 cm, V = 27 cm³

Allgemein heißt eine Funktion f mit einer Funktionsgleichung wie z.B. $f(x) = 2x^3$, $f(x) = -5x^3$ oder $f(x) = \frac{3}{4}x^3$ **Potenzfunktion dritten Grades**. Dabei bestimmt der Exponent von x den Grad. Entsprechend gibt es auch Potenzfunktionen vierten, fünften und noch höheren Grades.

Definition: Eine Funktion f, deren Funktionsgleichung sich in der Form $f(x) = a \cdot x^n$ schreiben lässt, heißt eine **Potenzfunktion n-ten Grades**, wobei n eine positive ganze Zahl und $a \neq 0$ eine beliebige Zahl ist. Ihr Graph heißt für $n \geq 2$ **Parabel n-ter Ordnung**.

Die Parameter a und n haben Einfluss auf die Gestalt des Graphen einer Potenzfunktion. Wie sich die Werte der Parameter auswirken, wird nun nacheinander untersucht.

Der Einfluss des Exponenten n

Um den Einfluss von n leichter erkennen zu können, werden Potenzfunktionen mit dem Koeffizienten $a = 1$ betrachtet. Die Funktionsgleichung lautet also $f(x) = x^n$.

gerader Exponent

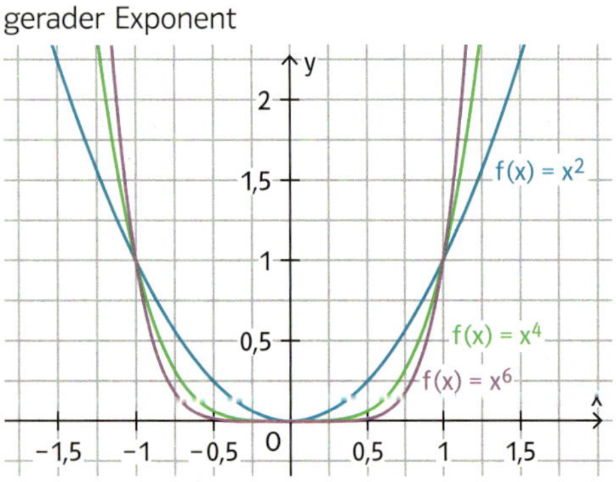

ungerader Exponent

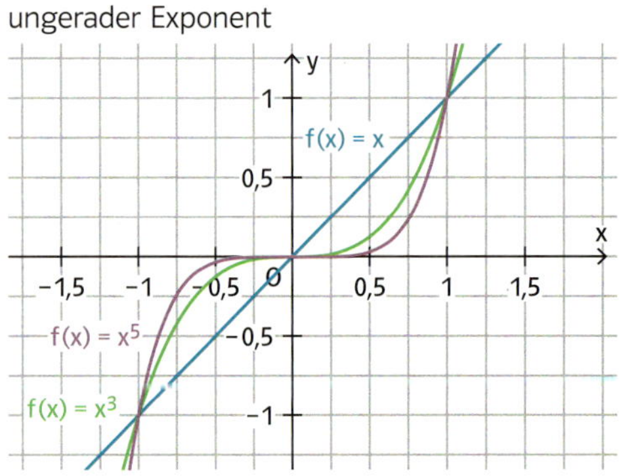

x	x^2	x^4	x^6
−1,5	2,25	5,06	11,4
−1	1	1	1
−0,5	0,25	0,06	0,02
0	0	0	0
0,5	0,25	0,06	0,02
1	1	1	1
1,5	2,25	5,06	11,4

x	x^1	x^3	x^5
−1,5	−1,5	−3,4	−7,6
−1	−1	−1	−1
−0,5	−0,5	−0,13	−0,03
0	0	0	0
0,5	0,5	0,13	0,03
1	1	1	1
1,5	1,5	3,4	7,6

1. Für alle Funktionen gilt $f(0) = 0$, d.h. alle Graphen verlaufen durch den Ursprung $(0|0)$.
2. Bei geradem Exponenten sind alle Funktionswerte außer $f(0)$ positiv. Der Graph verläuft also nicht unterhalb der x-Achse.
   Bei ungeradem Exponenten gilt $f(x) < 0$ für alle $x < 0$. Der Graph verläuft daher für $x < 0$ unterhalb der x-Achse. Für $x > 0$ verläuft er oberhalb der x-Achse, denn es gilt $f(x) > 0$ für alle $x > 0$.
3. Bei geradem Exponenten gilt: Der Graph ist **achsensymmetrisch** zur y-Achse.
4. Bei ungeradem Exponenten gilt: Der Graph ist **punktsymmetrisch** zum Ursprung.
5. Je größer der Exponent, desto schneller wachsen für $|x| > 1$ die Beträge der Funktionswerte.

Allgemein nennt man eine Funktion, für deren Graph die y-Achse Symmetrieachse ist, **gerade Funktion**.
Verläuft der Graph punktsymmetrisch zum Ursprung, so spricht man von einer **ungeraden Funktion**.

Der Einfluss des Streckfaktors a

In der Figur wird gezeigt, wie sich der Graph der Funktion g mit $g(x) = 2 \cdot x^3$ durch eine Streckung in y-Richtung aus dem Graphen von f mit $f(x) = x^3$ ergibt.
Betrachtet man allgemein $g(x) = a \cdot x^3$, so ergeben sich die gleichen Erkenntnisse wie bei quadratischen Funktionen:
Für $|a| > 1$ wird der Graph in y-Richtung gestreckt.
Für $0 < |a| < 1$ wird der Graph in y-Richtung gestaucht.
Ein negativer Faktor a bewirkt zudem eine Spiegelung des Graphen an der x-Achse. Siehe Graph von h mit $h(x) = -1{,}5x^3$.

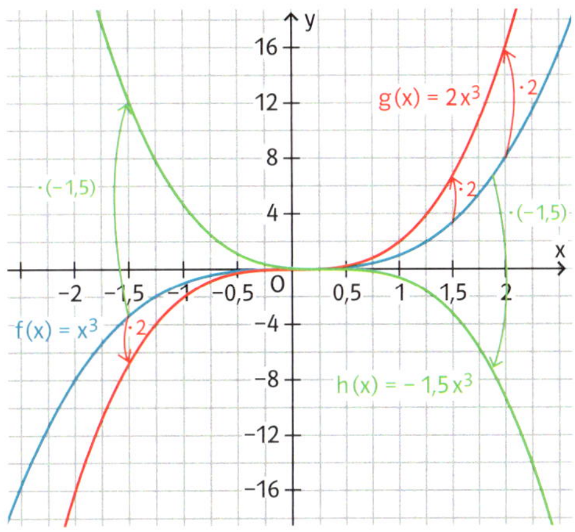

Satz: Für jede Potenzfunktion f mit $f(x) = a \cdot x^n$ $(a \neq 0;\ n \in \mathbb{N},\ n > 0)$ gilt:
- Der Graph von f verläuft durch den Ursprung, $x = 0$ ist einzige Nullstelle von f.
- Ist n gerade, so ist die y-Achse Symmetrieachse des Graphen.
- Ist n ungerade, so ist der Graph punktsymmetrisch zum Ursprung.

Die Funktion f mit $f(x) = a \cdot (x - b)^n + c$

Die Einführung zweier zusätzlicher Parameter b und c bewirkt, dass der Graph der Funktion f verschoben wird. Der Parameter b bewirkt dabei eine Verschiebung in x-Richtung, der additive Parameter c bewirkt eine Verschiebung in y-Richtung.
Ist c positiv, dann wird der Funktionsgraph „nach oben“ verschoben, da die Addition einer positiven Zahl den Funktionswert größer macht. Bei negativem c wird der Graph „nach unten“ verschoben.
Ist der Parameter b positiv, so wird der Graph „nach rechts“ verschoben, bei negativem b dementsprechend „nach links“.
Für $n = 2$ ergibt sich die bereits aus Jahrgangsstufe 9 bekannte Scheitelpunktform $f(x) = a \cdot (x - b)^2 + c$ der quadratischen Funktion mit dem Scheitelpunkt der Parabel $S(b|c)$.

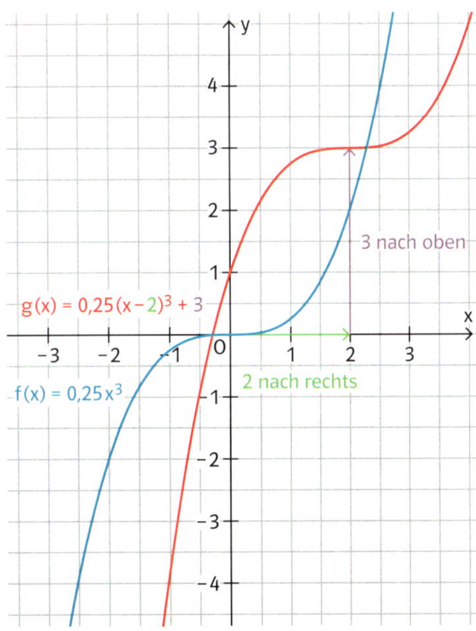

Beispiel 1 **Potenzfunktion grafisch darstellen, Punktprobe durchführen**

a) Zeichnen Sie den Graphen von p mit $p(x) = x^4$ und beschreiben Sie, wie der Graph von f mit $f(x) = -0{,}2x^4$ aus dem Graphen von p entsteht.

b) Prüfen Sie, ob die Punkte $P(0{,}5\,|\,-0{,}01)$ und $Q\left(-1{,}5\,\middle|\,-\frac{81}{80}\right)$ auf dem Graphen von f liegen.

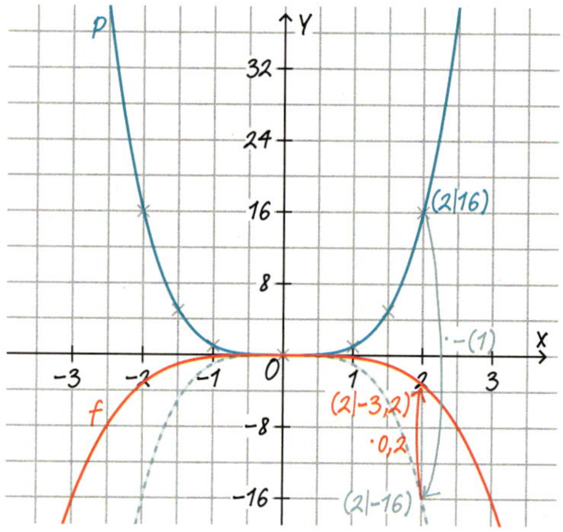

Lösung

a) Der Graph von p wird an der x-Achse gespiegelt (gestrichelter Graph) und mit dem Faktor 0,2 gestaucht.

b) $f(0{,}5) = -0{,}2 \cdot 0{,}5^4 = -0{,}0125 < -0{,}01$

$f(-1{,}5) = -0{,}2 \cdot (-1{,}5)^4 = -\frac{1}{5} \cdot \left(-\frac{3}{2}\right)^4 = -\frac{81}{80}$

P liegt nicht auf, sondern unterhalb des Graphen von f, Q ist Punkt des Graphen.

Beispiel 2 **Graph skizzieren, verschieben und strecken**

Skizzieren Sie den Graphen von f mit $f(x) = x^3$ und den Graphen von g. Wie kann man sich den Graphen von g aus dem Graphen von f entstanden denken?

a) $g(x) = x^3 + 1$ b) $g(x) = (x-1)^3$ c) $g(x) = 2x^3$

Lösung

a) Der Graph von f wurde um eine Einheit nach oben verschoben.

b) Der Graph von f wurde um eine Einheit nach rechts verschoben.

c) Multipliziert man die y-Koordinaten der Punkte des Graphen von f mit 2, so erhält man die y-Koordinaten der Punkte des Graphen von g. Der Graph von f wurde mit dem Faktor 2 gestreckt.

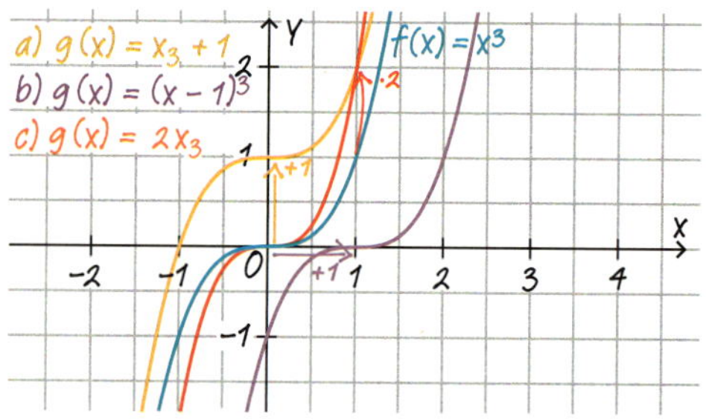

Aufgaben

○ **1** Zeichnen Sie den Graphen der Potenzfunktion f mithilfe einer Wertetabelle. Berechnen Sie zusätzlich die Funktionswerte f(0,1) und f(10).

a) $f(x) = 0{,}5x^3$ b) $f(x) = -x^4$ c) $f(x) = 0{,}1x^5$ d) $f(x) = -0{,}25x^3$

○ **2** Ordnen Sie jedem Graphen eine Funktionsgleichung zu. Begründen Sie, warum zwei der Gleichungen keinem Graphen zugeordnet werden können.

$f(x) = 0{,}01x^4$; $g(x) = -0{,}5x^3$; $h(x) = 8x^8$; $i(x) = x^{11}$; $j(x) = 0{,}4x^3$; $k(x) = x^{10}$

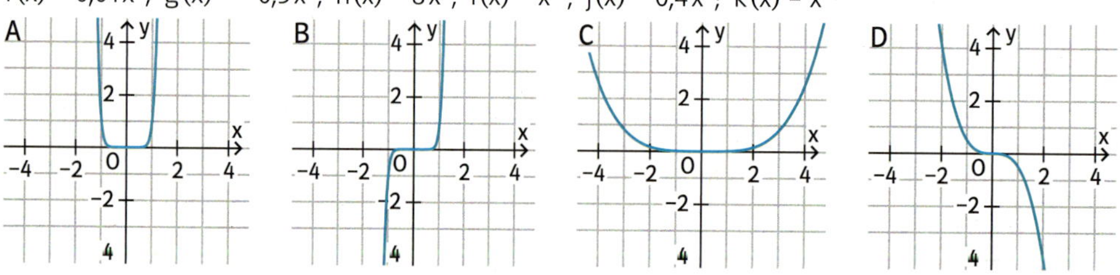

○ **3** Der Punkt Q liegt auf dem Graphen von f mit $f(x) = x^5$. Ergänzen Sie die fehlende Koordinate.

a) Q(3 | ▢) b) Q(−3 | ▢) c) Q(▢ | −32) d) Q(▢ | 7^{15})

○ **4** Prüfen Sie, ob der Punkt P auf dem Graphen von f mit $f(x) = x^6$ oder auf dem Graphen von g mit $g(x) = x^7$ oder auf beiden Graphen liegt.
a) P(0,1 | 0,000001) b) P(3 | 2187) c) P(−5 | −78125) d) P(1 | 1)

○ **5** Zeichnen Sie die Graphen der Potenzfunktionen $f(x) = a \cdot x^4$ für a = 1, a = −2 und a = 0,25. Erläutern Sie, welche Auswirkung der Faktor a auf die Form des Graphen hat.

○ Test Lösung | Seite 178

6 a) Die Punkte P(2 | p), Q(−1 | q), R(r | 0,00002) und S(s | −64) liegen auf dem Graphen der Potenzfunktion f mit $f(x) = 2x^5$. Bestimmen Sie jeweils die fehlende Koordinate.
b) Die Punkte P(−1,2 | p) und Q(1,2 | −2,48832) liegen auf dem Graphen von f mit $f(x) = a \cdot x^5$. Bestimmen Sie ohne Taschenrechner die fehlende Koordinate.

◐ **7** Skizzieren Sie den Graphen von f mit $f(x) = x^4$ und den Graphen von g. Wie kann man sich den Graphen von g aus dem Graphen von f entstanden denken? Welche Eigenschaften des Graphen lassen sich direkt aus der Funktionsgleichung ablesen?
a) $g(x) = x^4 + 2$ b) $g(x) = (x + 2)^4$ c) $g(x) = (x - 2)^4 + 1$
d) $g(x) = 0{,}1x^4$ e) $g(x) = 0{,}5(x - 2)^4$ f) $g(x) = -0{,}5(x + 2)^4 - 1$

◐ **8** Geben Sie die Funktionsgleichung einer Potenzfunktion an, zu der die Aussage passt.
a) Der zugehörige Graph ist symmetrisch zur y-Achse.
b) Der zugehörige Graph verläuft durch den Punkt (1 | 3).
c) Keiner der zugehörigen Funktionswerte ist negativ.

◐ **9** Der Graph der Funktion f mit $f(x) = a \cdot x^4$ verläuft durch den Punkt P(2 | 8).
a) Bestimmen Sie den Wert von a.
b) Prüfen Sie, ob die Punkte $Q\left(-\frac{1}{2} \middle| \frac{1}{8}\right)$ und R(4 | 128) auf dem Graphen von f liegen.

◐ **10** Bestimmen Sie die Funktionsgleichung der Potenzfunktion f mit $f(x) = ax^4$, deren Graph durch den Punkt P verläuft.
a) P(4 | 4) b) P(−2 | 80) c) P(10 | −10) d) P(−0,5 | −2)

◐ Test Lösung | Seite 178

11 Der Graph von f mit $f(x) = a \cdot x^5$ verläuft durch den Punkt A(2 | 16).
a) Bestimmen Sie den Wert von a.
b) Überprüfen Sie, ob die Punkte B(1 | 2) und C(−3 | −121,5) auf dem Graphen von f liegen.

● **12** Bestimmen Sie zu den Graphen die passenden Funktionsgleichungen.

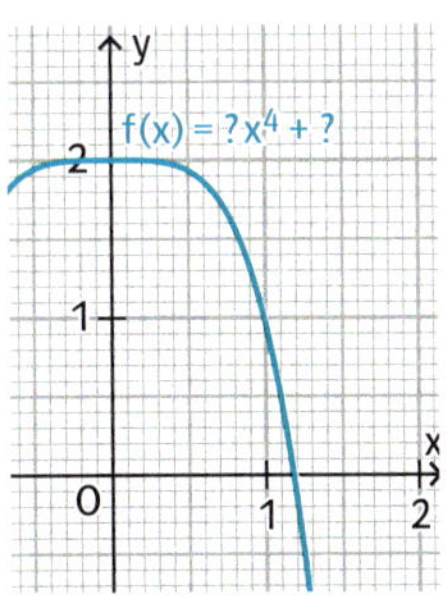

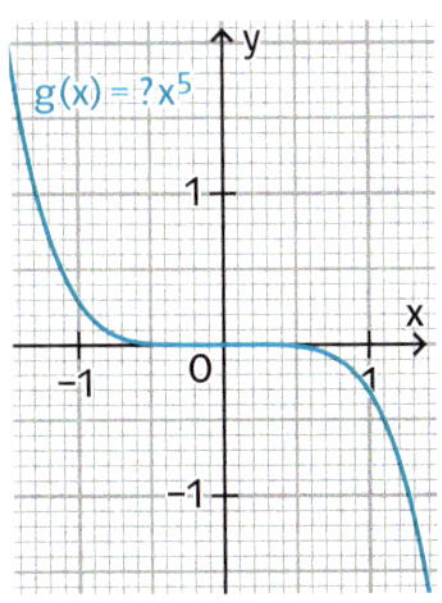

● **13** a) Begründen Sie, wie sich das Gewicht eines Holzwürfels ändert, wenn man seine Kantenlänge verdoppelt.
b) Begründen Sie, wie man die Kantenlänge eines Holzwürfels ändern muss, damit sich das Volumen verdoppelt.

Grundwissen Test Grundwissen Seite 158 Lösung | Seite 178

14 Berechnen Sie. Schreiben Sie das Ergebnis in Wurzelschreibweise.
a) $5^{\frac{1}{2}} \cdot 5^{\frac{1}{4}}$ b) $10^{\frac{1}{2}} : 10^{\frac{1}{3}}$ c) $2^{\frac{2}{3}} \cdot 4^{\frac{2}{3}}$ d) $\left(3^{\frac{1}{3}}\right)^{\frac{3}{2}}$

3 Potenzfunktionen mit negativen Exponenten

Die Anziehungskraft der Erde nimmt mit zunehmender Entfernung vom Erdmittelpunkt ab. Verdoppelt man diese Entfernung, so reduziert sich die Anziehungskraft auf ein Viertel. Kann das Kraftgesetz eigentlich als Potenzfunktion geschrieben werden?

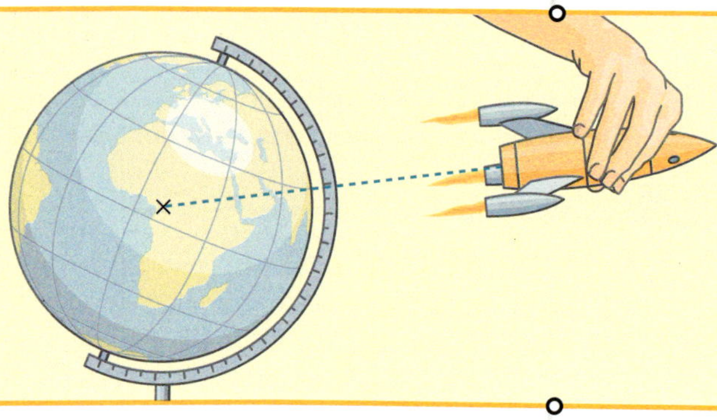

Gleichungen von antiproportionalen Funktionen kann man auch in Potenzschreibweise angeben. Es gilt beispielsweise $f(x) = \frac{6}{x} = 6x^{-1}$ oder $f(x) = \frac{1}{2x} = \frac{1}{2}x^{-1}$. Sie sind Potenzfunktionen mit dem (negativen) Exponenten −1. Die Graphen dieser Funktionen heißen **Hyperbeln**. Auch für alle anderen ganzzahligen negativen Exponenten bezeichnet man die Graphen als Hyperbeln, also z.B. auch die Graphen von f mit $f(x) = 3x^{-2}$ oder $f(x) = 0{,}2x^{-6}$.

Definition: Der Graph einer Potenzfunktion f mit der Funktionsgleichung $f(x) = a \cdot x^{-n}$ $(a \neq 0)$ heißt **Hyperbel n-ter Ordnung**. Hierbei ist der Exponent n eine positive ganze Zahl.

Die Parameter a und n haben auch hier Einfluss auf die Gestalt des Graphen der Potenzfunktion. Wie sich die Werte der Parameter auswirken, wird nun nacheinander untersucht.

Der Einfluss des Exponenten n

Um den Einfluss von n leichter erkennen zu können, werden wieder die entsprechenden Potenzfunktionen mit dem Koeffizienten $a = 1$ betrachtet. Die Funktionsgleichung lautet also $f(x) = x^{-n}$ $(n \in \mathbb{N}, n > 0)$.

gerader Exponent

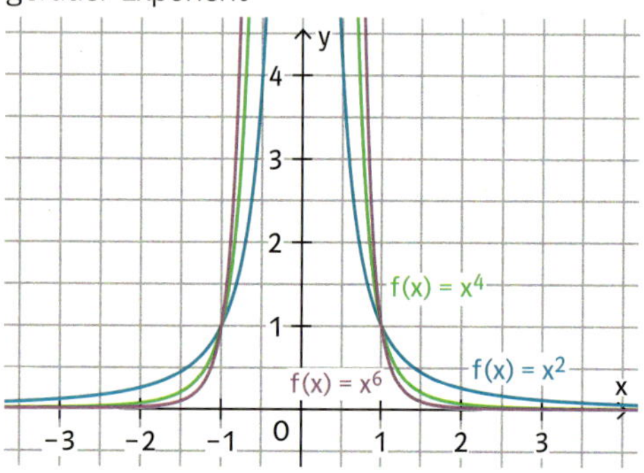

ungerader Exponent

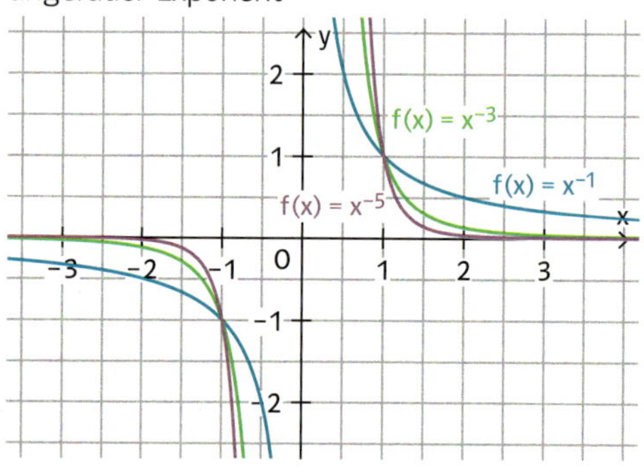

x	x^{-2}	x^{-4}	x^{-6}
−2	0,25	0,06	0,02
−1	1	1	1
−0,75	1,8	3,2	5,6
0,75	1,8	3,2	5,6
1	1	1	1
2	0,25	0,06	0,02

x	x^{-1}	x^{-3}	x^{-5}
−2	−0,5	−0,1	−0,03
−1	−1	−1	−1
−0,75	−1,3	−2,4	−4,2
0,75	1,3	2,4	4,2
1	1	1	1
2	0,5	0,1	0,03

1. Für alle betrachteten Funktionen gibt es für $x = 0$ keinen Funktionswert. Die Definitionsmenge ist $D_f = \mathbb{R} \setminus \{0\}$. Die zugehörigen Hyperbeln bestehen daher aus zwei nicht zusammenhängenden Teilen, den sogenannten Hyperbelästen.
2. Nähern sich die x-Werte immer mehr der Zahl 0, so werden die Beträge der Funktionswerte immer größer. Die Hyperbeläste schmiegen sich an die y-Achse an.
3. Werden die Beträge der x-Werte immer größer, so nähern sich die Funktionswerte immer mehr der Zahl 0 an. Die Hyperbeläste schmiegen sich an die x-Achse an.
4. Bei geradem Exponenten gilt: Der Graph ist achsensymmetrisch zur y-Achse.
5. Bei ungeradem Exponenten gilt: Der Graph ist punktsymmetrisch zum Ursprung

Der Einfluss des Streckfaktors a:
In der Figur wird gezeigt, wie der Faktor a den Graphen von f mit $f(x) = x^{-2}$ verändert.
Für $|a| > 1$ ist der Graph in y-Richtung gestreckt (Beispiel: $g(x) = 2x^{-2}$). Für $0 < |a| < 1$ ist der Graph gestaucht. Negative Streckfaktoren bewirken neben der Streckung zusätzlich noch eine Spiegelung des Graphen an der x-Achse (Beispiel: $h(x) = -0{,}5x^{-2}$).

Der Streckfaktor a beeinflusst auch das Anschmiegen der beiden Hyperbeläste an die x- und die y-Achse. Für $-1 < a < 1$ schmiegen sich die Äste schneller, für $|a| > 1$ langsamer an beide Achsen an.

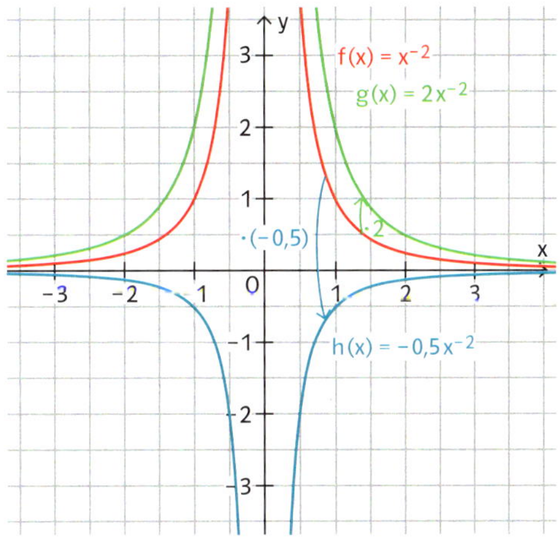

Satz: Für jede Potenzfunktion f mit $f(x) = a \cdot x^{-n}$ ($a \neq 0$; $n \in \mathbb{N}$, $n > 0$) gilt:
- f ist an der Stelle $x = 0$ nicht definiert. $D_f = \mathbb{R} \setminus \{0\}$. Der Graph ist eine Hyperbel. Nähert sich x der Zahl 0 immer mehr an, so wird $|f(x)|$ immer größer. Der Graph schmiegt sich an die y-Achse an.
- Wird $|x|$ immer größer, so nähert sich f(x) immer weiter der Zahl 0 an. Der Graph schmiegt sich an die x-Achse an.
- Ist n gerade, so ist die y-Achse Symmetrieachse des Graphen, und alle Funktionswerte haben das gleiche Vorzeichen.
- Ist n ungerade, so ist der Ursprung Symmetriezentrum des Graphen, und die Funktionswerte wechseln an der Stelle $x = 0$ das Vorzeichen.

Eine Gerade, an die sich der Graph einer Funktion anschmiegt, heißt **Asymptote** des Graphen.

asympiptein (griech.): nicht zusammenfallen

Die Funktion f mit $f(x) = a \cdot (x - b)^{-n} + c$
Wie bei den Potenzfunktionen mit positivem Exponenten bewirken die beiden Parameter b und c eine Verschiebung des gestreckten und gegebenenfalls an der x-Achse gespiegelten Graphen. Der Parameter b verschiebt den Graphen in x-Richtung („nach rechts/links"), c verschiebt den Graphen in y-Richtung („nach oben/unten").

Beispiel 1 Hyperbel zeichnen, Punktprobe durchführen
a) Zeichnen Sie den Graphen von h mit $h(x) = x^{-1}$ und beschreiben Sie, wie der Graph von f mit $f(x) = -2x^{-1}$ aus dem Graphen von h entstanden ist.
b) Prüfen Sie, ob die Punkte $P(-2|1)$ und $Q(5|-0{,}5)$ auf dem Graphen von f liegen.

Lösung
a) Der Graph von h wurde an der x-Achse gespiegelt (gestrichelter Graph) und dann mit 2 gestreckt (roter Graph).
b) $f(-2) = -2 \cdot (-2)^{-1} = 1$
$f(5) = -2 \cdot 5^{-1} = -0{,}4 > -0{,}5$
P ist Punkt des Graphen von f, Q liegt nicht auf, sondern unterhalb des Graphen von f.

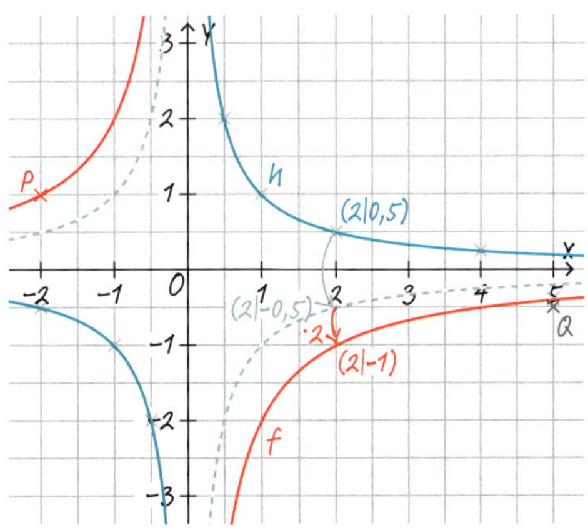

Beispiel 2 **Graphen skizzieren, verschieben und strecken**

Skizzieren Sie den Graphen von f mit $f(x) = x^{-4}$ und die Graphen der Funktionen g, h und i. Wie kann man sich diese Graphen aus dem Graphen von f entstanden denken?

a) $g(x) = x^{-4} + 2$

b) $h(x) = (x - 3)^{-4}$

c) $i(x) = 2x^{-4}$

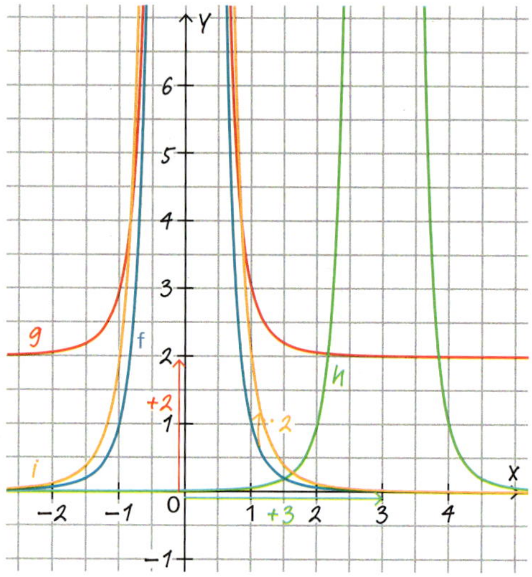

Lösung

a) Der Graph von f wurde um zwei Einheiten nach oben verschoben.

b) Der Graph von f wurde um drei Einheiten nach rechts verschoben.

c) Multipliziert man die y-Koordinaten der Punkte des Graphen von f mit 2, so erhält man die y-Koordinaten der Punkte des Graphen der Funktion i.

Beispiel 3 **Funktionsgleichung einer Hyperbel bestimmen**

Bestimmen Sie die zur Hyperbel gehörende Funktionsgleichung mithilfe selbstgewählter geeigneter Punkte.

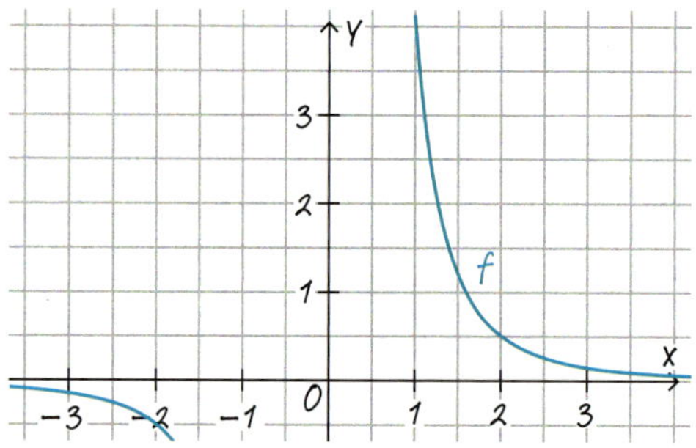

Lösung

Aus dem Graphen liest man die Punkte $P(1|4)$ und $Q\left(2\middle|\frac{1}{2}\right)$ ab. Der Punkt mit dem x-Wert 1 ist geschickt, da man durch Einsetzen dieses Punktes in $f(x) = a \cdot x^{-n}$ sofort a erhält: $4 = a \cdot 1^{-n}$. Da $1^{-n} = 1$ ist (für alle n), ist also $a = 4$. Hiermit und mit dem Punkt Q erhält man dann $\frac{1}{2} = 4 \cdot 2^{-n}$. Hieraus folgt, dass $n = 3$ ist. Die Funktionsgleichung lautet also $f(x) = 4x^{-3}$.

Aufgaben

○ **1** Zeichnen Sie den Graphen der Funktion f, indem Sie entsprechend vorgehen wie in Beispiel 1. Berechnen Sie die Funktionswerte f(1) und f(5).

a) $f(x) = 4x^{-1}$ b) $f(x) = -2x^{-2}$ c) $f(x) = 8x^{-3}$ d) $f(x) = \frac{1}{2x^2}$

○ **2** Ordnen Sie jedem Graphen begründet eine Funktionsgleichung zu.

$f(x) = 0{,}5x^{-3}$; $g(x) = 2x^{-1}$; $h(x) = 0{,}5x^{-1}$; $i(x) = -x^{-6}$

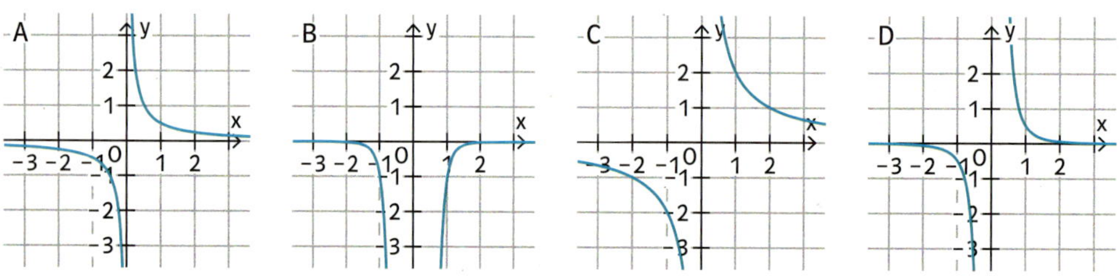

○ **3** Prüfen Sie, ob der Punkt P auf dem Graphen von f mit $f(x) = 2x^{-3}$ liegt.

a) $P(1|2)$ b) $P\left(2\middle|\frac{1}{8}\right)$ c) $P(0{,}5|16)$ d) $P\left(-2\middle|-\frac{1}{4}\right)$

○ **4** Der Punkt Q liegt auf dem Graphen von f mit $f(x) = -0{,}5x^{-2}$. Ergänzen Sie die fehlende Koordinate.
a) $Q(2|\square)$ b) $Q(-3|\square)$ c) $Q\left(\square\middle|-\frac{1}{32}\right)$ d) $Q\left(\square\middle|-\frac{1}{4}\right)$

○ Test Lösung | Seite 178

5 Gegeben ist die Funktion f mit $f(x) = 3x^{-3}$.
a) Überprüfen Sie, ob die Punkte $P\left(3\middle|\frac{1}{9}\right)$ und $Q\left(-2\middle|-\frac{1}{2}\right)$ auf dem Graphen von f liegen.
b) Der Punkt $R(2|\square)$ liegt auf dem Graphen von f. Berechnen Sie die fehlende Koordinate.

◒ **6** a) Die Punkte $A(2|a)$, $B(-5|b)$, $C(c|160)$ und $D(d|0{,}001)$ liegen auf dem Graphen von f mit $f(x) = 2\cdot x^{-5}$. Bestimmen Sie die fehlenden Koordinaten.
b) Die Punkte $P(p|2{,}4)$ und $Q(0{,}5|48)$ liegen auf dem Graphen der Funktion f mit $f(x) = a\cdot x^{-5}$. Bestimmen Sie a und p.

◒ **7** Bestimmen Sie mithilfe geeigneter Punkte die zu den rechts abgebildeten Hyperbeln gehörenden Gleichungen der Form ax^{-n}.

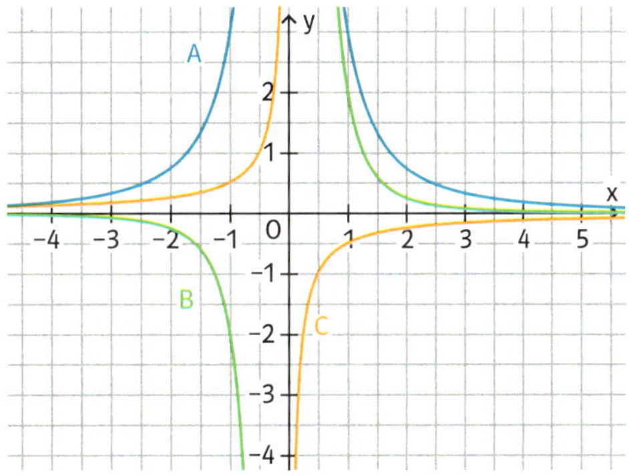

◒ Test Lösungen | Seite 178

8 Geben Sie eine zu einer Hyperbel gehörende Funktionsgleichung an, zu der die Aussage passt.
a) Der Ursprung ist Symmetriezentrum. b) Der Punkt $(1|-5)$ ist Hyperbelpunkt.
c) Halbiert man den Wert für x, so wird der zugehörige Funktionswert viermal so groß.

9 Der Graph der Funktion f mit $f(x) = a\cdot x^{-4}$ verläuft durch den Punkt $P(2|-1)$.
a) Bestimmen Sie den Wert von a.
b) Prüfen Sie, ob auch die Punkte $Q(-1|16)$ und $R(0{,}5|-256)$ auf dem Graphen von f liegen.

● **10** Skizzieren Sie den Graphen von f mit $f(x) = x^{-3}$ und den Graphen von g. Wie kann man sich den Graphen von g aus dem Graphen von f entstanden denken?
a) $g(x) = x^{-3} + 2$ b) $g(x) = x^{-3} - 1$ c) $g(x) = (x+1)^{-3}$
d) $g(x) = (x-2)^{-3}$ e) $g(x) = (x-1)^{-3} + 1$ f) $g(x) = (x+3)^{-3} - 2$
g) $g(x) = 0{,}1x^{-3}$ h) $g(x) = 1{,}5(x-2)^{-3}$ i) $g(x) = -1{,}5(x+2)^{-3} - 1$

● **11** Welchen Zusammenhang kann man mithilfe von Potenzfunktionen beschreiben? Begründen Sie Ihre Entscheidung.
a) *Zurückgelegte Strecke* → *Reststrecke bis zum Ziel* beim Marathonlauf.
b) *Zeit seit dem Start* → *Korbhöhe* bei einem Riesenrad, das sich gleichmäßig dreht.
c) *Durchschnittliche Geschwindigkeit* → *Fahrzeit* bei einem Radrennen.
d) *Länge* → *Gewicht* eines gleichmäßig dicken Drahtes.
e) *Zeit seit dem Absprung* → *Fallstrecke* bei einem Sprung vom 10-m-Turm.

Grundwissen Test Grundwissen Seite 158
Lösung | Seite 178

12 Vereinfachen Sie mithilfe der Potenzgesetze.

a) $\frac{x^2y^3z}{x^4yz^2}$ b) $\left(y^{\frac{5}{8}}\right)^{\frac{8}{5}}$ c) $\sqrt[3]{9}\cdot\sqrt[3]{3}$ d) $\frac{\sqrt[4]{6}}{\sqrt[3]{6}}$ e) $\sqrt[4]{\sqrt[3]{z^8}}$ f) $\left(x\sqrt[3]{y}\right)^3$

4 Wurzelfunktionen

Jedem Flächeninhalt x einer quadratischen Kachel ist die zugehörige Kantenlänge y eindeutig zugeordnet.
Gibt man x zum Beispiel in cm^2 und y in cm an, so ergibt sich für die Funktion $x \mapsto y$ ein Graph.
An welchen bekannten Graphen erinnert er?

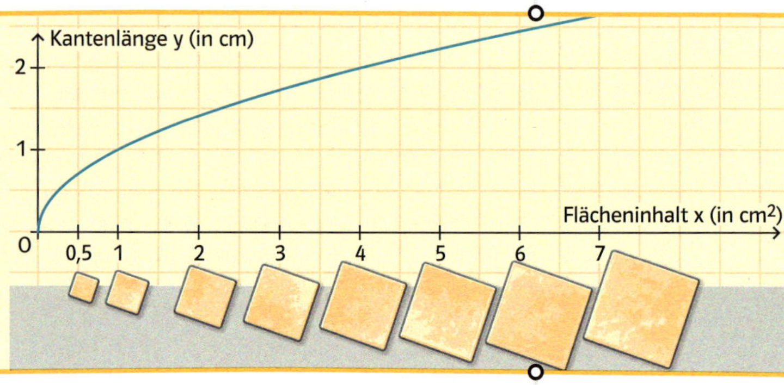

Mithilfe einer Wertetabelle kann man zum Beispiel auch die Wurzelfunktion f mit $f(x) = \sqrt{x}$ problemlos skizzieren. Dabei ist zu beachten, dass für x nur nicht-negative Werte eingesetzt werden dürfen. Die Definitionsmenge der Funktion f ist daher $D_f = \mathbb{R}_0^+$.
Wurzeln können jedoch auch als Potenzen dargestellt werden. So hat die hier betrachtete Quadratwurzel $\sqrt{x}$ die Potenzschreibweise $x^{\frac{1}{2}}$. Man kann deshalb die Wurzelfunktion als spezielle Potenzfunktion mit einem Bruch als Exponenten ansehen.

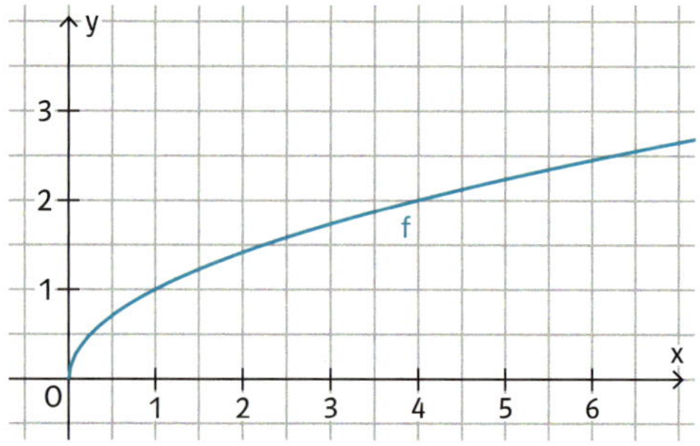

Allgemein sind für nicht-negative Zahlen Potenzen der Form $x^{\frac{1}{n}}$ (mit $n \in \mathbb{N} \setminus \{0\}$) definiert. Es handelt sich hierbei um eine andere Schreibweise für $\sqrt[n]{x}$. Somit sind alle Wurzelfunktionen also auch als Potenzfunktionen mit einem Bruch als Exponenten anzusehen.

Definition: Eine Funktion f mit $f(x) = x^{\frac{1}{n}}$ $(n \in \mathbb{N},\ n > 0)$ heißt **Wurzelfunktion**. Ihr Graph ist ein „waagerecht liegender Parabelast". Die Definitionsmenge der Funktion sind die nicht-negativen reellen Zahlen $\left(D_f = \mathbb{R}_0^+\right)$.

Potenzen der Form $x^{\frac{m}{n}}$ können ebenfalls in Wurzelschreibweise angegeben werden. Dabei gilt $x^{\frac{m}{n}} = \sqrt[n]{x^m}$. Funktionen mit einer Funktionsgleichung $f(x) = x^{\frac{m}{n}} = (x^m)^{\frac{1}{n}}$ mit $m, n \in \mathbb{N}$ und $m, n > 0$ sind ebenfalls Potenzfunktionen. Ihre Definitionsmengen sind wie bei den Wurzelfunktionen die nicht-negativen reellen Zahlen, da auch diese Potenzen nur für nicht-negative Werte von x definiert sind.

Die Graphen der Funktionen f mit $f(x) = x^{\frac{m}{n}}$ haben unterschiedliches Aussehen, abhängig von den beiden Zahlen m und n:
Für $\frac{m}{n} > 1$ verlaufen sie parabelähnlich nach oben (blau).
Für $m = n$ ist $\frac{m}{n} = 1$ und es ergibt sich die erste Winkelhalbierende $y = x$.
Für $\frac{m}{n} < 1$ verlaufen die Graphen ähnlich einer Wurzelfunktion (grün).
Die Graphen der Funktionen f und g mit $f(x) = x^{\frac{m}{n}}$ und $g(x) = x^{\frac{n}{m}}$ liegen dabei achsensymmetrisch zur ersten Winkelhalbierenden.

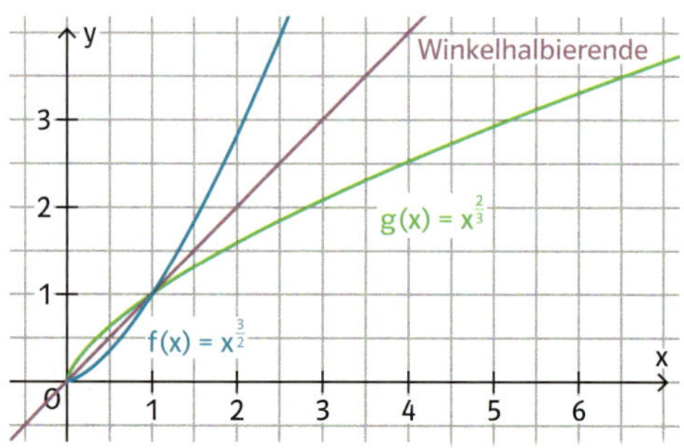

Beispiel 1 Graph einer Wurzelfunktion zeichnen, Punktprobe durchführen

a) Zeichnen Sie den Graphen der Funktion f mit $f(x) = \sqrt[3]{x}$.

b) Prüfen Sie, ob die Punkte $P(4|1{,}5)$ und $Q(8|2)$ auf dem Graphen von f liegen.

Lösung

a) Mithilfe des Rechners erhält man den Graphen der Funktion f.

b) $f(4) = \sqrt[3]{4} \approx 1{,}587$; $f(8) = 2$. Q liegt also auf dem Graphen von f, P nicht.

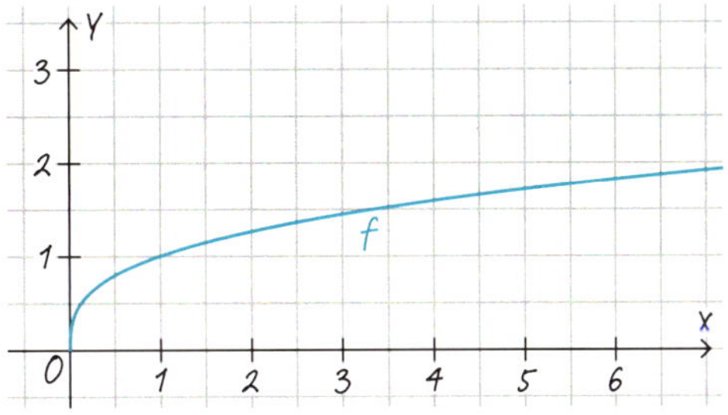

Beispiel 2 Funktionsgleichung einer Wurzelfunktion bestimmen

Die Punkte $A(1|1)$ und $B(9|3)$ liegen auf dem Graphen der Funktion f mit $f(x) = x^{\frac{m}{n}}$. Bestimmen Sie die Funktionsgleichung.

Lösung

Setzt man den Punkt A in die allgemeine Funktionsgleichung $f(x) = x^{\frac{m}{n}}$ ein, so erhält man $1 = 1^{\frac{m}{n}}$. Dies ist eine wahre Aussage für alle Exponenten und enthält deshalb keine Information über den gesuchten Exponenten. Einsetzen des Punktes B führt zur Gleichung $3 = 9^{\frac{m}{n}}$. Dies führt zu $\frac{m}{n} = \log_9 3 = \frac{1}{2}$. Es handelt sich also um die Wurzelfunktion f mit $f(x) = x^{\frac{1}{2}} = \sqrt{x}$.

Beispiel 3 Strecken und Verschieben der Graphen von Wurzelfunktionen

Bestimmen Sie die Definitionsmenge und entwickeln Sie den Graphen der Funktion f mit $f(x) = 2\sqrt[3]{x-3} + 1$ aus dem Graphen von g mit $g(x) = \sqrt[3]{x}$.

Lösung

Da die Wurzel nur aus nicht-negativen Zahlen gezogen werden kann, muss der Radikand $x - 3$ größer oder gleich 0 sein, d.h. $D_f = [3; \infty) = \{x \mid x \geq 3\}$.

Die Funktionsgleichung kann umgeformt werden zu $f(x) = 2(x-3)^{\frac{1}{3}} + 1$.

Daran erkennt man, dass der Graph von g mit dem Faktor 2 gestreckt wird. Er ist zudem um 3 nach rechts und um 1 nach oben verschoben.

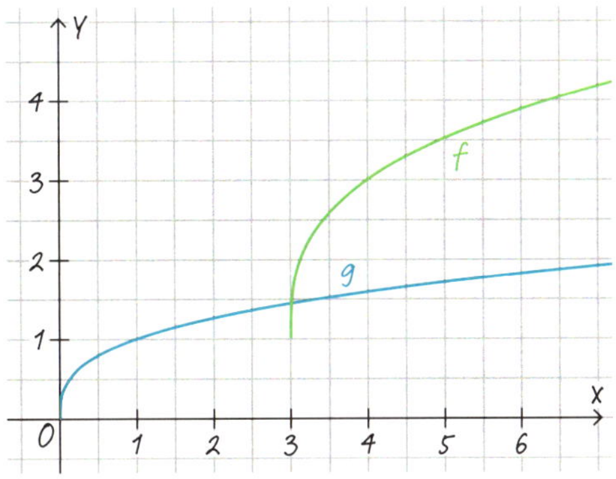

Aufgaben

○ **1** Überprüfen Sie, ob die Punkte auf dem Graphen der Funktion f mit $f(x) = \sqrt[4]{x}$ liegen.

a) $P(16|2)$ b) $Q(8|1)$ c) $R\left(\frac{81}{16}\middle|1{,}5\right)$ d) $S(-1|1)$

○ **2** Die Punkte $A(8|a)$, $B(1|b)$ und $C(c|9)$ liegen auf dem Graphen der Potenzfunktion f. Bestimmen Sie die jeweils fehlende Koordinate.

a) $f(x) = x^{\frac{2}{3}}$ b) $f(x) = 3x^{-\frac{1}{3}}$ c) $f(x) = x^{-0{,}4}$ d) $f(x) = (2x)^{\frac{1}{4}}$

○ **3** Entwickeln Sie den Graphen der Funktion f aus dem Graphen von g mit $g(x) = \sqrt{x}$.

a) $f(x) = \sqrt{x+2} - 1$ b) $f(x) = 3\sqrt{x-1}$

Beispiel 1 **Verändern des Funktionsterms mit einem Parameter**

Beschreiben Sie, wie der Graph der Funktion g aus dem Graphen der Funktion f mit $f(x) = \frac{1}{x^2}$ entsteht. Geben Sie eine Funktionsgleichung von g an.

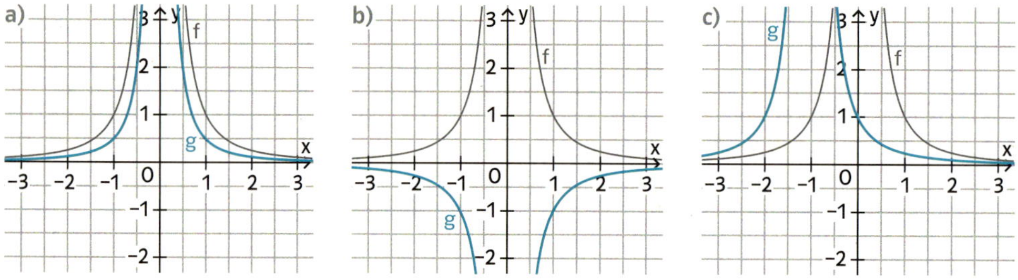

Lösung

a) Der Graph wird mit dem Faktor $a = \frac{1}{2}$ gestaucht. Funktionsgleichung: $g(x) = \frac{1}{2} \cdot \frac{1}{x^2} = \frac{1}{2x^2}$.

b) Der Graph wird an der x-Achse gespiegelt, d.h. $a = -1$. Funktionsgleichung: $g(x) = -\frac{1}{x^2}$.

c) Der Graph wird um −1 in x-Richtung verschoben. Funktionsgleichung: $g(x) = \frac{1}{(x+1)^2}$.

Beispiel 2 **Skizzieren eines Graphen**

Entwickeln Sie den Graphen von g mit $g(x) = \frac{1}{2}\sin\left(x - \frac{\pi}{2}\right) + 1$ aus dem Graphen der Sinusfunktion f mit $f(x) = \sin(x)$.

Lösung

1. Schritt: Der Graph von $f(x) = \sin(x)$ wird skizziert (K_1).
2. Schritt: Stauchen von K_1 mit dem Faktor 0.5 (K_2).
3. Schritt: Verschieben von K_2 um $\frac{\pi}{2}$ in x-Richtung und um 1 in y-Richtung (K_3).

K_3 ist der Graph der Funktion $g(x)$.

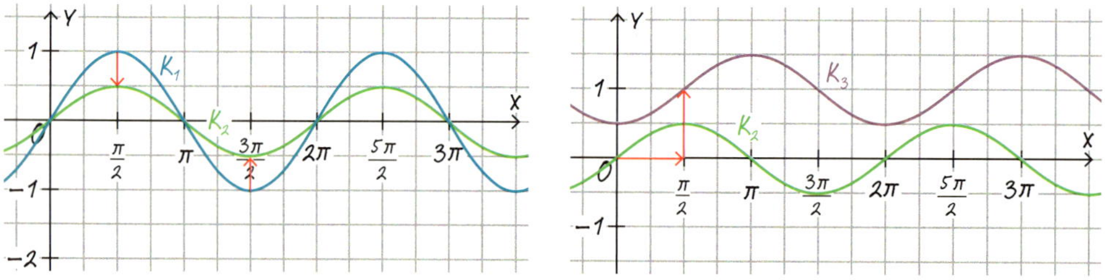

Aufgaben

○ **1** Erläutern Sie, wie man aus dem Graphen von f mit $f(x) = x^2$ den Graphen von g erhält.

a) $g(x) = x^2 - 4$ b) $g(x) = \frac{1}{2}x^2$ c) $g(x) = -\frac{1}{2}x^2$ d) $g(x) = (x-3)^2$

e) $g(x) = x^2 + 1{,}5$ f) $g(x) = (x+4)^2$ g) $g(x) = x^2 + 0{,}5$ h) $g(x) = 0{,}6\,x^2$

○ **2** Beschreiben Sie, wie man den Graphen der Funktion g aus dem Graphen der Funktion f mit $f(x) = x^2$ erhält, und geben Sie eine Funktiongleichung für g an.

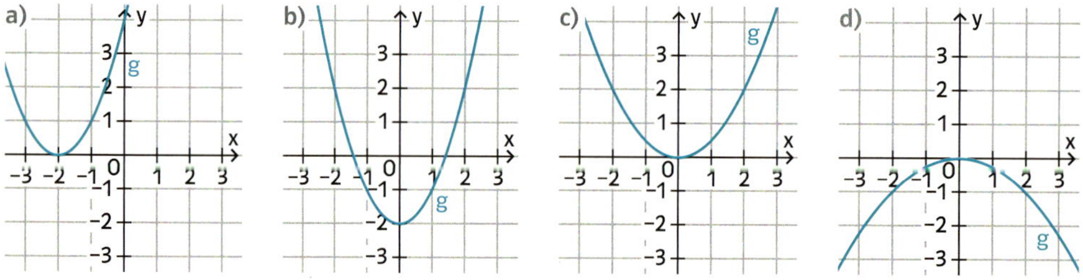

○ **3** Skizzieren Sie die Graphen der drei Funktionen f, g und h in ein gemeinsames Koordinatensystem.

a) $f(x) = x^2$
$g(x) = x^2 - 1{,}5$
$h(x) = (x + 3)^2$

b) $f(x) = x^2$
$g(x) = x^2 + 1$
$h(x) = (x - 3)^2$

c) $f(x) = x^3$
$g(x) = x^3 - 2$
$h(x) = (x - 3)^3$

d) $f(x) = x^3$
$g(x) = \frac{1}{2}x^3$
$h(x) = -\frac{1}{2}x^3$

○ **4** Beschreiben Sie, wie man den Graphen der Funktion g aus dem Graphen der Funktion f mit $f(x) = \frac{1}{x}$ erhält, und geben Sie eine Funktionsgleichung für g an.

a) 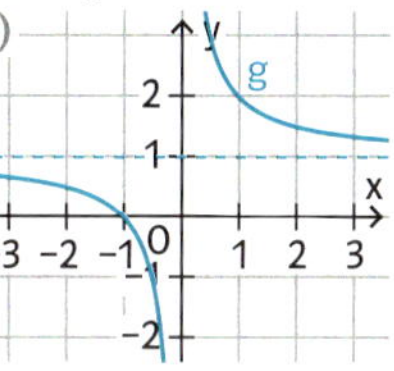

b) 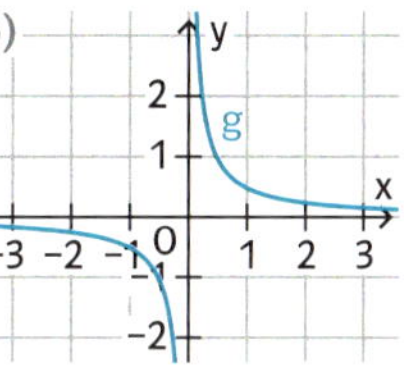

c) 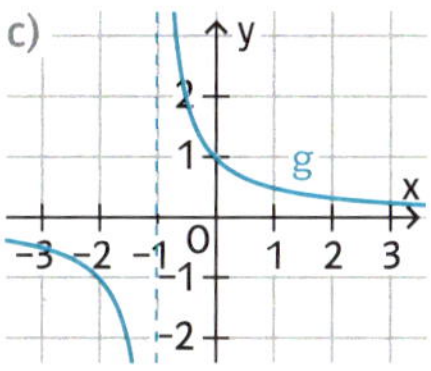

d) 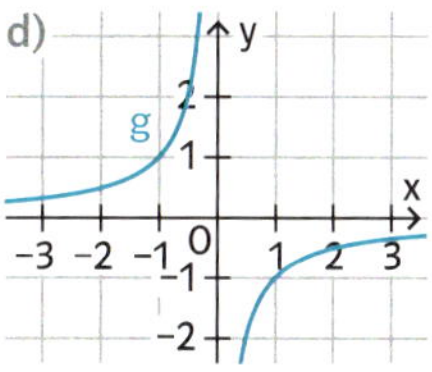

○ **5** Skizzieren Sie die Graphen der vier Funktionen f, g, h und i in ein gemeinsames Koordinatensystem.

a) $f(x) = x^3$
$g(x) = 0{,}5x^3$
$h(x) = (x - 2)^3$
$i(x) = x^3 - 2$

b) $f(x) = 1{,}5^x$
$g(x) = 2 \cdot 1{,}5^x$
$h(x) = 1{,}5^x - 2$
$i(x) = 1{,}5^{x-2}$

c) $f(x) = \sin(x)$
$g(x) = \sin\left(x - \frac{\pi}{4}\right)$
$h(x) = \sin(x) + 1{,}5$
$i(x) = 0{,}5 \cdot \sin(x)$

d) $f(x) = \sqrt{x}$
$g(x) = \sqrt{x} + 1$
$h(x) = \sqrt{x - 3}$
$i(x) = \sqrt{x + 4}$

Test

Lösungen | Seite 178

6 Gegeben ist die Funktion f mit $f(x) = \sqrt{x}$.
Wie erhält man die Graphen von g und von h (Abbildung rechts) aus dem Graphen der Funktion f? Geben Sie Funktionsgleichungen für g und h an.

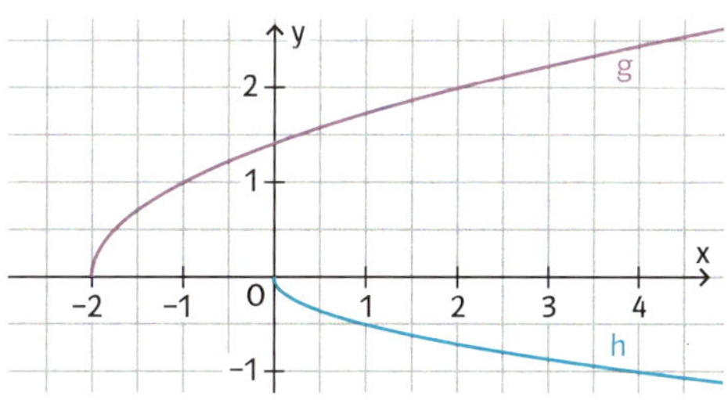

7 Skizzieren Sie die Graphen der Funktionen $f(x) = x^3$, $g(x) = (x - 2)^3$ und $h(x) = -0{,}25x^3$ in ein gemeinsames Koordinatensystem.

◐ **8** Entwickeln Sie den Graphen der Funktion g aus dem Graphen der Funktion f wie in Beispiel 2.

a) $f(x) = x^{-2}$; $g(x) = 2(x - 3)^{-2} - 4$

b) $f(x) = \sin(x)$; $g(x) = 3\sin(x - \pi) - 1$

c) $f(x) = 2^x$; $g(x) = \frac{1}{3} \cdot 2^{x-1} - 2$

d) $f(x) = \sqrt{x}$; $g(x) = \frac{1}{2}\sqrt{x + 4} + 1$

◐ **9** Beschreiben Sie, wie der Graph der Funktion g aus dem Graphen der Funktion f entsteht, und geben Sie eine Funktionsgleichung für g an.

a) $f(x) = 2^x$

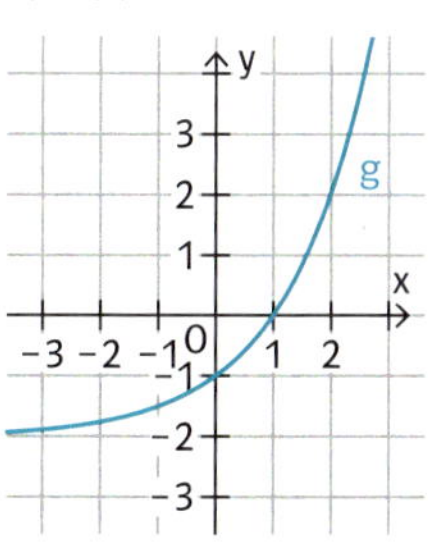

b) $f(x) = x^2$

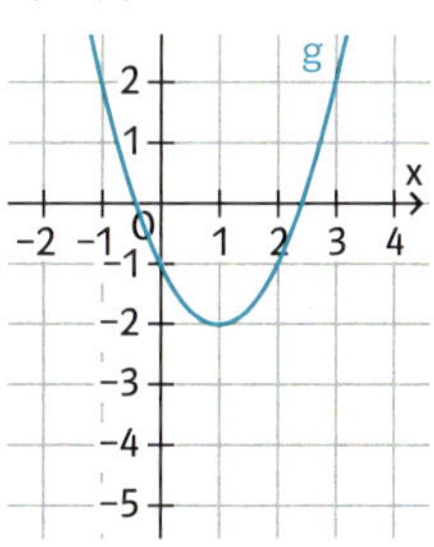

c) $f(x) = x^3$

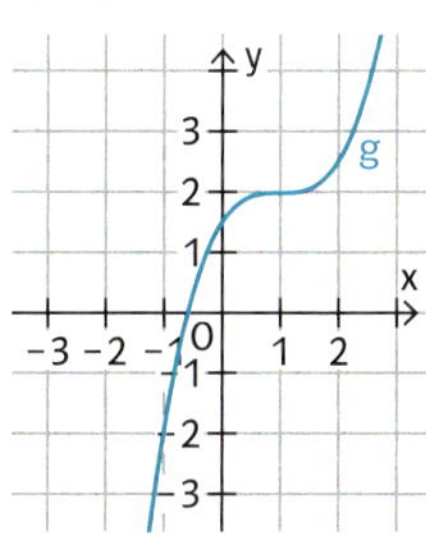

d) $f(x) = \frac{1}{x^2}$

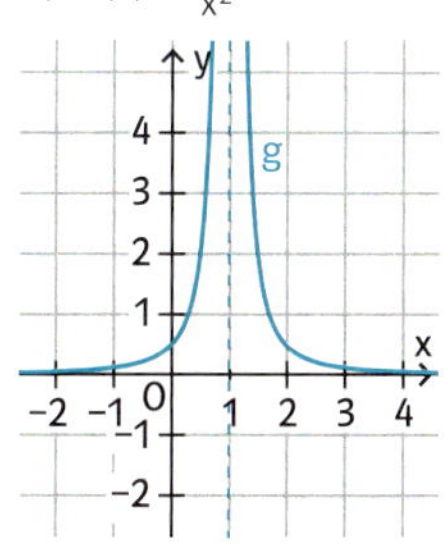

10 Ordnen Sie die Graphen A, B und C den Funktionen f, g und h zu und bestimmen Sie jeweils die Parameter a, b und c.

$f(x) = a \cdot (x - b)^4 + c$ | $g(x) = a \cdot (x - b)^3 + c$ | $h(x) = \frac{a}{x - b} + c$

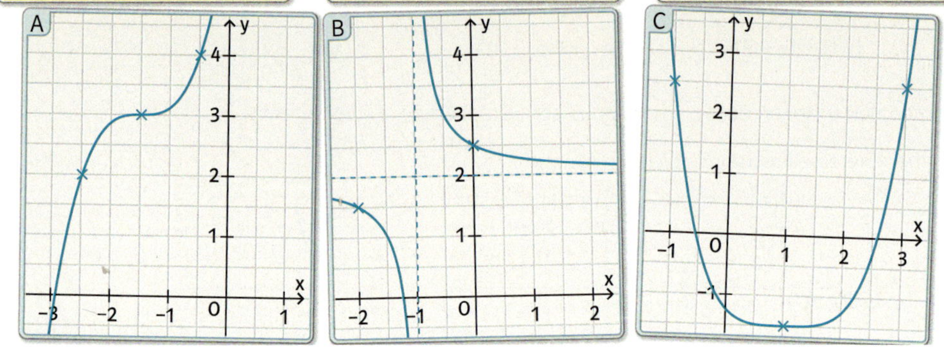

Test

Lösungen | Seite 178

11 Beschreiben Sie jeweils, wie der Graph der Funktion g in Fig. 1 aus dem Graphen der Funktion f entsteht, und geben Sie einen Funktionsterm von g an.

(1) $f(x) = x^3$ (2) $f(x) = \frac{1}{x}$

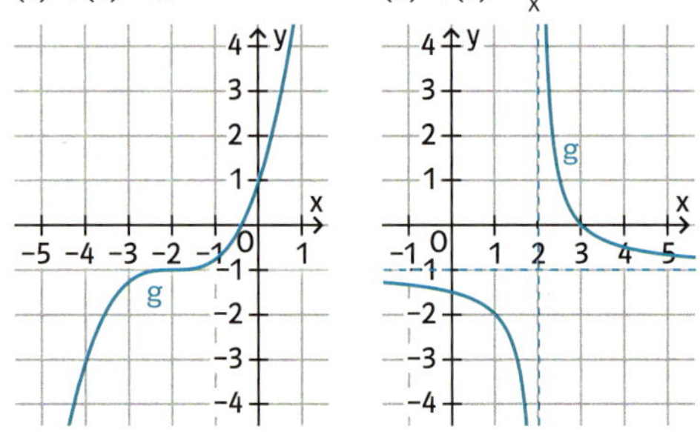

Fig. 1

12 Skizzieren Sie in ein gemeinsames Koordinatensystem die Graphen von f und g.

a) $f(x) = \frac{1}{x}$ $g(x) = \frac{2}{x} - 2$

b) $f(x) = x^3$ $g(x) = -\frac{1}{8}(x + 3)^3$

13 Laura und Isabell diskutieren über die Sinusfunktion. Laura ist sich sicher, dass es in der letzten Klassenstufe insgesamt vier Parameter gab, um die Sinusfunktion zu verändern. „Wozu soll der vierte Parameter gut sein?", fragt Isabell.

a) Diskutieren Sie mit ihrem Banknachbarn, welche Auswirkungen der vierte Parameter k bei der Funktion f mit $f(x) = a \cdot \sin(k(x - b)) + c$ hat.

b) Zeichnen Sie die Funktion f mit $f(x) = 1{,}5 \cdot \sin\left(k\left(x - \frac{\pi}{4}\right)\right) - 2$ mithilfe ihres Rechners und variieren Sie den Parameter k mithilfe eines Schiebereglers. Passt das Ergebnis zu ihrer Diskussion?

c) Begründen Sie, warum bei Potenzfunktionen und Exponentialfunktionen die Multiplikation des Arguments mit einem Faktor k nicht sinnvoll ist und deshalb vernachlässigt wird.

14 Bei den Exponentialfunktionen wird nur selten eine Verschiebung in x-Richtung betrachtet.

a) Beschreiben Sie, wie der Funktionsgraph von g mit $g(x) = 2 \cdot 2^x$ aus dem Graphen von f mit $f(x) = 2^x$ entstanden ist.

b) Beschreiben Sie, wie der Funktionsgraph von h mit $h(x) = 2^{x+1}$ aus dem Graphen von f mit $f(x) = 2^x$ entstanden ist.

c) Zeigen Sie, dass die Funktionsterme von g und h äquivalent sind.

d) Zeigen Sie, dass die Verschiebung einer Exponentialfunktion in x-Richtung immer als Streckung bzw. Stauchung angesehen werden kann.

Grundwissen Test

Grundwissen Seite 158
Lösung | Seite 179

15 Bestimmen Sie die Lösungen der Potenzgleichungen.

a) $x^3 = 64$ b) $x^4 - 625 = 0$ c) $x^6 + 44 = 12$ d) $(2x - 1)^4 = 16$

Umkehrfunktion

Bei einem Würfel kann man zu jedem Volumen V die zugehörige Kantenlänge k berechnen. Die Funktionsgleichung der Funktion $V \mapsto k$ lässt sich in Wurzel- oder in Potenzschreibweise angeben: $k = \sqrt[3]{V} = V^{\frac{1}{3}}$

Die Funktion $V \mapsto k$ kann also als Potenzfunktion mit dem Exponenten $\frac{1}{3}$ geschrieben werden. Man nennt sie **Umkehrfunktion** der kubischen Funktion $k \mapsto V$, weil sie diese Zuordnung „rückgängig“ macht.

Zur Erinnerung:
Die Funktion $k \mapsto V$ ist die kubische Funktion mit der Funktionsgleichung $V(k) = k^3$.

Funktion $k \mapsto V$	Umkehrfunktion $V \mapsto k$
(k in cm; V in cm³)	
$0 \to 0$	$0 \to 0$
$0{,}5 \to 0{,}125$	$0{,}125 \to 0{,}5$
$1 \to 1$	$1 \to 1$
$\sqrt[3]{2} \to 2$	$2 \to \sqrt[3]{2}$
$\sqrt[3]{5} \to 5$	$5 \to \sqrt[3]{5}$
$2 \to 8$	$8 \to 2$
$3 \to 27$	$27 \to 3$

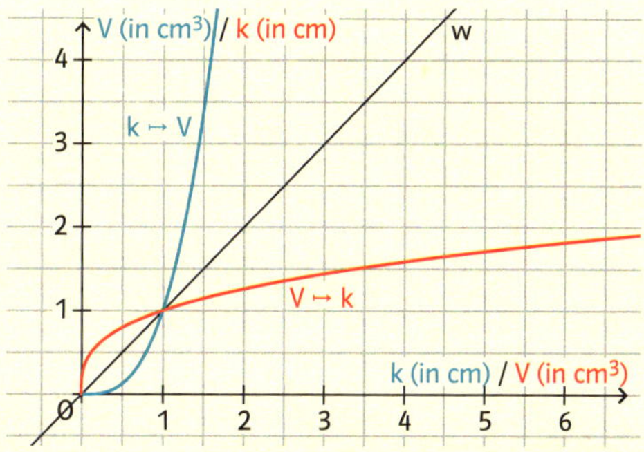

Fig. 1

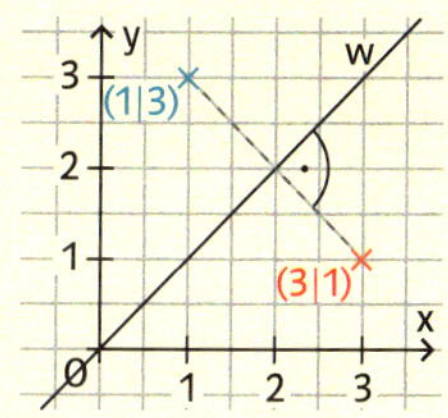

In Fig. 1 sind die Wertepaare der Funktionen $k \mapsto V$ und $V \mapsto k$ in dasselbe Koordinatensystem eingetragen.
Die Umkehrung der Zuordnungsrichtung bewirkt einen Tausch der Koordinaten jedes Punktes, der auf dem Graphen der Funktion $k \mapsto V$ liegt. Der Punkt wird dadurch an der Winkelhalbierenden w des Koordinatensystems gespiegelt.
Die Graphen von Funktion und Umkehrfunktion liegen folglich spiegelbildlich zu w.

In gleicher Weise kann zu jeder Potenzfunktion $f(x) = x^z$ mit ganzzahligem Exponenten z $(z \neq 0)$ eine Umkehrfunktion entwickelt werden. Dabei wird für die Funktion f die Menge zulässiger x-Werte für $z > 0$ auf $x \geq 0$ und für $z < 0$ auf $x > 0$ beschränkt.
Diese Beschränkung ist für gerade Exponenten z notwendig, weil andernfalls ein und derselbe Funktionswert zu verschiedenen x-Werten auftritt. Eine Umkehrfunktion im Sinne der Eindeutigkeit kann dann nicht gebildet werden.
Obwohl bei ungeraden Exponenten z die Umkehrung auch ohne Beschränkung der Werte für x eindeutig ist, schließt man hier negative Werte für x ebenfalls aus.
Diese Beschränkung ist zwar nicht zwingend erforderlich, im Sinne einer vereinfachten Darstellung jedoch hilfreich. Verzichtete man auf eine Beschränkung der Werte für x, so müsste die Umkehrfunktion durch unterschiedliche Funktionsterme beschrieben werden.

Einschränkung schafft auch für die Umkehrung eindeutige Verhältnisse:

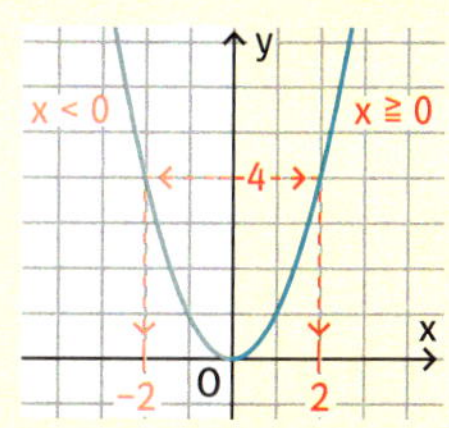

Man erhält die Umkehrfunktion g zu einer gegebenen Funktion f mit der Gleichung $y = f(x)$, indem man die Variablen x und y vertauscht. Die entstehende Gleichung wird nach y aufgelöst und y durch $g(x)$ ersetzt.
Auf diese Weise ergibt sich zum Beispiel zur Funktion f mit $f(x) = x^{-2}$ $(x > 0)$ die Umkehrfunktion g mit $g(x) = x^{-\frac{1}{2}}$ $(x > 0)$.
Der Graph von g kann durch Spiegeln des Graphen von f an der Geraden mit der Gleichung $y = x$ gezeichnet werden (Fig. 2).

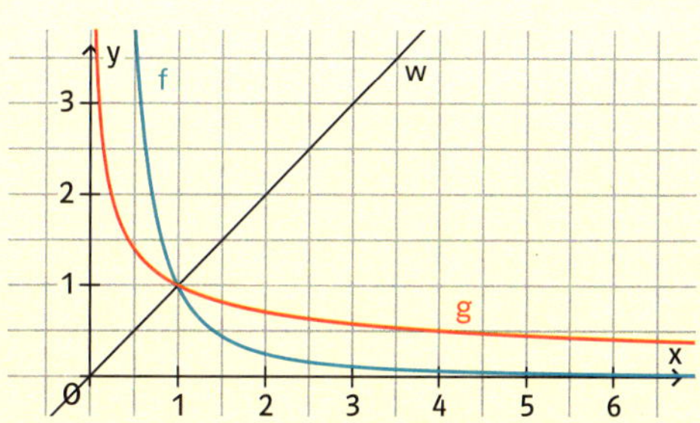

Fig. 2

$y = x^{-2}$

$x = y^{-2} \quad | ()^{-\frac{1}{2}}$

$x^{-\frac{1}{2}} = y$

$\frac{1}{\sqrt{x}} = y = g(x)$

Exkursion

Jede auf $x > 0$ beschränkte Potenzfunktion f mit $f(x) = a \cdot x^q$ ($a > 0$; $q \in \mathbb{Q}$, $q \neq 0$) ist umkehrbar. Die Umkehrfunktion ist g mit $g(x) = \left(\frac{x}{a}\right)^{\frac{1}{q}}$. Die Graphen von f und g liegen spiegelbildlich zur Geraden mit der Gleichung $y = x$.

Zur Funktion f mit $f(x) = \frac{1}{8}x^3$ ($x \geq 0$) soll die Gleichung der Umkehrfunktion g bestimmt werden und berechnet werden, in welchen Punkten sich die Graphen von f und g schneiden.

$y = \frac{1}{8}x^3$ — *Gleichung von f angeben*

$x = \frac{1}{8}y^3$ — *Variablen x, y tauschen*

$8x = y^3 \;|\, ()^{\frac{1}{3}}$ — *nach y auflösen*

$(8x)^{\frac{1}{3}} = y$, also $y = 2x^{\frac{1}{3}} = 2\sqrt[3]{x} = g(x)$

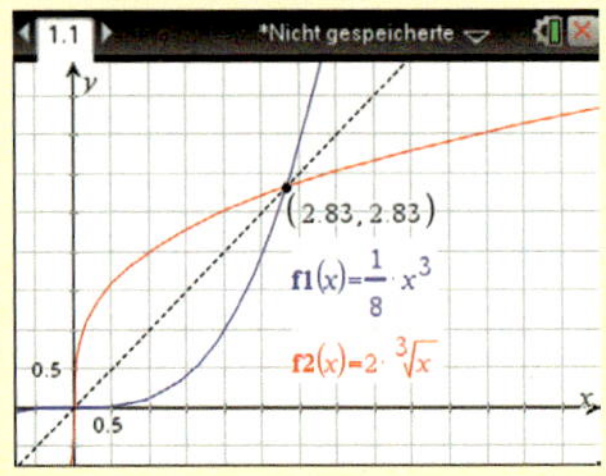

Die Schnittpunkte der Graphen von f und g sind Fixpunkte bei der Spiegelung an der Geraden mit der Gleichung $y = x$.
Folglich ist $\frac{1}{8}x^3 = x$, also $x^3 = 8x$ oder $x^3 - 8x = x(x^2 - 8) = 0$.
Die Lösungen dieser Gleichung sind 0, $2\sqrt{2}$ und $-2\sqrt{2}$. Die gesuchten Schnittpunkte liegen bei $(0\,|\,0)$ und $(2\sqrt{2}\,|\,2\sqrt{2})$.

Ein Produkt ist genau dann gleich null, wenn einer der beiden Faktoren null ist.

1 Bestimmen Sie zur gegebenen Funktion f die Gleichung der Umkehrfunktion g. Zeichnen Sie die Graphen von f und g.

a) $f(x) = x^{\frac{1}{2}}$, $x \geq 0$

b) $f(x) = -2x^{\frac{1}{2}}$, $x \geq 0$

c) $f(x) = x^{-\frac{1}{2}}$, $x > 0$

d) $f(x) = (2x)^{-\frac{1}{2}}$, $x > 0$

2 In der Abbildung sind für verschiedene Exponenten z die Graphen der Funktionen $x \mapsto x^z$ im 1. Quadranten gezeichnet.

a) Welche der Funktionen sind Umkehrfunktionen zueinander?

b) Untersuchen Sie die Graphen auf gemeinsame Punkte.

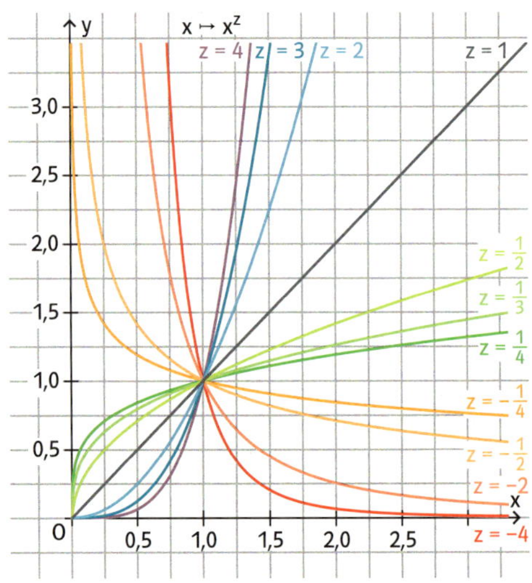

3 Bestimmen Sie zur gegebenen Funktion f die Gleichung der Umkehrfunktion g. Zeichnen Sie die Graphen von f und g mithilfe eines Rechners und klären Sie, welche Punkte die Graphen von f und g gemeinsam haben.

a) $f(x) = x^{0,6}$, $x \geq 0$ b) $f(x) = x^{-1}$, $x > 0$ c) $f(x) = \frac{1}{2}x^3$, $x \geq 0$ d) $f(x) = 8x^{-3}$, $x > 0$

4 **Umkehrfunktionen bei linearen Funktionen**

a) Geben Sie Ihrem Banknachbarn die Gleichung einer linearen Funktion und lassen Sie ihn die Gleichung der zugehörigen Umkehrfunktion bestimmen.

b) Zeichnen Sie die Graphen beider Funktionen in ein Koordinatensystem. Können Sie so überprüfen, ob die Gleichung der Umkehrfunktion richtig bestimmt ist?

c) Tauschen Sie die Rolle und betrachten Sie weitere Beispiele. Bestimmen Sie dann allgemein zur linearen Funktion f mit $f(x) = mx + b$ ($m \neq 0$) die Gleichung der Umkehrfunktion g.

Bei linearen Funktionen ist eine Beschränkung der für x zulässigen Werte nicht erforderlich.

Lösungen | Seite 179

1 Bestimmen Sie zur Funktion f die Definitionsmenge und die Wertemenge. Für welche Zahl b liegt der Punkt $P(-2|b)$ auf dem Graphen von f?

a) $f(x) = 0{,}1x^4$ b) $f(x) = \frac{3}{x}$ c) $f(x) = \sqrt{x+3}$ d) $f(x) = \frac{1}{2x^2}$

2 Zeichnen Sie den Graphen der Funktion f.

a) $f(x) = x^3$ b) $f(x) = \frac{1}{x}$ c) $f(x) = \sqrt{x}$

3 Die Graphen von g und von h sind aus dem Graphen von f mit $f(x) = \frac{1}{x}$ entstanden. Bestimmen Sie eine Funktionsgleichung der Funktion g bzw. der Funktion h.

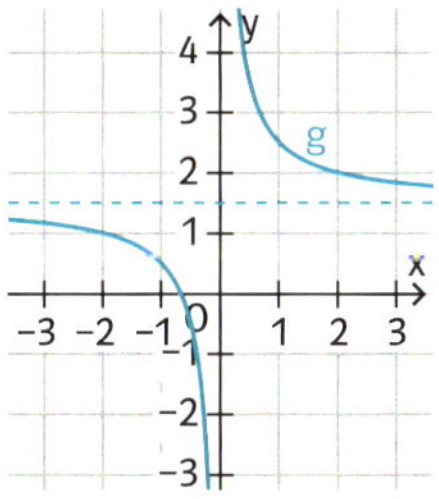

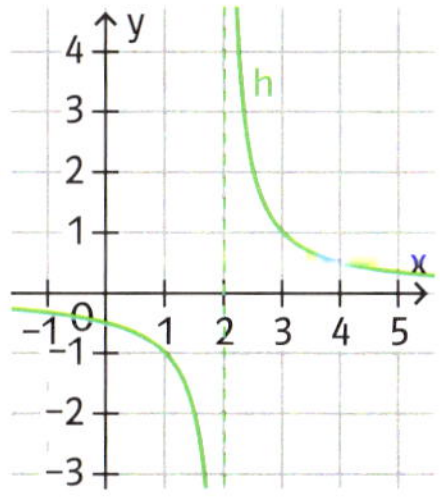

4 Der Graph der Funktion f mit $f(x) = a x^n$ verläuft durch die Punkte A und B. Bestimmen Sie die Funktionsgleichung.

a) $A(1|4)$, $B(2|32)$ b) $A(-1|-4)$, $B(0{,}5|0{,}125)$

5 Das Schaubild zeigt den Tagesverlauf der Temperatur im Jahresmittel an der Bodenstation und an der Spitze des Straßburger Münsters. Lesen Sie die erforderlichen Daten ab.

a) Beschreiben Sie den Temperaturverlauf am Boden.

b) Vergleichen Sie die tiefsten und höchsten Temperaturen am Boden und an der Spitze.

c) Interpretieren Sie die Tatsache, dass die grüne Linie gegenüber der blauen Linie nach rechts verschoben wirkt.

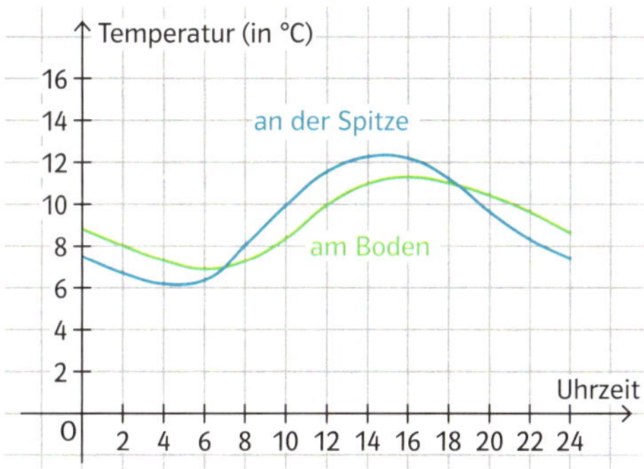

6 Ordnen Sie einander zu.

A: $f(x) = 0{,}5x - 2$

B: $f(a) = g(a)$

C: $g(3) = 7$

D: $f(a) < g(a)$

E: $D_f = \mathbb{R}\setminus\{1\}$

F: f und g haben an der Stelle a den gleichen Funktionswert.

G: An der Stelle a ist der Funktionswert von g größer als der von f.

H: Die Funktion f ordnet jeder Zahl zwei weniger als die Hälfte zu.

I: Der Wert von g für $x = 3$ ist 7.

J: Die Definitionsmenge von f besteht aus allen Zahlen außer 1.

7 In der Abbildung sind die Graphen von drei Potenzfunktionen der Form $f(x) = x^z$, $z \in \mathbb{Z}$ gezeichnet.

a) Ordnen Sie jedem der Graphen den passenden Exponenten z zu.

b) Welche Aussagen lassen sich für Potenzfunktionen mit ungeraden Exponenten aus der Abbildung ablesen? Erläutern Sie.

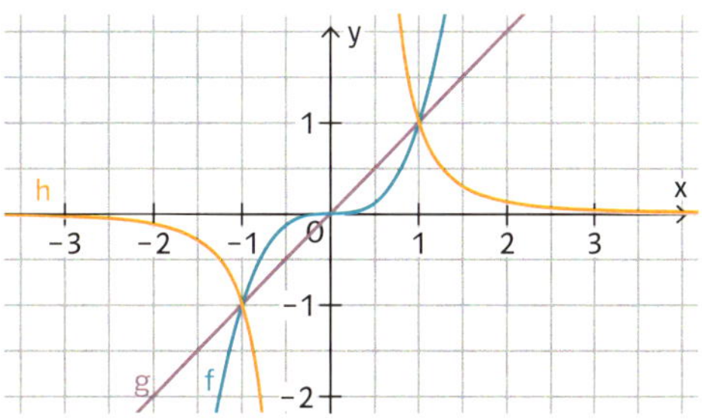

II Funktionen

Funktionen
Eine Funktion f ist eine Zuordnung, die jeder rellen Zahl aus der Definitionsmenge D_f von f **genau eine** reelle Zahl, den **Funktionswert von x**, zuordnet. Dieser Funktionswert wird mit f(x) bezeichnet. Die Punkte P(x | y) mit y = f(x) bilden den Graphen von f.

$f: x \mapsto \frac{1}{2}x^2 - 2x - 2$, $D_f = \mathbb{R}$

$f(x) = \frac{1}{2}x^2 - 2x - 2$

x	−1	0	1	2	3
f(x)	0,5	−2	−3,5	−4	−3,5

Graph:

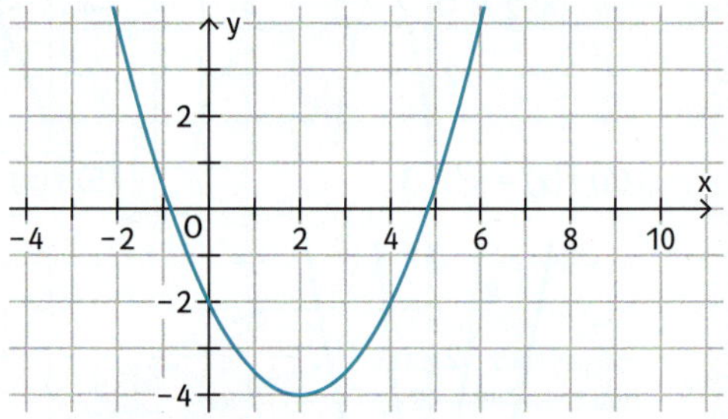

Potenzfunktion mit natürlichem Exponenten
Eine Funktion f, deren Funktionsgleichung sich in der Form $f(x) = a \cdot x^n$ schreiben lässt, heißt eine **Potenzfunktion n-ten Grades**, wobei n eine positive ganze Zahl und $a \neq 0$ eine beliebige Zahl ist. Ihr Graph heißt **Parabel n-ter Ordnung** und verläuft durch den Ursprung.
Ist n gerade, so ist der Graph achsensymmetrisch zur y-Achse,
ist n ungerade, so ist der Graph punktsymmetrisch zum Ursprung.

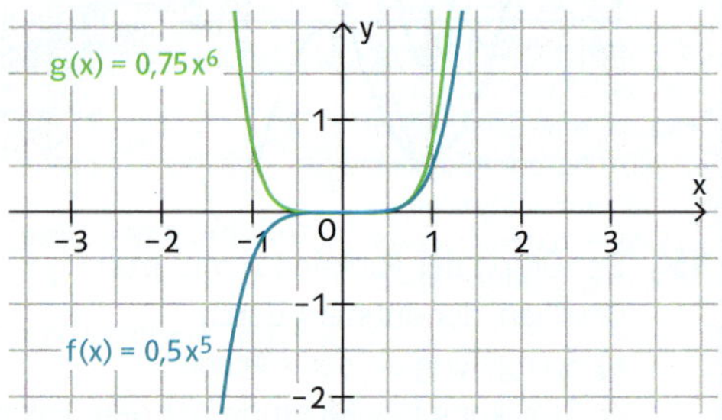

Potenzfunktion mit negativem ganzzahligem Exponenten
Der Graph einer Potenzfunktion f mit der Funktionsgleichung $f(x) = ax^{-n}$ $(a \neq 0)$ heißt **Hyperbel n-ter Ordnung.** Hierbei ist der Exponent n eine positive ganze Zahl. Die Funktion ist bei $x = 0$ nicht definiert $(D_f = \mathbb{R} \setminus \{0\})$.
Ist n gerade, so ist der Graph achsensymmetrisch zur y-Achse,
ist n ungerade, so ist der Graph punktsymmetrisch zum Ursprung.
Der Graph schmiegt sich sowohl an die x-Achse als auch an die y-Achse an.

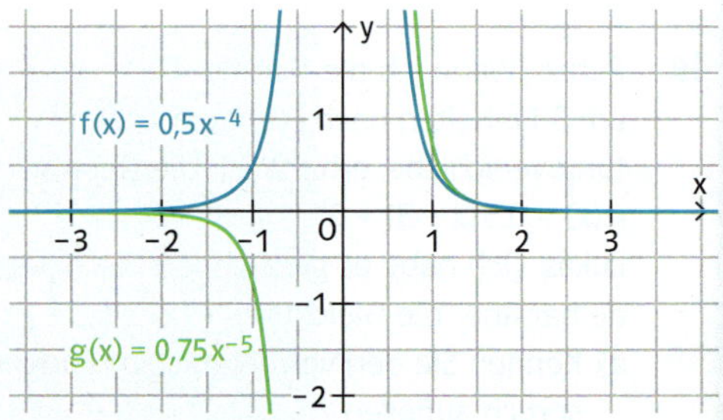

Wurzelfunktion
Eine Funktion f mit $f(x) = x^{\frac{1}{n}}$ $(n \in \mathbb{N};\ n > 0)$ heißt **Wurzelfunktion**. Ihr Graph ist ein „waagerecht liegender Parabelast". Die Definitionsmenge der Funktion sind die nicht-negativen reellen Zahlen. $(D_f = \mathbb{R}_0^+)$

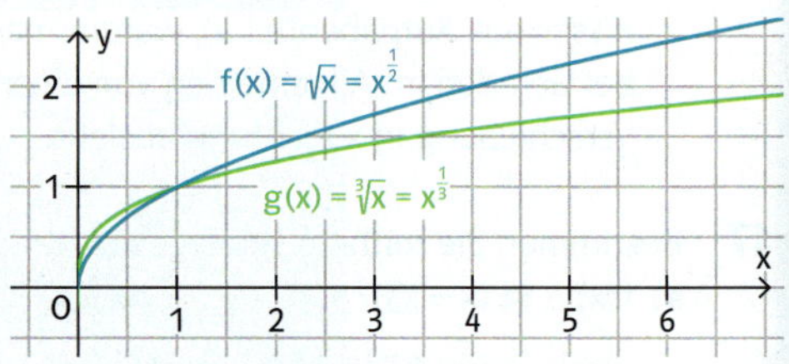

Parametervariation
Eine Veränderung des Funktionsterms einer Funktion f wirkt sich auf den Graphen von f wie folgt aus:

$g(x) = a \cdot f(x)$	Der Graph von f wird für $\lvert a \rvert > 1$ **in y-Richtung gestreckt** und für $\lvert a \rvert < 1$ **gestaucht.** Für $a < 0$ wird er zusätzlich **an der x-Achse gespiegelt.**
$h(x) = f(x - b)$	Der Graph von f wird um b in x-Richtung verschoben.
$i(x) = f(x) + c$	Der Graph von f wird um c in y-Richtung verschoben.

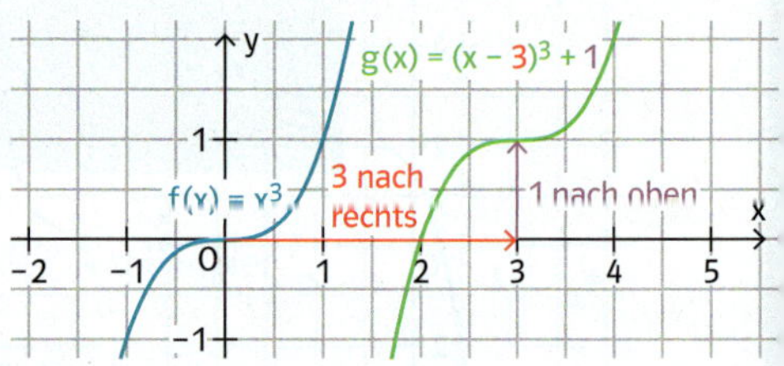

Runde 1

Lösungen | Seite 180

1 Erläutern Sie in Worten.

a) $f(3) = 4$ b) $g(2) > h(2)$ c) $f(x) < 0$ auf $[0; 5]$

d) $D_f = \mathbb{R} \setminus \{3\}$ e) $f(x) \neq 0$ auf $]0; 10]$ f) $W_f = [-1; 1]$

2 Die Punkte $P(2|4)$ und $Q(3|y)$ liegen auf dem Graphen von f. Bestimmen Sie die Funktionsgleichung von f und berechnen Sie die fehlende y-Koordinate des Punktes Q.

a) $f(x) = a \cdot x^3$ b) $f(x) = a \cdot x^{-2}$ c) $f(x) = (x - a)^{-1}$

3 Geben Sie die Definitionsmenge der Funktion f mit $f(x) = 2\sqrt{x - 2}$ an und skizzieren Sie den Graphen von f.

4 ☒ Bestimmen Sie, ausgehend von der Funktion f mit $f(x) = x^4$, zu jedem Graphen in Fig. 1 eine Funktionsgleichung.

5 ☒ Für welche Zahl a liegt der Punkt $P(-4|4)$ auf dem Graphen von f mit $f(x) = \frac{a}{x^2}$?

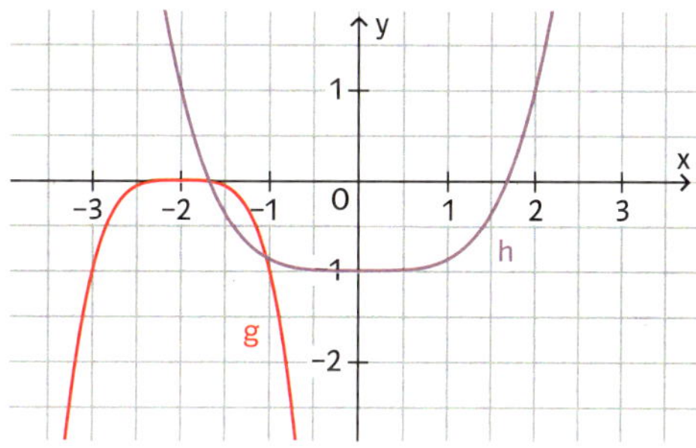

Fig. 1

Runde 2

Lösungen | Seite 181

1 Eine Funktion g ist gegeben durch $g(x) = 10 - \sqrt{x + 1}$.

a) Bestimmen Sie die Definitionsmenge D_g und die Wertemenge W_g.

b) Zeichnen Sie den Graphen von g anhand einer Wertetabelle im Intervall $[-2; 8]$.

c) Berechnen Sie $g(1{,}25)$ und $g(-0{,}75)$. Für welchen Wert von x ist $g(x) = 6$?

2 Geben Sie die Zahlenmengen in Intervallschreibweise an.

a) $\{x \mid x < 5\}$ b) $\{x \mid -7 < x \leq 3\}$ c) $\mathbb{R}^+$

3 Zeichnen Sie den Graphen der Funktion h mit $h(x) = x^{-2}$ und entwickeln Sie daraus den Graphen der Funktion f mit $f(x) = -0{,}5x^{-2}$. Liegen die Punkte $P(0{,}5|-2)$ und $Q(5|-0{,}1)$ auf dem Graphen von f?

4 ☒ Zeichnen Sie den Graphen der Funktion.

a) $f(x) = (x - 2)^2 + 1$ b) $f(x) = \frac{2}{x^2} - 1$ c) $f(x) = \sqrt{x + 3} - 2$

5 Ist die Aussage wahr oder falsch? Begründen Sie Ihre Antwort.

a) Eine Wurzelfunktion hat immer eine eingeschränkte Definitionsmenge.

b) Potenzfunktionen f mit negativem Exponent $f(x) = a \cdot x^{-n}$ haben immer die Definitionsmenge $\mathbb{R} \setminus \{0\}$.

III Ganzrationale Funktionen und ihre Graphen

$g(x) = -0{,}25x^3$

$f(x) = 0{,}2x^4 - 1{,}6x^2 + 4{,}2$

$h(x) = \frac{1}{x^2}$

$i(x) = x(x-1)(x-3)$

Welcher Term passt zu welchem Graphen?

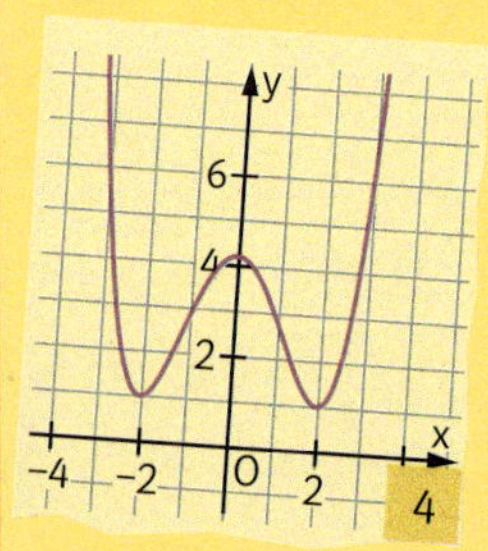

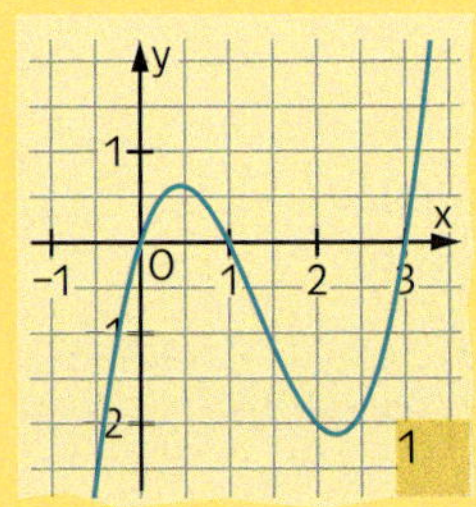

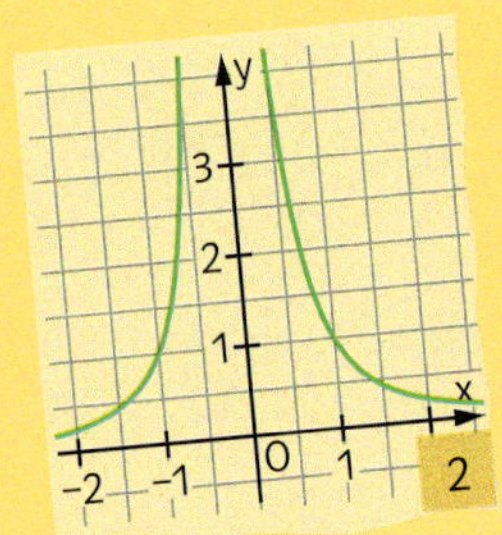

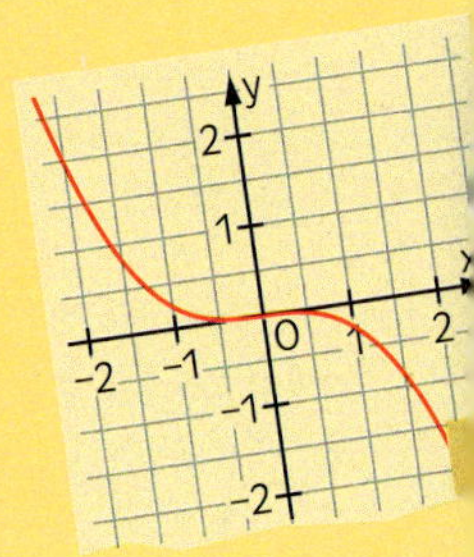

Das können Sie schon

- Wertetabellen erstellen und Funktionsgraphen zeichnen
- Nullstellen quadratischer Funktionen bestimmen
- Terme quadratischer Funktionen bestimmen
- Eigenschaften von Potenzfunktionen beschreiben

Check-in

Beherrschen Sie die inhaltlichen Voraussetzungen?
→ Seite 168

Das können Sie bald

- Eigenschaften ganzrationaler Funktionen beschreiben
- Nullstellen von ganzrationalen Funktionen mit verschiedenen Methoden bestimmen
- ganzrationale Funktionen aus Vorgaben ermitteln
- ganzrationale Funktionen zur Modellierung realer Probleme verwenden

1 Summen und Differenzen von Funktionen

Ein Schreiner erhält den Auftrag, einen Esstisch zu bauen. Die Tischplatte soll aus einem rechteckigen Mittelteil der Länge 100 cm und zwei angesetzten Halbkreisen bestehen. Bestimmen Sie für $r = 40\,\text{cm}$ die zugehörigen y-Werte der Punkte auf den beiden abgebildeten Graphen. Ordnen Sie diesen y-Werten die Flächeninhalte von Teilflächen der Tischplatte zu. Wie kann man aus den Graphen den gesamten Flächeninhalt der Platte erhalten?

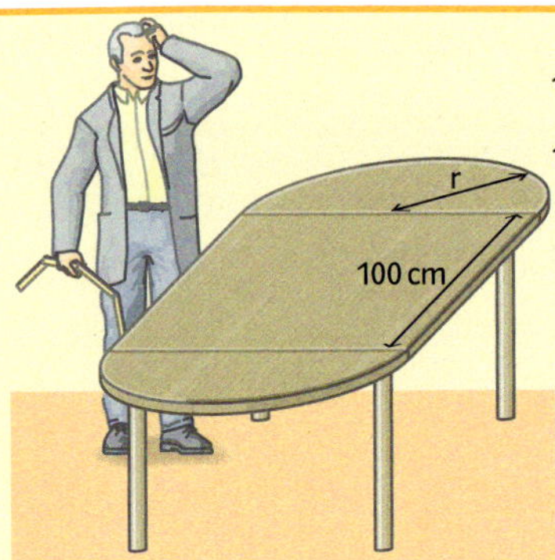

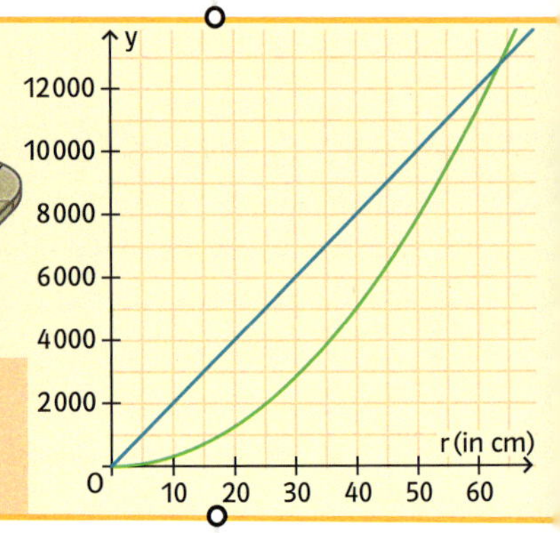

Die Übersicht zeigt einige Grundfunktionen, die bisher untersucht wurden.

Lineare Funktionen
$g(x) = m \cdot x + b$

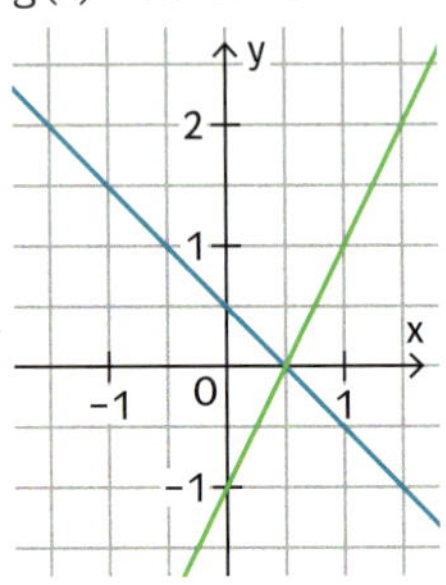

Potenzfunktionen mit $n \in \mathbb{N},\ n > 0$
$g(x) = x^n$,

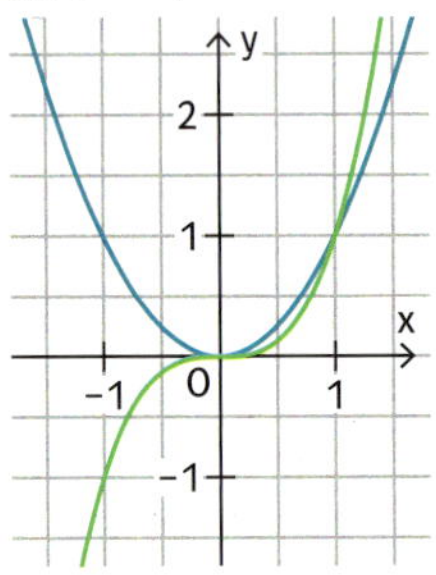

$g(x) = x^{-n}$

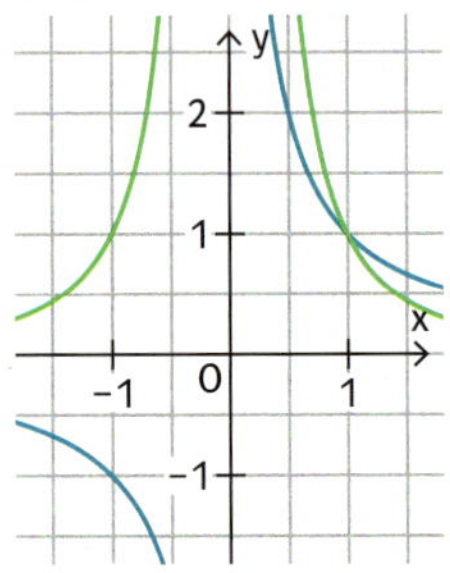

Wurzelfunktionen
$g(x) = \sqrt[n]{x}$

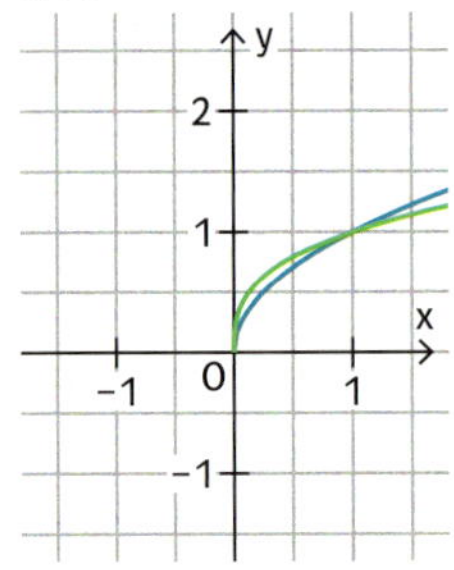

Aus einer Grundfunktion g konnten dann durch Parametervariationen neue Funktionen gebildet und deren Graphen gezeichnet werden.

Jetzt wird untersucht, wie man aus zwei Funktionen g und h durch Addieren oder Subtrahieren eine neue Funktion bilden und ihren Graphen zeichnen kann.

Die Abbildung rechts zeigt den Graphen von g (blau) mit $g(x) = \frac{1}{x}$ und h (grün) mit $h(x) = x$. Bildet man aus den Funktionswerten $g(x)$ und $h(x)$ für jede Stelle x die Summe, erhält man die Funktion f (rot) mit $f(x) = g(x) + h(x)$.

Den Graphen von f kann man skizzieren, indem man stellenweise die y-Werte $g(x)$ und $h(x)$ addiert. Zum Beispiel ergibt sich für die Stelle $x = 2$:
$f(2) = g(2) + h(2) = 0{,}5 + 2 = 2{,}5$.

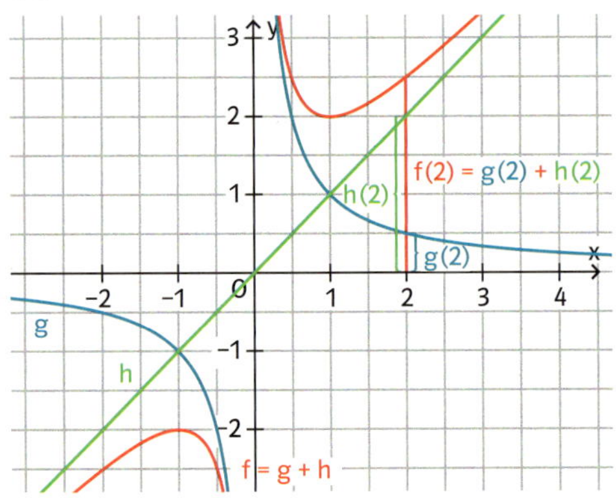

Das beschriebene Zusammenfügen bezeichnet man auch als **Überlagerung** von Funktionen.

Die Summe kann nur an den Stellen gebildet werden, für die beide Funktionen definiert sind. Die Definitionsmenge ist deshalb hier $D_f = \mathbb{R} \setminus \{0\}$.

Definition. Zu gegebenen Funktionen g und h heißt die Funktion
$f = g + h$ mit $f(x) = g(x) + h(x)$ die **Summenfunktion** von g und h,
$f = g - h$ mit $f(x) = g(x) - h(x)$ die **Differenzfunktion** von g und h.

Die Definitionsmenge von $g + h$ und $g - h$ umfasst nur die Zahlen, die in D_g und in D_h liegen.

Mit „Zahlen, die in D_g D_h liegen" sind nur so gemeint, die sowohl i als auch in D_h liegen.

Beispiel 1 **Graphen überlagerter Funktionen**

Gegeben sind die Funktionen g und h mit $g(x) = x^2$ und $h(x) = \frac{1}{x}$ und die überlagerten Funktionen f_1, f_2 und f_3.

a) Ordnen Sie den Funktionen f_1 und f_2 jeweils einen der Graphen A, B oder C zu.

b) Bestimmen Sie zu f_3 den Parameter a so, dass f_3 zum verbliebenen Graphen passt.

$f_1(x) = x^2 + \frac{1}{x}$

$f_2(x) = x^2 - \frac{1}{x}$

$f_3(x) = a \cdot \frac{1}{x}$

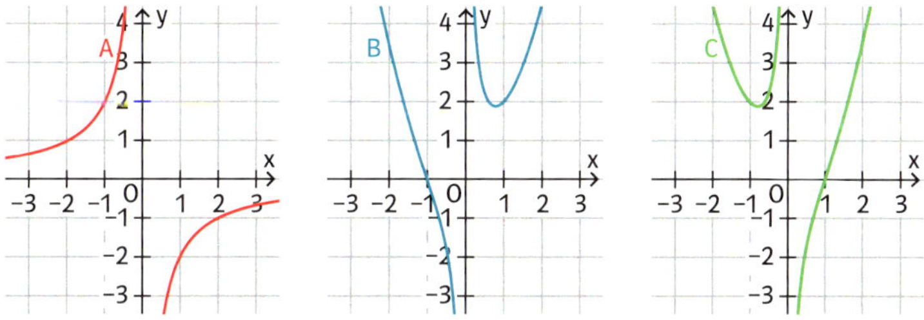

Lösung

a) $g(1) + h(1) = 1 + 1 = 2$. B gehört zur Funktion f_1. $g(1) - h(1) = 1 - 1 = 0$. C gehört zu Funktion f_2.

b) Auf dem Graphen A liegt der Punkt $(1|-2)$. Aus $a \cdot \frac{1}{1} = -2$ folgt $a = -2$.

Beispiel 2 **Den Graphen einer überlagerten Funktion skizzieren**

Skizzieren Sie den Graphen der Funktion f mit $f(x) = \sqrt{x} - 0{,}5x$, $D_f = [0; \infty)$.

Lösung

1. Man skizziert den Graphen von g mit $g(x) = \sqrt{x}$.
2. Man skizziert den Graphen von h mit $h(x) = 0{,}5x$.
3. Man subtrahiert stellenweise $g(x) - h(x)$ und verbindet die Punkte zu einer Skizze des Graphen von f (vgl. Abbildung rechts).

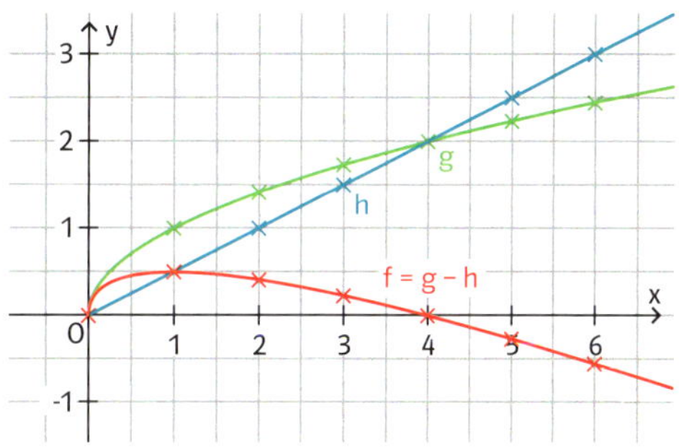

Aufgaben

○ **1** Gegeben sind die Funktionen g und h mit $g(x) = x^2$ und $h(x) = 2x$. Ordnen Sie jedem der Graphen A, B und C eine der Funktionen $g + h$, $g - h$ und $h - g$ zu.

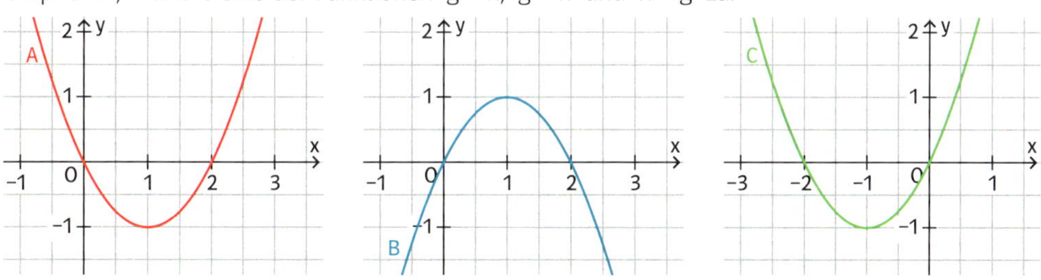

○ **2** Gegeben sind die Funktionen g und h mit $g(x) = x^2$ und $h(x) = x^3$ (vgl. Abbildungen). Ordnen Sie jedem der Graphen A und B eine der Funktionen $g + h$, $g - h$ und $h - g$ zu.

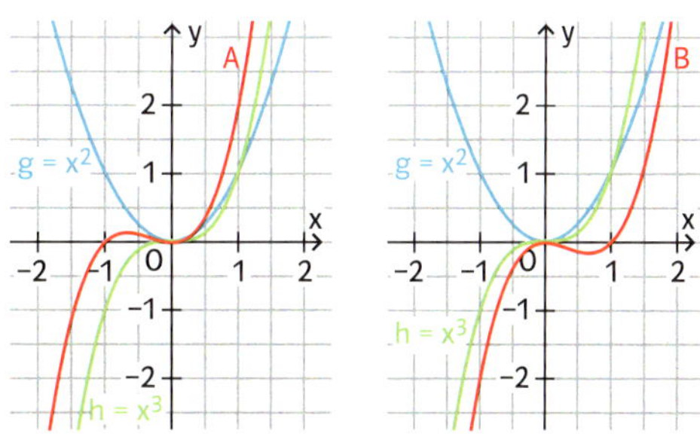

○ **3** Zeichnen Sie in ein gemeinsames Koordinatensystem die Graphen der Funktionen g und h. Skizzieren Sie durch Überlagerung den Graphen von f.

a) $g(x) = x,\ h(x) = x^2,\ f(x) = g(x) - h(x)$ b) $g(x) = \frac{1}{2}x^2,\ h(x) = 2x,\ f(x) = g(x) - h(x)$

c) $g(x) = -3x,\ h(x) = \frac{1}{x^2},\ f(x) = g(x) + h(x)$

○ Test

Lösung | Seite 182

4 Zeichnen Sie die Graphen von g mit $(x) = x + 2$ und von h mit $h(x) = \frac{1}{x}$. Skizzieren Sie mithilfe dieser Graphen den Graphen von f und geben Sie die Definitionsmenge von f an.

a) $f(x) = g(x) + h(x)$ b) $f(x) = g(x) - h(x)$ c) $f(x) = h(x) - g(x)$

◒ **5** Gegeben sind die Funktionen f, g und $h = f + g$. Beurteilen Sie, ob die Aussage wahr oder falsch ist.

a) Wenn $h(3) = 0$ ist, dann ist $f(3) = 0$ und $g(3) = 0$.

b) Wenn $f(7) > g(7)$ ist, dann ist $h(7) > 0$.

◒ **6** Ein Flugzeug benötigt Energie zur Überwindung des Luftwiderstands (Vortrieb) und Energie, um die Höhe zu halten (Auftrieb). Ordnen Sie jeder dieser Energien einen Graphen in Fig. 1 zu und erläutern Sie die Bedeutung der weiteren eingezeichneten Graphen.

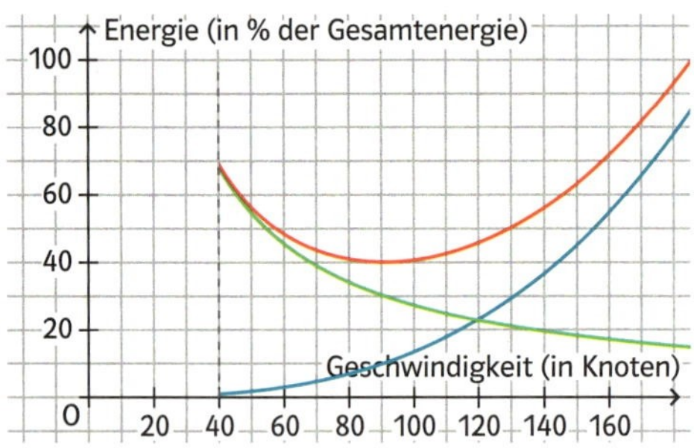

Fig. 1

◒ Test

Lösung | Seite 182

7 Gegeben sind die Funktionen i, j und $k = i - j$. Beurteilen Sie, ob die Aussage „Wenn $j(4) > i(4)$ ist, dann ist $k(4) < 0$." wahr oder falsch ist.

● **8** Bei der Produktion und dem Verkauf einer Ware unterscheidet man die Begriffe Umsatz U, Kosten K und Gewinn G. Fig. 2 zeigt einen Verlauf von U, K und G.
Ordnen Sie jedem Graphen einen dieser Begriffe zu und beschreiben Sie den Zusammenhang.

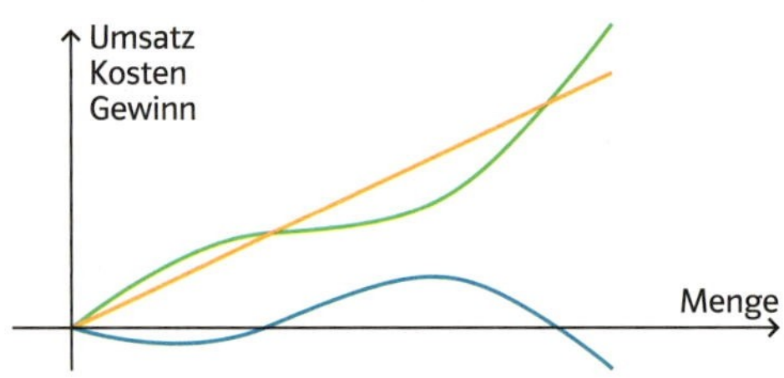

Fig. 2

Grundwissen Test

Grundwissen
Seite 159
Lösungen | Seite 182

9 Formen Sie in einen Term ohne Klammern um.

a) $4(x + 2)$ b) $-x(1 - x)$ c) $(a + 2)(3 + b)$ d) $(y - 3)(4 - y)$

10 Formen Sie in einen Produktterm um.

a) $7x + 14x^2 + 7a$ b) $x + 12x^2 - 3x^3$ c) $-2x^2 + 4x^5 - 6x$ d) $4ab^3 - 8a^4b^2$

2 Ganzrationale Funktionen und ihr Verhalten für $x \to \pm\infty$

Welcher Graph kommt für die Potenzfunktion f mit $f(x) = -\frac{1}{2}x^3$ bzw. die Potenzfunktion g mit $g(x) = 0{,}1x^4$ infrage?

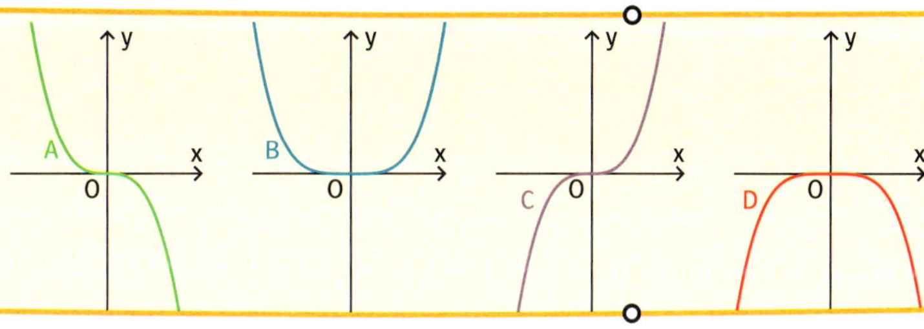

Wenn man nur von Potenzfunktionen mit natürlichen Exponenten der Form $a_0 \cdot x^0$, $a_1 \cdot x^1$, $a_2 \cdot x^2$ … ausgeht und diese adddiert, erhält man Funktionen wie z. B. f mit $f(x) = 2 \cdot x^0 + 3 \cdot x^1 + 6 \cdot x^2 = 6x^2 + 3x + 2$. Auch eine Differenz wie $6x^2 - 3x + 2$ kann man auf diese Weise als Summe schreiben: $6x^2 + 3x + 2 = 6x^2 + (-3)x^1 + 2x^0$.

Zur Erinnerung:
$2 \cdot x^0 = 2 \cdot 1 = 2$

Definition: Eine Funktion f der Form $f(x) = a_n \cdot x^n + a_{n-1} \cdot x^{n-1} + \ldots + a_1 \cdot x + a_0$ mit $D_f = \mathbb{R}$ heißt **ganzrationale Funktion vom Grad n** ($n \in \mathbb{N}$, $a_n \neq 0$).
Die reellen Zahlen $a_0, a_1, \ldots, a_n$ heißen **Koeffizienten** von f.

Der Funktionsterm einer ganzrationalen Funktion heißt auch Polynom, ganzrationale Funktionen werden deshalb auch Polynomfunktionen genannt.

Die ganzrationalen Funktionen bilden eine Funktionsklasse, bei der man Eigenschaften am Grad und an den Koeffizienten erkennen kann. Eine dieser Eigenschaften betrifft die Funktionswerte bei betragsmäßig großen x-Werten.

Betrachtet wird die Funktion f mit $f(x) = x^2$.
Für große x-Werte wird $f(x) = x^2$ sehr groß.
Man sagt: **Für $x \to +\infty$ gilt $f(x) \to +\infty$.**
Lies: Für x gegen plus unendlich strebt f(x) gegen plus unendlich.
Entsprechend sieht man für kleine x-Werte:
Für $x \to -\infty$ gilt $f(x) \to +\infty$.

Für die Funktion g mit $g(x) = x^3$ ergibt sich:
Für $x \to +\infty$ gilt $g(x) \to +\infty$.
Für $x \to -\infty$ werden die Funktionswerte g(x) jedoch sehr klein: **Für $x \to -\infty$ gilt $g(x) \to -\infty$.**

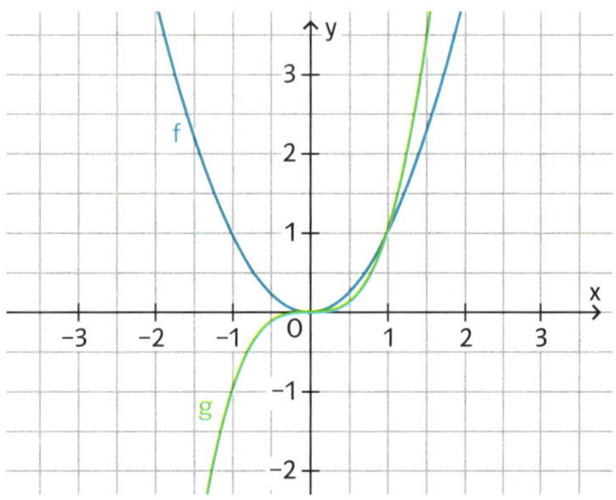

Fig. 1

Diese Überlegungen kann man von Potenzfunktionen auf ganzrationale Funktionen wie h mit $h(x) = x^3 + 3x^2 - 2$ übertragen.
Das Verhalten der Funktionen g mit $g(x) = x^3$ und h mit $h(x) = x^3 + 3x^2 - 2$ stimmen im Verhalten für $x \to \pm\infty$ überein (vgl. Fig. 2). Dies kann man zeigen:
$h(x) = x^3 + 3x^2 - 2 = x^3 \cdot \left(1 + \frac{3}{x} - \frac{2}{x^3}\right)$, $x \neq 0$.
Für $x \to \pm\infty$ nehmen $\frac{1}{x}$ und $\frac{2}{x^3}$ Werte nahe 0 an, also ist $h(x) \approx x^3$ für $x \to \pm\infty$.

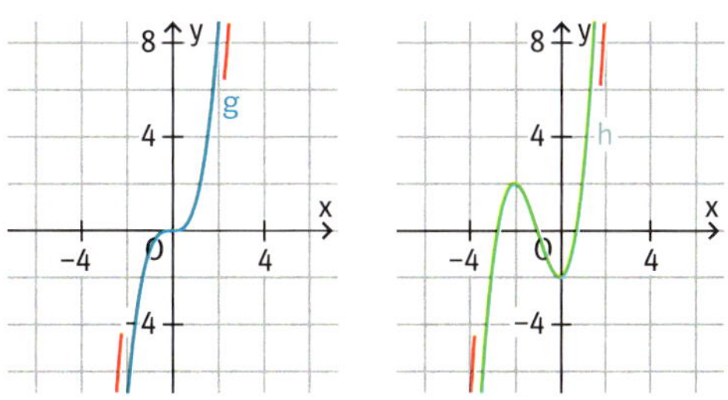

Fig. 2

Zur Erinnerung:
Für größer werdende x-Werte wächst x^n umso schneller, je größer n ist.

Allgemein gilt: $f(x) = a_n \cdot x^n + a_{n-1} \cdot x^{n-1} + \ldots + a_1 \cdot x + a_0 = x^n\left(a_n + \frac{a_{n-1}}{x} + \ldots + \frac{a_1}{x^{n-1}} + \frac{a_0}{x^n}\right)$.
Für $x \to \pm\infty$ erhält man für $\frac{a_{n-1}}{x}, \ldots, \frac{a_1}{x^{n-1}}, \frac{a_0}{x^n}$ Werte nahe 0, also ist $f(x) \approx a_n \cdot x^n$ für $x \to \pm\infty$.

Satz: Bei einer ganzrationalen Funktion f mit $f(x) = a_n \cdot x^n + a_{n-1} \cdot x^{n-1} + \ldots + a_1 \cdot x + a_0$ $(a_n \neq 0)$ wird das **Verhalten für** $\mathbf{x \to \pm\infty}$ vom Summanden $a_n x^n$ bestimmt.

Bei den Graphen ganzrationaler Funktionen unterscheidet man vier Fälle:

n gerade, $a_n > 0$ | n gerade, $a_n < 0$ | n ungerade, $a_n > 0$ | n ungerade, $a_n < 0$

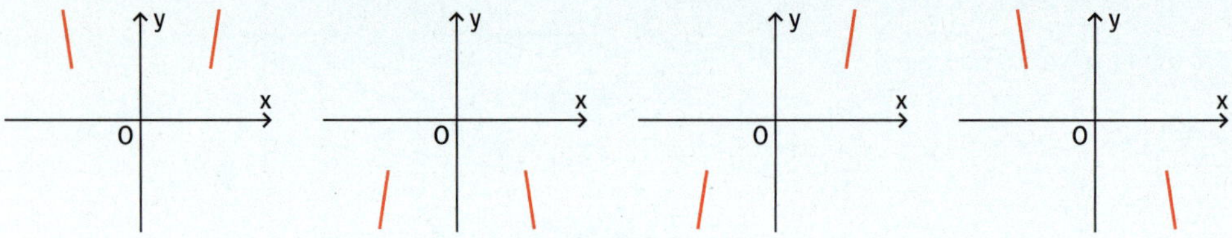

Beispiel 1 Ganzrationale Funktionen erkennen

Entscheiden Sie begründet, ob die Funktion ganzrational ist. Geben Sie gegebenenfalls den Grad und die Koeffizienten an.

a) $f(x) = 7x^4 - \sqrt{5}\,x + 2$ b) $g(x) = x^2\,(x - 3)$ c) $h(x) = \frac{x}{x+1}$

Lösung

a) f ist ganzrational vom Grad vier. Koeffizienten: $a_4 = 7$, $a_3 = 0$, $a_2 = 0$, $a_1 = -\sqrt{5}$ und $a_0 = 2$.

b) $g(x) = x^2\,(x - 3) = x^3 - 3x^2$ ist ganzrational vom Grad drei. $a_3 = 1$, $a_2 = -3$, $a_1 = 0$ und $a_0 = 0$.

c) h ist nicht ganzrational, da man den Funktionsterm nicht in der Form $a_n \cdot x^n + a_{n-1} \cdot x^{n-1} + \ldots + a_1 \cdot x + a_0$ schreiben kann.

Beispiel 2 Verhalten einer ganzrationalen Funktion für $\mathbf{x \to \pm\infty}$ beschreiben

Beschreiben Sie das Verhalten der Funktionen g, h und i für $x \to \pm\infty$ und ordnen Sie ihnen damit den richtigen Graphen zu.

$g(x) = 0{,}1x^4 - 2x^2 + x$

$h(x) = -x^3 + 6x$

$i(x) = 0{,}1(x^2 - 1)(x + 1)$

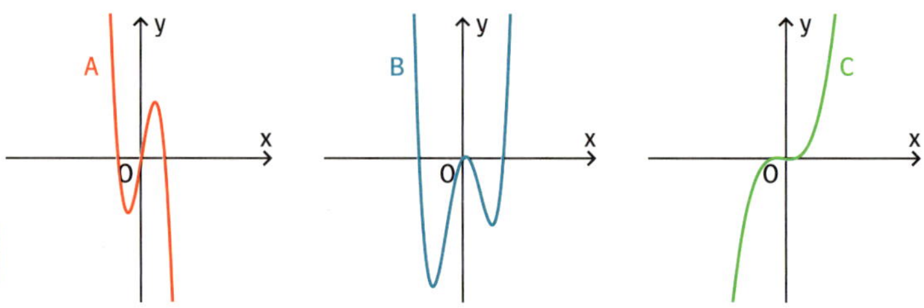

Lösung

Das Verhalten von g(x) wird durch den Term $0{,}1x^4$ bestimmt, das Verhalten von h(x) von $-x^3$.
Für $x \to +\infty$ und für $x \to -\infty$ gilt deshalb $g(x) \to +\infty$. Zu g gehört B.
Für $x \to +\infty$ gilt deshalb $h(x) \to -\infty$, für $x \to -\infty$ gilt deshalb $h(x) \to +\infty$. Zu h gehört A.
Es ist $i(x) = 0{,}1(x^2 - 1)(x + 1) = 0{,}1x^3 + 0{,}1x^2 - 0{,}1x - 0{,}1$, das Verhalten wird durch den Term $0{,}1x^3$ bestimmt. Wegen $i(x) \to -\infty$ für $x \to -\infty$ gehört i zu C.

Aufgaben

○ **1** Entscheiden Sie begründet, ob die Funktion ganzrational ist. Geben Sie gegebenenfalls den Grad und die Koeffizienten an.

a) $f(x) = 3x^4 + x^2 - 1$ b) $f(x) = x^2 + \sqrt{x} + 5$ c) $f(x) = (x^2 - 1) \cdot x^2$ d) $f(x) = -x^2 + \frac{x}{x+1}$

○ **2** Geben Sie zu den Koeffizienten den Funktionsterm der ganzrationalen Funktion f an.

a) $a_2 = -1$, $a_1 = a_0 = 2$ b) $a_2 = 1$, $a_0 = a_1 = 0$

c) $a_3 = \sqrt{2}$, $a_2 = a_1 = 0$, $a_0 = -10$ d) $a_4 = a_3 = \ldots = a_0 = -1$

○ **3** ☒ Ermitteln Sie diejenigen der auf dem Rand angegeben Funktionen, die für $x \to +\infty$ und für $x \to -\infty$ das gleiche Verhalten haben.

$f(x) = x^4$

$g(x) = x^3$

$h(x) = -x^4$

$i(x) = -x^3$

$j(x) = -x^2$

$k(x) = x^2$

○ **4** Ordnen Sie aufgrund des Verhaltens für $x \to \pm\infty$ jedem Graphen die passende Funktion zu.

$f(x) = -0{,}4x^3 + x^2$ | $g(x) = 0{,}3x^4 - x^3 - 2$

$h(x) = 0{,}4x^5 - 2x^3$ | $i(x) = -0{,}4x^4 + 3x^2$

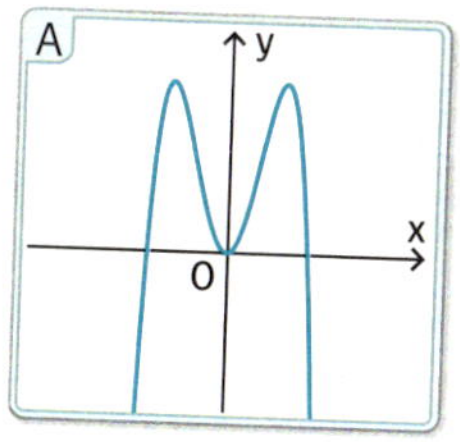

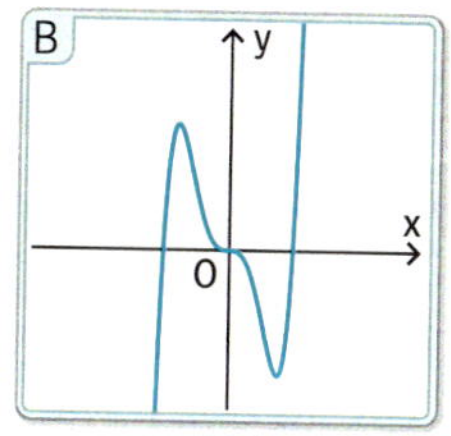

○ **5** Beschreiben Sie begründet das Verhalten der Funktion f für $x \to +\infty$ und für $x \to -\infty$.

a) $f(x) = -x^2 + 4x$ b) $f(x) = x^3 + x^2 + x + 1$ c) $f(x) = 5x^4 - x^3$ d) $f(x) = -0{,}01x^5$
e) $f(x) = x(x^2 + 1)$ f) $f(x) = -x^2(x^3 - 2x^2)$ g) $f(x) = -(x^2 - 1)(x^2 + 1)$ h) $f(x) = \frac{1}{8}(x - 1) \cdot x^3$

○ Test Lösung | Seite 182

6 Beschreiben Sie begründet das Verhalten der Funktion f für $x \to +\infty$ und für $x \to -\infty$.

a) $f(x) = 8x^3 - x^2$ b) $f(x) = -x^4 + x^3 - 10$ c) $f(x) = -0{,}2x^5 + x^2$ d) $f(x) = -\frac{1}{1000}x^4$

◒ **7** Die Skizze zeigt das Verhalten einer ganzrationalen Funktion f für $x \to \pm\infty$. Leiten Sie daraus Aussagen für den Grad der Funktion und den Koeffizienten der höchsten Potenz von x her.

a)
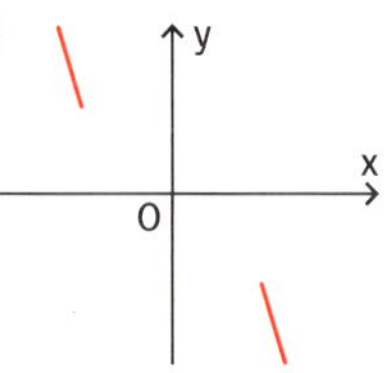

b)
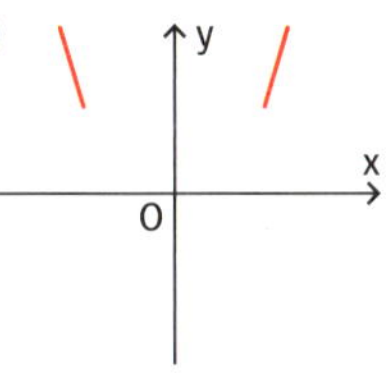

c)
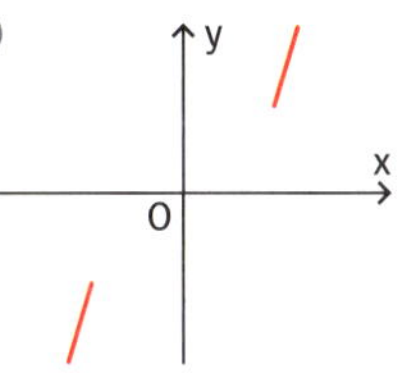

d)
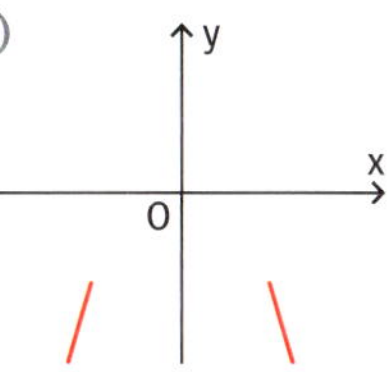

◒ **8** Geben Sie eine ganzrationale Funktion f an, die den angegebenen Bedingungen genügt.

a) $f(x) \to -\infty$ für $x \to +\infty$, $f(x) \to +\infty$ für $x \to -\infty$, $f(0) = 1$ und f ist vom Grad drei.
b) $f(x) \to -\infty$ für $x \to +\infty$, $f(x) \to -\infty$ für $x \to -\infty$, $f(1) = 1$ und f ist vom Grad vier.

◒ **9** Skizzieren Sie den Graphen von f mit $f(x) = 0{,}1x^3 + 20x^2$ für $-3 \leq x \leq 3$ mithilfe einer Wertetabelle und geben Sie an, welche wesentliche Eigenschaft der Funktion die Skizze nicht zeigt.

◒ Test Lösung | Seite 183

10 a) Geben Sie die Werte für a und n der ganzrationalen Funktion f mit $f(x) = ax^n + 8x^3$ an, für die gilt: Für $x \to +\infty$ gilt $f(x) \to -\infty$, für $x \to -\infty$ gilt $f(x) \to -\infty$.
b) Gegeben sind die Funktionen f und g mit $f(x) = -2x^3 + 2x$ und $g(x) = 3x^3 - 3x$. Beschreiben Sie das Verhalten der Funktion $h = f + g$ für $x \to \pm\infty$.

● **11** Das Verhalten der Funktionen g mit $g(x) = x^2 - 1$ und $h(x) = x^3 + 1$ für $x \to \pm\infty$ ist Ihnen bekannt. Leiten Sie daraus, ohne dass Sie die entsprechenden Terme bilden, begründet das Verhalten der Funktionen $f_1 = g - h$, $f_2 = g \cdot h$ und $f_3 = \frac{g}{h}$ her.

Grundwissen Test Grundwissen Seite 159 Lösungen | Seite 183

12 Formen Sie in einen Term ohne Klammern um.

a) $(z + 3)^2$ b) $(4 - 2x)^2$ c) $(9 + a)(9 - a)$ d) $(9 + a)(9 - b)$

13 Formen Sie in ein Produkt um.

a) $w^2 - 25w$ b) $y^2 - 8y + 16$ c) $w^2 - 25$ d) $4b^2 + 12b + 9$

3 Symmetrie von Graphen

Ergänzen Sie die Wertetabellen im Heft. Beschreiben Sie, aufgrund welcher Eigenschaften der Graphen Sie die Werte in der Tabelle bestimmt haben.

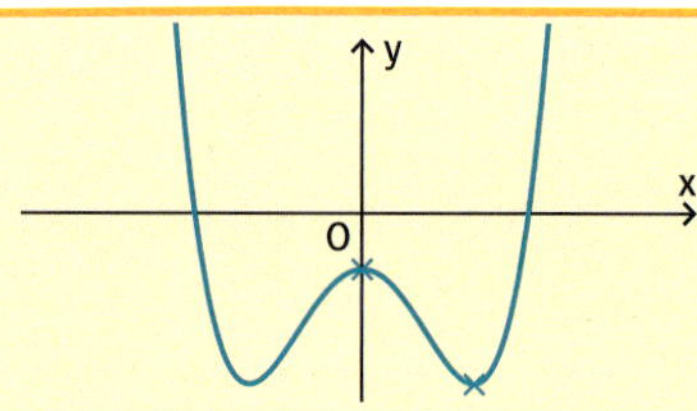

x	−a	−2	0	2	a
f(x)			−1	−3	f(a)

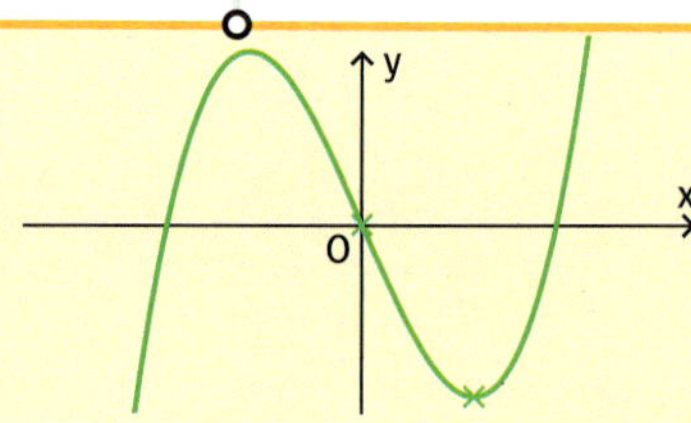

x	−a	−2	0	2	a
f(x)			0	−3	f(a)

In der Geometrie können Figuren achsensymmetrisch oder punktsymmetrisch oder keines von beidem sein. Bei Graphen von Funktionen treten diese Fälle auch auf.

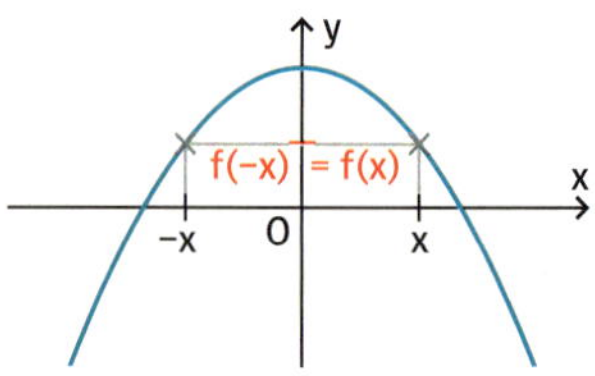

Der Graph ist **achsensymmetrisch zur y-Achse.**
Die Funktionswerte f(−x) und f(x) sind für alle x gleich.

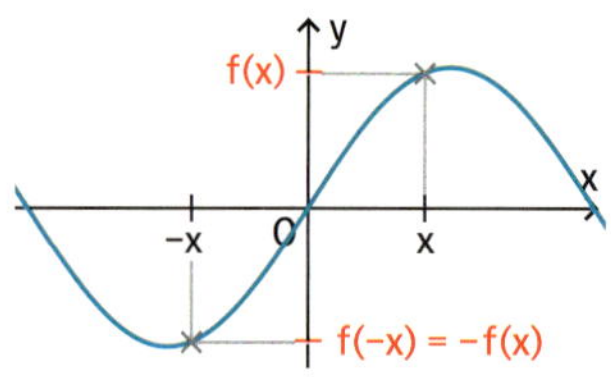

Der Graph ist **punktsymmetrisch zum Ursprung O.**
Die Funktionswerte f(−x) und f(x) sind Gegenzahlen.

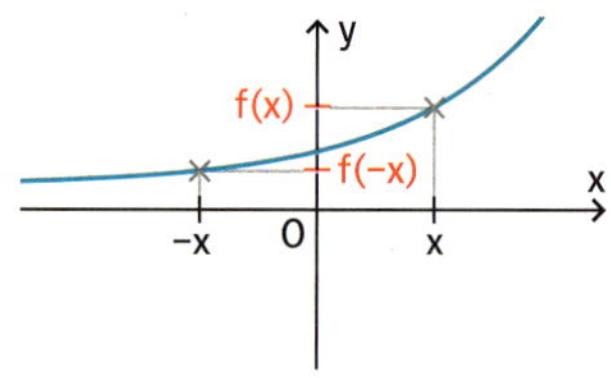

Der Graph zeigt keine dieser Symmetrien.

Satz: Der Graph einer Funktion f ist genau dann
achsensymmetrisch zur y-Achse, wenn für alle $x \in D_f$ gilt: $\mathbf{f(-x) = f(x)}$,
punktsymmetrisch zum Ursprung, wenn für alle $x \in D_f$ gilt: $\mathbf{f(-x) = -f(x)}$.

Bei der ganzrationalen Funktion f mit $f(x) = x^4 - 3x^2 + 1$ treten nur gerade Exponenten auf.
Es gilt: $\mathbf{f(-x)} = (-x)^4 - 3(-x)^2 + 1 = x^4 - 3x^2 + 1 = \mathbf{f(x)}$.
Bei der ganzrationalen Funktion f mit $f(x) = x^3 - 2x$ treten nur ungerade Exponenten auf.
Es gilt: $\mathbf{f(-x)} = (-x)^3 - 2\cdot(-x) = -x^3 + 2x = -(x^3 - 2x) = \mathbf{-f(x)}$.
Man kann auch umgekehrt zeigen: Ist f ganzrational und $f(-x) = f(x)$ bzw. $f(-x) = -f(x)$ für alle $x \in D_f$, dann haben die Potenzen von x nur gerade bzw. nur ungerade Exponenten.

Satz: Der Graph einer ganzrationalen Funktion f mit $f(x) = a_n \cdot x^n + a_{n-1} \cdot x^{n-1} + \ldots + a_1 \cdot x + a_0$ ist genau dann
achsensymmetrisch zur y-Achse, wenn alle Exponenten der x-Potenzen **gerade** sind,
punktsymmetrisch zum Ursprung, wenn alle Exponenten der x-Potenzen **ungerade** sind.

Der Summand a_0 gilt wegen $a_0 = a_0 \cdot x^0$ als Summand mit geradem Exponent.

Hinweis:
Treten gerade und ungerade Exponenten der x-Potenzen auf, so sind verschiedene Fälle möglich, z. B.:

(1) Der Graph zeigt keine Symmetrie.
Beispiel: Graph von g mit $g(x) = 0{,}1x^9 + 2x^2$

(2) Der Graph zeigt eine andere Symmetrie.
Beispiel: Graph von h mit $h(x) = x^3 - 3x^2 + 4$.
Er ist punktsymmetrisch zu P(1|2).

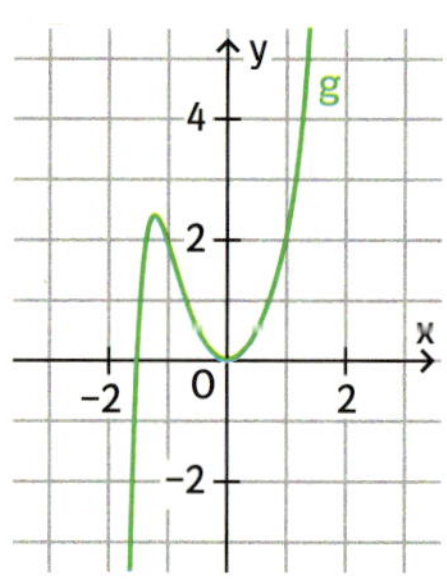

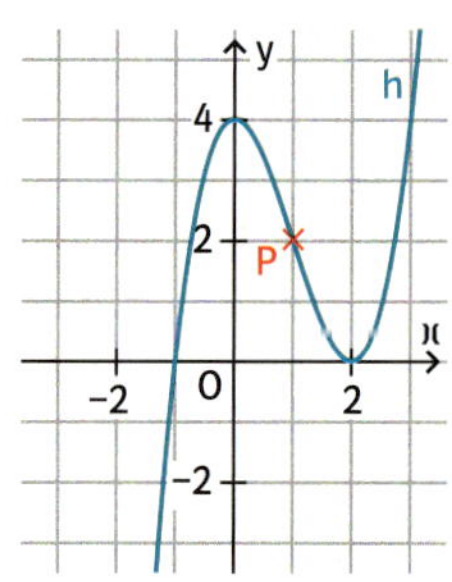

Beispiel 1 **Graphen ganzrationaler Funktionen auf Symmetrie untersuchen**
Untersuchen Sie, ob der Graph der Funktion f achsensymmetrisch zur y-Achse oder punktsymmetrisch zum Ursprung ist.

a) $f(x) = 3x^4 - 17^3x^2 - 1$ b) $f(x) = \sqrt{2}x^3 + x$ c) $f(x) = -x^3 + 5x + 7$

Lösung

a) f ist ganzrational und die x-Potenzen haben nur gerade Exponenten. Der Graph ist achsensymmetrisch zur y-Achse.

b) f ist ganzrational und die x-Potenzen haben nur ungerade Exponenten. Der Graph ist punktsymmetrisch zum Ursprung.

c) f ist ganzrational und die x-Potenzen haben gerade und ungerade Exponenten. Der Graph ist weder achsensymmetrisch zur y-Achse noch punktsymmetrisch zum Ursprung.

Man sagt auch: Es ist keine Symmetrie erkennbar.

Beispiel 2 **Symmetrie und Verhalten für $x \to \pm\infty$**
Welche der Funktionen f, g, h oder i gehört zum Graphen A, welche zum Graphen B? Begründen Sie.

$f(x) = -x^4 + 2x^2 + 3$ $g(x) = -x^4 + 2x^3 + 3$

$h(x) = x^4 + 4x^3 + 3$ $i(x) = -x^5 + 4x^3 + 3x$

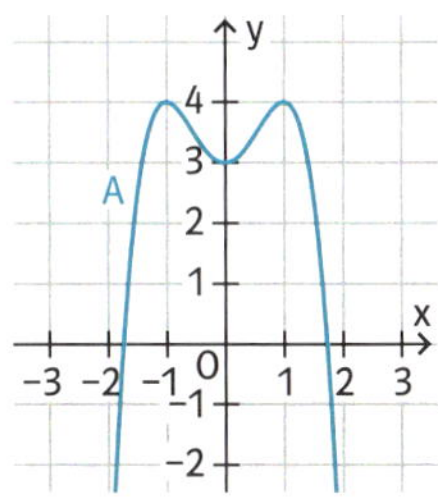

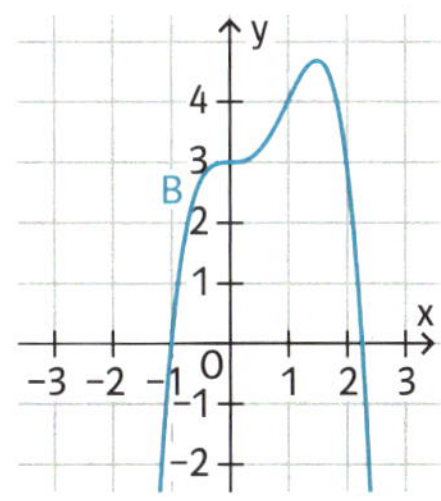

Lösung

(1) Zum Graphen A gehört die Funktion f. Begründung: f ist die einzige Funktion, deren Graph wie A achsensymmetrisch zur y-Achse ist.

(2) Zum Graphen B gehört die Funktion g. Begründung: g ist die einzige Funktion mit geraden und ungeraden Exponenten, bei der für $x \to \pm\infty$ $g(x) \to -\infty$ gilt.

Beispiel 3 **Symmetrie bei einer nicht-ganzrationalen Funktion**
Untersuchen Sie, ob der Graph der Funktion f mit $f(x) = \frac{x}{x^2 + 1}$ achsensymmetrisch zur y-Achse oder punktsymmetrisch zum Ursprung ist.

Lösung

Da f nicht ganzrational ist, muss geprüft werden, ob $f(-x) = f(x)$ oder $f(-x) = -f(x)$ gilt.

Es ist $f(-x) = \frac{(-x)}{(-x)^2 + 1} = -\frac{x}{x^2 + 1} = -f(x)$. Der Graph von f ist punktsymmetrisch zum Ursprung.

Aufgaben

○ **1** Treffen Sie eine begründete Aussage zur Symmetrie des Graphen von f.

a) $f(x) = x^4 - x^2 + 1$ b) $f(x) = \frac{1}{3}x^3 + 4x$ c) $f(x) = -x^4 + 4x$ d) $f(x) = -\frac{2}{5}x^3 - x$

e) $f(x) = x^4 + x^2 + 7$ f) $f(x) = x^3 + \sqrt{3}x + \pi$ g) $f(x) = 10^2x^3 - x$ h) $f(x) = -x$

○ **2** Ordnen Sie jeder Funktion begründet den passenden Graphen zu.

$f(x) = x^4 - 2x^2 - 1$ $g(x) = x^5 - 2x^3$ $h(x) = x^4 - 2x^2$ $i(x) = -x^3 + 2x$

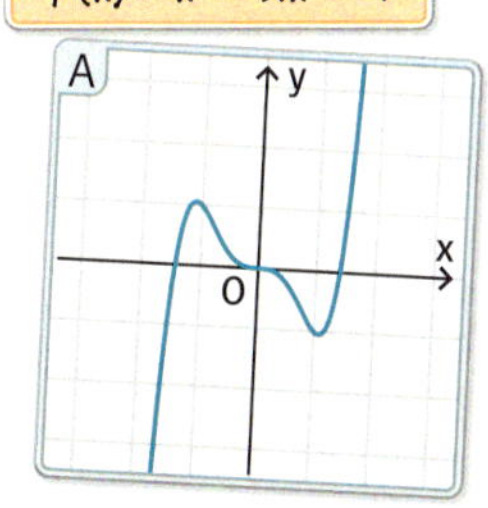

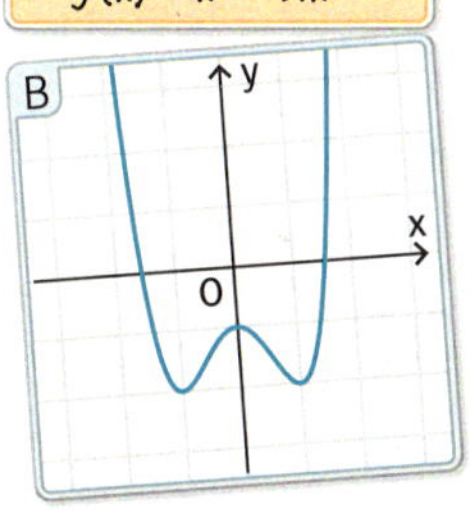

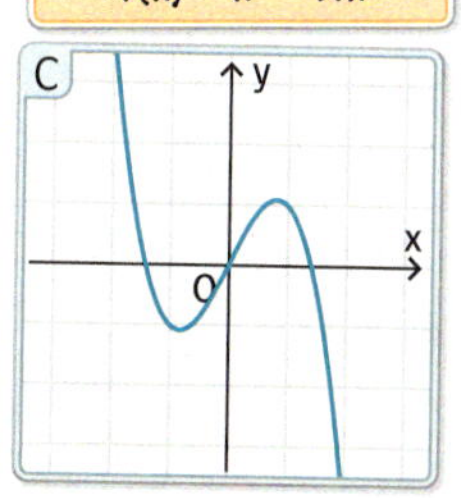

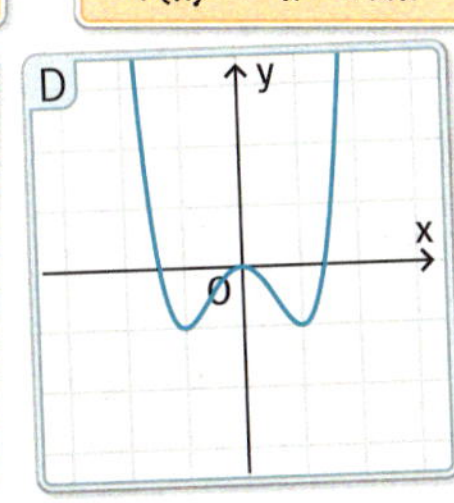

○ **3** Erstellen Sie für die Funktion f mit $f(x) = 0{,}5x^4 - 4x^2$ eine Wertetabelle für $0 \le x \le 3$ und skizzieren Sie damit den Graphen für diesen Bereich. Ergänzen Sie Ihre Skizze für $-3 \le x \le 0$ aufgrund der Symmetrie des Graphen.

○ Test → Lösung | Seite 183

4 Orden Sie den Graphen A und B jeweils eine der Funktionen f, g, h und i begründet zu.

$f(x) = -x^4 + 1$ $\qquad g(x) = x^5 - x$

$h(x) = -x^5 - x$ $\qquad i(x) = -x^4 + 0{,}5x + 1$

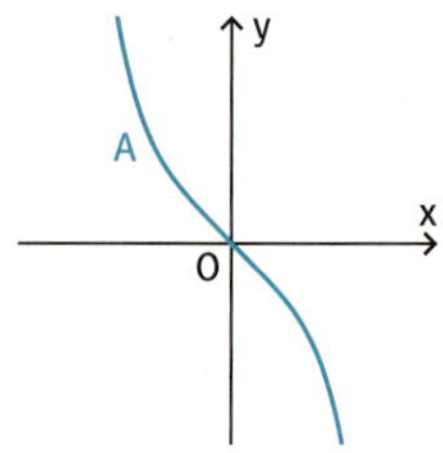

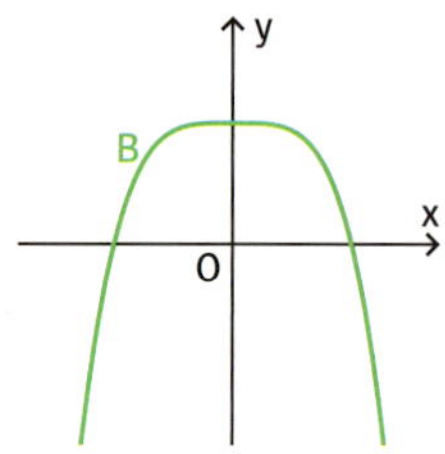

◒ **5** Geben Sie jeweils drei Beispiele für die Zahlen a, b und c an, sodass der Graph der Funktion f mit $f(x) = x^a - x^b + c$ achsensymmetrisch zur y-Achse bzw. punktsymmetrisch zum Ursprung ist.

◒ **6** Der Graph von f mit $f(x) = ax^4 + 3x^b$ soll achsensymmetrisch zur y-Achse sein und sich für $x \to \pm\infty$ verhalten wie g mit $g(x) = -x^4$. Geben Sie begründet Zahlen für a und b an.

◒ **7** ☒ Untersuchen Sie den Graphen von f auf Symmetrie.

a) $f(x) = \frac{1}{2x}$ $\qquad$ b) $f(x) = \frac{1}{x^2+1}$ $\qquad$ c) $f(x) = \frac{1}{x+1}$ $\qquad$ d) $f(x) = \frac{x^4+1}{x^2}$

◒ **8** Bewerten Sie die Argumentationen zum Graphen von f mit $f(x) = \frac{4x}{x^2+1}$.

(1) Da gerade und ungerade Hochzahlen vorkommen, ist der Graph weder achsensymmetrisch zur y-Achse noch punktsymmetrisch zum Ursprung.

(2) Der Graph ist punktsymmetrisch zum Ursprung, weil $f(1) = 2$ und $f(-1) = -2$ ist.

(3) Wegen $f(a) = \frac{4a}{a^2+1}$ und $f(-a) = -\frac{4a}{a^2+1}$ ist der Graph punktsymmetrisch zum Ursprung.

◒ **9** Der Graph von f ist punktsymmetrisch zum Ursprung, der von g ist achsensymmetrisch zur y-Achse. Untersuchen Sie, ob der Graph von h mit $f(x) + 2$ ebenfalls punktsymmetrisch zum Ursprung ist und ob der von k mit $k(x) = 2 \cdot g(x)$ ebenfalls achsensymmetrisch zur y-Achse ist.

◒ Test → Lösung | Seite 183

10 ☒ Untersuchen Sie, ob der Graph der Funktion f mit $f(x) = \frac{-x}{x^2+2}$ achsensymmetrisch zur y-Achse oder punktsymmetrisch zum Ursprung ist.

11 Geben Sie Zahlen für a, b und c an, für die der Graph von f mit $f(x) = a \cdot x^b + c$ punktsymmetrisch zum Ursprung ist und $f(x) \to +\infty$ für $x \to +\infty$ gilt.

● **12** Der Graph der Funktion f ist achsensymmetrisch zur y-Achse. Beurteilen Sie das Symmetrieverhalten des Graphen von g.

a) $g(x) = a \cdot f(x) + b$ $\qquad$ b) $g(x) = f(x - c)$ $\qquad$ c) $g(x) = -[f(x)]^2$

Grundwissen Test → Grundwissen Seite 160 Lösungen | Seite 183

13 ☒ Lösen Sie die Gleichung nach x auf.

a) $2x + 6 = 38$ $\qquad$ b) $6x - 2 = -2x + 4$ $\qquad$ c) $\frac{1}{4}x + 4 = \frac{1}{2}x - 9$

14 ☒ Berechnen Sie die Lösungen der Gleichung.

a) $x^2 - 8x - 9 = 0$ $\qquad$ b) $x^2 + 6x + 7 = 0$ $\qquad$ c) $2x^2 - 8x + 6 = 0$

4 Nullstellen ganzrationaler Funktionen

Der Bogen der Svinesundbrücke zwischen Norwegen und Schweden wird im rechts gezeigten Koordinatensystem durch die Funktion f mit $f(x) = -0{,}00362 \cdot x^2 + 92$ modelliert.
Wie lang ist mit dieser Modellierung die Fahrbahn innerhalb des Bogens?

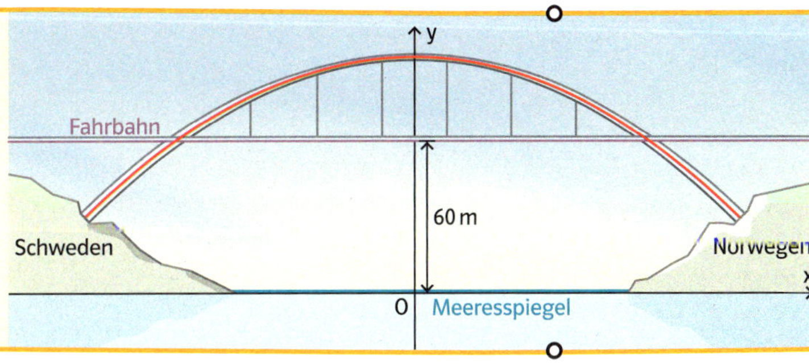

Definition: Eine Zahl x_1 heißt **Nullstelle** einer Funktion f, wenn $f(x_1) = 0$ gilt.

Anschaulich bedeutet eine Nullstelle, dass der Graph dort die x-Achse schneidet oder berührt.

Für manche ganzrationalen Funktionen gibt es Verfahren zur Berechnung von Nullstellen.

(1) $f(x) = x^2 + px + q$. Zur Lösung der Gleichung $f(x) = x^2 + px + q = 0$ nutzt man die Lösungsformel $x_{1,2} = -\frac{p}{2} \pm \sqrt{\left(\frac{p}{2}\right)^2 - q}$.

(2) Die Nullstellenbestimmung bei einer Funktion f mit $f(x) = ax^2 + bx + c$ lässt sich auf (1) zurückführen, wenn man zunächst durch a dividiert. Für $f(x) = 2x^2 - 8x + 6 = 0$ folgt beispielsweise $x^2 - 4x + 3 = 0$. Die Lösungen sind $x_{1,2} = -\frac{p}{2} \pm \sqrt{\left(\frac{p}{2}\right)^2 - q} = 2 \pm \sqrt{4 - 3}$. $x_1 = 1$, $x_2 = 3$.

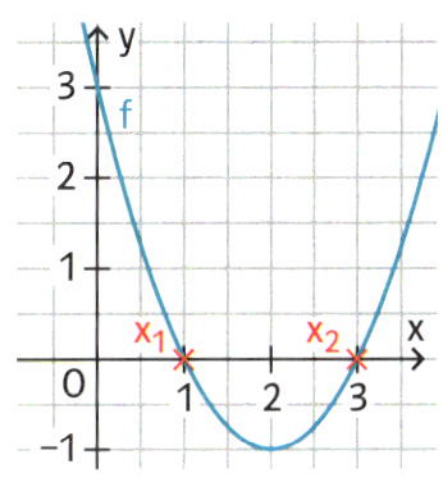

(3) Bei der Funktion g mit $g(x) = x^3 - 4x = x \cdot (x^2 - 4)$ kann man im Funktionsterm x ausklammern.
Ein **Nullprodukt** wie $x \cdot (x^2 - 4) = 0$ löst man, indem man die Faktoren einzeln gleich null setzt.
Eine Lösung ist $x_1 = 0$. Weitere Lösungen sind $x_2 = 2$ und $x_3 = -2$.

In anderen Fällen löst man die Gleichung mit einem geeigneten Rechner. So nutzt man z. B. bei einem CAS-Taschenrechner den *solve*-Befehl. Die Funktion f mit $f(x) = x^3 - 2x^2 - 5x + 6$ hat also die Nullstellen $x_1 = -2$, $x_2 = 1$ und $x_3 = 3$.

$$\text{solve}(x^3 - 2 \cdot x^2 - 5 \cdot x + 6 = 0, x)$$
$$x = -2 \text{ or } x = 1 \text{ or } x = 3$$

Zur **Bestimmung von Nullstellen** einer ganzrationalen Funktion f löst man die Gleichung $f(x) = 0$.

Form der Gleichung	**Lösungsverfahren**
Quadratische Gleichung $x^2 + px + q = 0$	Lösungen sind $x_{1,2} = -\frac{p}{2} \pm \sqrt{\left(\frac{p}{2}\right)^2 - q}$ falls $p^2 - 4q \ge 0$.
Produkt $p(x) \cdot q(x) = 0$	Satz vom Nullprodukt x_1 ist genau dann Lösung, wenn $p(x_1) = 0$ oder $q(x_1) = 0$.
Jeder Summand enthält x Beispiel: $x^3 + bx^2 + cx = 0$	Ausklammern: $x(x^2 + bx + c) = 0$ Lösungen: $x_1 = 0$ und die Lösungen von $x^2 + bx + c = 0$.
Komplexere Gleichung	Nutzung eines geeigneten Rechners.

$p(x_1) = 0$ oder $q(x_1) = 0$ bedeutet: Mindestens eine der beiden Bedingungen muss erfüllt sein.

Beispiel Quadratische Gleichung, Satz vom Nullprodukt, komplexere Gleichung

a) Bestimmen Sie die Nullstellen der Funktion f mit $f(x) = x^2 - 3x - 4$.

b) Bestimmen Sie die Schnittpunkte der Graphen von f und g mit $f(x) = 5x^3$ und $g(x) = 2x^2 - \frac{1}{5}x$.

c) Ermitteln Sie mit einem geeigneten Rechner die Schnittstellen des Graphen von f mit $f(x) = x^4 - 3x^2 - 4$ mit der x-Achse.

Lösung

a) $x^2 - 3x - 4 = 0 \Leftrightarrow x_{1,2} = 1{,}5 \pm \sqrt{2{,}25 + 4} = 1{,}5 \pm 2{,}5$; $x_1 = 4$, $x_2 = -1$.

b) Ansatz: $f(x) = g(x) \Leftrightarrow 5x^3 = 2x^2 - \frac{1}{5}x \Leftrightarrow 25x^3 - 10x^2 + x = 0 \Leftrightarrow x(25x^2 - 10x + 1) = 0$.
Erste Lösung: $x_1 = 0$.
Weitere Lösungen: $25x^2 - 10x + 1 = 0 \Leftrightarrow x^2 - 0{,}4x + 0{,}04 = 0$
$\Leftrightarrow x_{2,3} = 0{,}2 \pm \sqrt{0{,}04 - 0{,}04} = 0{,}2 = \frac{1}{5}$. Die Schnittpunkte sind $S_1(0\,|\,0)$ und $S_2\left(\frac{1}{5}\,\middle|\,\frac{1}{25}\right)$.

c) Der Befehl *solve(x⁴ − 3x² − 4 = 0, x)* liefert die Lösungen −2 und 2. Der Graph von f schneidet die x-Achse an den Stellen $x_1 = -2$ und $x_2 = 2$.

Das Zeichen ⇔ zwischen zwei Gleichungen bedeutet: Die Gleichungen sind zueinander äquivalent, d.h., sie haben dieselbe Lösungsmenge.

Aufgaben

○ **1** Ermitteln Sie die Nullstellen der Funktion.

a) $f(x) = x^2 - 5x + 6$ b) $f(x) = 4x^2 - 4x - 3$ c) $f(x) = x^2 - 3x - 4$
d) $f(x) = 4x^2 - \frac{25}{4}$ e) $f(x) = x^2 + \frac{1}{5}x + \frac{1}{100}$ f) $f(x) = x^2 + \frac{1}{9}$

○ **2** Geben Sie die Nullstellen von f ohne Rechnung an.

a) $f(x) = x(x - 2)$ b) $f(x) = x^2(x + 3)$ c) $f(x) = x(x^2 + 1)$
d) $f(x) = x^2(x^2 - 4)$ e) $f(x) = x(x - 0{,}5)(x + 7)$ f) $f(x) = 3(x^2 - 9)(x + 3)$

○ **3** Ermitteln Sie die Nullstellen der Funktion.

a) $f(x) = x^3 - 6x^2 + 5x$ b) $f(x) = 2x^3 + 10x^2 + 12x$ c) $f(x) = x^3 + \frac{1}{2}x$
d) $f(x) = x^3 - 4x^2$ e) $f(x) = \frac{1}{2}x + \frac{2}{3}x^2$ f) $f(x) = -\frac{1}{3}x^4 + 3x^2$

Lösungen zu Aufgabe 3:
0 | $-\frac{3}{4}$; 0 | 0; 4 | 0; ±3 | 0; 1; 5 | −3; −2; 0

○ **4** Ordnen Sie mithilfe der Nullstellen der Funktion den passenden Graphen zu.

$f(x) = x^3 + x$ $h(x) = x^3 - x$ $g(x) = x^3 - 4x$

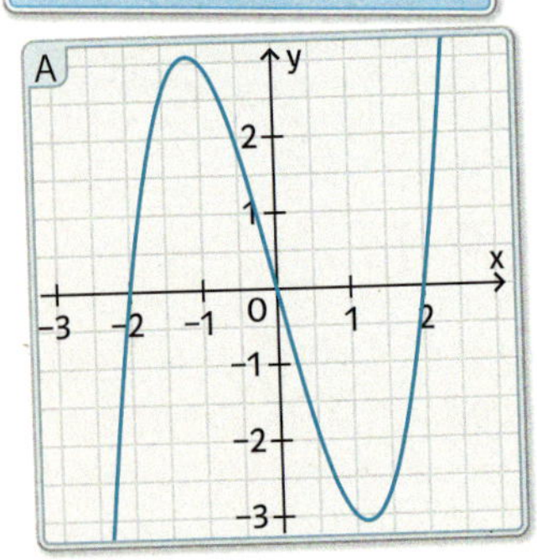

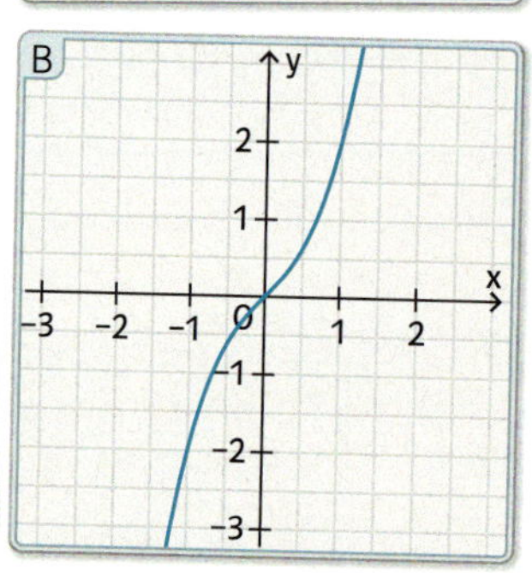

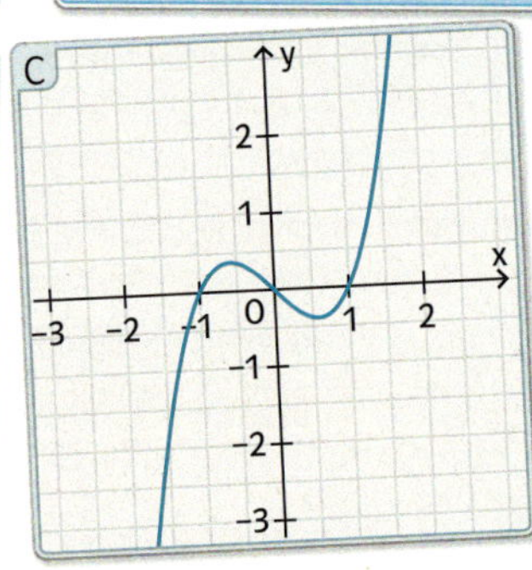

○ **5** Untersuchen Sie die Funktion f auf Nullstellen.

a) $f(x) = x^3 + 2x^2 - 25x - 50$ b) $f(x) = x^4 + 16$ c) $f(x) = x^3 - \frac{1}{2}x^2 + 2x - 1$
d) $f(x) = x^4 - \frac{25}{36}x^2 + \frac{1}{9}$ e) $f(x) = x^4 + x^3 - 7x^2 - x + 6$ f) $f(x) = x^6 + 26x^3 - 27$

Test

Lösung | Seite 183

6 Ermitteln Sie die Nullstellen der Funktion.
a) $f(x) = x^4 - 5x^2 + 4$ b) $f(x) = (0{,}2x + 3)\left(x^2 - \frac{1}{9}\right)$ c) $f(t) = t^3 - 7t^2 - 8t$

7 Gegeben sind die Graphen von f und g mit $f(x) = 0{,}1x^3 - 0{,}9x$ und $g(x) = 0{,}25x^2$ (Fig. 1).
Bestimmen Sie die Schnittpunkte
a) der Graphen von f und g,
b) der Graphen von f und h mit $h(x) = 0{,}3x$.

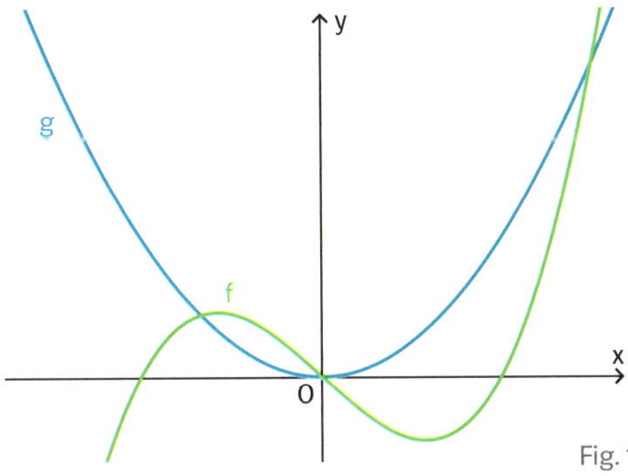

Fig. 1

8 Bestimmen Sie die Schnittpunkte der Graphen von f und g.
a) $f(x) = x^2$ $g(x) = -x^2 + 4$
b) $f(x) = -x^3$ $g(x) = 2x^2 - 8x$
c) $f(x) = -3$ $g(x) = x^4 - 4x^2$

9 Gegeben ist die Funktion f mit $f(x) = x^4 - 4x^2$.
a) Begründen Sie, dass weder A noch B der Graph von f sein kann (Fig. 2).
b) Skizzieren Sie den Graphen von f.

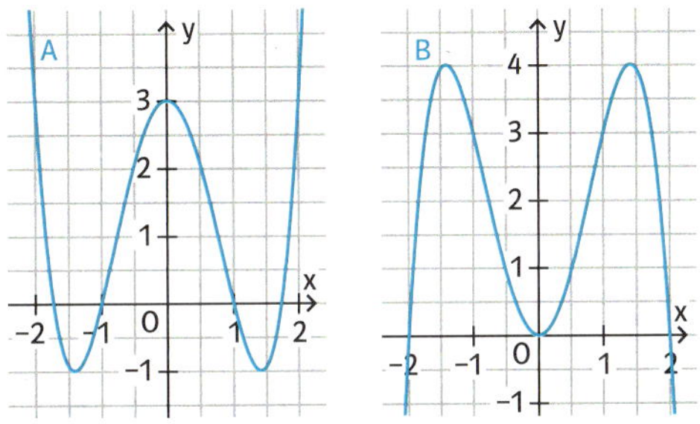

Fig. 2

10 Bestimmen Sie die Stelle, an der die Funktion f den angegebenen Funktionswert hat.
a) $f(x) = x^3 - 2x^2 + 4x + 1$; -23
b) $f(x) = x^4 + 6x^3 + 13x^2 + 12x - 27$; 5

11 Begründen Sie: Eine ganzrationale Funktion vom Grad eins hat immer genau eine Nullstelle.

12 Der Lokführer eines Zuges erkennt an einem roten Vorsignal, dass er seinen Zug vor dem 1000 m entfernten Hauptsignal zum Anhalten bringen muss. Nach Einleiten des Bremsvorgangs legt der Zug in t Sekunden den Weg $s(t) = 30t - 0{,}4t^2$ (in m) mit der Geschwindigkeit $v(t) = 30 - 0{,}8t$ (in m/s) bis zum Stillstand zurück.
a) Bestimmen Sie den Zeitpunkt, zu dem der Zug steht und entscheiden Sie, ob der Bremsvorgang vor dem Hauptsignal endet.
b) Die Zahl 30 in den Funktionsgleichungen gibt die Geschwindigkeit des Zuges in m/s an, die der Zug vor dem Bremsen hat. Ermitteln Sie, wie groß diese Geschwindigkeit höchstens sein darf, damit der Zug noch rechtzeitig zum Halten kommt.

13 Der Querschnitt einer Schale kann mithilfe einer Funktion f mit $f(x) = -\frac{1}{16}x^4 + \frac{1}{2}x^2 - 1$ (x und f(x) in dm) zwischen den beiden Nullstellen von f modelliert werden.
Bestimmen Sie den Radius R der Schale (vgl. Fig. 3).

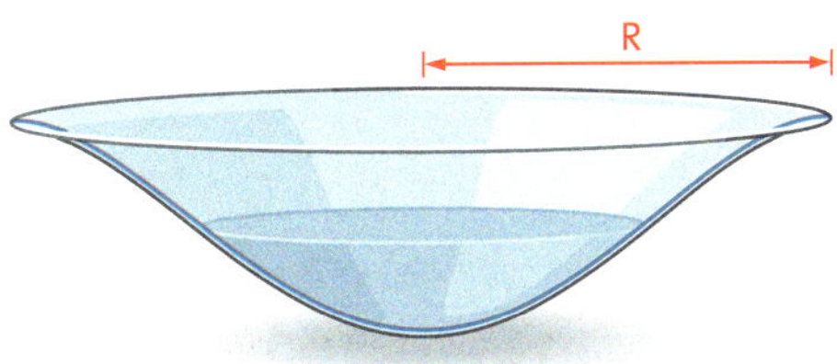

Fig. 3

14 Die Flugbahn einer Kugel beim Kugelstoßen wird beschrieben durch den Graph der Funktion f mit $f(x) = -0{,}08x^2 + 0{,}56x + 1{,}44$ (x und f(x) in m).
a) Berechnen Sie die Stoßweite.
b) Kurz vor dem Auftreffen ist die Kugel wieder so hoch wie beim Abstoß. Berechnen Sie, wie weit die Kugel dann vom Abstoßpunkt entfernt ist.

15 Zum Zeitpunkt $t = 0$ fährt ein Auto A mit konstanter Geschwindigkeit an einem Messpunkt M vorbei, während ein zweites Auto B dort mit konstanter Beschleunigung startet. Der von A bzw. B zurückgelegte Weg in m wird beschrieben durch die Funktionsgleichungen $a(t) = 20t$ bzw. $b(t) = 2t^2$. Die Zeit t wird in Sekunden gemessen.
Bestimmen Sie den Zeitpunkt, an dem Auto A von Auto B eingeholt wird und berechnen Sie den Weg, den dann beide Autos von M aus zurückgelegt haben.

16 Einem Unternehmen entstehen bei x Produktionseinheiten die Gesamtkosten $K(x)$ (in €). Diese können im Bereich $0 \leqq x \leqq 50$ erfahrungsgemäß durch die Kostenfunktion K mit $K(x) = 0{,}044x^3 - 2x^2 + 50x + 600$ beschrieben werden.
Jede Produktionseinheit wird für 60 € verkauft. Die Zuordnung $x \to U(x)$, welche x Produktionseinheiten den Umsatz durch den Verkauf zuordnet, heißt Umsatzfunktion.

a) Geben Sie für die Umsatzfunktion eine Funktionsgleichung an.
b) Stellen Sie eine Gleichung für die Gewinnfunktion G auf und bestimmen Sie die Anzahl der Produktionseinheiten, für die der Gewinn 0 beträgt.

Test

Lösungen | Seite 183

17 Bestimmen Sie die Schnittpunkte der Graphen von f und g mit $f(x) = x^3 - 4x + 2$ und $g(x) = 2$.

18 Gegeben ist die Funktion f mit $f(x) = x^3 + 4x^2 + 3x$.

a) Begründen Sie, dass weder A noch B in der Abbildung rechts der Graph von f sein kann.
b) Skizzieren Sie den Graphen von f.

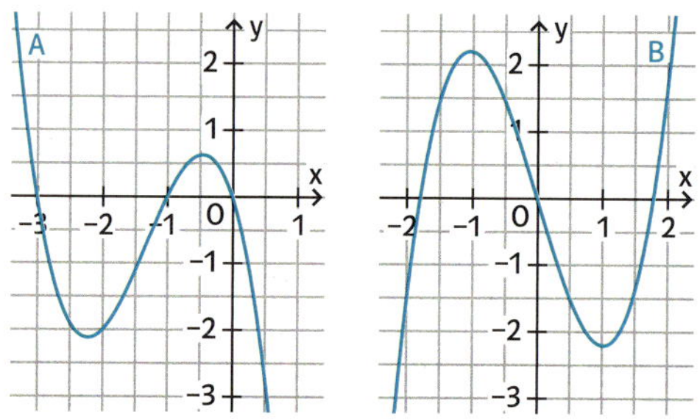

19 Sind die folgenden Aussagen wahr oder falsch? Begründen Sie.

a) Jede ganzrationale Funktion, deren Graph punktsymmetrisch zum Ursprung ist, hat mindestens eine Nullstelle.
b) Jede ganzrationale Funktion, deren Graph achsensymmetrisch zur y-Achse ist, hat eine gerade Anzahl an Nullstellen.
c) Ganzrationale Funktionen vom Grad fünf haben immer genau fünf Nullstellen.
d) Jede ganzrationale Funktion, deren Graph achsensymmetrisch zur y-Achse ist und die Nullstelle 2 besitzt, besitzt auch die Nullstelle -2.

20 Ein Erdwall hat im Querschnitt näherungsweise die Form einer Parabel.
Er ist in der Mitte 2 m hoch, auf 1 m Höhe ist er 10 m breit.
Bestimmen Sie mithilfe der Parabelgleichung die Breite des Walls am Boden.

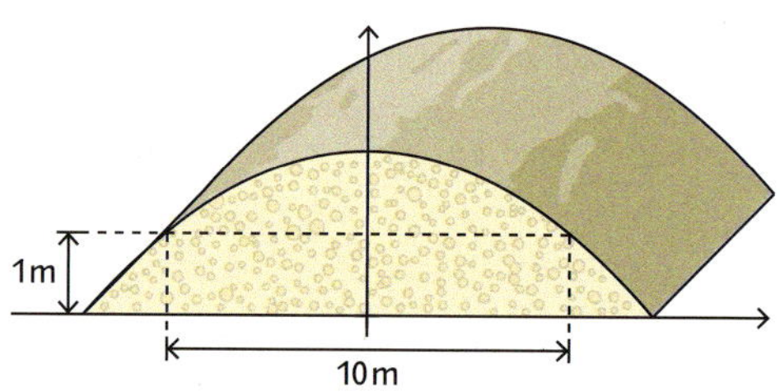

21 Für welche Werte von a hat die Funktion f mit $f(x) = x^2 + 2x + a$

a) zwei Nullstellen,
b) genau eine Nullstelle,
c) keine Nullstelle?

Grundwissen Test

Grundwissen
Seite 160
Lösung | Seite 183

22 Bestimmen Sie die Lösungen der Gleichungen.

a) $3(x + 8) = -2x$
b) $-6(-x) = 9(2x + 1)$
c) $(x + 2)^2 - (4 - x)^2 = 0$
d) $(2x - 3)^2 + 15 = (x + 3)^2$

5 Linearfaktoren – Anzahl der Nullstellen

Je eine der Funktionen f_1, f_2 und f_3 ist mit einer der Funktionen g_1, g_2 und g_3 identisch. Ordnen Sie zu.

$f_1(x) = x^2 - 2x + 1$ $\qquad$ $g_1(x) = (x - 2)(x + 2)$
$f_2(x) = x^2 - 2x$ $\qquad$ $g_2(x) = (x - 1)(x - 1)$
$f_3(x) = x^2 - 4$ $\qquad$ $g_3(x) = x(x - 2)$

Welcher der Graphen A, B und C gehört zu den Funktionen?

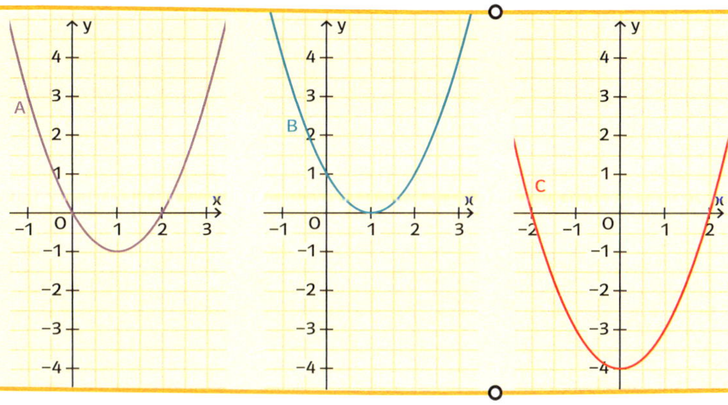

Der Funktionsterm der Funktion f mit $f(x) = (x - 1)(x + 3)$ ist das Produkt der beiden Faktoren $(x - 1)$ und $(x + 3)$, bei denen nur x-Potenzen vom Grad eins auftreten.
Die Faktoren $(x - 1)$ und $(x + 3)$ heißen **Linearfaktoren**.
An der Linearfaktordarstellung $f(x) = (x - 1)(x + 3)$ kann man ohne Rechnung die Nullstellen $x_1 = -3$ und $x_2 = 1$ von f ablesen (vgl. Fig. 1).

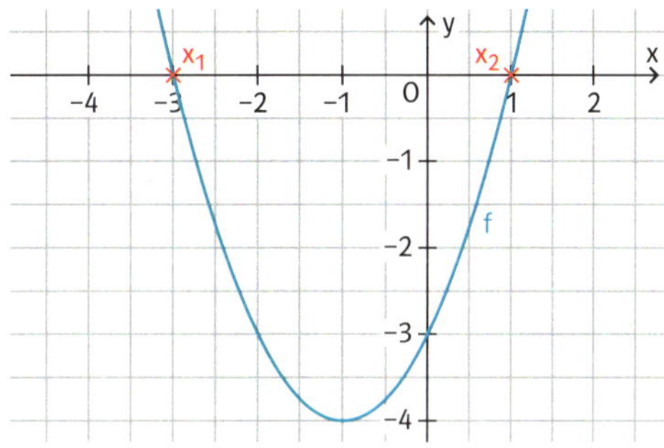

Fig. 1

Linearfaktoren sind ganzrationale Funktionen vom Grad eins, z. B. $(x - 2)$ oder $(x + 3)$.

Wird der Funktionsterm von f ausmultipliziert, ergibt sich $f(x) = (x - 1)(x + 3) = x^2 + 2x - 3$.
An der Darstellung $f(x) = x^2 + 2x - 3$ kann man die Nullstellen nicht sofort erkennen. Dafür kann man aber unmittelbar eine eventuell vorhandene Symmetrie des Graphen und das Verhalten von f für $x \to \pm\infty$ beurteilen.

Es gibt ganzrationale Funktionen wie g mit $g(x) = x^2 + 1$, die man nicht in Linearfaktordarstellung schreiben kann. Da die Gleichung $x^2 + 1 = 0$ keine Lösung hat, hat g keine Nullstellen. Damit ist eine Linearfaktordarstellung nicht möglich. Der Graph von g hat keine gemeinsamen Punkte mit der x-Achse (vgl. Fig. 2).

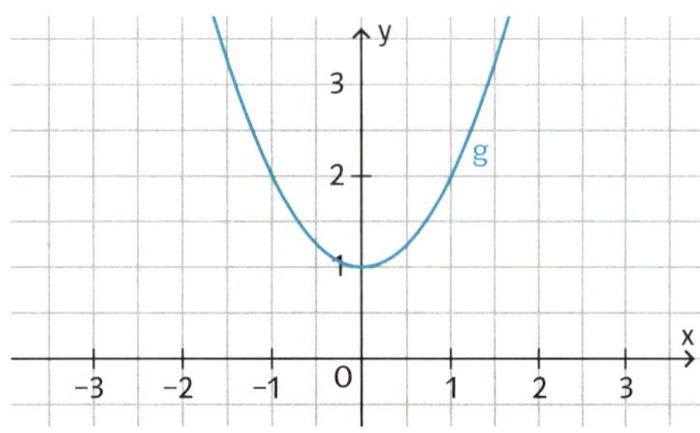

Fig. 2

Multipliziert man ein Produkt von Linearfaktoren wie $(x - 2)(x - 5)(x + 1)$ aus, erhält man das Polynom $x^3 - 6x^2 + 3x + 10$ mit x^3 als höchste Potenz.
Umgekehrt können bei einer ganzrationalen Funktion vom Grad drei nicht mehr als drei Linearfaktoren vorkommen, da sonst beim Ausmultiplizieren höhere x-Potenzen als x^3 entstehen.

Das bedeutet allgemein: Besteht ein Term aus n Linearfaktoren, dann hat das zugehörige Polynom den Grad n.
Und: Ein Polynom vom Grad n hat höchstens n Linearfaktoren

Satz: Eine ganzrationale Funktion f vom Grad n hat höchstens n Nullstellen.

Die Bestimmung der Nullstellen einer Funktion über die Zerlegung des Funktionsterms in Faktoren ist auch mit einem geeigneten Rechner möglich. Bei einem CAS-Rechner nutzt man dazu den Befehl *factor()*, der den Term in Faktoren mit möglichst kleinem Grad zerlegt.
Aus der Abbildung ergibt sich:

Die Funktion f_1 mit $f_1(x) = x^2 - 1$ hat die Nullstellen $x_1 = 1$ und $x_2 = -1$.
Die Funktion f_2 mit $f_2(x) = x^3 + 5x^2 - 2x - 24$ hat die Nullstellen $x_1 = 2$, $x_2 = -3$ und $x_3 = -4$.
Die Funktion f_3 mit $f_3(x) = x^3 - 12x - 16$ hat die Nullstelle $x_1 = 4$ und $x_2 = -2$. Der Faktor $(x + 2)$ tritt zwar zweimal auf, liefert aber nur eine Nullstelle.
Die Funktion f_4 mit
$f_4(x) = x^4 - 10x^3 + 28x^2 - 30x + 75$
hat nur die Nullstelle $x = 5$, denn die Gleichung $x^2 + 3 = 0$ hat keine Lösung.

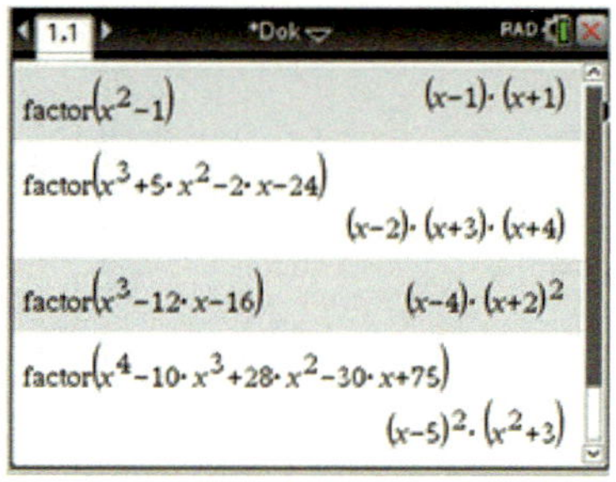

Beispiel **Nullstellen angeben, Funktionsterme mithilfe von Linearfaktoren angeben**

a) Geben Sie die Nullstellen der Funktion f mit $f(x) = 3(x + 4)(x - 1{,}5)\left(x + \frac{1}{3}\right)$ an.

b) Geben Sie den Term einer Funktion f, die die Nullstellen −1, 2 und 3 hat, als Polynom an.
c) Geben Sie den Term einer Funktion f, die die Nullstellen −2 und 4 hat und deren Graph durch den Punkt $P(1|-27)$ geht, als Polynom an.
d) Bestimmen Sie die Nullstellen der Funktion f mit $f(x) = x^3 - 7x^2 + 4x - 28$ mithilfe einer Linearfaktorzerlegung.

Lösung
a) $x_1 = -4$; $x_2 = 1{,}5$; $x_3 = -\frac{1}{3}$
b) $(x + 1)(x - 2)(x - 3) = x^3 - 4x^2 + x + 6$
c) Wegen der angegebenen Nullstellen gilt $f(x) = k(x + 2)(x - 4)$, wegen P folgt aus $f(1) = k(1 + 2)(1 - 4) = -9k = -27$ für k der Wert 3. $f(x) = 3(x + 2)(x - 4) = 3x^2 - 6x - 24$.
d) Der Befehl *factor*$(x^3 - 7x^2 + 4x - 28)$ liefert die Zerlegung $f(x) = (x - 7)(x^2 + 4)$.
Die Funktion f hat nur die Nullstelle $x = 7$.

Weitere Lösung zu b): z. B.
$f(x) = 7(x + 1)(x - 2)(x - 3)$,
allgemein
$f(x) = k(x + 1)(x - 2)(x - 3)$.

Aufgaben

○ **1** Geben Sie die Nullstellen der Funktion f an.
a) $f(x) = (x + 7)(x - 6{,}5)$
b) $f(x) = \left(x + \frac{1}{4}\right)(x - 2{,}3)(2x + 8)$
c) $f(x) = (x + 5{,}1)\left(x - \frac{3}{7}\right)^2$
d) $f(x) = (x + 1)(x - 1)^2$
e) $f(x) = (x - 1)(x + 1)^2$
f) $f(x) = (x - 1)(x^2 + 1)$

○ **2** a) Benennen Sie diejenigen der angegebenen Funktionen, die genau die Nullstellen $x_1 = -3$, $x_2 = 3$ und $x_3 = 8$ haben.
b) Geben Sie für die anderen Funktionen die Nullstellen an.

$f(x) = 3(x + 3)(x + 3)(x - 8)$

$g(x) = x(x - 3)(x + 3)(x - 8)$

$h(x) = (x - 3)(x + 3)(x - 8)^2$

$i(x) = 5 \cdot (x - 3)(x + 3)(x - 8)$

○ **3** Geben Sie die Zerlegung des Funktionsterms der Funktion f in Linearfaktoren an.
a) $f(x) = x^2 - 12x + 35$
b) $f(x) = x^2 + 8x - 9$

○ **4** Geben Sie eine ganzrationale Funktion f mit den angegebenen Nullstellen an, notieren Sie zu a) und b) auch die Polynomdarstellung.
a) $x_1 = -4,\ x_2 = 4$
b) $x_1 = -2,\ x_2 = 6$
c) $x_1 = -2;\ x_2 = 0;\ x_3 = 4$
d) $x_1 = -5;\ x_2 = 1;\ x_3 = 2;\ x_4 = 4$

○ Test

Lösungen | Seite 183

5 Bestimmen Sie die Nullstellen der Funktion f.
a) $f(x) = (x + 7)(x - 2{,}2)(3x - 9)$
b) $f(x) = (x + 8)(x^2 - 4)$

6 Geben Sie die Polynomdarstellung einer ganzrationalen Funktion f an, die die Nullstellen −2 und 3 hat.

◒ **7** Geben Sie eine ganzrationale Funktion f an, die genau die angegebenen Nullstellen hat und deren Graph durch den angegebenen Punkt verläuft.
a) $x_1 = 3,\ x_2 = 4;\ P(-2\,|\,-30)$
b) $x_1 = 0{,}5,\ x_2 = -2;\ P(4\,|\,10{,}5)$
c) $x_1 = -3,\ x_2 = -1,\ x_3 = 3;\ P(1\,|\,64)$
d) $x_1 = 6,\ x_2 = 3,\ x_3 = -1;\ P(2\,|\,-36)$

◒ **8** Bestimmen Sie die Parameter a, b und c so, dass die Funktion f mit $f(x) = a(x - b)(x - c)$
a) die Nullstellen −1 und 3 hat und der Graph von f durch den Punkt $P(0\,|\,1)$ verläuft,
b) nur die Nullstelle −1 hat, deren Graph symmetrisch zur y-Achse verläuft und für die $f(0) = 10$ gilt.

◒ **9** Geben Sie die Faktorzerlegung des Funktionsterms der Funktion f an und bestimmen Sie damit die Nullstellen von f.
a) $f(x) = x^3 - x^2 - x + 1$
b) $f(x) = x^3 - 2x^2 + x - 2$
c) $f(x) = x^4 + 6x^2 + 8$
d) $f(x) = 2x^4 + 8x^3 - 4x^2 - 24x + 18$

◒ Test

Lösungen | Seite 183

10 Geben Sie eine ganzrationale Funktion f vom Grad drei an, die genau die angegebenen Nullstellen hat und deren Graph durch den Punkt $P(-2\,|\,-30)$ geht: $x_1 = -4,\ x_2 = -1,\ x_3 = 2$.

11 Geben Sie die Faktorzerlegung des Funktionsterms der Funktion f mit $f(x) = 2x^3 - 6x^2 - 66x + 70$ an und bestimmen Sie damit die Nullstellen von f.

12 a) Ändern Sie die Gleichung der Funktion f mit $f(x) = (x - 4)(x + 1)$ so ab, dass die Nullstellen bleiben, die Funktion aber den Grad drei hat. Prüfen Sie, ob es mehrere Möglichkeiten gibt.
b) Die ganzrationale Funktion f hat die Nullstellen $x_1 = -3,\ x_2 = 1$ und $x_3 = 4$, der zu x_1 und der zu x_2 gehörende Linearfaktor tritt in der Faktordarstellung jeweils zweimal auf. Geben Sie eine Funktionsgleichung für f an und benennen Sie den Grad von f.

13 a) Geben Sie begründet an, wie viele Nullstellen ein ganzrationale Funktion vom Grad vier haben kann. Begründen Sie, dass es nicht mehr als vier sein können.
b) Begründen Sie: Jede ganzrationale Funktion vom Grad drei hat mindestens eine Nullstelle.
c) Formulieren Sie eine Aussage über die Mindest- und die Höchstanzahl an Nullstellen einer ganzrationalen Funktion vom Grad n und begründen Sie sie.

Grundwissen Test

Grundwissen
Seite 160
Lösung | Seite 184

14 Bestimmen Sie die Lösung der Exponentialgleichung.
a) $3^x = 27$
b) $5^x = 625$
c) $2 \cdot 4^{2x} = 8$
d) $7^{2x-1} = 343$

6 Ermitteln von Funktionsgleichungen

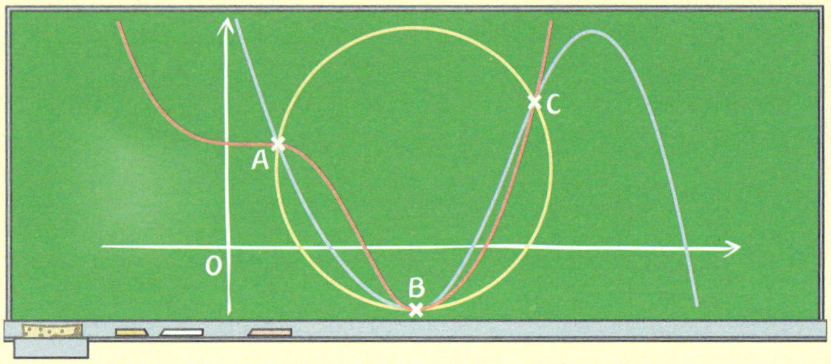

Clara: „Und welcher Graph ist der richtige?"

Kennt man die Funktionsgleichung einer ganzrationalen Funktion, so lassen sich daraus Eigenschaften der Funktion und ihres Graphen ableiten.
Häufig kennt man aber nur bestimmte Eigenschaften eines Graphen und muss daraus zunächst die Funktionsgleichung bestimmen, um damit weitere Charakteristika zu ermitteln.

Ein Punkt liegt genau dann auf dem Graphen einer Funktion, wenn seine Koordinaten die Funktionsgleichung erfüllen, d.h. beim Einsetzen zu einer wahren Aussage führen.

Gesucht ist die Gleichung einer ganzrationalen Funktion zweiten Grades, deren Graph durch die Punkte A(−1 | 4), B(0 | 0) und C(2 | 4) geht. Mit dem allgemeinen Ansatz $f(x) = ax^2 + bx + c$ folgt daraus das lineare Gleichungssystem

$$\left|\begin{array}{l} 4 = a \cdot (-1)^2 + b \cdot (-1) + c \\ 0 = a \cdot 0^2 + b \cdot 0 + c \\ 4 = a \cdot 2^2 + b \cdot 2 + c \end{array}\right|.$$

Da aus der zweiten Gleichung $c = 0$ folgt ergibt sich vereinfacht

$$\left|\begin{array}{l} a - b = 4 \\ 4a + 2b = 4 \end{array}\right|.$$

Mit dem bereits bekannten Einsetzungsverfahren kann man das Gleichungssystem lösen:

$$\left|\begin{array}{r} a = 4 + b \\ 4a + 2b = 4 \end{array}\right| \Leftrightarrow \left|\begin{array}{r} a = 4 + b \\ 4(4 + b) + 2b = 4 \end{array}\right| \Leftrightarrow \left|\begin{array}{r} a = 4 + b \\ 6b + 16 = 4 \end{array}\right| \Leftrightarrow \left|\begin{array}{r} a = 4 + b = 2 \\ b = -2 \end{array}\right|$$

Die gesuchte Funktionsgleichung lautet also $f(x) = 2x^2 - 2x$.

Gleichungssysteme mit mehr als zwei Gleichungen und mit mehr als zwei Variablen löst man mithilfe eines geeigneten Rechners.
Geht z.B. der Graph einer ganzrationalen Funktion zweiten Grades durch die Punkte A(−2 | −4), B(1 | 8) und C(3 | 6), so ergibt sich das Gleichungssystem

$$\left|\begin{array}{l} -4 = a \cdot (-2)^2 + b \cdot (-2) + c \\ 8 = a \cdot 1^2 + b \cdot 1 + c \\ 6 = a \cdot 3^2 + b \cdot 3 + c \end{array}\right|.$$

Die Lösung des Gleichungssystems erhält man mit GTR/CAS wie in der linken Abbildung dargestellt. Man kann daher auch unmittelbar die Bedingungen $f(-2) = 4$; $f(1) = 8$; $f(3) = 6$ eingeben.

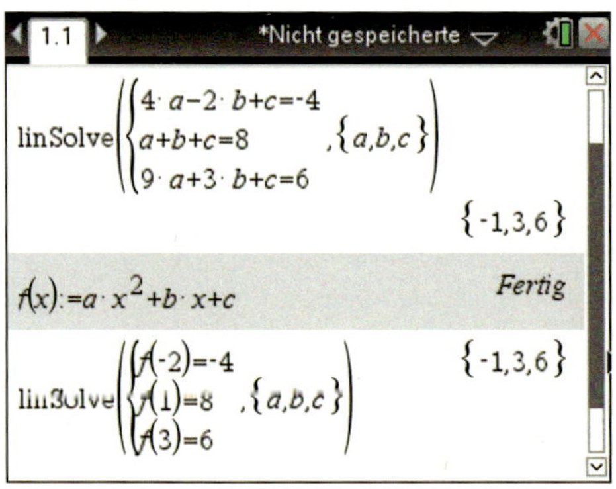

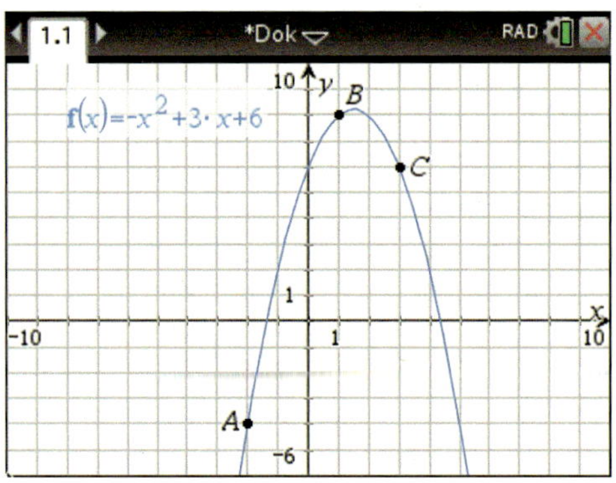

Mit den ermittelten Lösungen ergibt sich die Funktionsgleichung $f(x) = -x^2 + 3x + 6$.
Mit einer Probe kann die Richtigkeit der Lösung überprüft werden:
$f(-2) = -(-2)^2 + 3 \cdot (-2) + 6 = -4 - 6 + 6 = -4$; $f(1) = -1^2 + 3 \cdot 1 + 6 = -1 + 3 + 6 = 8$;
$f(3) = -3^2 + 3 \cdot 3 + 6 = -9 + 9 + 6 = 6$.
Die gefundene Lösung ist richtig.

Beispiel Bestimmen von Funktionsgleichungen aus vorgegebenen Punkten

a) Die Punkte $A(-3\,|\,-18)$ und $B(2\,|\,-3)$ liegen auf dem Graph einer Funktion f mit der allgemeinen Gleichung $f(x) = ax^2 + c$. Bestimmen Sie die Werte für a und c.

b) Der Graph einer ganzrationalen Funktion dritten Grades geht durch die Punkte $C(-1\,|\,-1)$, $D(-0{,}5\,|\,5{,}75)$, $E(1\,|\,5)$ und $F(2{,}5\,|\,4{,}25)$. Bestimmen Sie die Funktionsgleichung.

Lösung

a) Lösung mit dem bekannten Gleichsetzungsverfahren

$$\left| \begin{matrix} -18 = a \cdot (-3)^2 + c \\ -3 = a \cdot 2^2 + c \end{matrix} \right| \Leftrightarrow \left| \begin{matrix} c = -18 - 9a \\ c = -3 - 4a \end{matrix} \right| \Leftrightarrow \left| \begin{matrix} -18 - 9a = -3 - 4a \\ c = -3 - 4a \end{matrix} \right| \Leftrightarrow \left| \begin{matrix} a = -3 \\ c = 9 \end{matrix} \right|$$

b) Die allgemeine Funktionsgleichung lautet $f(x) = a \cdot x^3 + b \cdot x^2 + c \cdot x + d$. Man gibt bei GTR/CAS die Bedingungen $f(-1) = -1$; $f(0{,}5) = 5{,}75$; $f(1) = 5$ und $f(2{,}5) = 4{,}25$ ein und erhält die Lösungen $a = 2$, $b = -6$, $c = 1$ und $d = 8$. Damit lautet die Funktionsgleichung $f(x) = 2x^3 - 6x^2 + x + 8$.

5 ist der Funktionswert von f an der Stelle 1, es gilt also $f(1) = 5$.

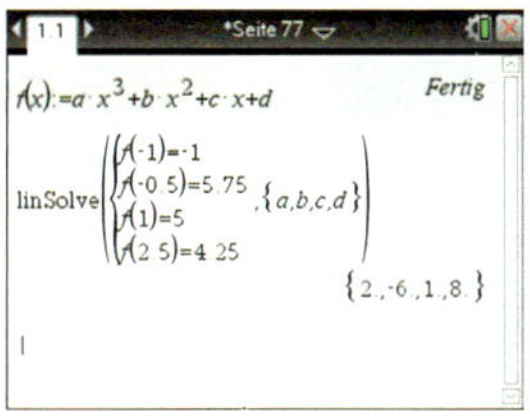

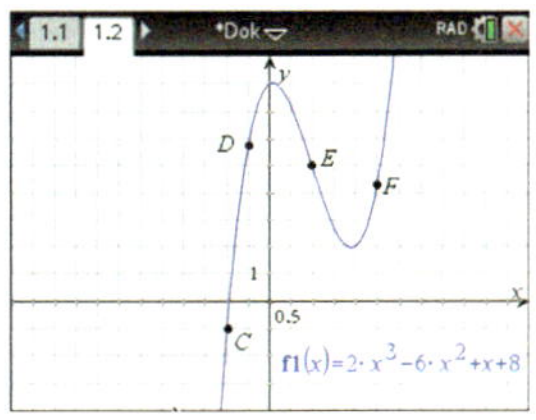

Aufgaben

○ **1** Bestimmen Sie eine Funktionsgleichung der ganzrationalen Funktion zweiten Grades, deren Graph durch die angegebenen Punkte verläuft.

a) $A(-1\,|\,0)$; $B(0\,|\,-1)$; $C(1\,|\,0)$
b) $A(0\,|\,0)$; $B(1\,|\,0)$; $C(2\,|\,3)$
c) $A(0\,|\,-1{,}5)$; $B(-3\,|\,0)$; $C(-1\,|\,-2)$
d) $A(0\,|\,4)$; $B(1\,|\,3)$; $C(2\,|\,6)$

○ **2** Bestimmen Sie eine Funktionsgleichung der ganzrationalen Funktion vom angegebenen Grad n, deren Graph durch die festgelegten Punkte verläuft.

a) $A(0\,|\,0)$; $B(2\,|\,4)$; $C(4\,|\,-8)$; $n = 2$
b) $A(-3\,|\,26)$; $B(-1\,|\,10)$; $C(0\,|\,5)$; $n = 2$
c) $A(-4\,|\,2)$; $B(0\,|\,2)$; $C(2\,|\,-10)$; $D(3\,|\,-8{,}5)$; $n = 3$
d) $A(-2\,|\,63)$; $B(-1\,|\,32)$; $C(1\,|\,0)$; $D(3\,|\,48)$; $n = 3$

○ **3** Gegeben ist der Graph einer ganzrationalen Funktion f. Bei a) ist f vom Grad drei und bei b) und c) vom Grad vier. Bestimmen Sie mithilfe geeigneter Punkte, die Sie der Grafik entnehmen, die Funktionsgleichung für f.

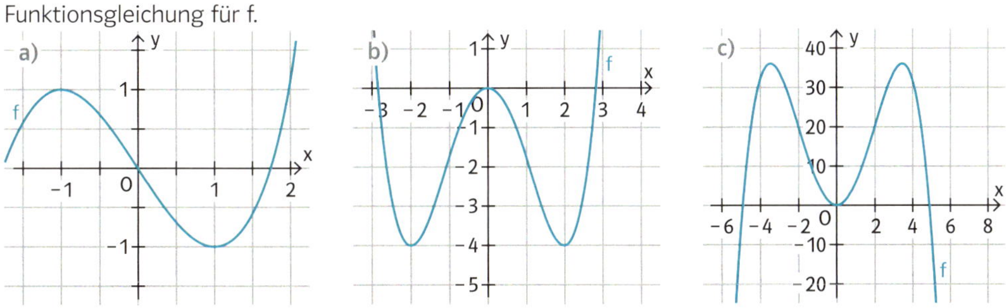

Training

○ **1** Skizzieren Sie mithilfe der Graphen von h mit $h(x) = \frac{1}{x}$ und g mit $g(x) = -0{,}5x$ die Graphen von $h + g$ und $h - g$. Geben Sie zu den neuen Funktionen jeweils auch die Definitionsmenge an.

Lösungen | Seite 184

○ **2** Geben Sie begründet an, ob es sich bei der angegebenen Funktion um eine ganzrationale Funktion handelt und nennen Sie gegebenenfalls Grad und Koeffizienten.

a) $f(x) = 3^x$ **b)** $f(x) = x^3 - 2x + 9$ **c)** $f(x) = \frac{x-1}{x+1}$ **d)** $f(x) = -x^4 + 12x^2$

○ **3** Geben Sie begründet das Verhalten der Funktion f für $x \to \pm\infty$ an.

a) $f(x) = x^3 + 16x^2 - 17$
b) $f(x) = -4x^5 + 19x - 7$
c) $f(x) = -2x^4 + x^3 - 6x$
d) $f(x) = 8x^8 + 7x^7 + 5x^6 + 6x^5 + 1$

○ **4** Bestimmen Sie die Nullstellen der Funktion f.

a) $f(x) = x^2 + 6x - 7$
b) $f(x) = x^2 - 24x + 44$
c) $f(x) = 4x^2 + 48x + 140$
d) $f(x) = -x^2 - 1{,}5x + 10$

○ **5** Untersuchen Sie die Funktion f auf Nullstellen.

a) $f(x) = x^4 + 6x^2 + 5$
b) $f(x) = (x - 7)(x + 9)(x^2 - 25)$
c) $f(x) = (x^2 + 16)(x^2 + 49)$
d) $f(x) = x^4 - 4{,}1x^3 - 54{,}2x^2 + 69{,}9x + 189$

○ **6** Bestimmen Sie für die Funktion f die Faktorzerlegung und damit die Nullstellen von f.

a) $f(x) = x^2 - 2x$
b) $f(x) = x^3 - 4x^2 - 19x - 14$
c) $f(x) = 8x^4 - 2x^2$
d) $f(x) = x^5 - 4x^4 + 29x^3 - 100x^2 + 100x$

○ **7** Gegeben sind die Funktionen f, g, h und i. Prüfen Sie für jede Funktion, ob ihr Graph achsensymmetrisch zur y-Achse oder punktsymmetrisch zum Ursprung ist.

$f(x) = -x^5 - 2x$ $g(x) = 8x^4 + 2x$ $h(x) = 0{,}1x^3 + 2x$ $i(x) = -3x^4 + x^2$

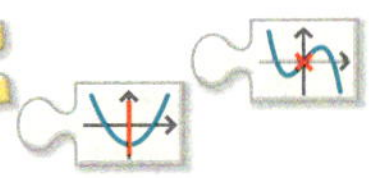

○ **8** Prüfen Sie für jede Funktion aus Aufgabe 7, ob sie mit einer der folgenden Potenzfunktionen im Verhalten für $x \to \pm\infty$ übereinstimmt.

A $j(x) = x^2$ B $k(x) = -x^2$ C $l(x) = x^3$ D $m(x) = -x^3$

◒ **9** Bestimmen Sie für die Funktion f diejenigen x-Werte, an denen f den angegebenen Funktionswert hat.

a) $f(x) = x^3 - 2x + 7$; $f(x) = 7$
b) $f(x) = -4x^3 + 2x^2 + 16$; $f(x) = -74$

◒ **10** Bestimmen Sie die Koordinaten der Schnittpunkte der Graphen von f und g.

a) $f(x) = x^3$; $g(x) = 2x^2 + 3x$
b) $f(x) = x^4 - 7x^2 + 10$; $g(x) = 7x^2 + 8$

◒ **11** Ordnen Sie jeder Funktion einen der Graphen in der Abbildung rechts zu. Begründen Sie Ihre Entscheidung.

$f(x) = x^3 - x$
$g(x) = x^4 - 2x^2 - 1$
$i(x) = (x + 3)^3$

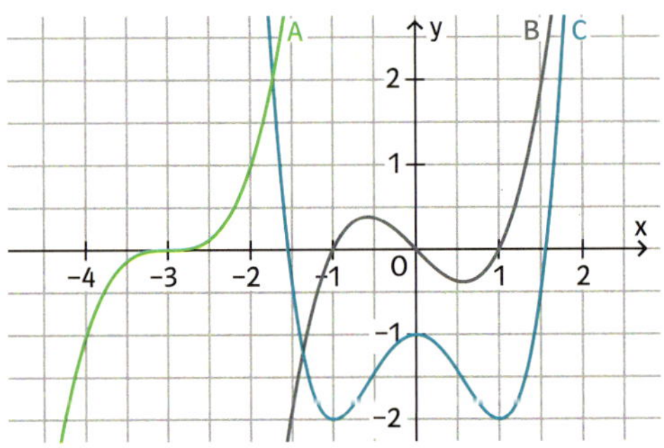

12 Eine ganzrationale Funktion f vom Grad n hat die angegebenen Nullstellen und ihr Graph verläuft durch den Punkt P. Bestimmen Sie die Funktionsgleichung.
a) $n = 2$; $x_1 = 2$; $x_2 = -1$; $P(-2|-24)$ b) $n = 2$; $x_1 = -4$; $x_2 = 3$; $P(6|75)$

13 Nach starken Regenfällen im Gebirge steigt der Wasserspiegel in einem Stausee an. Die in den ersten 24 Stunden nach den Regenfällen festgestellte Zuflussgeschwindigkeit lässt sich näherungsweise durch eine ganzrationale Funktion $t \mapsto f(t)$ $\left(t \text{ in Stunden, } f(t) \text{ in } \frac{m^3}{h}\right)$ dritten Grades beschreiben.
Ermitteln Sie aus den Messpunkten $A(2|242)$, $B(14|350)$ und $C(22|22)$ die Funktionsgleichung für f. Errechnen Sie mithilfe dieser Gleichung die Zuflussgeschwindigkeit nach sechs Stunden.

14 Gegeben ist die Funktion f mit $f(x) = x^3 - 2x^2 - 11x + 12$. Bestimmen Sie das Verhalten von f für $x \to \pm\infty$ sowie die Schnittpunkte des Graphen von f mit den Koordinatenachsen und sein Symmetrieverhalten. Skizzieren Sie damit den Graphen von f.

15 Die Graphen der Funktionen f und g mit $f(x) = x^3 + x^2$ und $g(x) = x^3 - x^2$ gehen durch den Ursprung. Es wird behauptet: „Ohne den Graphen von f und g zu sehen, kann man vorhersagen, dass der Graph von f nahe dem Ursprung oberhalb der x-Achse, der von g unterhalb der x-Achse verläuft." Nehmen Sie dazu Stellung.

16 Der Wasserstrahl eines Springbrunnens erreicht eine Höhe von 6 m und eine Weite von 6 m. Tom hat Lust unter dem Wasserstrahl durchzulaufen.
a) Wählen Sie ein geeignetes Koordinatensystem und skizzieren Sie den Wasserstrahl.
b) Bestimmen Sie den zugehörigen Funktionsterm einer ganzrationalen Funktion zweiten Grades.
c) Tom ist 1,38 m groß. Wie weit darf er sich zur Düse hinbewegen, ohne nass zu werden?

17 Gegeben sind folgende Eigenschaften für eine ganzrationale Funktion f.
(1) Der Graph von f ist achsensymmetrisch zur y-Achse.
(2) Für $x \to \infty$ gilt $f(x) \to -\infty$.
(3) Der Grad von f ist kleiner als 3.
(4) f hat genau drei Nullstellen.
(5) f besitzt keine Nullstellen.
a) Geben Sie eine ganzrationale Funktion f an, welche die Eigenschaften (1) und (3) erfüllt, nicht jedoch die Eigenschaften (2) und (5).
b) Geben Sie eine ganzrationale Funktion f an, welche die Eigenschaften (2) und (4) besitzt.
c) Geben Sie eine ganzrationale Funktion f an, welche die Eigenschaft (4), nicht jedoch die Eigenschaft (2) besitzt.
d) Begründen Sie, dass es keine ganzrationale Funktion f mit den Eigenschaften (3) und (4) geben kann.

18 Beschreiben Sie, für welche Zahlen a, b und c
a) der Graph von f mit $f(x) = a \cdot x^b + c$ achsensymmetrisch zur y-Achse ist,
b) der Graph von f mit $f(x) = (x - a)(x - b)(x - c)$ punktsymmetrisch zum Ursprung ist.

19 Bestimmen Sie diejenigen Werte von t, für die der Graph von f achsensymmetrisch zur y-Achse oder punktsymmetrisch zum Ursprung ist. Begründen Sie ihre Antwort.
a) $f(x) = x^3 + 2tx^2 + tx$ b) $f(x) = (x + t)^2 - 4x$

Test

Kopiervorlage
Check-out
bs2ui8

III Ganzrationale Funktionen und ihre Graphen

Sind g und h Funktionen, so nennt man die Funktion f mit $f(x) = g(x) + h(x)$ Summenfunktion von g und h, die Funktion f mit $f(x) = g(x) - h(x)$ heißt Differenzfunktion der Funktionen g und h.

Den Graph der Summen- bzw. Differenzfunktion erhält man durch stellenweises Addieren bzw. Subtrahieren der y-Werte von g und h.

$g(x) = x^3 - 2x^2 - 6$; $h(x) = -2x^2 + 8$
Summenfunktion: $f(x) = x^3 - 4x^2 + 2$
Differenzfunktion:
$f(x) = x^3 - 2x^2 - 6 - (-2x^2 + 8) = x^3 - 14$.

Ganzrationale Funktionen

Eine ganzrationale Funktion f vom Grad n ($n \in \mathbb{N}$) hat die Form $f(x) = a_n \cdot x^n + a_{n-1} \cdot x^{n-1} + \ldots + a_1 \cdot x + a_0$ mit $a_0, a_1, \ldots, a_n \in \mathbb{R}$ und $a_n \neq 0$.

f mit $f(x) = 0{,}5x^3 - 2x$ ist eine ganzrationale Funktion vom Grad drei mit den Koeffizienten $a_3 = 0{,}5$, $a_2 = 0$, $a_1 = -2$ und $a_0 = 0$.

Verhalten für $x \to \pm\infty$

Bei einer ganzrationalen Funktion vom Grad n erkennt man das Verhalten für $x \to \pm\infty$ am Summanden $a_n x^n$.

$f(x) = -2x^5 + 3x^4 - 9x^2 + 17$:
Für $x \to \infty$ gilt $f(x) \to -\infty$, für $x \to -\infty$ gilt $f(x) \to +\infty$, denn das Verhalten wird vom Term $-2x^5$ bestimmt.

Symmetrie

Bei ganzrationalen Funktionen erkennt man eine Symmetrie des Graphen an den Hochzahlen der x-Potenzen.

Achsensymmetrie zur y-Achse: Alle Hochzahlen der x-Potenzen sind gerade.

Punktsymmetrie zu $O(0|0)$: Alle Hochzahlen der x-Potenzen sind ungerade.

Der Graph von f mit $f(x) = 0{,}5x^3 - 2x$ ist symmetrisch zu $O(0|0)$.

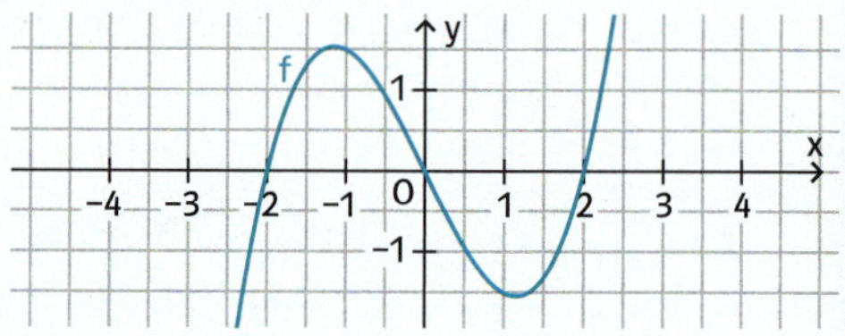

Nullstellen

Eine Zahl x_1 heißt Nullstelle einer Funktion g, wenn $g(x_1) = 0$ ist.

Ist der Funktionsterm einer ganzrationalen Funktion f ein Produkt wie $f(x) = (x - x_1) \cdot g(x)$, heißt $(x - x_1)$ Linearfaktor. Dabei ist x_1 eine Nullstelle von f.

Nullstellen von g mit
$g(x) = x^3 + 2x^2 - 35x = x(x^2 + 2x - 35)$:
$x_1 = 0$; $x_{2,3} = -1 \pm \sqrt{1 - (-35)} = -1 \pm 6$.
Die Nullstellen von g sind $x_1 = 0$, $x_2 = 5$ und $x_3 = -7$.

Nullstellen und Faktorzerlegung einer Funktion lassen sich mit einem geeigneten Rechner bestimmen.

Die Funktion f mit $f(x) = x^3 - 19x + 30$ hat die Nullstellen $x_1 = -5$, $x_2 = 2$ und $x_3 = 3$.
Die Funktion f mit
$f(x) = x^4 + 3x^3 - 7x^2 - 27x - 18$ hat die Nullstellen $x_1 = 3$, $x_2 = -1$, $x_3 = -2$ und $x_4 = -3$.

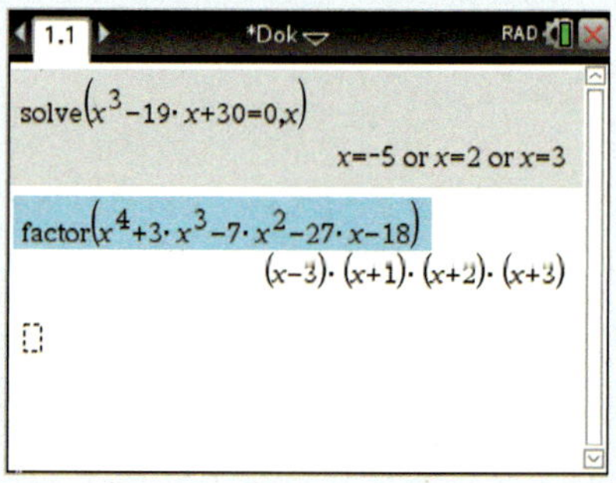

Ist x_1 Nullstelle der Funktion f, so schneidet oder berührt der Graph von f bei x_1 die x-Achse.

Eine ganzrationale Funktion vom Grad n hat maximal n Nullstellen.

Runde 1

Lösungen | Seite 186

1 Skizzieren Sie mithilfe der Graphen von g mit $g(x) = 2x + 0{,}5$ und h mit $h(x) = x^2 - 4$ den Graphen von $g + h$.

2 Bestimmen Sie die Nullstellen der Funktion f.
a) $f(x) = x^2 - 5x - 24$
b) $f(x) = 2{,}5x^2 + 20x + 30$
c) $f(x) = (x - 7)(x^2 - 9)(x + 10)^2$
d) $f(x) = x^4 - 4x^3 - 32{,}25x^2 + x + 8$

3 Gegeben ist die Funktion f mit $f(x) = x^2(x - 3)$. Bestimmen Sie das Verhalten von f für $x \to \pm\infty$ sowie die Schnittpunkte des Graphen von f mit den Koordinatenachsen und sein Symmetrieverhalten. Skizzieren Sie damit den Graphen von f.

4 Ermitteln Sie für eine ganzrationale Funktion f vom Grad n, deren Graph durch die angegebenen Punkte verläuft, die Funktionsgleichung.
a) $n = 2$; $A(-3\,|\,9)$, $B(0\,|\,0)$, $C(4\,|\,2)$
b) $n = 3$; $A(-2\,|\,3)$, $B(-1\,|\,4)$, $C\left(\frac{1}{2}\,\middle|\,-2\right)$, $D(3\,|\,68)$

5 a) Geben Sie eine ganzrationale Funktion mit Grad $n > 2$ an, die keine Nullstellen hat.
b) Begründen Sie: Eine ganzrationale Funktion vom Grad fünf hat mindestens eine Nullstelle.

Runde 2

Lösungen | Seite 186

1 Ordnen Sie jeder Funktion den passenden Graphen in Fig. 1 zu.

$f(x) = -\frac{1}{4}x^3 - x$ $\qquad g(x) = -\frac{1}{2}x^3 + x$

$h(x) = -x^3 + 2x + 4$ $\qquad i(x) = x^3 - 3x^2 + 4$

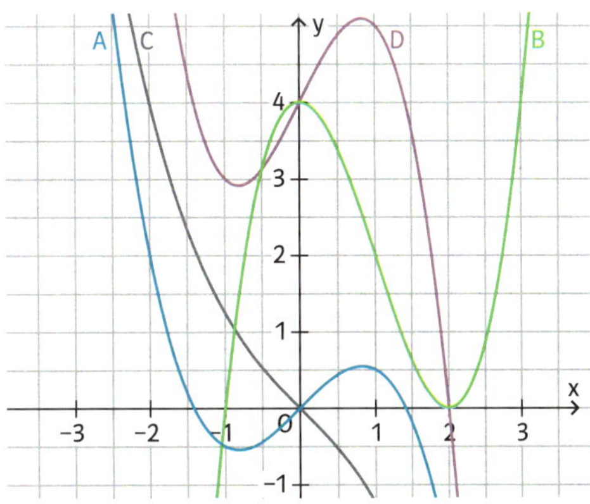

Fig. 1

2 Bestimmen Sie alle Schnittpunkte der Graphen von f und g mit $f(x) = x^3 - 2x^2 + 4$ und $g(x) = x^2 - 2x + 4$.

3 Zerlegen Sie den Funktionsterm von f mit $f(x) = x^4 - 17x^2 + 16$ in Linearfaktoren und bestimmen Sie damit die Nullstellen von f.

4 Gegeben ist die Funktion f mit $f(x) = \frac{1}{16}x^4 - x^2$. Bestimmen Sie das Verhalten von f für $x \to \pm\infty$ sowie die Schnittpunkte des Graphen von f mit den Koordinatenachsen und sein Symmetrieverhalten. Skizzieren Sie damit den Graphen von f.

5 Eine ganzrationale Funktion f vom Grad vier hat die Nullstellen $x_1 = -2$, $x_2 = 1$, $x_3 = 4$ und $x_4 = 0$.
Für $x \to +\infty$ und für $x \to -\infty$ gilt $f(x) \to -\infty$. Geben Sie eine mögliche Funktionsgleichung an.

6 Geben Sie ein Gegenbeispiel zu der falschen Aussage für eine ganzrationale Funktion f an.
a) Ist der Graph von f achsensymmetrisch zur y-Achse, dann hat f mindestens eine Nullstelle.
b) Es gibt keine Funktion f mit den Nullstellen 0, 1, 2, …, 9 und 10.

IV Ableitung – Differenzialrechnung

Das können Sie schon

- Graphen von Funktionen skizzieren
- Funktionswerte berechnen
- Funktionen addieren
- Die Gleichung einer Geraden bestimmen

Check-in

Beherrschen Sie die inhaltlichen Voraussetzungen?

→ Seite 169

Das können Sie bald

- Die mittlere Änderungsrate einer Funktion bestimmen
- Die Steigung eines Graphen an einer Stelle bestimmen
- Ganzrationale Funktionen oder Potenzfunktionen ableiten
- Die Gleichung der Tangente in einem Punkt des Graphen angeben

Beispiel 1 Ableitung bestimmen

Bestimmen Sie für $f(x) = x^2$ die Ableitung $f'(1)$

a) grafisch mithilfe der rechts eingezeichneten Tangente,

b) durch Berechnung des Grenzwerts des Differenzenquotienten.

Lösung

a) Die Tangente hat die Steigung 2. Also ist $f'(1) = 2$.

b) $\frac{f(1+h)-f(1)}{h} = \frac{(1+h)^2-1}{h} = \frac{2\cdot 1h+h^2}{h} = 2+h$

also $\lim\limits_{h \to 0} \frac{f(1+h)-f(1)}{h} = \lim\limits_{h \to 0} 2+h = 2.$

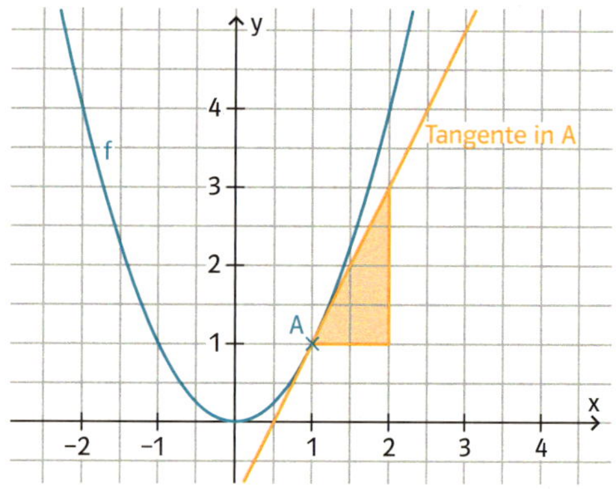

So zeichnet man eine Tangente:

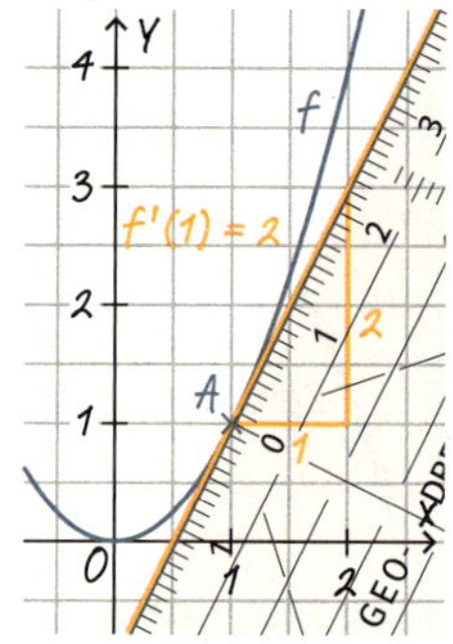

Beispiel 2 Momentangeschwindigkeit bestimmen

Ein Ball wird vertikal nach oben geworfen. Die Funktion f (in m) mit $f(t) = -5t^2 + 15t$ (t in Sekunden) beschreibt die Höhe über der Abwurfstelle in Abhängigkeit von der Zeit.

a) Bestimmen Sie die maximale Höhe, die der Ball erreicht. Nach wie viel Sekunden wird diese Höhe erreicht?

b) Zeigen Sie mithilfe der Ableitung, dass die Geschwindigkeit am höchsten Punkt gleich null ist.

Lösung

a) Gesucht ist der Scheitelpunkt S der Parabel.
Aus der Scheitelpunktsform $f(t) = -5t^2 + 15t = -5(t - 1{,}5)^2 + 11{,}25$ kann man $S(1{,}5 \mid 11{,}5)$ ablesen. Der Scheitelpunkt ist der höchste Punkt der Flugbahn.
Der Ball erreicht nach 1,5 Sekunden seine maximale Höhe 11,25 m.

b) $$\lim_{h \to 0} \frac{f(1{,}5+h)-f(1{,}5)}{h} = \lim_{h \to 0} \frac{-5(1{,}5+h)^2 + 15(1{,}5+h) - 10}{h}$$
$$= \lim_{h \to 0} \frac{-11{,}25 - 15h - 5h^2 + 22{,}5 + 15h - 11{,}25}{h} = \lim_{h \to 0}(-5h) = 0$$

Beispiel 3 Ableitung mithilfe eines Rechners bestimmen

Bestimmen Sie die Ableitung von $f(x) = 0{,}02x^3 - 2{,}4x + 5$ an der Stelle 0,2.

Lösung

$f(x) := \frac{1}{50}\cdot x^3 - \frac{12}{5}\cdot x + 5$	*Fertig*
$d(h) := \frac{f\left(\frac{1}{5}+h\right) - f\left(\frac{1}{5}\right)}{h}$	*Fertig*
$\lim\limits_{h \to 0} (d(h))$	$\frac{-2997}{1250}$

Aufgaben

○ **1** ☒ Bestimmen Sie die Ableitung der Funktion f an der Stelle x_0.

a) $f(x) = x^3;\ x_0 = 2$ b) $f(x) = 2x^2;\ x_0 = 1$ c) $f(x) = -x^2;\ x_0 = 2$

d) $f(x) = -\frac{3}{x};\ x_0 = 4$ e) $f(x) = -x + 2;\ x_0 = 3$ f) $f(x) = 4;\ x_0 = 7$

○ **2** Welche Ableitung gehört zu welchem Graphen? Ordnen Sie zu und begründen Sie.

$f'(1) = 2$ **1** | $f'(1) = -2$ **2** | $f'(1) = 0{,}5$ **3** | $f'(1) = 0$ **4**

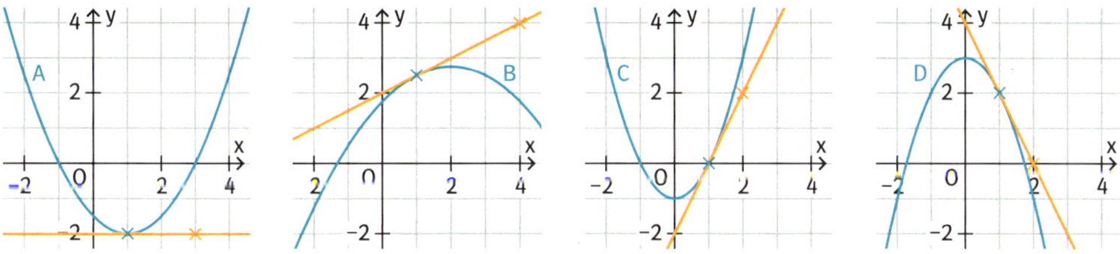

○ **3** Fig. 1 zeigt den Graphen der Funktion f.

a) Bestimmen Sie die Ableitung von f an den Stellen −2, −1 und 2 mithilfe der eingezeichneten Tangenten.

b) Entscheiden Sie, welche der Ableitungen f′(0), f′(0,5), f′(2,25) bzw. f′(1) positiv, negativ bzw. gleich null sind.

c) Bestimmen Sie f′(0) näherungsweise mithilfe einer geeigneten Tangente.

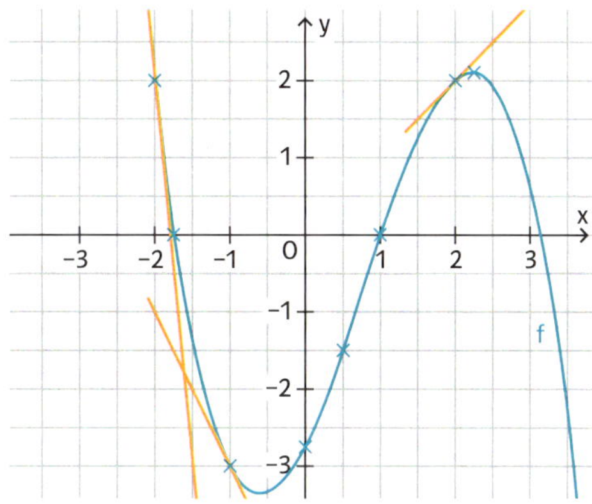

Fig. 1

○ **4** Fig. 2 zeigt den Graphen der Funktion g.

a) Geben Sie die Steigung des Graphen in den Punkten $A(2\,|\,-1{,}5)$ und $B(-1\,|\,0)$ mithilfe der eingezeichneten Tangenten an.

b) Bestimmen Sie die Steigung des Graphen in den Punkten $S(3\,|\,0)$ und $T(1\,|\,-2)$ möglichst genau.

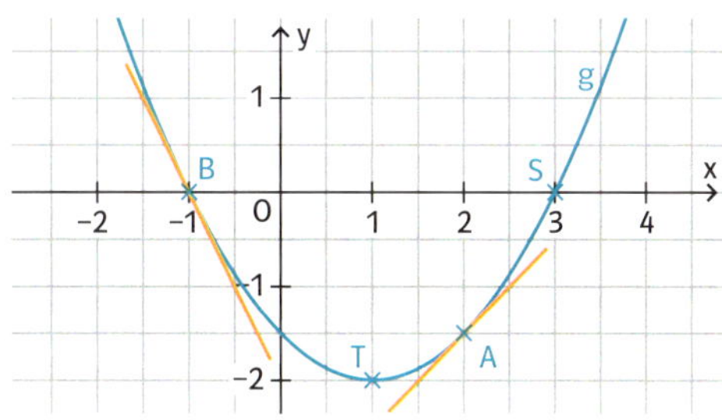

Fig. 2

○ **5** Bestimmen Sie rechnerisch die Ableitung der Funktion f mit $f(x) = 2x^2 + 3$ an der Stelle

a) −2 b) −1,25 c) 2,5

○ *Test*

Lösungen | Seite 187

6 Bestimmen Sie rechnerisch die Steigung des Graphen der Funktion f mit $f(x) = 3x^2$ in den Punkten $P(1\,|\,f(1))$ und $Q(2\,|\,f(2))$.

7 a) Ermitteln Sie die Ableitungen von f an den Stellen 1 und −2 mithilfe der eingezeichneten Tangenten.

b) Bestimmen Sie die Steigung des Graphen von f an den Stellen −1, 0 und 2 mithilfe einer geeigneten Tangente.

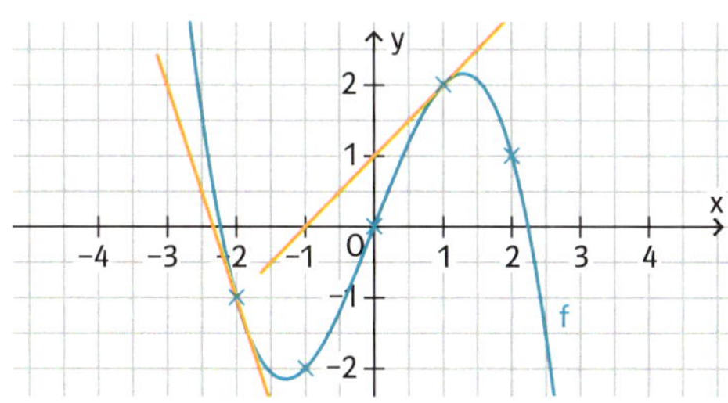

○ **8** Berechnen Sie $f'(x_0)$.

a) $f(x) = x^2;\ x_0 = 3$ b) $f(x) = -x^3;\ x_0 = 1$ c) $f(x) = \frac{1}{3}x^3;\ x_0 = 1$

d) $f(x) = x^3 + 2;\ x_0 = 1$ e) $f(x) = -5x^3 + \frac{1}{2};\ x_0 = 0$ f) $f(x) = x^3 + 2x;\ x_0 = 2$

9 Berechnen Sie für die Funktion f mit $f(x) = 4x + 1$ die Ableitungen $f'(1)$, $f'(2)$ sowie $f'(-4)$ und erklären Sie die Ergebnisse mithilfe des Graphen von f.

10 Ein Stein fällt frei aus 45 m Höhe. Für die gefallene Strecke (in m) gilt näherungsweise $f(t) = 5 \cdot t^2$, wenn t die Zeit (in s) nach dem Loslassen ist.

a) Bestimmen Sie die Höhe über dem Boden und die Geschwindigkeit, die der Stein nach 2 Sekunden hat.

b) Bestimmen Sie wann und mit welcher Geschwindigkeit der Stein auf dem Boden auftrifft.

11 Die Funktion w beschreibt die zurückgelegte Strecke einer Rennrodlerin im Eiskanal (t in Sekunden nach dem Start, w(t) in Metern). Im Zeitintervall zwischen 20 s und 40 s wurde eine Durchschnittsgeschwindigkeit von $35\,\frac{m}{s}$ gemessen. Außerdem wurde nach 30 s die Geschwindigkeit $32\,\frac{m}{s}$ angezeigt.

a) Geben Sie $w'(30)$ $\left(\text{in } \frac{m}{s}\right)$ an.

b) Es ist $w(20) = 600$. Bestimmen Sie $w(40)$.

c) Begründen Sie, dass es zwischen 20 s und 40 s einen Zeitpunkt t mit $w'(t) > 35$ gibt.

d) Erfahrungsgemäß wird die Rodlerin immer schneller. Treffen Sie eine Aussage über $w(30)$.

Test

Lösungen | Seite 187

12 Gegeben ist die Funktion f mit $f(x) = 4x^2 - 2$. Berechnen Sie $f'(3)$.

13 Welche Angaben auf den Kärtchen bezeichnen denselben Sachverhalt?

- A: $f'(3) = 5$
- B: f hat an der Stelle 3 den Funktionswert 5
- C: Die Tangente in $P(3 \mid f(3))$ hat die Steigung 5.
- D: $Q(5 \mid 3)$ liegt auf dem Graphen von f.
- E: $f'(5) = 3$
- F: Die Tangente in $P(5 \mid f(5))$ hat die Steigung 3.
- G: $f(5) = 3$
- H: f hat an der Stelle 5 die Ableitung 3.
- J: f hat an der Stelle 3 die Ableitung 5.
- I: $f(3) = 5$

14 a) Berechnen Sie die Ableitung der Funktion f mit $f(x) = \sqrt{x}$ an der Stelle $x_0 = 1$.

Erweitern Sie hierzu den Differenzenquotienten zunächst mit dem Term $\left(\sqrt{x_0 + h} + \sqrt{x_0}\right)$ und wenden Sie anschließend die dritte binomische Formel an.

b) Begründen Sie, warum dies an der Stelle $x_0 = 0$ nicht funktioniert.

15 Gegeben ist die Funktion f mit $f(x) = |x|$. Berechnen Sie die Differenzenquotienten von f auf verschiedenen Intervallen $[0; x]$ und $[-x; 0]$ für $x > 0$. Begründen Sie, dass f an der Stelle 0 nicht differenzierbar ist.

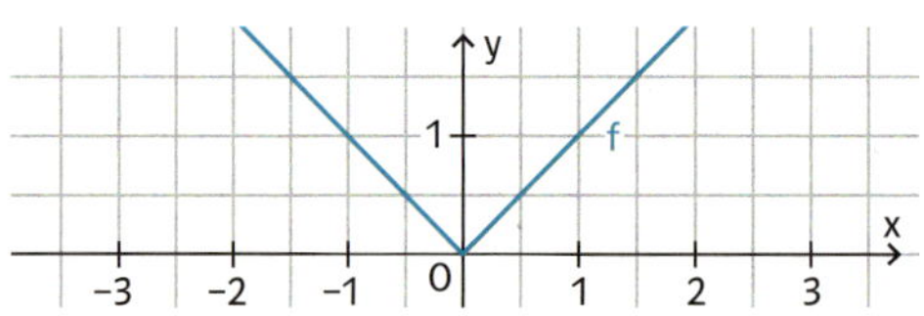

Grundwissen Test

Grundwissen Seite 161
Lösung | Seite 187

16 Überprüfen Sie, ob das Zahlenpaar Lösung des Gleichungssystems ist.

a) $x - y = 5$; $2x + y = 7$; $(4 \mid 1)$

b) $2x + 3y = 1$; $x - 4y = 3$; $(-1 \mid 1)$

c) $4x = 8$; $-x + 5y = 3$; $(2 \mid 1)$

d) $3x + 2y - 6 = 0$; $y + 4 = 0$; $(2 \mid 0)$

3 Die Ableitungsfunktion

Am Graphen kann man ablesen, wann der Fahrer schnell oder langsam gefahren ist.
Sara behauptet: „Ich kann für jeden Zeitpunkt die Geschwindigkeit bestimmen."

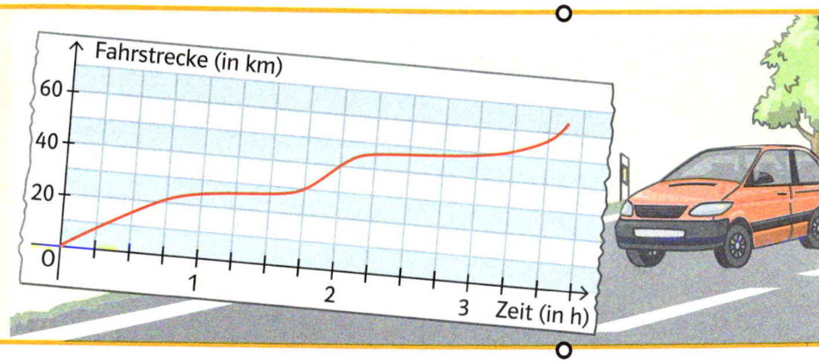

Bisher wurde die Ableitung einer Funktion f an einer bestimmten Stelle ermittelt. Es ist zweckmäßig, die Ableitung für jede beliebige Stelle x_0 in allgemeiner Form zu bestimmen. Dann lässt sich die Ableitung der Funktion f für jede beliebige Stelle berechnen, ohne dass der Grenzwert des Differenzenquotienten jedes Mal neu bestimmt werden muss.
Beispielsweise erhält man die Ableitung der Funktion f mit $f(x) = x^2$ an einer beliebigen Stelle x_0 in gleicher Weise wie zum Beispiel die Ableitung an der Stelle 2.

Ableitung an der Stelle 2

$$f'(2) = \lim_{h \to 0} \frac{f(2+h) - f(2)}{h} = \lim_{h \to 0} \frac{(2+h)^2 - 2^2}{h}$$
$$= \lim_{h \to 0} \frac{4 + 4h + h^2 - 4}{h} = \lim_{h \to 0} \frac{4h + h^2}{h}$$
$$= \lim_{h \to 0} \frac{h(4+h)}{h} = \lim_{h \to 0} (4 + h) = 4$$

Ableitung an einer beliebigen Stelle x_0

$$f'(x_0) = \lim_{h \to 0} \frac{f(x_0+h) - f(x_0)}{h} = \lim_{h \to 0} \frac{(x_0+h)^2 - x_0^2}{h}$$
$$= \lim_{h \to 0} \frac{x_0^2 + 2x_0h + h^2 - x_0^2}{h} = \lim_{h \to 0} \frac{2x_0h + h^2}{h}$$
$$= \lim_{h \to 0} \frac{h(2x_0 + h)}{h} = \lim_{h \to 0} (2x_0 + h) = 2x_0$$

Aus $f'(x_0) = 2x_0$ erhält man zum Beispiel $f'(2) = 4$, $f'(3) = 6$, $f'(8) = 16$ und $f'(-2) = -4$.

Statt Ableitungsfunktion schreibt man häufig auch nur Ableitung.

Die Ableitung $f'(x_0) = 2x_0$ gibt die Steigung des Graphen der Funktion f mit $f(x) = x^2$ an jeder beliebigen Stelle x_0 an. Also wird jedem $x_0 \in D_f$ die Ableitung $f'(x_0)$ eindeutig zugeordnet. Die Funktion f', die jedem x die Ableitung f'(x) zuordnet, heißt **Ableitungsfunktion** von f.
Das Ermitteln der Ableitungsfunktion f' nennt man **Ableiten** oder **Differenzieren**.

Definition: Ist eine Funktion f an jeder Stelle der Definitionsmenge D_f differenzierbar, so heißt die Funktion, die jedem $x \in D_f$ den Wert der Ableitung f'(x) zuordnet, **Ableitungsfunktion f'** von f.

Betrachtet man die Graphen von f und f', so erkennt man:
- Ist die Steigung des Graphen von f positiv, so verläuft der Graph von f' oberhalb der x-Achse.
- Ist die Steigung des Graphen von f null, so schneidet (oder berührt) der Graph von f' die x-Achse.
- Ist die Steigung des Graphen von f negativ, so verläuft der Graph von f' unterhalb der x-Achse.

Es gilt jeweils auch die Umkehrung.

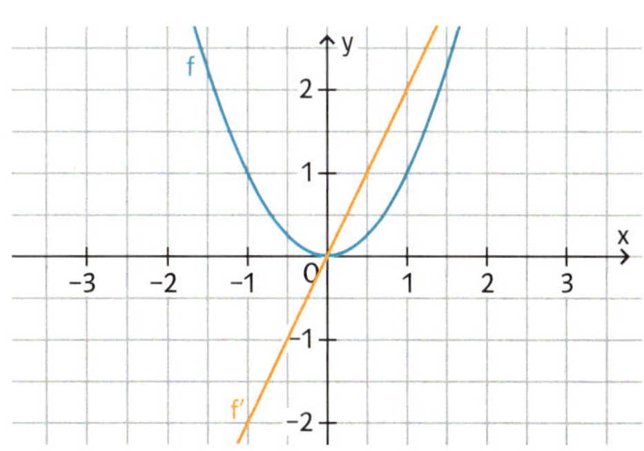

Beispiel 1 Graph der Ableitungsfunktion skizzieren

Skizzieren Sie zum abgebildeten Graphen der Funktion f den Graphen der Ableitungsfunktion f′ und erläutern Sie Ihr Vorgehen.

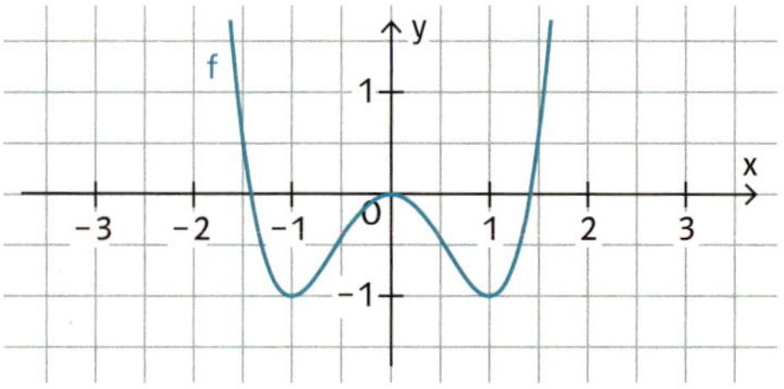

Lösung

An den Stellen −1, 0 und 1 hat der Graph von f jeweils Tangenten, die parallel zur x-Achse verlaufen. Folglich hat f′ hier Nullstellen.

Die Steigung des Graphen von f ist für $x < -1$ sowie zwischen 0 und 1 negativ; der Graph von f′ muss also in diesen beiden Intervallen unterhalb der x-Achse verlaufen. Zwischen −1 und 0 sowie für $x > 1$ ist die Steigung von f positiv; der Graph von f′ muss somit in diesen beiden Intervallen oberhalb der x-Achse verlaufen.

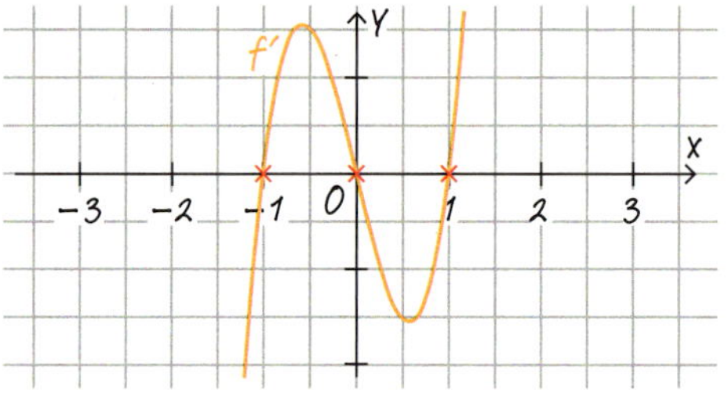

Beispiel 2 Ableitungsfunktionen bestimmen und ihren Graphen zeichnen

Gegeben ist die Funktion f mit der Gleichung $f(x) = -x^2 + 3x$.

a) Bestimmen Sie die Gleichung der Ableitungsfunktion f′.

b) Berechnen Sie f′(2) und f′(−0,5). Erklären Sie die Bedeutung der berechneten Werte.

Lösung

a)
$$\begin{aligned} f'(x) &= \lim_{h\to 0} \frac{f(x+h) - f(x)}{h} \\ &= \lim_{h\to 0} \frac{-(x+h)^2 + 3(x+h) - (-x^2 + 3x)}{h} \\ &= \lim_{h\to 0} \frac{-(x^2 + 2xh + h^2) + 3x + 3h + x^2 - 3x}{h} \\ &= \lim_{h\to 0} \frac{-x^2 - 2xh - h^2 + 3x + 3h + x^2 - 3x}{h} \\ &= \lim_{h\to 0} \frac{-2xh - h^2 + 3h}{h} \\ &= \lim_{h\to 0} \frac{h(-2x - h + 3)}{h} \\ &= \lim_{h\to 0} (-2x - h + 3) = -2x + 3 \end{aligned}$$

Damit erhält man $f'(x) = -2x + 3$ als Funktionsgleichung der Ableitungsfunktion von f.

b) $f'(2) = -2 \cdot 2 + 3 = -1$.

Die Tangente an den Graphen der Funktion f im Punkt $(2\,|\,2)$ hat die Steigung −1.

$f'(-0{,}5) = -2 \cdot (-0{,}5) + 3 = 4$.

Die Tangente an den Graphen der Funktion f im Punkt $(-0{,}5\,|\,-1{,}75)$ hat die Steigung 4.

Beispiel 3 Ableitungsfunktion mit CAS bestimmen

Gegeben ist die Funktion $f(x) = 0{,}3x^3 - 14x^2 + 0{,}02x + \frac{1}{4}$.

a) Bestimmen Sie die Ableitungsfunktion mithilfe eines CAS.

b) Bestimmen Sie x so, dass $f'(x) = 10$ gilt.

Lösung

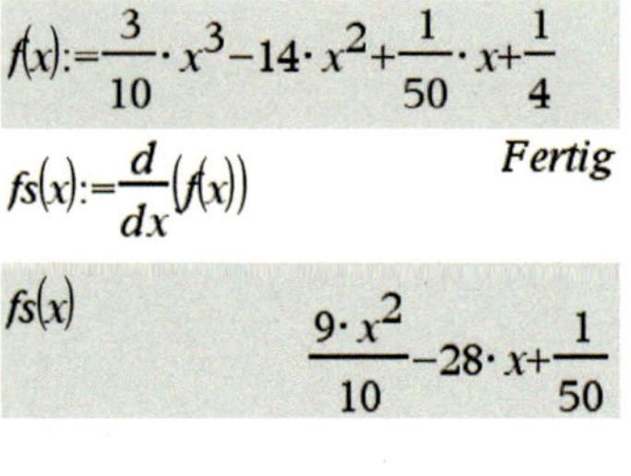

Aufgaben

1 Gegeben sind die Graphen einer Funktion f und ihrer Ableitungsfunktion f'.

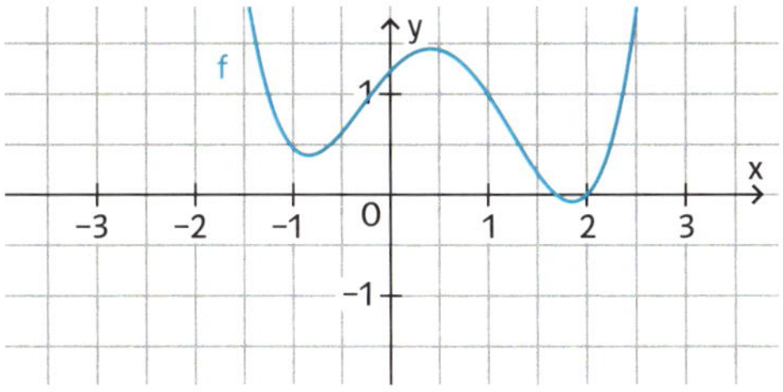

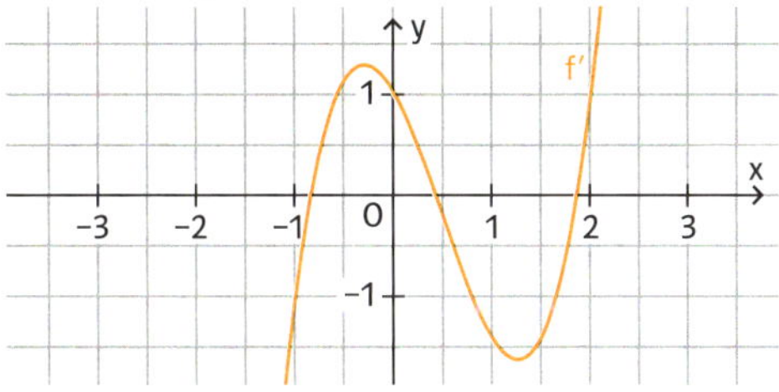

Geben Sie an:

a) f(2),

b) f'(2),

c) die Ableitung von f an der Stelle 0,

d) die Steigung des Graphen von f in A(−1 | 0,5),

e) eine Stelle a mit $f(a) = 1$,

f) zwei Stellen b mit $f'(b) = 1$.

2 Ordnen Sie den Graphen A, B, C und D die Graphen der zugehörigen Ableitungsfunktion (1), (2), (3) und (4) zu. Begründen Sie Ihre Entscheidung.

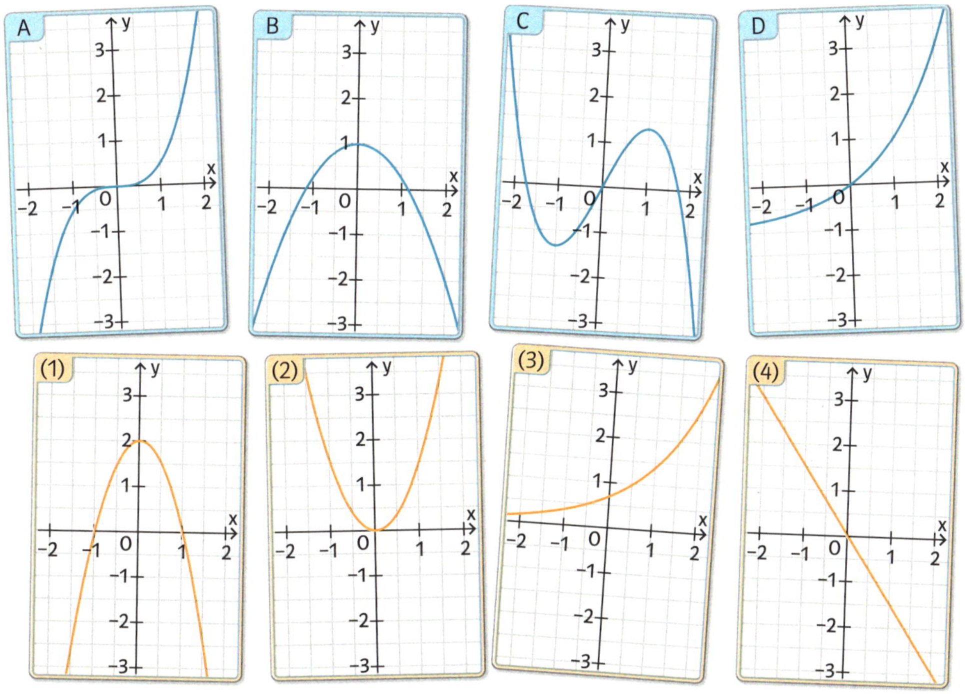

3 Bestimmen Sie die Ableitungsfunktion f' von f und berechnen Sie f'(2).

a) $f(x) = 2x^2$

b) $f(x) = 4x^2 + 1$

c) $f(x) = -3x^3 + x$

d) $f(x) = \frac{1}{2}x^2 - 2$

4 a) Gegeben ist die Funktion f mit $f(x) = 3x^2 - 2$.
Ergänzen Sie die Tabelle im Heft und skizzieren Sie anschließend den Graphen der Funktion f sowie den Graphen der dazugehörigen Ableitungsfunktion in ein Koordinatensystem.

x	−3	−2	−1	0	1	2	3
f(x)							
f'(x)							

b) Bearbeiten Sie die Teilaufgabe a) für f mit $f(x) = \frac{2}{x} + 1$.

x	f(x):= -x^2+3*x	f1s(x):= 3-2*x
-3.	-18.	9.
-2.	-10.	7.
-1.	-4.	5.
0.	0.	3.
1	2	1

Mit dem Rechner kann man auch Wertetabellen berechnen

Test

Lösungen | Seite 188

5 In Fig. 1 sind die Graphen der Funktionen f und g dargestellt. Begründen Sie, dass g nicht die Ableitungsfunktion von f und f nicht die Ableitungsfunktion von g sein kann.

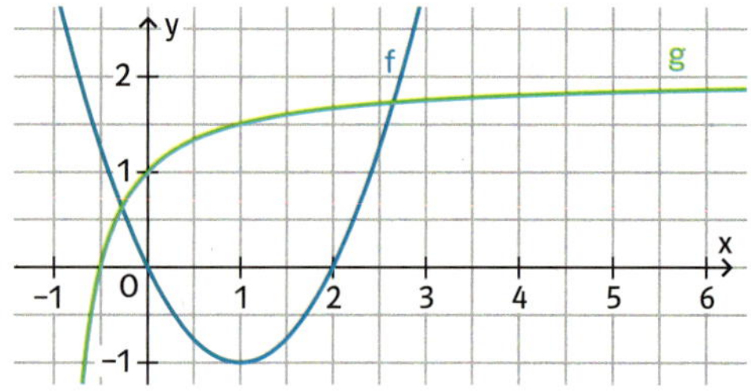

Fig. 1

6 Bestimmen Sie die Ableitungsfunktion f′ der Funktion f mit $f(x) = -2x^2$.

7 Skizzieren Sie den Graphen von f′ in ein Koordinatensystem. Vergleichen Sie mit Ihrem Nachbarn und stellen sie Vermutungen an, warum sich Ihre Ergebnisse unterscheiden

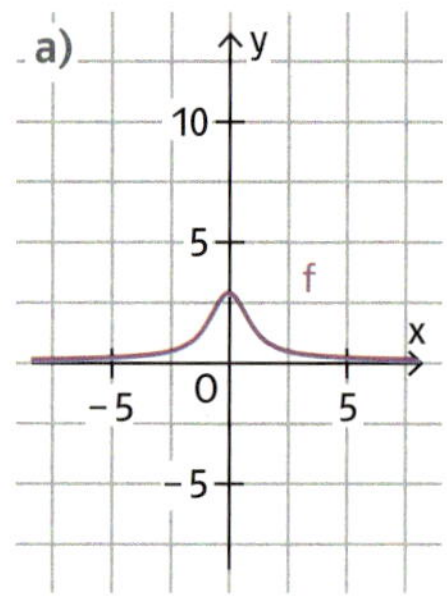

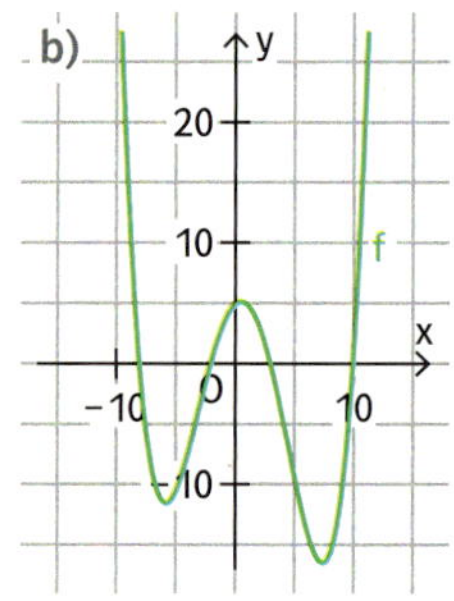

8 Ergänzen Sie sinnvoll.

a) Wenn die Ableitungsfunktion in einem Intervall größer als null ist, dann ist die zugehörige Funktion f in diesem Intervall …

b) Je größer die Steigung des Graphen von f ist, desto …

c) Wenn eine Funktion f linear ist, dann ist die zugehörige Ableitungsfunktion …

d) Wenn die Funktionswerte einer Funktion f konstant sind, dann ist die zugehörige Ableitungsfunktion …

9 Erläutern Sie, wie sich der Graph der Ableitungsfunktion f′ verändert, wenn der Graph der Funktion f

a) nach unten verschoben wird,
b) nach oben verschoben wird,
c) nach rechts verschoben wird,
d) nach links verschoben wird,
e) an der x-Achse gespiegelt wird.

und überprüfen Sie Ihre Aussagen mit dem Rechner.

10 Leiten Sie die Funktion f ab.

a) $f(x) = x^3 - 7{,}5x$
b) $f(x) = \sqrt{2x}$
c) $f(x) = \frac{1}{2}x^2 - 3$
d) $f(x) = 4\sqrt{x^2 - 1}$

11 Welche der folgenden Aussagen über die Ableitungsfunkton f′ der Funktion f in der Abbildung ist wahr? Begründen Sie Ihre Antwort.

(A) Der Graph von f′ liegt im Intervall $[-2; 2]$ oberhalb der x-Achse.

(B) $f'(-1) = 0$

(C) $f'(0) > f'(1)$

(D) $f(0) = 1$

(E) $f'(0) = 1$

(F) Der Punkt $Q(-1|0)$ liegt auf dem Graphen von f′.

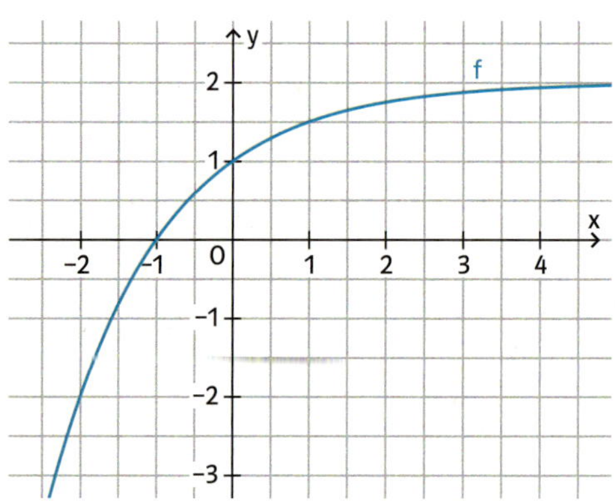

12 Gegeben ist die Funktion f mit $f(x) = 3x^2 + x$. Es gilt $f'(x) = 6x + 1$.
a) Bestimmen Sie die Ableitung von f an der Stelle −3.
b) An welcher Stelle b ist $f'(b) = -2$?
c) In welchem Punkt $A(a|f(a))$ des Graphen von f hat der Graph die Steigung 13?
d) Bestimmen Sie den Punkt $C(c|f(c))$ des Graphen von f so, dass die Tangente an den Graphen im Punkt C parallel zur Geraden g mit der Gleichung $y = -5x + 3$ ist.

Test

Lösung | Seite 188

13 Leiten Sie die Funktion f ab.
a) $f(x) = \frac{2}{x}$ b) $f(x) = \frac{3}{x} - 2$ c) $f(x) = 2x^2 - 3x$ d) $f(x) = -4x^2 + 2x$

14 Ein Körper fällt ohne Luftreibung so, dass er in der Zeit t den Weg s mit $s(t) = \frac{1}{2}gt^2$ zurücklegt $g \approx 10\frac{m}{s^2}$. Bestimmen Sie die Geschwindigkeit des Körpers nach 3 s. Bestimmen Sie, wann der Körper eine Geschwindigkeit von $10\frac{m}{s}$ erreicht.

15 Ein Stein wird vom Boden senkrecht hochgeschleudert. Für die Höhe h (in m) über dem Boden gilt in Abhängigkeit von der Zeit t (in s): $h(t) = -5t^2 + 10t$.
a) Bestätigen Sie, dass der Stein zum Zeitpunkt t die Geschwindigkeit $v(t) = h'(t) = -10t + 10$ $\left(\text{in } \frac{m}{s}\right)$ besitzt.
b) Bestimmen Sie die höchste Höhe des Steines und wann sie erreicht wird.
c) Bestimmen Sie den Zeitpunkt zu dem der Stein die Geschwindigkeit $5\frac{m}{s}$ erreicht.
d) Bestimmen Sie, wann und mit welcher Geschwindigkeit der Stein auf dem Boden auftrifft.

16 Die Funktion w mit $w(t) = 10 + \frac{5}{t+1}$ gibt für ein 24-h-Zeitintervall näherungsweise an, wie viele Kubikmeter Wasser ein Auffangbecken zum Zeitpunkt t (in h) enthält. Bestimmen Sie die lokale Änderungsrate von w für $t = 1$ und $t = 8$. Interpretieren Sie diese.

17 Die Abbildung zeigt den Geschwindigkeitsverlauf bei einer Autofahrt. Die Ableitung der Geschwindigkeit ist die Beschleunigung des Autos.
Skizzieren Sie den Graphen der Funktion *Zeit ↦ Beschleunigung*.

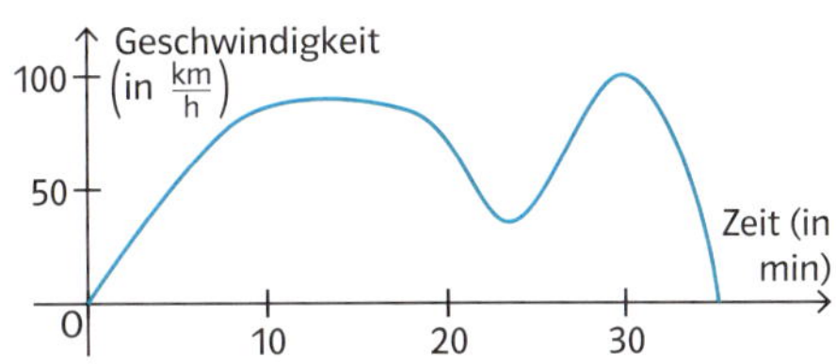

Die Ableitung $v'(t)$ ist die Beschleunigung $a(t)$. Damit ist $s''(t) = v'(t) = a(t)$.

18 Bestimmen Sie den Punkt $P(x_0|f(x_0))$ so, dass im Punkt P die Tangente an den Graphen von f parallel zur Geraden g mit $g(x) = x - 2$ ist.
a) f mit $f(x) = 0{,}5x^2$ b) f mit $f(x) = -x^2 - 2$ c) f mit $f(x) = x^3$

19 Untersuchen Sie, ob es für je zwei der Funktionen f mit $f(x) = x^2 + 3$; g mit $g(x) = x^3$ und h mit $h(x) = 2x + 6$ jeweils eine Stelle mit der gleichen Ableitung gibt.

Grundwissen Test

Grundwissen Seite 162
Lösungen | Seite 188

20 Bestimmen Sie die Lösung des linearen Gleichungssystems mit dem Einsetzungsverfahren.
a) $y = 2x + 6$; $3x + y = 1$
b) $3x - y = 9$; $y = 2x - 6$
c) $4x - 2y = 12$; $y = 3x + 1$
d) $y = 2x + 5$; $-4x + 2y = 12$

21 Bestimmen Sie die Lösung des linearen Gleichungssystems mit dem Gleichsetzungsverfahren.
a) $y = 2x + 10$; $y = -x + 1$
b) $y = -3x + 6$; $y = 2x + 4$
c) $y = 12$; $y = 3x - 3$
d) $y = 3x - 2$; $y = -5x + 2$

4 Ableitungsregeln

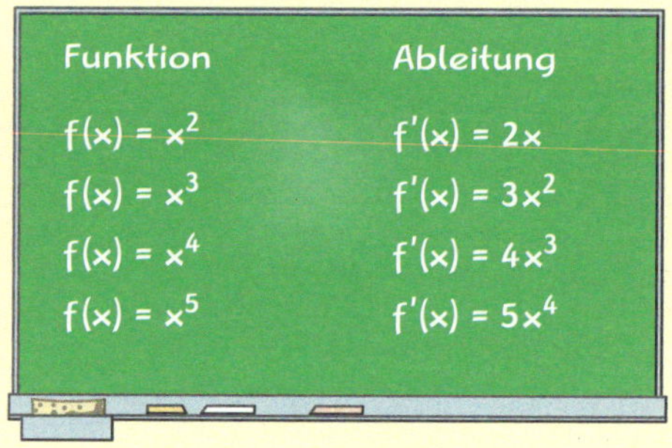

„Wie das wohl weitergeht?"
„Das ist ja klar. Aber wie fängt es an?"

Ist die Funktionsgleichung einer differenzierbaren Funktion bekannt, so lässt sich die Ableitung als Grenzwert des Differenzenquotienten bestimmen. Diese Vorgehensweise ist in der Regel sehr aufwendig.

Beim Ableiten von Potenzfunktionen zeigen sich jedoch Gesetzmäßigkeiten, die das Arbeiten vereinfachen.

In der Tabelle sind die Funktionsterme von verschiedenen Potenzfunktionen sowie deren Ableitungsfunktionen aufgeführt.
Daraus lassen sich folgende Vermutungen ableiten:
- Die Ableitung einer Potenzfunktion f ist ebenfalls eine Potenzfunktion.
- Beim Ableiten verringert sich der Exponent um 1.
- Der Exponent der Funktion wird zum Koeffizienten ihrer Ableitungsfunktion.

Funktion f(x)	Ableitungsfunktion f'(x)
x	1
x^2	$2x$
x^3	$3x^2$
x^{-1}	$-x^{-2}$
$\sqrt{x} = x^{\frac{1}{2}}$	$\frac{1}{2\sqrt{x}} = \frac{1}{2}x^{-\frac{1}{2}}$

$(a + b)^2 = a^2 + 2ab + b^2$

$(a + b)^3$
$= a^3 + 3a^2b + 3ab^2 + b^3$

$(a + b)^4$
$= a^4 + 4a^3b + 6a^2b^2 + 4ab^3 + b^4$

...

$(a + b)^n$
$= a^n + n \cdot a^{n-1}b + \ldots + n \cdot ab^{n-1} + b^n$

Für eine beliebige Potenzfunktion f mit $f(x) = x^n$, $n \in \mathbb{N}$, gilt $f'(x) = n \cdot x^{n-1}$, denn:

$$f'(x) = \lim_{h \to 0} \frac{f(x+h) - f(x)}{h}$$
$$= \lim_{h \to 0} \frac{(x+h)^n - x^n}{h}$$
$$= \lim_{h \to 0} \frac{x^n + n \cdot x^{n-1} \cdot h + \ldots + n \cdot x \cdot h^{n-1} + h^n - x^n}{h}$$
$$= \lim_{h \to 0} \frac{n \cdot x^{n-1} \cdot h + \ldots + n \cdot x \cdot h^{n-1} + h^n}{h}$$
$$= \lim_{h \to 0} \frac{h \cdot (n \cdot x^{n-1} + n \cdot x^{n-2} \cdot h + \ldots + n \cdot x \cdot h^{n-2} + h^{n-1})}{h}$$
$$= \lim_{h \to 0} (n \cdot x^{n-1} + n \cdot x^{n-2} \cdot h + \ldots + n \cdot x \cdot h^{n-2} + h^{n-1})$$

$= n \cdot x^{n-1}$; denn alle blau gefärbten Summanden streben gegen null, da sie mindestens einmal den Faktor h enthalten.

Potenzregel
Für eine Funktion f mit $f(x) = x^n$, $n \in \mathbb{N}$, gilt $f'(x) = n \cdot x^{n-1}$.

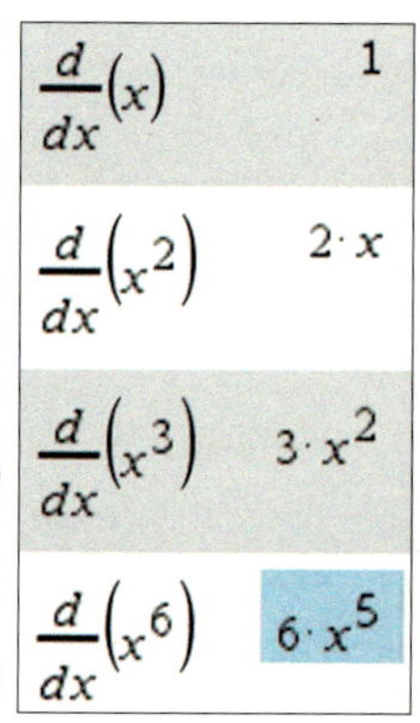

Fig. 1
Experimentieren Sie mit Ihrem CAS.

Diese Regel ist auch gültig, wenn n eine negative ganze Zahl ist (vgl. Aufgabe 15 auf Seite 103). Darüber hinaus kann man zeigen, dass die Regel auch für Potenzfunktionen der Form $f(x) = x^r$ mit $r \in \mathbb{R}$ gilt.

Für $f(x) = a \cdot g(x)$ gilt $f'(x) = a \cdot g'(x)$.
Staucht man beispielsweise den Graphen der Funktion g mit $g(x) = x^2$ parallel zur y-Achse mit dem Stauchfaktor $\frac{1}{4}$, so erhält man den Graphen der Funktion f mit $f(x) = \frac{1}{4}x^2$ (Fig. 1). Hierbei werden alle Funktionswerte von g mit $\frac{1}{4}$ multipliziert. Mit der Stauchung des Graphen von g werden auch die zugehörigen Steigungsdreiecke entsprechend gestaucht. Dies hat zur Folge, dass sich auch die Steigung in jedem Punkt mit dem Faktor $\frac{1}{4}$ verändert, wie man z.B. anhand der Steigungsdreiecke an der Stelle 2 erkennt (Fig. 1).

Dieser Sachverhalt lässt sich auf beliebige Stellen übertragen, sodass $f'(x) = \frac{1}{4} \cdot g'(x)$ bzw. allgemein $f'(x) = a \cdot g'(x)$ folgt.
Dies lässt sich rechnerisch zeigen:

$$f'(x) = \lim_{h \to 0} \frac{f(x+h) - f(x)}{h}$$
$$= \lim_{h \to 0} \frac{a \cdot g(x+h) - a \cdot g(x)}{h}$$
$$= \lim_{h \to 0} \frac{a \cdot (g(x+h) - g(x))}{h}$$

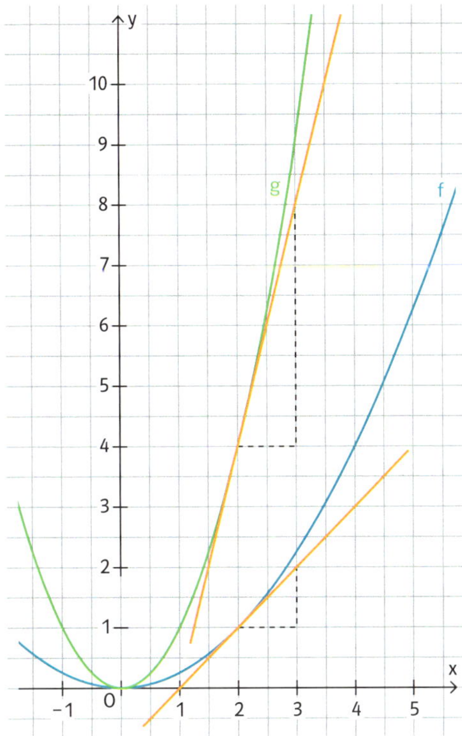

Fig. 1

Da der Faktor a im Zähler nicht von h abhängt, ist $f'(x) = a \cdot \lim\limits_{h \to 0} \frac{g(x+h) - g(x)}{h} = a \cdot g'(x)$.

Faktorregel
Für eine Funktion f mit der Gleichung $f(x) = a \cdot g(x)$, $a \in \mathbb{R}$, gilt $f'(x) = a \cdot g'(x)$.

Konstante Faktoren bleiben beim Ableiten erhalten.

Viele Funktionen sind aus einfachen Grundfunktionen zusammengesetzt. Daher lohnt sich das Aufstellen einer Ableitungsregel für Funktionen, deren Funktionsterme Summen aus einfachen Grundfunktionen sind.
Analog zur Faktorregel lässt sich zeigen, dass für $f(x) = g(x) + k(x)$ gilt $f'(x) = g'(x) + k'(x)$.

Summenregel
Für eine Funktion f mit $f(x) = g(x) + k(x)$ gilt $f'(x) = g'(x) + k'(x)$.

Summen werden summandenweise abgeleitet.

Beispiel **Ableitungsregeln anwenden**
Bestimmen Sie die Ableitungsfunktion von f mithilfe geeigneter Ableitungsregeln.

a) $f(x) = x^5$
b) $f(x) = \frac{8}{x}$
c) $f(x) = x^{-7} + 4x^3 + 5$
d) $f(x) = ax^6 - bx^4$

Lösung

a) $f'(x) = 5x^{5-1} = 5x^4$ — Potenzregel mit $n = 5$
b) $f'(x) = 8(-1 \cdot x^{-1-1}) = -8x^{-2} = -\frac{8}{x^2}$ — Faktor- und Potenzregel $\left(\frac{8}{x} = 8x^{-1}\right)$
c) $f'(x) = -7x^{-7-1} + 4 \cdot 3x^{3-1} + 5 \cdot 0 \cdot x^{0-1}$ — Potenz-, Faktor- und Summenregel
$= -7x^{-8} + 12x^2$ — $(5 = 5 \cdot x^0)$
d) $f'(x) = a \cdot 6x^{6-1} - b \cdot 4x^{4-1}$ — Potenz-, Faktor- und Summenregel (a und b
$= 6ax^5 - 4bx^3$ — sind konstante Faktoren)

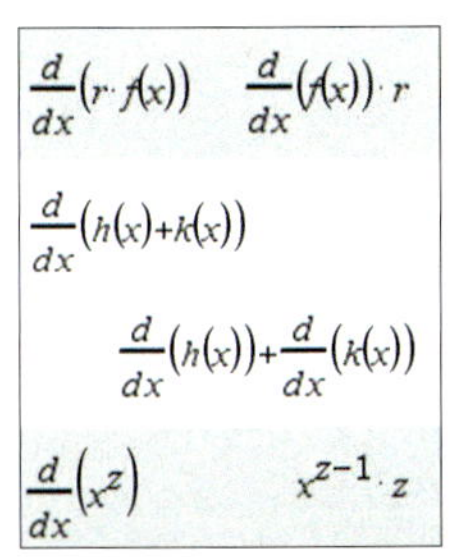
Auch mit dem CAS lassen sich die Regeln ausgeben.

Aufgaben

○ **1** Bestimmen Sie f′(x).

a) $f(x) = 3x^2$ b) $f(x) = 5x^3$ c) $f(x) = \frac{1}{2}x^4$ d) $f(x) = -2x^7$

e) $f(x) = \frac{1}{2}x^{-2}$ f) $f(x) = -5x^{-3}$ g) $f(x) = -0{,}2x^5$ h) $f(x) = 4x^{\frac{1}{2}}$

○ **2** Bestimmen Sie f′(x).

a) $f(x) = x^3 + x^2$ b) $f(x) = x^4 + x^2$ c) $f(x) = x^5 + x^4$

d) $f(x) = x^4 + 1$ e) $f(x) = x^7 + x^4 + x^2$ f) $f(x) = x^8 + x^3 + 5$

g) $f(x) = x^5 + x + 3$ h) $f(x) = x^{11} + x^7 + x^3$ i) $f(x) = x^5 + x^4 + x^3 + x^2$

○ **3** Leiten Sie die Funktion f ab.

a) $f(x) = 2x^3 + 5x^2$ b) $f(x) = 4x^5 - 3x$ c) $f(x) = 2x^7 - 3x^4$

d) $f(x) = 0{,}25x^4 - x^3$ e) $f(t) = -5t^4 - 4t^3 + t$ f) $f(z) = -\frac{2}{3}z^3 + 2z^2 + 3$

g) $f(a) = a^2 - 16a + 5$ h) $f(x) = \frac{1}{5}x^5 - 3x^3 - 2$ i) $f(t) = t^4 - 2t^3 + \frac{1}{4}t^2 - t$

○ **4** Leiten Sie die Funktion f ab.

a) $f(x) = \sqrt{x} + x^2$ b) $f(x) = 4\sqrt{x}$ c) $f(x) = \sqrt{2x} - \sqrt{x^3}$

d) $f(x) = 0{,}25\sqrt{x^2} + 5$ e) $f(x) = \frac{1}{3}\sqrt{x} + \frac{1}{5}x^5$ f) $f(x) = x^{\frac{3}{2}} - x$

○ **5** Berechnen Sie die Steigung des Graphen von f im Punkt $A(2\,|\,f(2))$.

a) $f(x) = \frac{3}{2}x^2$ b) $f(t) = \frac{1}{4}t^4 - \frac{5}{3}t^3$ c) $f(z) = \frac{3}{4}z^2 - 3z^{-1}$ d) $f(x) = -x - 2x^{-4}$

○ Test Lösungen | Seite 188

6 Leiten Sie die Funktion f ab.

a) $f(x) = 2x^4 + 3x^2$ b) $f(x) = x^5 - 3x^3 + 4$ c) $f(x) = \frac{1}{4}x^2 - 4x + 3$ d) $f(x) = \frac{2}{3}x^3 - 4x^{-2}$

7 Bestimmen Sie die Steigung des Graphen der Funktion f im Punkt $A(4\,|\,f(4))$.

a) $f(x) = \frac{1}{8}x^3 - \frac{5}{8}x^2 + 12$ b) $f(x) = \frac{3}{8}x^2 - 16 \cdot x^{-1}$

◒ **8** Leiten Sie die Funktion ab.

a) $s(t) = t^4$ b) $h(y) = y^{12}$

c) $m(a) = a^{-3}$ d) $g(z) = \frac{1}{z^2}$

◒ **9** Eine Rakete startet senkrecht nach oben. Die Funktion h mit $h(t) = t^3$ (t in Sekunden, h(t) in Metern) gibt in den ersten beiden Sekunden näherungsweise die Höhe h(t) der Rakete an.

a) Bestimmen Sie Höhe und Geschwindigkeit nach 1,2 Sekunden.

b) Berechnen Sie, wann die Geschwindigkeit $12\,\frac{m}{s}$ beträgt.

◒ **10** Ermitteln Sie den Fehler beim Ableiten. Korrigieren Sie.

A: $f(x) = x^{-3}$; $f'(x) = -3x^{-2}$

B: $f(x) = x^{-1}$; $f'(x) = x^{-2}$

C: $f(x) = x^{\frac{2}{3}}$; $f'(x) = \frac{2}{3}\sqrt[3]{x}$

11 Zu dem Funktionsterm gehört eine der Ableitungen A, B oder C auf den Kärtchen. Ordnen Sie das richtige Kärtchen zu.

$f(x) = x^n \cdot x^{n+1}$ (1) $f(x) = \frac{x^{2n}}{x}$ (2) $f(x) = (x^n)^2 \cdot x$ (3) $f(x) = \left(\frac{\sqrt{x}}{x^n}\right)^2$ (4)

A $f'(x) = (1 - 2n)x^{-2n}$ B $f'(x) = (2n + 1)x^{2n}$ C $f'(x) = (2n - 1)x^{2n-2}$

12 a) Skizzieren Sie den Graphen der Funktion f mit $f(x) = 0{,}3x^4 - 6x^3 + 30x^2$ mithilfe des Rechners sowie den Graphen der dazugehörigen Ableitungsfunktion. Bestimmen Sie weiterhin die Stellen, an denen $f(x) = 0$ gilt.
b) Zwischen den Stellen, an denen $f(x) = 0$ gilt, beschreibt die Funktion f aus a) die Wassermenge in einem Pumpspeicherwerk. Dabei geben die Funktionswerte die Wassermenge in m^3, die x-Werte für $x \geqq 0$ die Zeit in Stunden an.
Bestimmen Sie, wann innerhalb dieses Zeitraums, die maximale Wassermenge erreicht wird und wie groß der maximale Wasserbestand ist.
c) Geben Sie die Bedeutung der Ableitung der Funktion aus a) an.
Bestimmen Sie f'(0); f'(2); f'(5) und f'(9).

Test

Lösungen | Seite 188

13 Bestimmen Sie die Stellen, an denen f die Ableitung 2 hat.

a) $f(x) = 6x^2 - 10x + 5$ b) $f(x) = \frac{1}{3}x^3 + \frac{1}{2}x^2 - 10x + 4{,}5$

14 Bestimmen Sie z so, dass f mit $f(x) = \frac{1}{z}x^z$ an der Stelle 2 die Ableitung 5 hat.

15 Zeigen Sie: Die Potenzregel gilt auch für Potenzen mit negativen ganzzahligen Exponenten.

16 Untersuchen Sie mithilfe geeigneter Beispiele, ob für drei Funktionen f, g und h
a) aus $f(x) = g(x) \cdot h(x)$ auch $f'(x) = g'(x) \cdot h'(x)$ folgt,
b) aus $f(x) = g(x) : h(x)$ auch $f'(x) = g'(x) : h'(x)$ folgt.

17 a) Es soll die Ableitung der Funktion f mit $f(x) = \frac{1}{x}$ an einer beliebigen Stelle x_0 bestimmt werden. Formen Sie zunächst $f(x_0 + h) - f(x_0) = \frac{1}{x_0 + h} - \frac{1}{x_0}$ um, indem Sie die Differenz der Brüche auf einen gemeinsamen Nenner bringen.
Bestimmen Sie dann den Differenzenquotienten und bestätigen Sie das Ergebnis, welches das CAS liefert.
Bilden Sie schließlich den Grenzwert des Differenzenquotienten für $h \to 0$.
b) Bestimmen Sie ausführlich die Ableitung von $f(x) = \frac{1}{x^2}$ an einer beliebigen Stelle x_0.

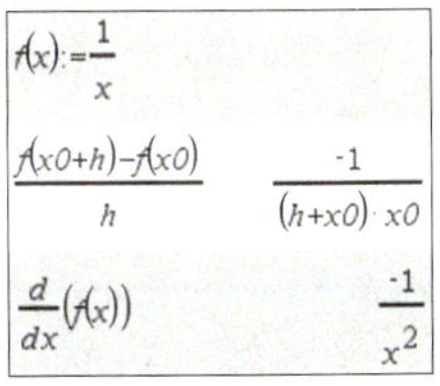

Grundwissen Test

Grundwissen Seite 162
Lösungen | Seite 188

18 Bestimmen Sie die Lösung des linearen Gleichungssystems.

a) $4x - 4y = 28$; $-2x - 3y = -4$
b) $2x - 6y = 3$; $3x - 4y = 11$
c) $5x - 6y = 8$; $2x + 3y = 5$
d) $-5x + 2y = 25$; $3x - 5y = 23$

19 Lösen Sie das lineare Gleichungssystem mit einem Verfahren Ihrer Wahl.

a) $3x - 4y = 9$; $-x - 2y = -8$
b) $y = 4x - 7$; $-8x + 2y = -14$
c) $y = -4x + 2$; $y = 2x - 0{,}5$
d) $x = 3y - 1$; $2x - y = 3$

○ **4** ☒ Bestimmen Sie die Gleichung der Tangente an den Graphen von f im Punkt $B(x_0 | f(x_0))$.

a) $f(x) = x^2,\ x_0 = 2$ b) $f(x) = 2x^2 - 3x,\ x_0 = 1$ c) $f(x) = \frac{8}{3}x^3,\ x_0 = \frac{1}{2}$

d) $f(x) = x^3 - 2x^2,\ x_0 = 2$ e) $f(x) = 3x^4 + 4x,\ x_0 = -1$ f) $f(x) = \frac{1}{x^2},\ x_0 = -2$

○ Test

Lösung | Seite 188

5 ☒ Bestimmen Sie die Gleichung der Tangente im Punkt B.

a) $f(x) = -2x^2 + 4x,\ B(2 | f(2))$ b) $f(x) = \frac{3}{x^2},\ B(3 | f(3))$

◒ **6** Bestimmen Sie die Funktionsgleichung der Tangente im Punkt $P_0(x_0 | f(x_0))$.

a) $f(x) = 0{,}1x^3;\ x_0 = 3$ b) $f(x) = \frac{2}{x};\ x_0 = 4$ c) $f(x) = 3x^2 - 2;\ x_0 = -1$

◒ **7** Bestimmen Sie die Punkte, an denen der Graph von f die Steigung m hat. Geben Sie die jeweiligen Tangentengleichungen an.

a) $f(x) = \frac{1}{3}x^3 - 8x;\ m = 1$ b) $f(x) = (2x + 1)^2;\ m = 8$ c) $f(x) = x^3 - 3x^2 + 6;\ m = 0$

d) $f(x) = -\frac{4}{x};\ m = 1$ e) $f(x) = \frac{1}{x^2} + 2x;\ m = \frac{9}{4}$ f) $f(x) = x^5 + 5x^3 + 3;\ m = 4$

◒ **8** ☒ Bestimmen Sie die Nullstellen der Tangente an den Graphen im Punkt $B(1 | f(1))$.

a) $f(x) = -\frac{1}{2}x^3 + \frac{1}{2}x + 2$ b) $f(x) = 4\sqrt{x}$

◒ **9** Bestimmen Sie den Steigungswinkel der Tangente an den Graphen von f im Punkt B.

a) $f(x) = \frac{1}{4}x^2 - 2,\ B(0{,}5 | f(0{,}5))$ b) $f(x) = \frac{2}{3}x^3 - x^2,\ B(1{,}5 | f(1{,}5))$

c) $f(x) = -x^2 + x,\ B(1 | f(1))$ d) $f(x) = -x^4 - 2x^3,\ B(1 | f(1))$

◒ **10** Bestimmen Sie die Gleichung der Normalen an den Graphen von f im Punkt A.

a) $f(x) = x^3 + \frac{26}{27},\ A\left(\frac{1}{3} \middle| f\left(\frac{1}{3}\right)\right)$ b) $f(x) = x^2 + 5x + \frac{4}{3},\ A(-1 | f(-1))$

c) $f(x) = \frac{2}{x} + \frac{1}{4}x + \frac{3}{2},\ A(4 | f(4))$ d) $f(x) = \sqrt{x} - x + 2,\ A(1 | f(1))$

◒ Test

Lösung | Seite 188

11 Gegeben ist die Funktion f mit $f(x) = \frac{1}{6}x^3 + \frac{5}{6}$ sowie der Punkt $B(1 | 1)$.

a) Bestimmen Sie den Steigungswinkel der Tangente an den Graphen von f im Punkt B.

b) Geben Sie die Gleichung der Normalen in B an.

● **12** Das Höhenprofil des Beginns einer Achterbahn wird für $0 \le x \le 70$ beschrieben durch den Graphen der Funktion h mit $h(x) = -0{,}00001 \cdot x^4 - 0{,}0006 \cdot x^3 + 0{,}1 \cdot x^2$.
Berechnen Sie den Steigungswinkel und die Steigung der Achterbahn in Prozent für die Punkte $B_1(10 | h(10))$, $B_2(30 | h(30))$, $B_3(50 | h(50))$ und $B_4(60 | h(60))$.

Steigung des Graphen mal 100 ergibt Steigung in Prozent

● **13** Gegeben ist die Funktion f mit $f(x) = \frac{1}{4}x^2 - cx\ (c > 0)$. Der Graph von f schneidet die x-Achse außer im Ursprung $O(0 | 0)$ noch im Punkt $A(a | 0)$. Berechnen Sie den Flächeninhalt des Dreiecks OBA, wobei B der Schnittpunkt der Tangenten an den Graphen von f in O und A ist. Für welches c ist das Dreieck OBA rechtwinklig?

Grundwissen Test

Grundwissen Seite 181
Lösung | Seite 188

14 Geben Sie ein lineares Gleichungssystem mit zwei Gleichungen und zwei Variablen an, das

a) keine Lösung, b) die Lösung $(1 | 0)$,

c) die Lösungen $(-1 | 2)$ und $(3 | 2)$, d) unendlich viele Lösungen

besitzt.

6 Ableitung trigonometrischer Funktionen

In den Grafiken sollen jeweils die Graphen von f (blau) und f′ (orange) abgebildet sein. Überprüfen Sie, ob dies tatsächlich der Fall ist. Welche Stellen betrachten Sie besonders genau?

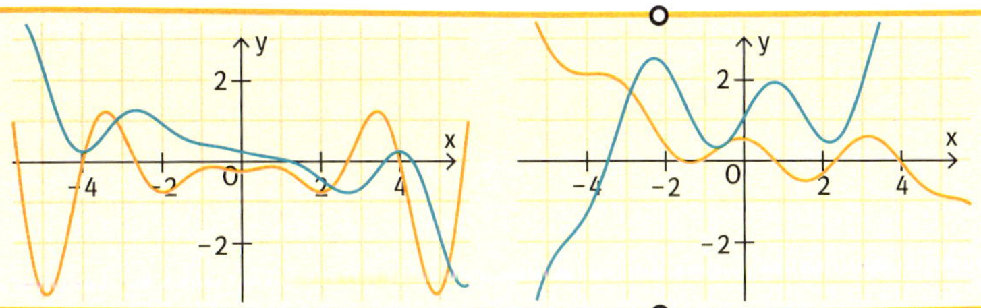

Die trigonometrischen Funktionen Sinus und Kosinus wurden schon unter verschiedenen Gesichtspunkten betrachtet. Die neu gewonnenen Erkenntnisse über die Ableitungsfunktion und ihr geometrischer Zusammenhang mit der Steigung der Tangente in einem Punkt helfen nun, plausibel zu machen, wie Sinus und Kosinus abgeleitet werden.

Zeichnet man an den Stellen $x = 0; \frac{\pi}{4}; \frac{\pi}{2}; \frac{3\pi}{4} \ldots$ am Graphen der Sinusfunktion Tangenten ein (Fig. 1) und bestimmt näherungsweise deren Steigung, so erhält man einen Überblick über den Verlauf der Ableitungsfunktion. Trägt man die Werte als Punkte in ein Koordinatensystem ein (Fig. 2), so vermutet man, dass die Ableitung der Sinusfunktion gerade die Kosinusfunktion ist.
Ein analoges Vorgehen legt nahe, dass die Ableitungsfunktion der Kosinusfunktion die Funktion g′ mit $g'(x) = -\sin(x)$ ist.

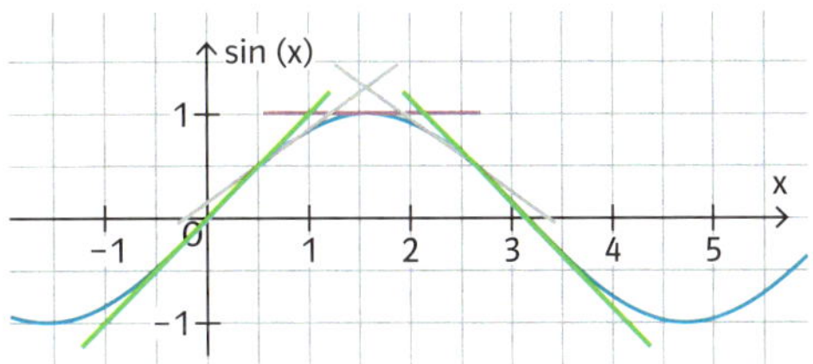

Fig. 1

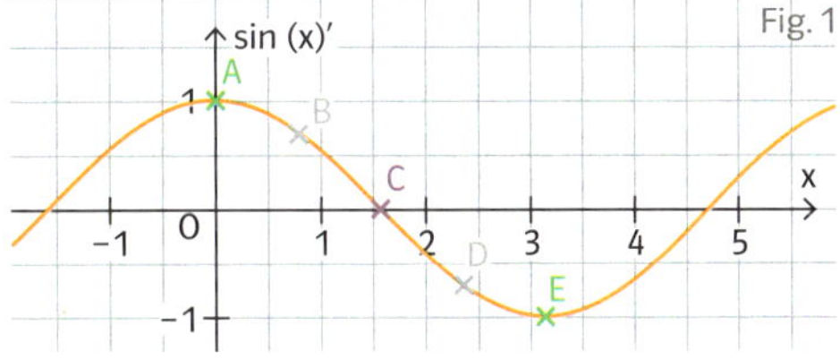

Fig. 2

Zur Erinnerung: Bei trigonometrischen Funktionen wird das Bogenmaß verwendet.

Satz: Für die Sinusfunktion f mit $f(x) = \sin(x)$ gilt: $f'(x) = \cos(x)$.
Für die Kosinusfunktion g mit $g(x) = \cos(x)$ gilt: $g'(x) = -\sin(x)$.

Beispiel **Ableitungen bilden**
Bestimmen Sie die Ableitungen der folgenden Funktionen.
$f(x) = 3\sin(x)$ $\qquad$ $f(x) = \sin(x) + \cos(x)$
Lösung
$f'(x) = 3\cos(x)$ $\qquad$ $f'(x) = \cos(x) - \sin(x)$

Aufgaben

1 Bestimmen Sie die Ableitungsfunktion.
a) $f(x) = 12 \cdot \sin(x)$ b) $f(x) = -2 \cdot \cos(x)$ c) $f(x) = \sqrt{5} \cdot \cos(x)$
d) $f(x) = \frac{1}{\pi} \cdot \sin(x)$ e) $f(x) = 5x^3 - \sin(x)$ f) $f(x) = 2\cos(x) - \sin(x)$

2 Bestimmen Sie die Steigung des Graphen der Funktion f an der Stelle $x_0 = \pi$.
a) $f(x) = -9\sin(x)$ b) $f(x) = 5 + \cos(x)$ c) $f(x) = 5x - \cos(x)$

3 P ist ein Punkt des Graphen von f. Bestimmen Sie die Gleichung der Tangenten t an den Graphen in Punkt P.
a) $f(x) = \cos(x)$; $P\left(\frac{7}{4}\pi \,\middle|\, \square\right)$ b) $f(x) = 3\sin(x)$; $P\left(\frac{5\pi}{3} \,\middle|\, \square\right)$ c) $f(x) = x + 2\sin(x)$; $P\left(\frac{\pi}{4} \,\middle|\, \square\right)$

Test

Lösungen | Seite 189

4 Bestimmen Sie die Steigung des Graphen der Sinusfunktion im Punkt P.

a) $P\left(\frac{\pi}{4} \mid ▢\right)$ b) $P(6{,}5 \mid ▢)$

5 Bestimmen Sie die Steigung des Graphen der Kosinusfunktion in Punkt P.

a) $P\left(-\frac{3\pi}{4} \mid ▢\right)$ b) $P(-9 \mid ▢)$

6 Bestimmen Sie die Punkte, in denen der Graph der Sinusfunktion in $[0;\, 2\pi]$ die gleiche Steigung hat, wie

a) die 1. Winkelhalbierende,   b) die x-Achse,

c) die Gerade mit der Gleichung $y = \frac{1}{2}x$.

7 Gegeben ist die Funktion f mit $f(x) = \sin(x) + 2$ sowie die Gerade n mit $n(x) = x - 1{,}14$. Im Punkt $P(\pi \mid f(\pi))$ wird die Tangente an den Graphen von f gezeichnet. Die beiden Geraden und die x-Achse bilden ein Dreieck. Bestimmen Sie seinen Flächeninhalt.

Test

Lösung | Seite 189

8 Gegeben sind die Funktionen f und g mit $f(x) = x + \sin(x)$ und $g(x) = x + \cos(x)$.

a) Bestimmen Sie Punkte, in denen die zugehörigen Graphen die Steigung 2 haben.

b) Ermitteln Sie die Stellen, an denen die Tangenten von f bzw. g parallel zur x-Achse verlaufen.

c) Treffen Sie Aussagen über den Verlauf der Graphen der jeweiligen Ableitungsfunktionen.

9 In Fig. 1 ist zum Graphen der Funktion f mit $f(x) = \sin(x)$ außer der Tangente t im Punkt $(u \mid f(u))$ zusätzlich die Normale n eingezeichnet. Betrachten Sie das Dreieck, das von der Tangente t, der Normalen n und der y-Achse eingeschlossen wird.

a) Überlegen Sie, ob es für jede Stelle u ein solches Dreieck gibt. Begründen Sie Ihre Aussage.

b) Bestimmen Sie den Flächeninhalt des betrachteten Dreiecks für $u = \frac{3}{4}\pi$, für $u = -\pi$ und für $u = \frac{\pi}{3}$.

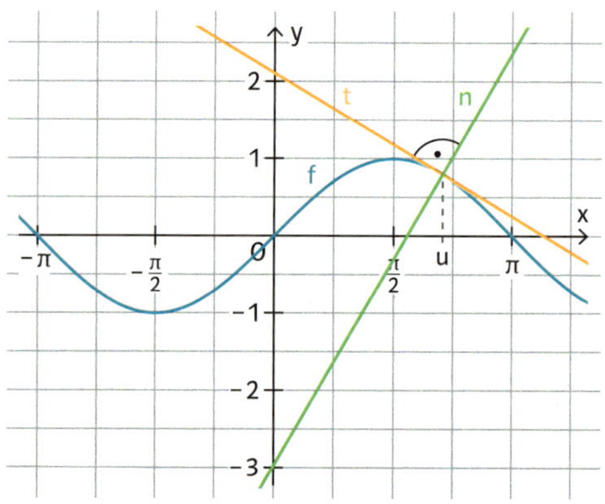

Fig. 1

10 In Fig. 2 sind die Graphen von drei verschiedenen Funktionen dargestellt.
Geben sie an, welche der Funktionen die Sinusfunktion als Ableitungsfunktion hat.

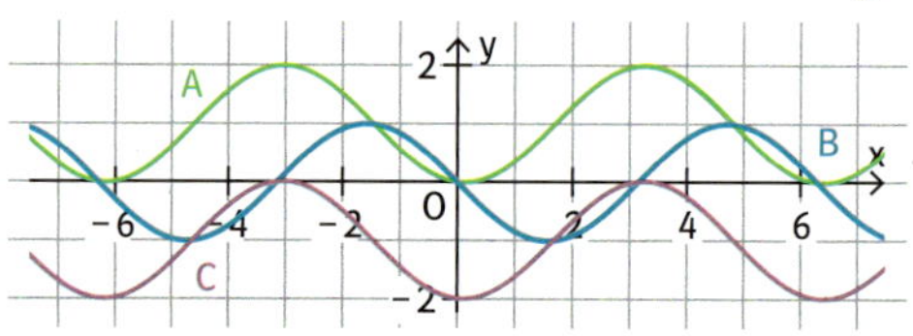

Fig. 2

Grundwissen Test

Grundwissen Seite 162
Lösung | Seite 189

11 Die zu den drei Gleichungen gehörenden Geraden bilden ein Dreieck. Berechnen Sie die Koordinaten der Eckpunkte.

a) $13y + 2x = 32$;
$5x + 4y = 80$;
$5y = 8x - 14$

b) $15y = -3x + 15$;
$y + 2x + 3{,}5 = 0$;
$7y = -5x + 25$

Der Streit um die Ableitung

Der Ableitungsbegriff gehört zu den wohl größten geistigen Erkenntnissen in der Mathematik. Moderne Naturwissenschaft und Technik wären ohne den Ableitungskalkül kaum denkbar. Die Betrachtung beliebig kleiner Größen war seit der Antike von Interesse. Vollständig hergeleitet wurde die Ableitung im 17. Jahrhundert im Zusammenhang mit Extremwertaufgaben und der Bestimmung von Tangenten und Flächeninhalten.

Ein Kalkül ist eine Methode zur systematischen Lösung bestimmter Probleme.

Nach Vorarbeiten von Fermat, Descartes, Barrows, Gregory und anderen waren es der Engländer Newton (Barrows Schüler) und der Deutsche Leibniz, die den Ableitungsbegriff systematisch entwickelten, Newton von 1665 bis 1666 und Leibniz von 1672 bis 1676. Beide veröffentlichten ihre Ergebnisse erst viel später: Newton 1671 (in „De Methodis Serierum et Fluxiorum") und 1704 („Opticks"), Leibniz sogar erst 1684. Auch wenn sich die Ergebnisse von Newton und Leibniz formal unterschieden, waren sie inhaltlich gleichwertig.

Fermat löste das Tangentenproblem bereits 1640. Da er keine Grenzwertbetrachtung durchführte, konnte er seine Ergebnisse allerdings nicht mathematisch exakt begründen.

Sir Isaac Newton (1643–1727)
Newton war Professor in Cambridge und einer der größten Mathematiker und Physiker aller Zeiten. Das von Newton verfasste Werk „Principia Mathematica", in dem er die Gravitation und die Bewegungsgesetze beschrieb, wird als eines der wichtigsten wissenschaftlichen Werke der Mathematik und Physik eingestuft.

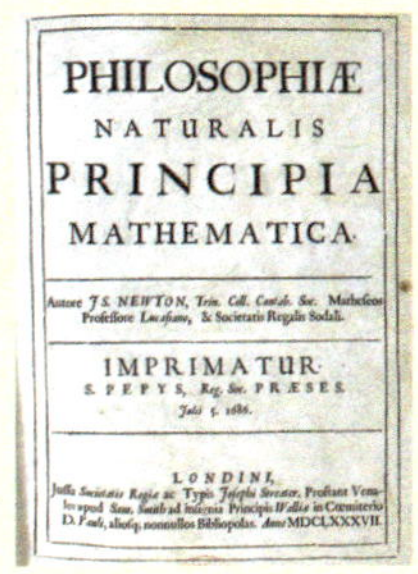

PHILOSOPHIÆ
NATURALIS
PRINCIPIA
MATHEMATICA

IMPRIMATUR

LONDINI,

Newton fasste variable Größen wie x und y als zeitabhängig auf: $x(t)$ und $y(t)$. Diese nannte er „Fluenten" (Fließende). Mit $\dot{x}(t)$ und $\dot{y}(t)$ bezeichnete er die Zeitableitungen von x und y, also deren „Geschwindigkeiten", die er „Fluxionen" nannte. Wie Newton mit diesen Fluxionen arbeitete, soll an einem Beispiel verdeutlicht werden:

Eine Kugel wird von einem Tisch waagerecht aus einer Höhe von einem Meter mit einer waagerechten Anfangsgeschwindigkeit von $2{,}5\,\frac{m}{s}$ gestoßen. Die horizontale Entfernung vom Abwurfpunkt x zur Zeit t lässt sich mit der Gleichung $x = 2{,}5\,\frac{m}{s} \cdot t$ berechnen. Die Ableitung $\dot{x} = 2{,}5\,\frac{m}{s}$ gibt die hier konstante horizontale Momentangeschwindigkeit der Kugel an. Die Höhe y kann man mit der Gleichung $y = 1\,m - \frac{1}{2}g \cdot t^2$ $g \approx \frac{10\,m}{s^2}$ bestimmen. Damit ist die vertikale Momentangeschwindigkeit $\dot{y} = -g \cdot t$. Newton deutete den Quotienten $\frac{\dot{y}}{\dot{x}}$ als Steigung

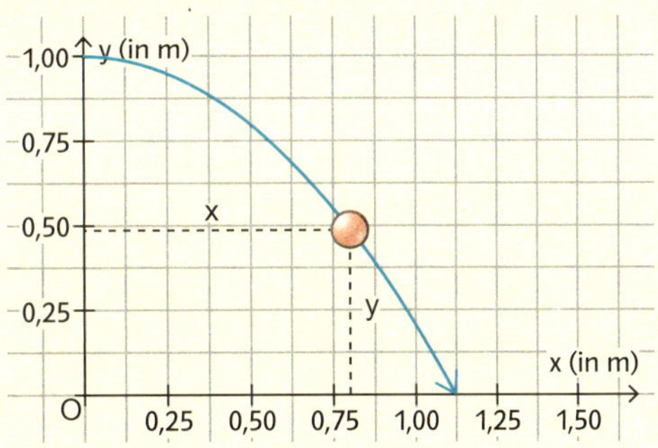

Fig. 1

Die Schreibweise $\dot{x}$ wird heute noch in der Physik für die Ableitung einer zeitabhängigen Größe x verwendet.

der Bahnkurve: $\frac{\dot{y}}{\dot{x}} = -\frac{g \cdot t}{2{,}5\frac{m}{s}} = -\frac{g \cdot \frac{x}{2{,}5\frac{m}{s}}}{2{,}5\frac{m}{s}} = -\frac{g \cdot x}{\left(2{,}5\frac{m}{s}\right)^2} = -\frac{g}{\left(2{,}5\frac{m}{s}\right)^2} \cdot x$. Dabei ersetzte er die Zeit t

durch $\frac{x}{2{,}5\frac{m}{s}}$. Die Gleichung der Bahnkurve erhält man durch die gleiche Ersetzung aus

$y = 1\,m - \frac{1}{2}g \cdot t^2$, also $y = 1\,m - \frac{g}{2 \cdot \left(2{,}5\frac{m}{s}\right)^2} \cdot x^2$. Die Bahnkurve ist der Graph der Funktion f mit

$f(x) = 1\,m - \frac{g}{2 \cdot \left(2{,}5\frac{m}{s}\right)^2} \cdot x^2$. Leitet man diese nach den bekannten Regeln ab, so erhält man mit

$f'(x) = -\frac{g}{\left(2{,}5\frac{m}{s}\right)^2} \cdot x$ das gleiche Ergebnis wie Newton für den Quotienten $\frac{\dot{y}}{\dot{x}}$.

Der Streit um die Ableitung

Gottfried Wilhelm Leibniz (1646–1716)
Leibniz gilt als letzter Universalgelehrter.
Er war Jurist, Diplomat, Politiker, Philosoph, Historiker, Theologe, Naturwissenschaftler und Mathematiker.
In einem Manuskript von Leibniz trat 1673 erstmals das Wort „functio“ auf. Er gebrauchte dort „Funktion“ im Sinne von „eine Funktion haben“.

„Beim Erwachen hatte ich schon so viele Einfälle, dass der Tag nicht ausreichte, um sie niederzuschreiben.“
Gottfried Wilhelm Leibniz

Leibniz ging bei der Lösung des Tangentenproblems ähnlich wie Newton vor, benutzte aber eine dem Problem besser angepasste Schreibweise.
Im Falle der quadratischen Funktion mit der Gleichung $y = x^2$ etwa bezeichnete er den Zuwachs von x mit dx und bestimmte damit den Zuwachs dy von y mit:
$dy = (x + dx)^2 - x^2 = x^2 + 2x \cdot dx + (dx)^2 - x^2 = 2x \cdot dx + (dx)^2$.
Indem er nun $(dx)^2$ vernachlässigte („weil es im Vergleich zu den restlichen Größen unendlich viel kleiner ist“), erhielt er $dy = 2x \cdot dx$ und damit $\frac{dy}{dx} = 2x$.

Für die verschwindend kleinen Größendifferenzen dx und dy führte Leibniz den Begriff „Differenziale“ ein. Den „Quotienten“ $\frac{dy}{dx}$ nannte Leibniz entsprechend Differenzialquotient.

Der Teilbereich der Mathematik, der sich u.a. mit Ableitungen beschäftigt, wird inzwischen auch **Differenzialrechnung** genannt.

Da dieser „Quotient“ der Differenziale kein Quotient im üblichen Sinne ist, wird er „dy nach dx“ gelesen und als Ganzes gesehen.
Betrachtet man die Ableitung, wie sie in diesem Kapitel eingeführt wurde, so ist der Differenzialquotient $\frac{dy}{dx}$ an der Stelle x_0: $\lim\limits_{h \to 0} \frac{f(x_0 + h) - f(x_0)}{h}$, also die Ableitung von f an der Stelle x_0.
Leibniz betrachtete den Differenzialquotienten nun geometrisch und beschrieb ihn mithilfe von verschwindend kleinen Dreiecken (heute würde man von Steigungsdreiecken sprechen). Die Ableitung ergibt sich dann über den Quotienten der Kathetenlängen dieser verschwindend kleinen Dreiecke, also der Differenziale $\frac{dy}{dx}$.

Auch wenn Leibniz noch nicht mathematisch exakt begründen konnte, wie man durch verschwindend kleine Größen dividieren soll, so konnte er doch mit dem von ihm entwickelten Ableitungsbegriff erfolgreich Probleme lösen, die zuvor nicht zugänglich waren. Hierzu nutzte er auch die in Lerneinheit 4 behandelten Ableitungsregeln, die also bereits von ihm gefunden wurden.

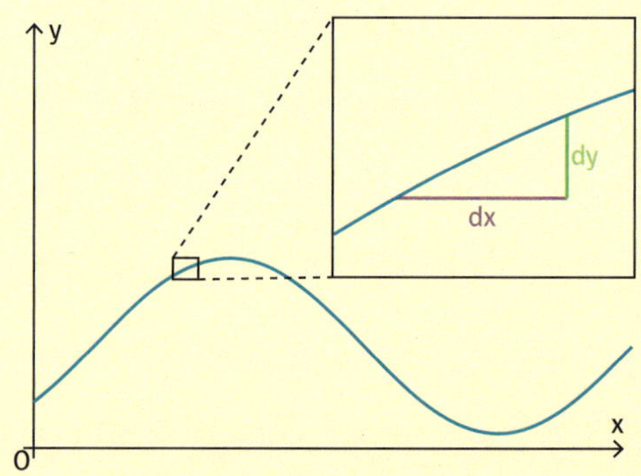

Zunächst wurde weder die Idee von Newton noch die von Leibniz von der Wissenschaft akzeptiert.
Berühmt wurde eine Schrift des Philosophen und Bischofs Berkeley: „Und was sind diese Fluxionen? Die Geschwindigkeiten von verschwindenden Zunahmen? Sie sind weder endliche Größen noch unendlich kleine Größen noch gar nichts. Sollten wir sie nicht die Geister dahingeschiedener Größen nennen?“

Nach Bischof Berkeley wurde später die Universitätsstadt von Kalifornien benannt.

Der Streit um die Ableitung

Eine große Schwierigkeit lag darin, dass im 17. Jahrhundert der Grenzwertbegriff noch nicht zur Verfügung stand. Eine exakte Definition der Ableitung konnte daher weder von Newton noch von Leibniz gegeben werden, sondern nur jeweils eine mehr oder weniger anschauliche Beschreibung.
Da die damaligen Überlegungen zur Ableitung aber bereits zur Lösung von Extremwertproblemen oder zur Bestimmung von Tangenten sehr hilfreich waren, erkannte man schließlich doch die große Bedeutung der Ableitung. So kam es gegen Ende des 17. Jahrhunderts zu einem der wohl berühmtesten Prioritätenstreits in der Mathematik.

Der Konflikt schwelte zunächst für etwa ein Jahrzehnt, spitzte sich aber mit einer Antwort von Leibniz auf Newtons Veröffentlichung zu, die von Newtons Anhängern als Beleidigung angesehen wurde. Verschärft durch nationalistische Untertöne wurden dem Deutschen Leibniz 1710 aus dem britischen Umfeld Newtons heraus heftige Vorwürfe gemacht, er habe sich die Ideen von Newton aus zwei noch nicht veröffentlichten Schriften von diesem zunutze gemacht, ohne dies anzuerkennen.
Leibniz wehrte sich gegen die Vorwürfe durch einen förmlichen Einspruch. Eine von der Royal Society (deren Präsident übrigens Newton selbst war) eingesetzte Untersuchungskommission entschied 1712 jedoch gegen Leibniz, ohne diesen überhaupt anzuhören oder auch nur anzuschreiben. Damit war Leibniz kurz vor seinem Lebensende wissenschaftlich zutiefst diskreditiert. Auf dem Kontinent sah man zwar den Schuldspruch der Kommission der Royal Society als nicht stichhaltig an; eine endgültige historische Rehabilitierung von Leibniz ergab sich aber erst 1949 durch das Bekanntwerden der mathematischen Manuskripte der Pariser Zeit (1671–1676) in allen Details. Hierdurch wurde deutlich, dass Newton und Leibniz ihre Entdeckungen unabhängig voneinander gemacht hatten.

Die „Royal Society" wurde 1660 in London gegründet und widmete sich der Förderung der Mathematik und der Naturwissenschaften.

Von 1703 bis 1727 stand Sir Isaac Newton der Royal Society als Präsident vor.

Vermutlich wegen der einfacheren Darstellung hat sich der Formalismus von Leibniz später, vor allem unter dem Einfluss des Schweizer Mathematikers Leonhard Euler durchgesetzt. Euler erklärte, dass die unendlich kleinen Größen null seien, dass ihr Quotient aber durchaus einen endlichen Wert haben könne. Ihm gelang es, die Idee der Ableitung sowie deren Anwendungen maßgeblich weiterzuentwickeln.
Eine genaue Definition der Ableitung konnte im 19. Jahrhundert mithilfe des inzwischen exakt gefassten Grenzwertbegriffs unter anderem von dem Franzosen Augustin Louis Cauchy sowie dem deutschen Professor Karl Weierstraß geliefert werden.

Leonhard Euler (1707–1783)
Leonhard Euler gehörte zu den produktivsten Mathematikern des 18. Jahrhunderts. Insgesamt gibt es 866 Publikationen von ihm! Er führte unter anderem die Schreibweise f(x) für Funktionen und die Bezeichnung π für die Kreiszahl ein.

Karl Weierstraß (1815–1879)
Karl Weierstraß war zunächst 20 Jahre lang Gymnasiallehrer in Münster, bevor er als Professor in Berlin lehrte.

1 Erstellen Sie eine Präsentation über den Prioritätenstreit zur Ableitung. Erläutere hierbei auch die mit der Ableitung verbundenen Schwierigkeiten sowie die Vor- und Nachteile der unterschiedlichen Ansätze.

Training

Lösungen | Seite 189

1 Die Tabelle zeigt die Anzahl der arbeitslosen Jugendlichen in Deutschland unter 20 Jahre im Jahr 2012 an.

Monat	1	2	3	4	5	6	7	8	9	10	11	12
Anzahl (in Tausend)	44	46	45	43	42	42	52	64	51	45	42	42

Berechnen Sie die mittlere Änderungsrate für
a) die ersten drei Monate des Jahres,
b) das erste Halbjahr,
c) die letzten drei Monate des Jahres,
d) den gesamten Zeitraum.
e) Geben Sie eine mögliche Erklärung für die Änderungen an.

2 Bestimmen Sie die Funktionsgleichung von f'.
a) $f(x) = 2x^3$
b) $f(x) = x^{-3}$
c) $f(x) = -2x + 3x^5 + 2x$
d) $f(x) = \frac{1}{x^2}$
e) $f(x) = x^{-4} + x^5$
f) $f(x) = x + x^3$
g) $f(x) = x \cdot x$
h) $f(x) = x^4$
i) $f(x) = 2(x + 1)$
j) $f(x) = (x + 1)^2$
k) $f(x) = \frac{1 + x}{2}$
l) $f(x) = \frac{1 + x}{x}$
m) $f(x) = ax^c$
n) $f(x) = x^{2+c} + c^2$
o) $f(x) = x^3 + cx$

3 Bestimmen Sie näherungsweise die Ableitung der Funktion f an der Stelle x_0 mithilfe des Differenzenquotienten für $h \to 0$.
a) $f(x) = \frac{1}{2}x^2$ und $x_0 = 2$
b) $f(x) = x^2 - x + 2$ und $x_0 = \frac{4}{3}$
c) $f(x) = 2x^3 - x^2$ und $x_0 = 1$
d) $f(x) = x^2 - 4x$ und $x_0 = 1$

4 Skizzieren Sie zum Graphen von f (Fig. 1) den Graphen von f'.

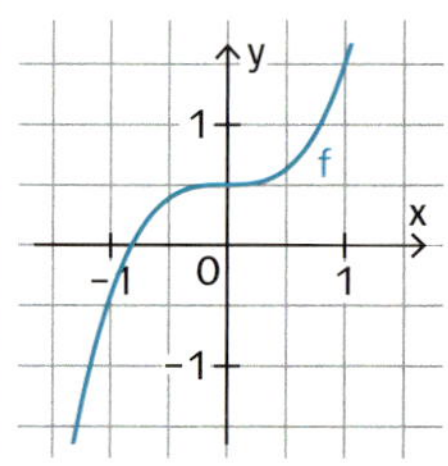

Fig. 1

5 Gegeben sind die beiden Funktionen f und g mit $f(x) = x^2 + 2x + 1$ und $g(x) = x^3 + 1$.
a) Ermitteln Sie die Stellen, an denen die Funktionswerte von f und g übereinstimmen.
b) Bestimmen Sie die Stellen an denen die Ableitungen von f und g übereinstimmen.

6 In welchem Punkt $P_0(x_0 | f(x_0))$ verläuft die Tangente an den Graphen von f parallel zur Geraden g mit der Gleichung $g(x) = 10 - 3x$?
a) $f(x) = 2\sqrt{x}$
b) $f(x) = -\frac{1}{x}$
c) $f(x) = -0{,}01x^3$
d) $f(x) = x^2 + a$
e) $f(x) = bx^2$
f) $f(x) = bx^3 + c$

7 Bestimmen Sie die Funktionsgleichungen der Ableitungen von f und berechnen Sie die Steigung der Tangente an den Graphen von f bei $x_0 = 1$.
a) $f(x) = 4x^5 + 2x^4 - 3x + 7$
b) $f(x) = -\sqrt{5}x^6 + 3x^5 + x$

8 Das Gewicht G eines Papierstückes, das angezündet wurde, hängt von der Zeit t ab, die nach dem Anzünden vergangen ist. Zunächst brennt das Feuer schwach, nimmt dann zu und erlischt langsam. Skizzieren Sie den Graphen von G und G' in Abhängigkeit von der Zeit t. Beschreiben Sie, woran sich erkennen lässt, dass das Papier verbrannt ist.

9 Durch ein elektrisches Bauteil fließt bis zum Zeitpunkt t die elektrische Ladung Q(t) (in Coulomb) gemäß dem nebenstehenden Diagramm. Die momentane Änderungsrate Q'(t) entspricht der elektrischen Stromstärke I(t).
a) Lesen Sie die elektrische Stromstärke nach 3 bzw. 6 Sekunden am Graphen ab.
b) Bestimmen Sie Zeitpunkt und Betrag der größten elektrischen Stromstärke.

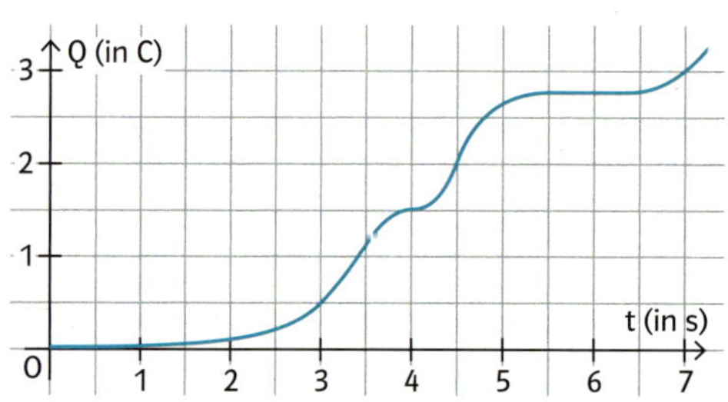

Coulomb pro Sekunde wird auch als Ampere bezeichnet.

10 Die Abbildung zeigt den Graphen einer Ableitungsfunktion f'. Ist die folgende Aussage über die dazugehörige Funktion f zutreffend? Begründen Sie.

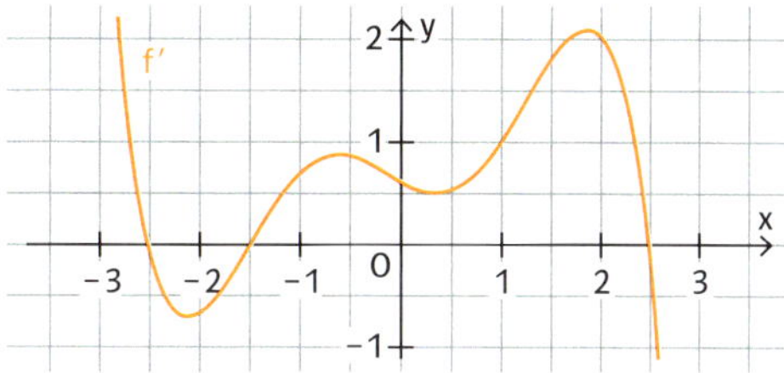

a) Die Steigung des Graphen von f ist zwischen −1 und 1 positiv.
b) Die Steigung des Graphen von f ist zwischen 2 und 2,5 negativ.
c) Die Steigung des Graphen von f ist für $x = -2{,}5$; für $x = -1{,}5$ und für $x = 2{,}5$ gleich groß.
d) Die Steigung des Graphen von f ist für $x = -2{,}2$; für $x = -1{,}7$; $x = 0{,}3$ und $x = 1{,}8$ gleich groß.
e) Die mittlere Steigung des Graphen von f ist im Intervall $[-1;\ 2]$ positiv.
f) Finden Sie weitere Aussagen zur Funktion f und lassen Sie sie von Ihrer Banknachbarin oder Ihrem Banknachbarn überprüfen.

11 Entscheiden und begründen Sie: Gilt immer – gilt nie – es kommt darauf an.
a) Die Ableitung der Funktion f mit $f(x) = x^3 \cdot x^2$ ist $f'(x) = 3x^2 \cdot 2x$.
b) Der Graph der Ableitungsfunktion f' hat einen Schnittpunkt mit der x-Achse weniger als der Graph der Funktion f.
c) Die Tangente an einen Funktionsgraphen hat mit diesem genau einen gemeinsamen Punkt.
d) Zwei verschiedene Funktionen haben nicht dieselbe Ableitungsfunktion.
e) Wenn man den Graphen einer Funktion f an der x-Achse spiegelt, so spiegelt sich auch der Graph der zugehörigen Ableitungsfunktion an der x-Achse.
f) Verschiebt man den Graphen einer Funktion in x-Richtung, so verschiebt sich auch der Graph der zugehörigen Ableitungsfunktion in x-Richtung.

12 Mithilfe der Fotosynthese wandelt ein Baum Kohlenstoffdioxid in Sauerstoff um, den er dann an seine Umgebung abgibt. Die abgegebene Sauerstoffmenge hängt u.a. von der Tageszeit t ab. Die Funktion V mit $V(t) = -1{,}1t^3 + 20t^2 + 10t$ (V(t) in l, t in h) gibt für den Messzeitraum von 12 Stunden während eines Tages näherungsweise an, wie viel Sauerstoff vom Baum insgesamt bis zum Zeitpunkt t an seine Umgebung abgegeben worden ist.

$6CO_2 + 12H_2O \rightarrow C_6H_{12}O_6 + 6O_2 + 6H_2O$

a) Warum ist die Modellierung durch die Funktion V nur im genannten Intervall sinnvoll?
b) Wie viel Sauerstoff hat der Baum während der Messzeit an seine Umgebung abgegeben?
c) Welche Bedeutung hat V'(t)? Bestimmen Sie V'(3) und V'(10).
d) Bestimmen Sie näherungsweise, zu welcher Zeit der Baum am meisten Sauerstoff an seine Umgebung abgibt. Wie lässt sich das Ergebnis begründen?

13 Das Profil einer Böschung wird näherungsweise beschrieben durch den Graphen der Funktion f mit $f(x) = \sqrt{x}$ (Längeneinheit 5 m). An die Böschung soll eine Rampe mit 14° Steigung angebaut werden.

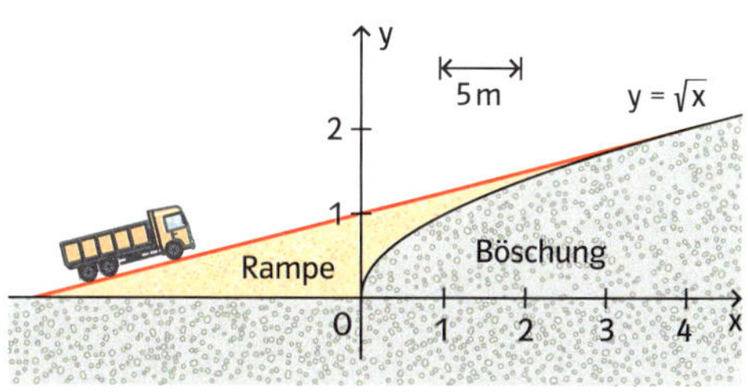

a) Wo beginnt die Rampe auf der Böschung, wo endet sie im Gelände?
b) Wie lang wird die Rampe?

Test

Kopiervorlage
Check-out
v7536j

Differenzenquotient und Ableitung

$\frac{f(x_0 + h) - f(x_0)}{h}$ ist der Differenzenquotient der Funktion f auf dem Intervall $[x_0; x_0 + h]$. Wenn der Wert des Differenzenquotienten einer Funktion f für $h \to 0$ gegen einen Grenzwert strebt, so heißt dieser Wert Ableitung der Funktion f an der Stelle x_0. Man schreibt $f'(x_0)$.

Es ist also $f'(x_0) = \lim_{h \to 0} \frac{f(x_0 + h) - f(x_0)}{h}$.

Die Gerade durch den Punkt $P(x_0 | f(x_0))$ mit der Steigung $f'(x_0)$ nennt man Tangente des Graphen von f im Punkt P.
In Anwendungssituationen nennt man den Differenzenquotienten mittlere Änderungsrate, die Ableitung heißt lokale Änderungsrate.

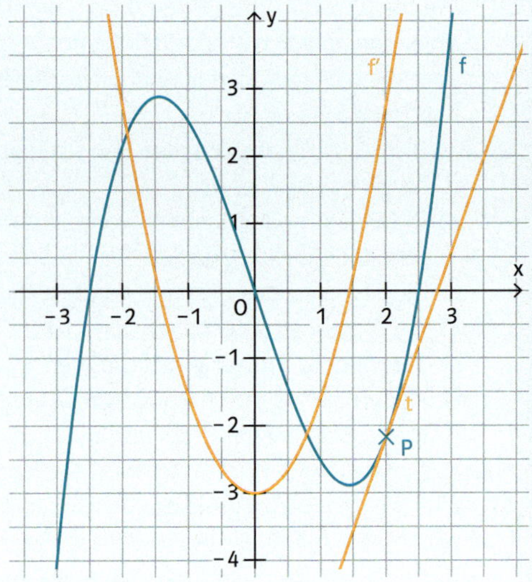

Ableitungsfunktion

Ist eine Funktion f für alle $x \in D_f$ differenzierbar, so heißt die Funktion, die jeder Stelle x der Definitionsmenge D_f die Ableitung $f'(x)$ an dieser Stelle zuordnet, Ableitungsfunktion f' oder Ableitung von f.

Bestimmung der Ableitung einer rationalen Funktion

Man stellt den Differenzenquotienten im Intervall $[x_0; x_0 + h]$ auf.
Der Differenzenquotient wird so umgeformt, dass h im Nenner wegfällt oder dass der Nenner für $h \to 0$ gegen einen von null verschiedenen Wert strebt. Die Ableitung ergibt sich dann als Grenzwert des Differenzenquotienten für $h \to 0$.

f mit $f(x) = x^2$

$$f'(x_0) = \lim_{h \to 0} \frac{f(x_0 + h) - f(x_0)}{h}$$
$$= \lim_{h \to 0} \frac{(x_0 + h)^2 - x_0^2}{h} = \lim_{h \to 0} \frac{x_0^2 + 2x_0h + h^2 - x_0^2}{h}$$
$$= \lim_{h \to 0} \frac{2x_0h + h^2}{h} = \lim_{h \to 0} \frac{h \cdot (2x_0 + h)}{h}$$
$$= \lim_{h \to 0} (2x_0 + h) = 2x_0; \text{ also } f'(x) = 2x.$$

Gleichung der Tangente in einem Punkt

Berührpunkt: $B(x_0 | f(x_0))$
Allgemeine Geradengleichung: $y = mx + b$
Steigung: $m = f'(x_0)$
Einsetzen der Koordinaten des Punktes: $f(x_0) = m \cdot x_0 + b$
b berechnen: $b = f(x_0) - m \cdot x_0$

$f(x) = x^2 + 2$; $B(2|6)$
$f'(x) = 2x$
$m = 2 \cdot 2 = 4$
$6 = 4 \cdot 2 + b$
$b = 6 - 8 = -2$
Tangentengleichung: $y = 4x - 2$

Ableitungsregeln

Potenzregel:
Für eine Funktion f mit $f(x) = x^n$, $n \in \mathbb{Q}$, gilt $f'(x) = n \cdot x^{n-1}$.

$f(x) = x^4$; $f'(x) = 4x^3$

Faktorregel:
Für die Funktion f mit $f(x) = a \cdot g(x)$, $a \in \mathbb{R}$, gilt $f'(x) = a \cdot g'(x)$.

$f(x) = 7 \cdot x^4$; $f'(x) = 7 \cdot 4x^3 = 28x^3$

Summenregel:
Für die Funktion f mit $f(x) = g(x) + h(x)$ gilt $f'(x) = g'(x) + h'(x)$.

$f(x) = 7 \cdot x^4 + x^{-2}$; $f'(x) = 28x^3 - 2x^{-3}$

Ableitung der Sinus- und Kosinusfunktion

Für die Funktion f mit $f(x) = \sin(x)$ gilt $f'(x) = \cos(x)$.
Für die Funktion g mit $g(x) = \cos(x)$ gilt $f'(x) = -\sin(x)$.

$f(x) = 2\sin(x) - 5\cos(x)$
$f'(x) = 2\cos(x) - 5(-\sin(x))$
$= 2\cos(x) + 5\sin(x)$

Runde 1

Lösungen | Seite 191

1 Bestimmen Sie die Funktionsgleichung der Ableitungsfunktion f'.

a) $f(x) = 7x^2$
b) $f(x) = 4x^2 - 5x$
c) $f(x) = \frac{1}{x} - 4x$
d) $f(x) = -3\sin(x) + \cos(x)$

2 Fig. 1 zeigt den Graphen einer Funktion f. Ist die Aussage über die zugehörige Ableitungsfunktion f' zutreffend? Begründen Sie.

a) Der Graph der Ableitungsfunktion f' schneidet an der Stelle 2 die x-Achse.
b) Der Graph der Ableitungsfunktion f' verläuft durch den Koordinatenursprung.
c) Der Graph der Ableitungsfunktion f' verläuft für $1 \leqq x \leqq 2$ unterhalb der x-Achse.

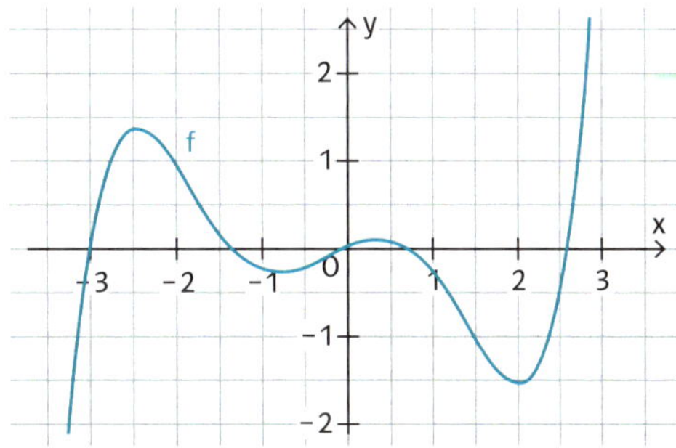

Fig. 1

3 In der Medizin wird die Reaktionsstärke R auf ein Medikament in Abhängigkeit von der Dosis d durch die Funktion R mit $R(d) = -0{,}5d^3 + 2d^2$ beschrieben. Die Empfindlichkeit eines Körpers auf die Dosis d wird als die lokale Änderungsrate R'(d) festgelegt.

a) Skizzieren Sie die Graphen von R und von R'.
b) Für welche Dosis ist die Reaktionsstärke am größten? Für welche Dosis ist die Empfindlichkeit am größten?

Runde 2

Lösungen | Seite 192

1 Skizzieren Sie den Graphen von f'.

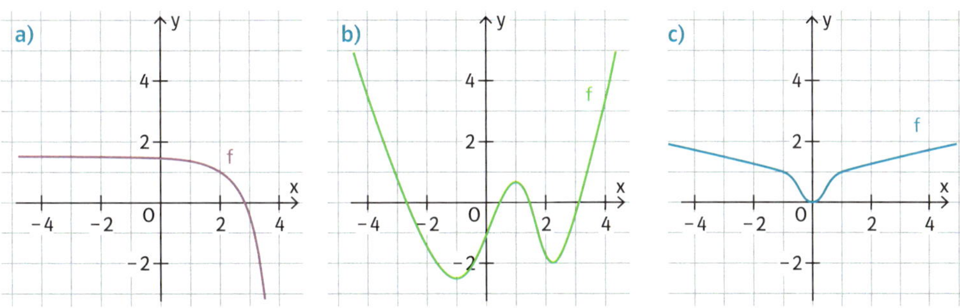

2 Fig. 2 zeigt den Graphen der Ableitungsfunktion f' einer Funktion f. Skizzieren Sie einen möglichen Verlauf des Graphen von f.

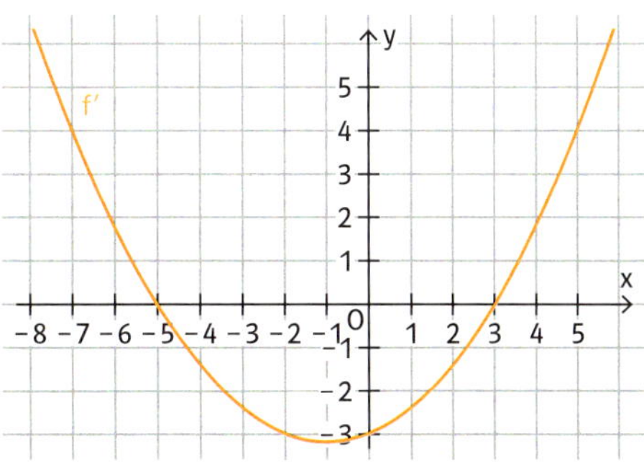

Fig. 2

3 Bestimmen Sie die Gleichung der Tangente t an den Graphen von f im Punkt P.

a) $f(x) = x^2 + 0{,}5x$; $P(-3\,|\,f(-3))$
b) $f(x) = -2\sin(x)$; $P\left(\frac{\pi}{4}\,\middle|\,f\left(\frac{\pi}{4}\right)\right)$

4 Bestimmen Sie die Gleichung der Normalen n an den Graphen von f im Punkt P.

a) $f(x) = 3\sqrt{x}$; $P(4\,|\,f(4))$
b) $f(x) = \frac{2}{x} + x^2$; $P(-1\,|\,f(-1))$

V Untersuchen von Funktionen

Ein Hochpunkt ist der höchste Punkt einer Umgebung – also ein Ort, an dem das Gefälle sich von positiv (steigend) auf negativ (fallend) ändert.

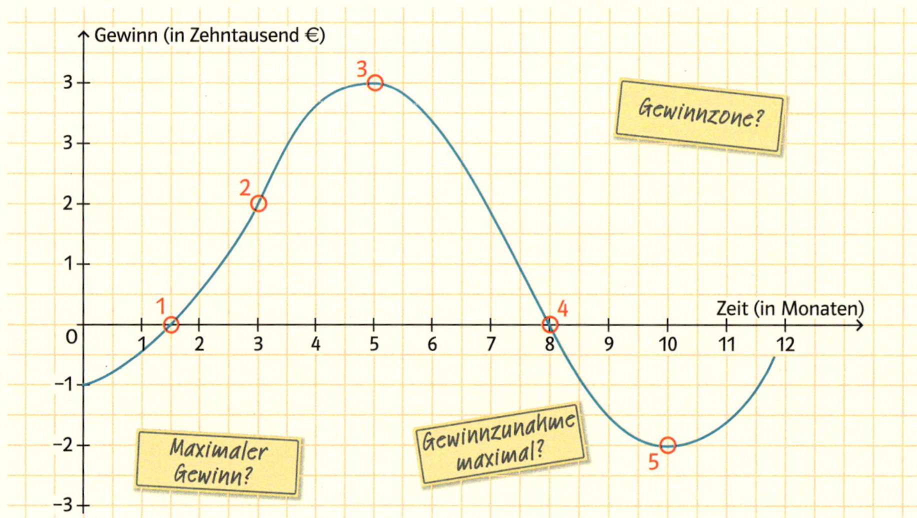

Das können Sie schon

- Nullstellen ganzrationaler Funktionen bestimmen
- Graphen ganzrationaler Funktionen mithilfe ihres Verhaltens für $x \to \pm\infty$ und der Symmetrieeigenschaften skizzieren
- Die Ableitung ganzrationaler Funktionen bestimmen
- Die Ableitung einer Funktion an einer Stelle bestimmen

Check-in

Beherrschen Sie die inhaltlichen Voraussetzungen?

→ Seite 170

Das können Sie bald

- Das Monotonieverhalten einer Funktion bestimmen
- Die Hoch-, Tief- und Wendepunkte des Graphen einer Funktion bestimmen
- Zu gegebenen Funktionstermen den Graphen auch mithilfe der Ableitung zeichnen
- Extremwertprobleme mit Nebenbedingungen lösen

○ **3** Begründen Sie anschaulich, welche Funktion auf ganz ℝ streng monoton steigend und welche auf ganz ℝ streng monoton fallend ist.

$f(x) = -x^3$ $f(x) = x^2 + 3$ $f(x) = 3x - 2$ $f(x) = 5$

○ **4** Zeigen Sie mithilfe des Monotoniesatzes, dass die Funktion f im angegebenen Intervall streng monoton steigend ist.

a) $f(x) = \frac{1}{2}x^2 + 1$ $(0; \infty)$
b) $f(x) = -x^2 + 4$ $(-\infty; 0)$
c) $f(x) = 2x$ $(-\infty; \infty)$
d) $f(x) = x^3 - 3x$ $(1; \infty)$

○ **5** Zeigen Sie mithilfe des Monotoniesatzes, dass die Funktion f im Intervall I streng monoton steigend ist.

a) $f(x) = -\frac{1}{3}x^3 - 3x^2 - 5x;\ I = (-5; -1)$
b) $f(x) = -\frac{1}{3}x^3 - \frac{1}{2}x^2 + 6x;\ I = (-3; 2)$

O Test

Lösungen | Seite 193

6 Der Graph von f ist für $-4 \le x \le 2$ skizziert. Entnehmen Sie dem Graphen im skizzierten Bereich möglichst große Intervalle, in denen die Funktion streng monoton steigend bzw. fallend ist.

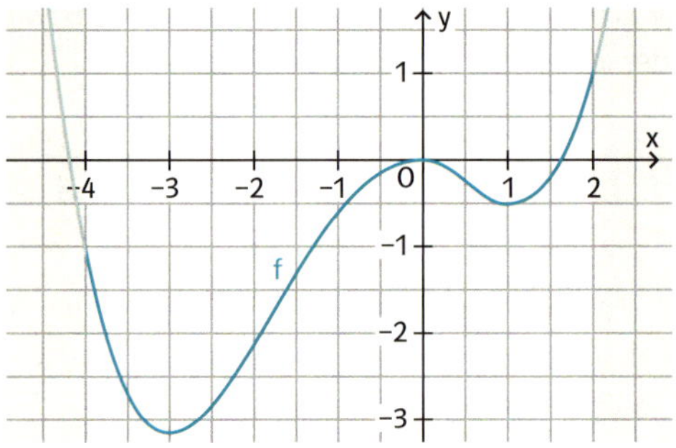

7 Zeigen Sie mithilfe des Monotoniesatzes, dass die Funktion f mit $f(x) = \frac{1}{3}x^3 - \frac{3}{2}x^2 - 4x$ im Intervall $I = (-1; 4)$ streng monoton fallend ist.

◒ **8** Untersuchen Sie die Funktion f mithilfe des Monotoniesatzes auf Monotonie.

a) $f(x) = x^2 + 8x - 5$
b) $f(x) = \frac{5}{6}x^3 + 5x^2 - 2$
c) $f(x) = \frac{1}{4}x^4 - 8x$
d) $f(x) = \frac{1}{5}x^5 - \frac{1}{4}x^4$
e) $f(x) = \frac{1}{3}x^3 + 2x^2 + 4x$
f) $f(x) = \frac{1}{5}x^5 - \frac{13}{3}x^3 + 36x$

◒ **9** Ordnen Sie die folgenden Texte den vier Grafiken zu. Sind die Vorgänge monoton oder streng monoton?

(1) Tankinhalt eines Autos während einer Fahrt
(2) Höhe einer Sonnenblume
(3) Geschwindigkeit eines Fallschirmspringers beim Sprung
(4) Abstand eines Steines zur Oberfläche eines Gewässers beim Sinken

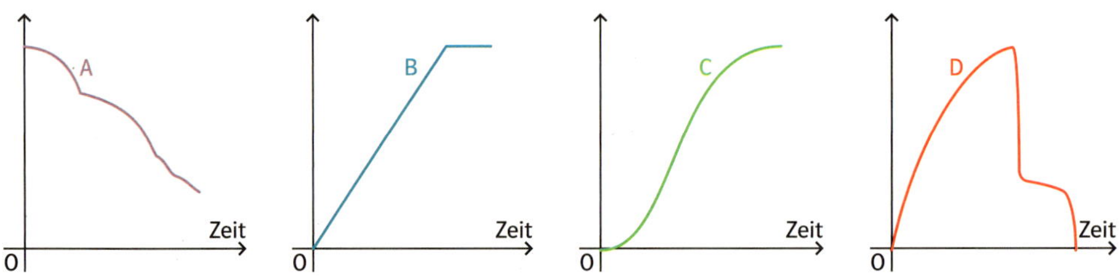

◒ **10** Skizzieren Sie die Graphen zweier passender Funktionen.

a) Die Funktionen sind auf ℝ streng monoton steigend.
b) Die Funktionen sind für $x \le 1$ monoton fallend und für $x \ge 1$ streng monoton steigend.
c) Die Funktionen sind auf ℝ streng monoton steigend und es gibt eine Stelle x_0 mit $f'(x_0) = 0$.

11 Begründen Sie, ob die Aussage wahr ist, oder geben Sie ein Gegenbeispiel an.
a) Wenn der Graph von f′ in einem Intervall I oberhalb der x-Achse verläuft, dann ist f in diesem Intervall streng monoton steigend.
b) Wenn die Ableitungsfunktion f′ einer Funktion f in einem Intervall I streng monoton steigend ist, dann ist auch f in I streng monoton steigend.

12 In der Abbildung ist der Graph der Ableitungsfunktion f′ einer Funktion f gezeichnet. Begründen Sie, welche der folgenden Aussagen wahr bzw. falsch sind.
(1) f ist im Intervall (2; 3) streng monoton fallend.
(2) f ist im Intervall (0; 1) streng monoton fallend.

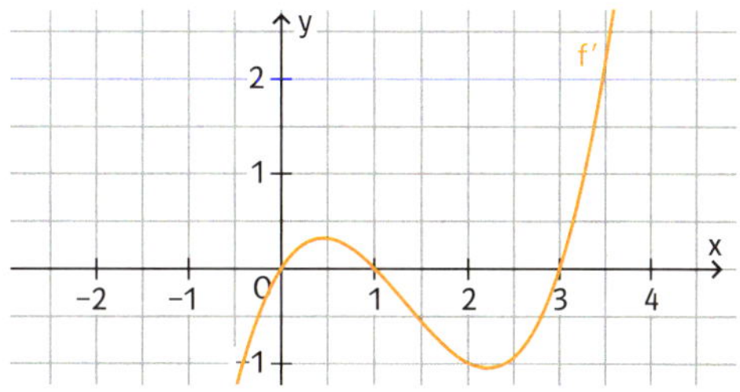

13 Werden die abgebildeten Gefäße gefüllt, so lässt sich die Funktion *Füllhöhe* ↦ *Größe der Flüssigkeitsoberfläche* betrachten. Beschreiben Sie ihr Monotonieverhalten.

Test Lösung | Seite 193

14 Untersuchen Sie die Funktion f mithilfe des Monotoniesatzes auf Monotonie.
a) $f(x) = \frac{1}{5}x^5 - \frac{1}{2}x^4$ b) $f(x) = -\frac{1}{5}x^5 - \frac{1}{3}x^3 + 20x$

15 Die Abbildung zeigt den Graphen der Funktion f mit $f(x) = x^3$.
Zwei Schüler unterhalten sich.
Leon: „Sieht so aus, als ob der Graph eine Zeit lang den Funktionswert null hat."
Überprüfen Sie mit dem Monotoniesatz.

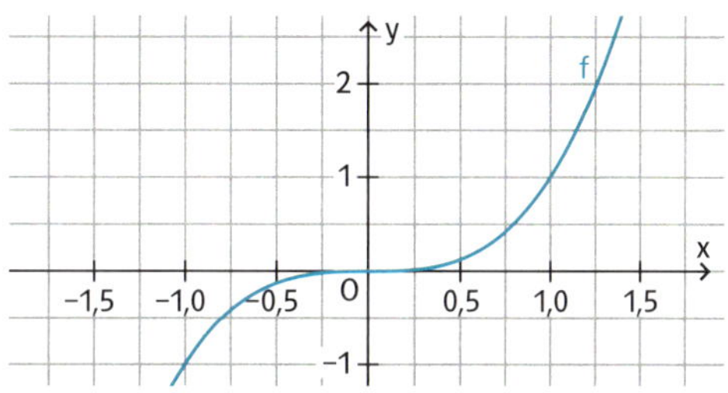

16 Betrachten Sie die Funktion f mit $f(x) = \frac{1}{x}$.
a) Zeigen Sie mithilfe von verschiedenen Funktionswerten und der Definition der Monotonie, dass f nicht auf ganz ℝ streng monoton fallend ist.
b) Zeigen Sie, dass $f'(x) < 0$ für alle x aus der Definitionsmenge gilt.
c) Bestimmen Sie ein Intervall auf dem für die Funktion f der Monotoniesatz nicht gilt.

Grundwissen Test Grundwissen Seite 163 Lösung | Seite 193

17 Berechnen Sie die Länge der fehlenden Seite.

a)
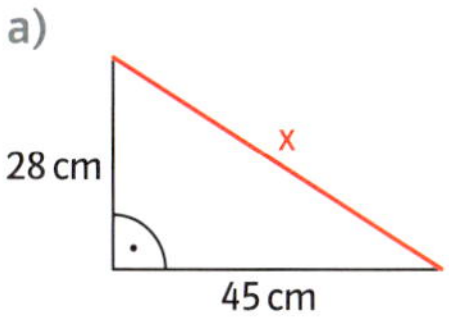

b)
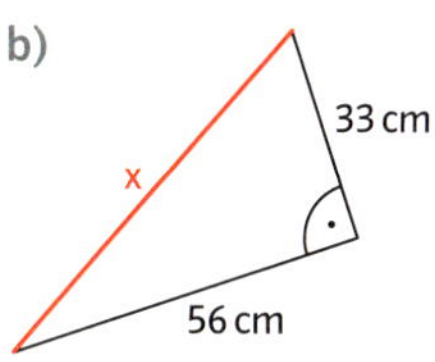

c)
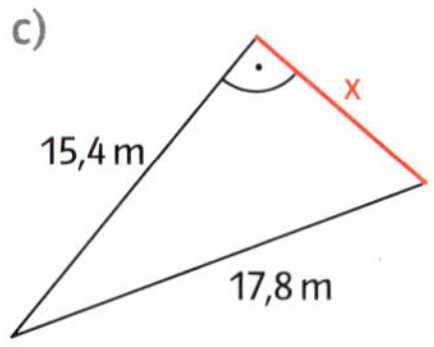

d)
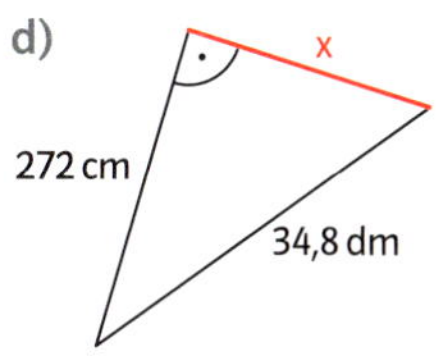

2 Lokale Extremstellen

Die Grafik zeigt die Tageslänge in Konstanz (rot), Kiel (blau) und Tunis (grün) in Abhängigkeit vom Tag. Wann ist jeweils der längste, wann der kürzeste Tag? Wie lange ist dieser jeweils ungefähr?

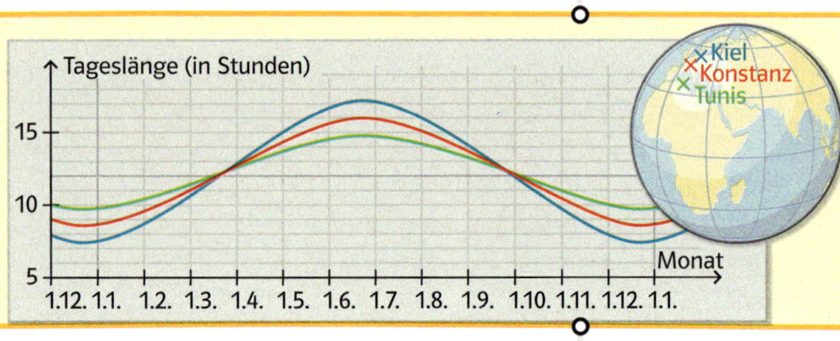

In vielen Situationen interessiert man sich für größte bzw. kleinste Werte einer Funktion. Fig. 1 zeigt den Graphen einer Funktion f mit $W_f = (-\infty; \infty)$. Sie hat auf ihrer Definitionsmenge weder einen kleinsten noch einen größten Funktionswert. Bezogen auf ein Intervall wie z. B. (a; b) hat f an der Stelle x_1 den kleinsten Funktionswert $f(x_1) = 1$. Man sagt, f hat an der Stelle 1 ein lokales Minimum. Offene Intervalle wie (a; b), die eine Stelle x_0 enthalten, nennt man eine Umgebung von x_0.

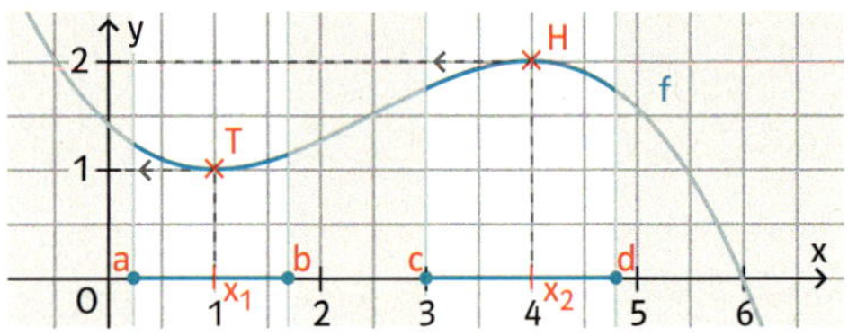

Fig. 1

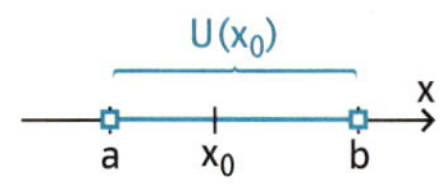

Definition: Der Funktionswert $f(x_0)$ heißt
lokales Maximum von f, | **lokales Minimum von f,**
wenn es eine Umgebung U von x_0 gibt, sodass für alle Werte $x \in U$, $x \neq x_0$ gilt:
$f(x) < f(x_0)$. | $f(x) > f(x_0)$.

Extremstelle: Stelle x_0, an der die Funktion ein lokales Minimum oder Maximum hat.
Hochpunkt: $y_0 = f(x_0)$ ist lokales Maximum: $H(x_0 \mid f(x_0))$.
Tiefpunkt: $y_0 = f(x_0)$ ist lokales Minimum: $T(x_0 \mid f(x_0))$.
Extrempunkte: Hoch- oder Tiefpunkte des Graphen.
Extremwerte: y-Werte der Extrempunkte.

Statt Extremwert sagt man auch Extremum (Plural: Extrema).

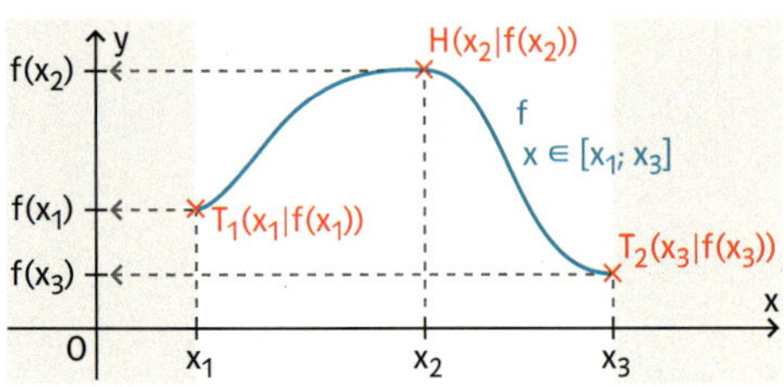

$f(x_2)$	lokales Maximum	
$f(x_1)$ und $f(x_3)$	lokale Minima	
x_1, x_2 und x_3	Extremstellen	
H	Hochpunkt	Extrempunkte
T_1 und T_2	Tiefpunkte	Extrempunkte

Mithilfe der Ableitung kann man mögliche Extremstellen ermitteln.
Am in Fig. 2 skizzierten Graphen erkennt man, dass an Extremstellen die Ableitung $f'(x) = 0$ sein muss.
Der Graph in Fig. 3 zeigt, dass die Bedingung $f'(x) = 0$ aber nicht ausreicht, um auf die Existenz einer Extremstelle zu schließen.

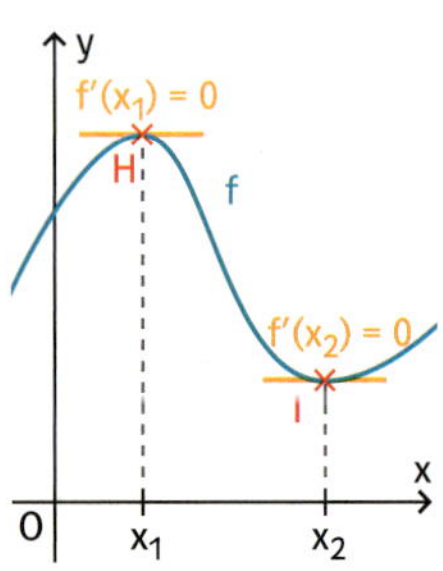

Fig. 2

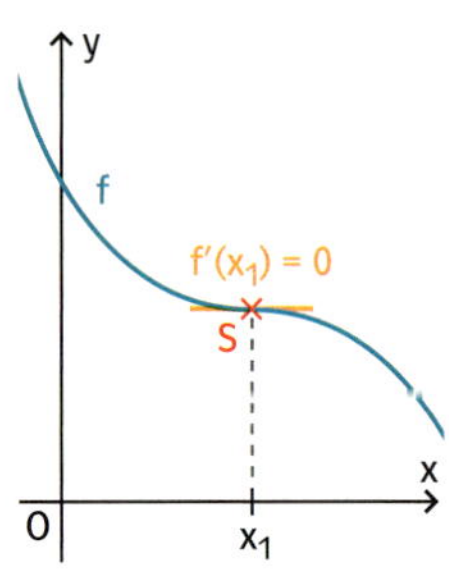

Fig. 3

Satz: Die Funktion f ist auf einem Intervall I differenzierbar und $x_0 \in I$.
Wenn f an der Stelle x_0 ein lokales Extremum besitzt, dann gilt $f'(x_0) = 0$.

Randminimum – Randmaximum

Die Funktion f, deren Graph in Fig. 1 skizziert ist, ist nur für $I = [1; \infty)$ definiert.
Es ist erkennbar, dass f bei $x_0 = 1$ den kleinsten Funktionswert hat. Diesen kann man nicht mit der Bedingung $f'(x_0) = 0$ finden.
Man nennt die Stelle $x_0 = 1$ eine Randstelle.
Ein solches Extremum nennt man Randextremum. In Fig. 1 ist das Randextremum $f(1) = \frac{1}{2}$.

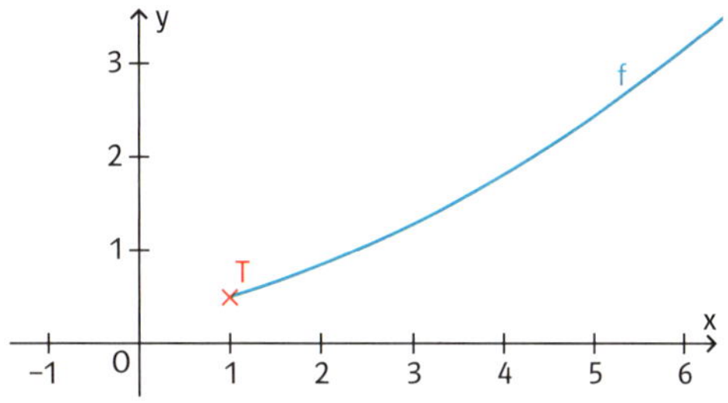

Fig. 1

Beispiel 1 Extremstellen am Graphen ablesen
Lesen Sie am Graphen der Funktion f die Extremstellen und zugehörigen lokalen Maxima und Minima ab.

Lösung
An der Extremstelle $x_1 = -3$ hat die Funktion f das lokale Minimum $f(-3) = -1$.
An der Extremstelle $x_2 = 0$ hat die Funktion f das lokale Maximum $f(0) = 3{,}3$.
An der Extremstelle $x_3 = 1$ hat die Funktion f das lokale Minimum $f(1) = 3$.

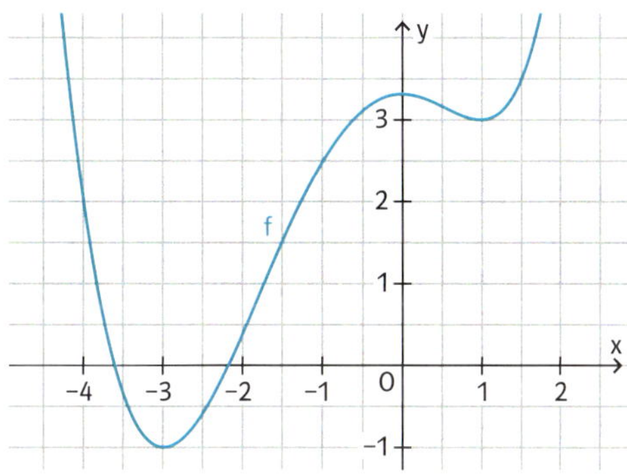

Fig. 2

Beispiel 2 Funktionen auf mögliche Extremstellen untersuchen

Bestimmen Sie für die Funktion f mit $f(x) = x^4 - \frac{4}{3}x^3$ die möglichen Extremstellen.

Lösung
Es ist $f'(x) = 4x^3 - 4x^2$. Gesucht sind die Stellen mit $f'(x) = 0$.
Mögliche Extremstellen: $f'(x) = 0 \Leftrightarrow 4x^3 - 4x^2 = 0 \Leftrightarrow 4x^2(x - 1) = 0$, also $x_1 = 0$ und $x_2 = 1$.
Somit sind $x_1 = 0$ und $x_2 = 1$ mögliche Extremstellen.

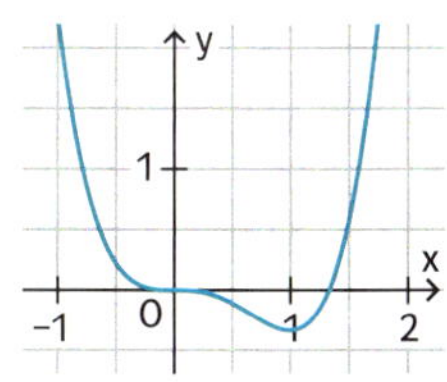

Aufgaben

○ **1** Welches Kärtchen passt zu welchem Graphen in Fig. 3?

Tiefpunkt T(2|0)

Hochpunkt H(−1|4,5)

Tiefpunkt T(2|3)

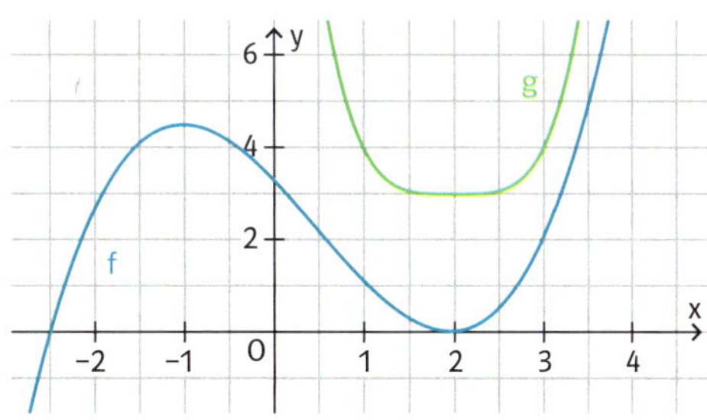

Fig. 3

○ **2** Lesen Sie am Graphen in Fig. 4 ab:
a) die Extremstellen und Randstellen,
b) die Koordinaten der Hoch- und Tiefpunkte.

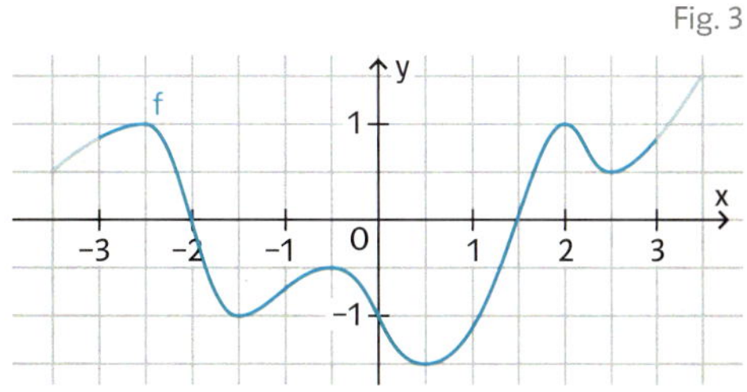

Fig. 4

○ **3** Zeigen Sie mithilfe der Ableitung, dass der Graph der Funktion f an der Stelle x_0 einen Punkt mit waagerechter Tangente hat.
a) $f(x) = x^3 - 4x^2 + 5x;\ x_0 = 1$
b) $f(x) = x^3 - 6x^2 + 12x;\ x_0 = 2$

○ **4** Bestimmen Sie mögliche Extremstellen der Funktion f, indem Sie die Stellen mit $f'(x) = 0$ ermitteln.

a) $f(x) = x^2 - 4x + 4$ b) $f(x) = 7x^2 - 42x + 35$ c) $f(x) = \frac{1}{3}x^3 + 3x^2 + 8x$ d) $f(x) = \frac{1}{4}x^4 - 8x$

○ Test

Lösungen | Seite 193

5 Bestimmen Sie die möglichen Extremstellen der Funktion $f(x) = 2x^3 + 9x^2 - 60x$, indem Sie die Stellen mit $f'(x) = 0$ ermitteln.

6 Lesen Sie am Graphen die Koordinaten der Extrempunkte ab.

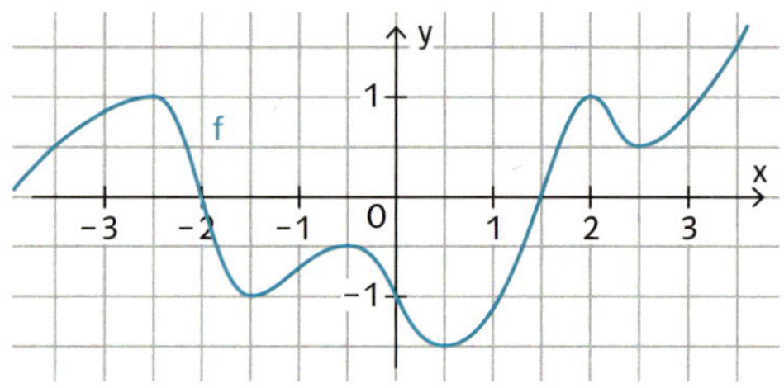

◒ **7** Der Graph der Funktion f hat einen Hochpunkt bei $H(2|5)$. Geben Sie an, welche der folgenden Aussagen man zu den Extrempunkten des Graphen der aus f hervorgehenden Funktion g treffen kann.

a) $g(x) = f(x) + 2$ b) $g(x) = 3 \cdot f(x)$ c) $g(x) = -f(x)$ d) $g(x) = f(x + 5)$

◒ **8** Ist die Aussage wahr? Falls nicht, geben Sie ein Gegenbeispiel an.

a) Wenn $f'(x_0) = 0$ gilt, dann hat f eine Extremstelle bei x_0.

b) Eine ganzrationale Funktion zweiten Grades besitzt immer eine Extremstelle.

c) Jedes globale Maximum ist auch ein lokales Maximum.

◒ **9** Die Funktion f mit $f(x) = \frac{1}{8}x^8 - \frac{21}{6}x^6 + 21x^4 - 32x^2$ hat im Intervall $(-\infty; 0]$ nur die Extremstellen $x_1 = -4$, $x_2 = -2$, $x_3 = -1$ und $x_4 = 0$.

a) Benennen Sie ohne Rechnung die Extremstellen im Intervall $(0; \infty)$.

b) Entscheiden Sie für jede Extremstelle, ob ein Minimum oder ein Maximum vorliegt.

◒ Test

Lösung | Seite 193

10 Der Graph der Funktion f mit $f(x) = x^4$ hat an der Stelle $x_0 = 0$ einen Tiefpunkt $T(0|0)$. Welche Aussagen kann man über den Graphen der Funktion g mit $g(x) = 2(x - 7)^4 - 1$ treffen?

● **11** Beurteilen sie, ob an den Stellen x_1 und x_2 Extremstellen vorliegen.

● **12** Begründen Sie.

a) Eine ganzrationale Funktion vom Grad n hat höchstens $n - 1$ Extremstellen.

b) Eine ganzrationale Funktion, deren Grad gerade ist, hat mindestens eine Extremstelle.

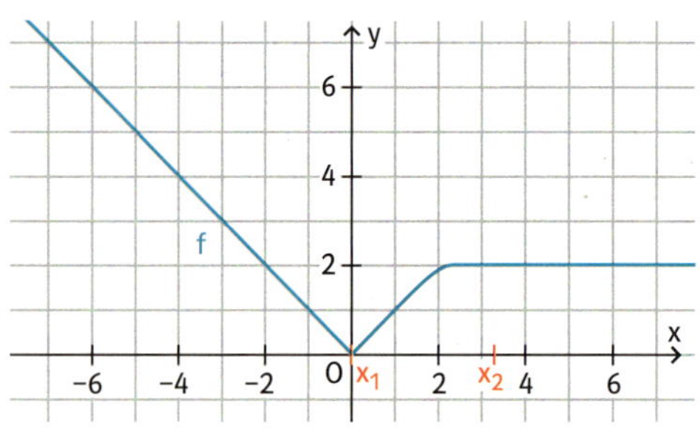

Grundwissen Test

Grundwissen
Seite 164
Lösung | Seite 193

13 Berechnen Sie die fehlenden Größen.

a)

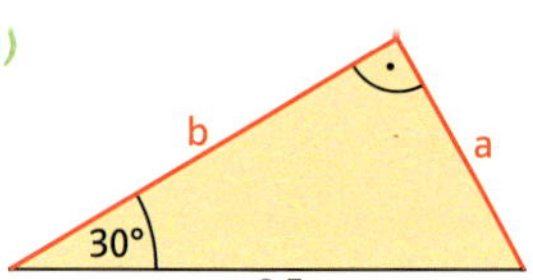

b)

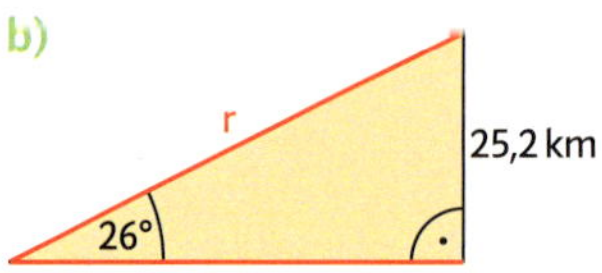

c)

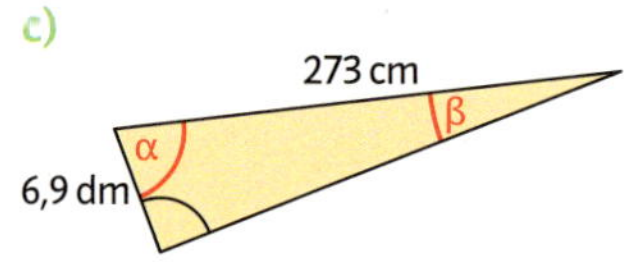

3 Nachweis von Extremstellen

Betrachten Sie den rechts dargestellten Graphen der Funktion f.

a) Geben Sie die Intervalle unterschiedlicher Monotonie an.

b) Geben Sie die Extremstellen von f an.

c) Welcher Zusammenhang besteht zwischen den Monotonieintervallen und den Extremstellen?

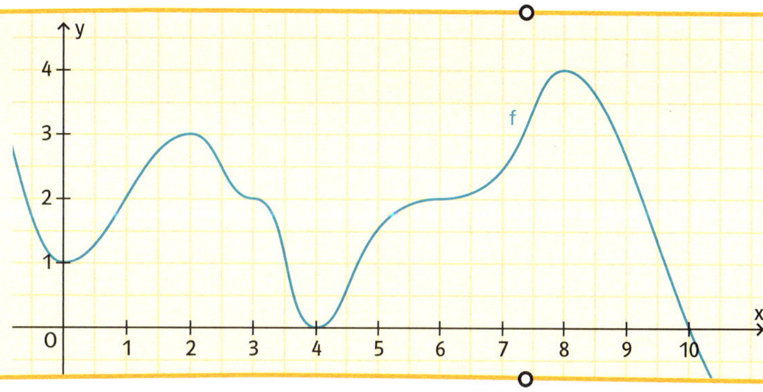

Ist für eine Stelle x_0 die Bedingung $f'(x_0) = 0$ erfüllt, kommt diese Stelle als eine Extremstelle von f infrage. Gesucht werden jetzt Kriterien, um die Existenz der Extremstelle nachzuweisen und die Art des Extremums zu bestimmen. Dazu betrachtet man das Monotonieverhalten einer Funktion f in der Umgebung einer Stelle x_0 mit $f'(x_0) = 0$.
Man erkennt in Fig. 1: Wenn f links von x_0 streng monoton steigend und rechts von x_0 streng monoton fallend ist, dann hat f an der Stelle x_0 ein lokales Maximum. Diese Voraussetzung ist erfüllt, wenn in einer Umgebung von x_0 gilt: $f'(x) > 0$ links von x_0 und $f'(x) < 0$ rechts von x_0. Dies nennt man **Vorzeichenwechsel von f'** an der Stelle x_0.
Eine entsprechende Bedingung kann man für ein Minimum formulieren (Fig. 2).
Nicht alle Lösungen der Gleichung $f'(x) = 0$ müssen Extremstellen von f sein. Fig. 3 zeigt eine Stelle x_0, an der $f'(x_0) = 0$ ist. Die Funktion hat aber bei x_0 keine Extremstelle.
Einen Punkt $S(x_0 | f(x_0))$, in dem die Steigung der Tangente null ist, der Punkt aber weder Hochpunkt noch Tiefpunkt ist, nennt man **Sattelpunkt**. An der Stelle x_0 findet bei der Ableitung f' kein Vorzeichenwechsel statt. Die Bedingung $f'(x) = 0$ liefert also nur „mögliche Kandidaten" für Extremstellen.

lokales Maximum

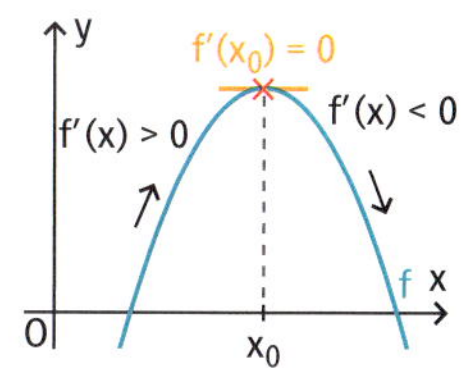

Fig. 1

lokales Minimum

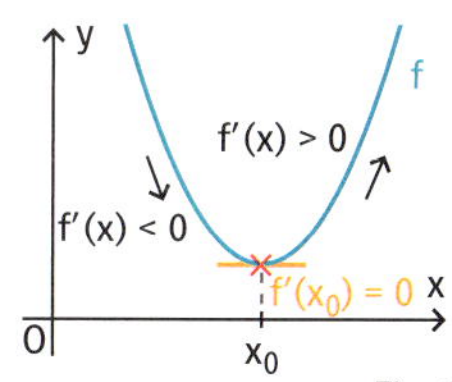

Fig. 2

keine Extremstelle, Sattelpunkt

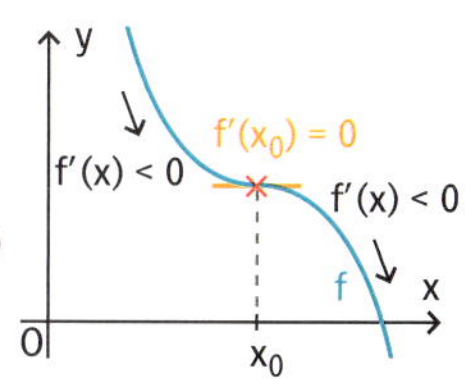

Fig. 3

Die Bedingung $f'(x_0) = 0$ ist eine **notwendige Bedingung**.
Der Vorzeichenwechsel von f' ist eine **hinreichende Bedingung** für eine Extremstelle. Nur wenn sowohl notwendige als auch hinreichende Bedingung erfüllt sind, kann man auf eine lokale Extremstelle schließen.

Satz 1: Das Vorzeichenwechsel-Kriterium für Extremstellen
Die Funktion f ist auf dem Intervall I differenzierbar und $x_0 \in I$.
Wenn $\mathbf{f'(x_0) = 0}$ ist **und** f' bei x_0 einen **Vorzeichenwechsel (VZW)**

von + nach − hat,		**von − nach +** hat,
	dann hat die Funktion f ein	
lokales Maximum an der Stelle x_0.		**lokales Minimum** an der Stelle x_0.

Zum Nachweis eines Maximums an der Stelle x_0 muss nach Satz 1 nachgewiesen werden, dass in einer Umgebung von x_0 die Steigung von f links von x_0 positiv und rechts von x_0 negativ ist. Anschaulich bedeutet das: Der Graph von f' schneidet die x-Achse „von + nach −" und somit ist die Steigung von f' negativ. Man betrachtet also die Ableitung von f', die man auch **zweite Ableitung von f** nennt und schreibt **f''** (lies: f zwei Strich von f). Diese muss kleiner null sein, damit ein Vorzeichenwechsel vorliegt.

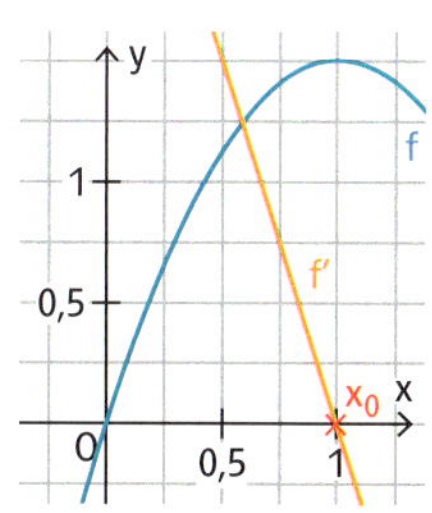

Man kann so auch höhere Ableitungen bilden und bezeichnet diese mit f''', $f^{(iv)}$, $f^{(v)}$ usw.

Satz 2: Kriterium für Extremstellen mithilfe der zweiten Ableitung
Die Funktion f ist auf dem Intervall I zweimal differenzierbar und $x_0 \in I$.
Wenn $\mathbf{f'(x_0) = 0}$ **und** $\mathbf{f''(x_0) < 0}$ gilt, dann hat die Funktion f an der Stelle x_0 ein **lokales Maximum**.
Wenn $\mathbf{f'(x_0) = 0}$ **und** $\mathbf{f''(x_0) > 0}$ gilt, dann hat die Funktion f an der Stelle x_0 ein **lokales Minimum**.

$f''(x_0) \neq 0$ ist ebenfalls eine **hinreichende Bedingung** für eine lok Extremstelle.

Rechnerisch ist es häufig einfacher, das zweite Kriterium zu verwenden.
Wenn die Voraussetzungen von Satz 2 nicht zutreffen, darf nicht geschlossen werden, dass keine Extremstelle vorliegt; man wendet dann Satz 1 an.
Dieses Vorgehen wird am Beispiel der Funktion f mit $f(x) = x^4$ erläutert.
Für diese gilt $f'(x) = 4x^3$ und $f''(x) = 12x^2$.
Es ist $f'(0) = 0$ und $f''(0) = 0$.
Die Funktion f hat an der Stelle $x_0 = 0$ ein Minimum (Fig. 1). Dieses Minimum kann man mit Satz 1, also mit dem VZW-Kriterium nachweisen.

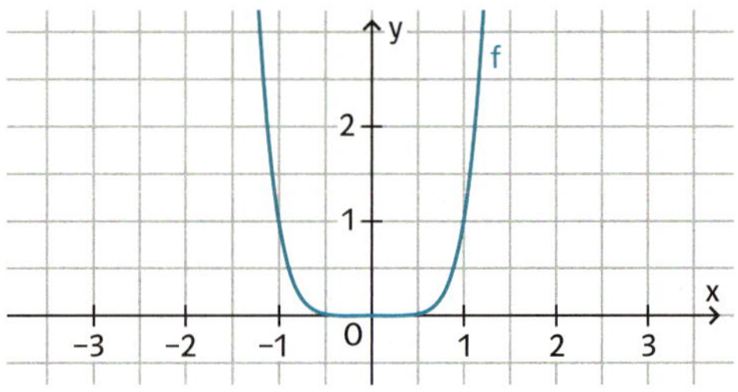

Fig. 1

Beispiel 1 **Extremwerte bestimmen**
Gegeben ist die Funktion f mit $f(x) = \frac{1}{4}x^4 + \frac{2}{3}x^3 + 1$.

Untersuchen Sie den Graphen der Funktion f auf Hoch- und Tiefpunkte.
Lösung
- Ableitungen: $f'(x) = x^3 + 2x^2$ und $f''(x) = 3x^2 + 4x$.
- Mögliche Extremstellen: $f'(x) = 0 \Leftrightarrow x^3 + 2x^2 = 0 \Leftrightarrow x^2(x + 2) = 0$, also $x_1 = -2$ und $x_2 = 0$.
- Untersuchung der möglichen Extremstelle $x_1 = -2$:
  $f''(-2) = 4 > 0$. An der Stelle $x_1 = -2$ liegt das Minimum $f(-2) = -\frac{1}{3}$ vor; $T\left(-2\,\middle|\,-\frac{1}{3}\right)$.
- Untersuchung der möglichen Extremstelle $x_2 = 0$:
  $f''(0) = 0$, also ist mit Satz 2 keine Aussage möglich. Daher untersucht man die Stelle $x_2 = 0$ mit dem VZW-Kriterium. $x_2 = 0$ ist die einzige Nullstelle von f' in $[-1; 1]$.

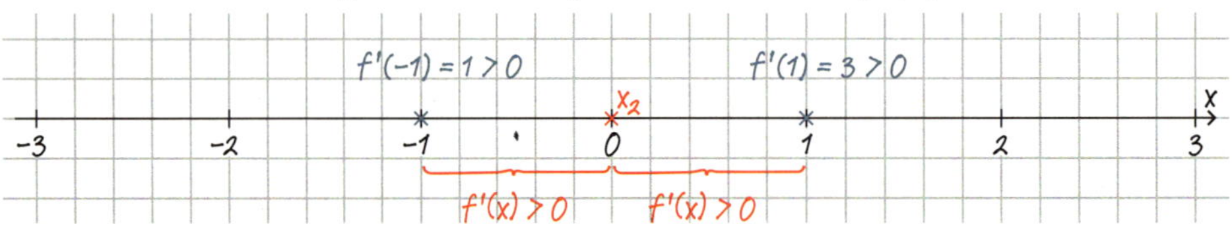

Da f' bei $x_2 = 0$ das Vorzeichen nicht wechselt, hat der Graph an der Stelle $x_2 = 0$ einen Sattelpunkt.

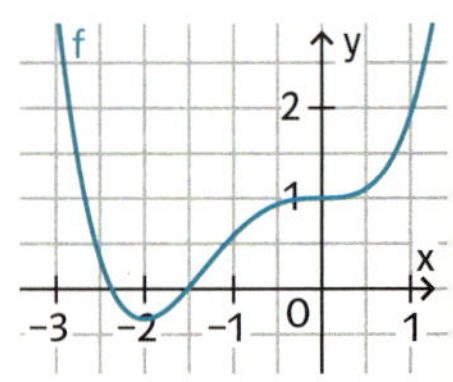

Beispiel 2 **Extremwerte mit dem Rechner bestimmen**
Gegeben ist die Funktion f mit $f(x) = 0{,}02x^5 - 0{,}1x^4$. Bestimmen Sie die Extrempunkte des Graphen von f.
Lösung
Die Funktionsgleichung von f wird in den Rechner eingegeben und im Grafikfenster mit der Funktion *Minimum* der Tiefpunkt und mit der Funktion *Maximum* der Hochpunkt bestimmt.
Der lokale Hochpunkt liegt bei $H(0|0)$ und der lokale Tiefpunkt bei $T(4|-5{,}12)$.

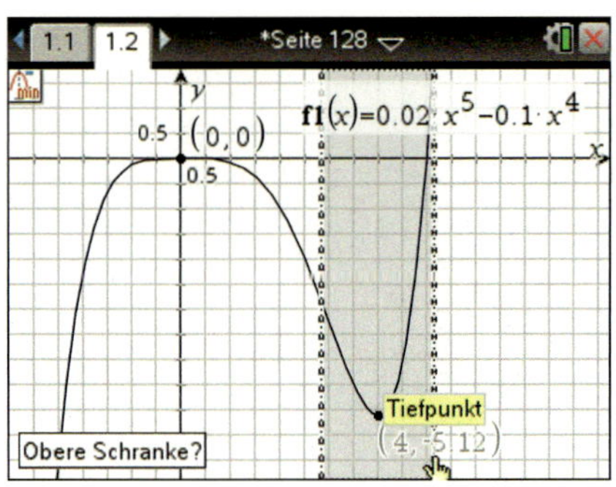

Aufgaben

○ **1** Treffen Sie Aussagen über den Graphen der Funktion f der Stelle $x_0 = 3$.

a) $f(3) = 100,\ f'(3) = 0$ und $f''(3) = 5$
b) $f(3) = 0,\ f'(3) = 1$ und $f''(3) = -1$
c) $f(3) = 0,\ f'(3) = 0$ und $f''(3) = 0$

○ **2** Untersuchen Sie die Funktion f mithilfe der zweiten Ableitung auf Extremstellen.

a) $f(x) = x^2 - 6x + 6$
b) $f(x) = x^3 - 12x$
c) $f(x) = \frac{1}{3}x^3 - 9x + 7$
d) $f(x) = \frac{1}{4}x^4 - \frac{1}{2}x^2 + 1$
e) $f(x) = \frac{1}{4}x^4 - x$
f) $f(x) = \frac{1}{5}x^5 - 16x$

Zur Angabe von Extremstellen gehört auch immer die Angabe der Art des Extremums.

○ **3** Entscheiden Sie mithilfe des Vorzeichenwechselkriteriums, ob an der angegebenen Stelle ein Hoch-, Tief- oder Sattelpunkt vorliegt.

a) $f(x) = \frac{1}{5}x^5 - \frac{1}{2}x^4;\ x_0 = 0$
b) $f(x) = x^3 - 6x^2 + 12x;\ x_0 = 2$
c) $f(x) = 6x^4 - 4x^6;\ x_0 = 0$

○ **4** Bestimmen Sie die Koordinaten der Hoch- und Tiefpunkte des Graphen der Funktion f.

a) $f(x) = \frac{1}{3}x^3 + \frac{3}{2}x^2 + 1$
b) $f(x) = \frac{1}{4}x^4 - 2x^2$
c) $f(x) = -x^4 - 2x^2 + 2$

○ **5** In Fig. 1 sind die Graphen der Funktionen f′ und f″ einer Funktion f abgebildet.
Bestimmen Sie die lokalen Extremstellen der Funktion f mithilfe der Graphen von f′ und f″.
Geben Sie auch die Art der Extremstellen an.

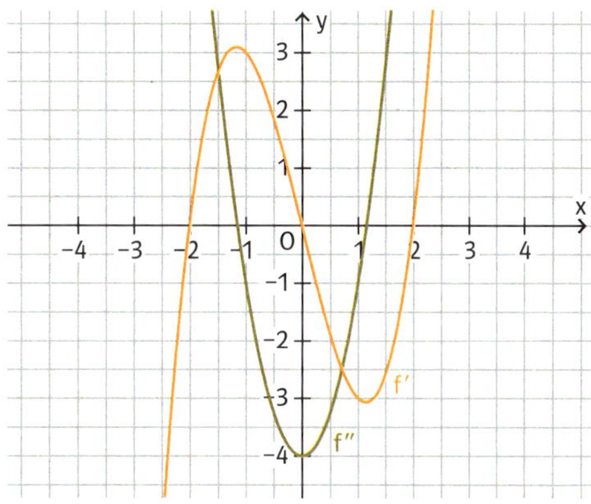

Fig. 1

Lösungen zu Aufgabe 4:

T(−2|−4)
H(0|0)
T(2|−4)
T(0|1)
H(−3|5,5)
H(0|2)

Test

Lösungen | Seite 193

6 Bestimmen Sie die Koordinaten und die Art der Extrempunkte des Graphen von f.

a) $f(x) = x^2 - 2x + 2$
b) $f(x) = x^3 - 3x^2 + 2$
c) $f(x) = \frac{1}{3}x^3 - \frac{5}{2}x^2 + 6x$

7 Fig. 2 zeigt die Graphen der Funktionen f′ und f″ einer Funktion f.
Bestimmen Sie die lokalen Extremstellen der Funktion f mithilfe dieser beiden Graphen.
Geben Sie auch die Art der Extremstellen an.

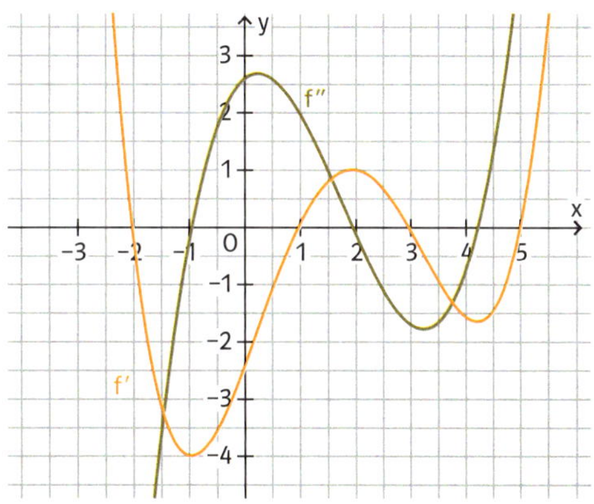

Fig. 2

◒ **8** Bestimmen Sie die Koordinaten der Hoch- und Tiefpunkte des Graphen der Funktion f mithilfe der zweiten Ableitung bzw. des VZW-Kriteriums.

a) $f(x) = 8x^3 - 6x^2$
b) $f(x) = 2x^4 - 6$
c) $f(x) = -\frac{1}{8}x^4 - \frac{1}{3}x^3 + 1$

9 Beurteilen Sie die folgenden Aussagen. Begründen Sie oder geben Sie ein Gegenbeispiel an.

a) Ist $f'(x_0) \neq 0$, dann hat f an der Stelle x_0 keine Extremstelle.
b) Ist $f'(x_0) = 0$, dann hat f an der Stelle x_0 eine Extremstelle.
c) Ist $f'(x_0) = 0$ und $f''(x_0) = 0$, dann hat f an der Stelle x_0 keine Extremstelle.

10 Fig. 1 zeigt den Graphen der Ableitung einer Funktion f. Geben Sie die lokalen Extremstellen der Funktion f an. Bestimmen Sie auch die Art des Extremums.

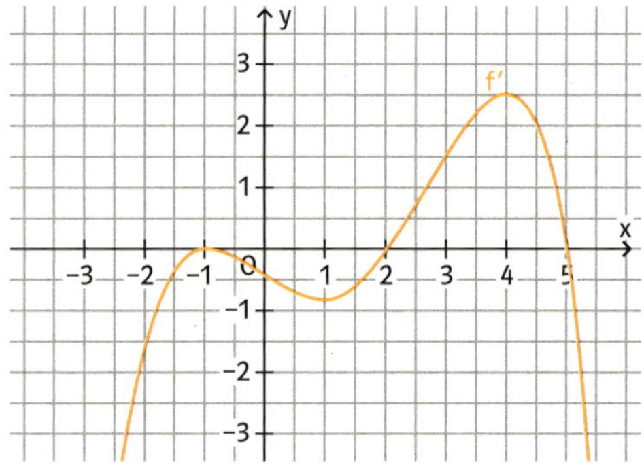

Fig. 1

11 Geben Sie eine Funktion an, die
a) ganzrational vom Grad zwei ist und genau ein lokales Minimum besitzt,
b) ganzrational vom Grad vier ist und genau ein lokales Maximum besitzt,
c) keine Extremstellen besitzt.

12 Gegeben ist die Funktion f. Untersuchen Sie die Funktion für $a = 2$ und $a = -2$ auf Extremstellen.
a) $f(x) = ax^2 + a$ b) $f(x) = \frac{2}{3}x^3 - ax$ c) $f(x) = x^4 - ax^2$

Test

13 Bestimmen Sie die Koordinaten der Hoch- und Tiefpunkte des Graphen der Funktion f mithilfe der zweiten Ableitung bzw. des VZW-Kriteriums.
a) $f(x) = 3x^4 + 7$ b) $f(x) = 3x^4 - 4x^3$ c) $f(x) = \frac{1}{3}x^3 - 4x^2 + 12x - 5$

14 Geben Sie je ein Beispiel für eine Funktion f an, die ein lokales Maximum an der Stelle $x_0 = 1$ hat, welches man
a) mithilfe der zweiten Ableitung nachweisen kann,
b) nicht mithilfe der zweiten Ableitung, aber mithilfe des VZW-Kriteriums nachweisen kann.

15 Zeigen Sie: Der Graph der allgemeinen quadratischen Funktion f mit $f(x) = ax^2 + bx + c$ $(a \neq 0)$ hat den Extrempunkt $\left(-\frac{b}{2a} \middle| c - \frac{b^2}{4a}\right)$.

16 Die Herstellungskosten eines Medikaments können durch die Kostenfunktion K mit $K(x) = x^3 - 3x^2 + 30x + 40$ (x in 1000 Packungen, K(x) in €) beschrieben werden. 1000 Packungen werden für 11934 € verkauft.
a) Weisen Sie nach, dass die Kostenfunktion keinen Extremwert hat. Begründen Sie, dass dies wirtschaftlich realistisch ist.
b) Stellen Sie die Gewinnfunktion G(x) auf. Wie viele Packungen muss die Firma herstellen, um den optimalen Gewinn zu erzielen? Wie hoch ist dieser Gewinn?

17 Fig. 2 zeigt das Geschwindigkeits-Zeit-Diagramm bei einer Busfahrt.
a) Wie bemerkt man im Innern des Busses einen Hoch-, Tief- oder Sattelpunkt?
b) Wie bemerkt man Bereiche mit positiver bzw. negativer Änderungsrate v'?

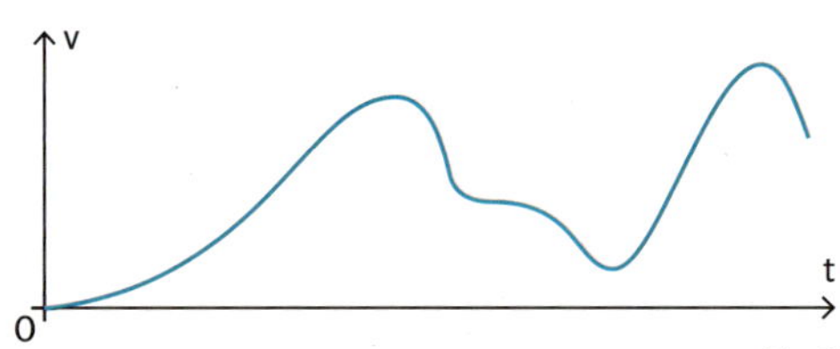

Fig. 2

Grundwissen Test

Grundwissen
Seite 163
Lösung | Seite 194

18 Bestimmen Sie den Flächeninhalt der Figur.
a)
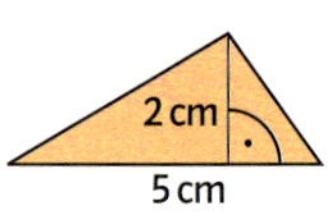

b)
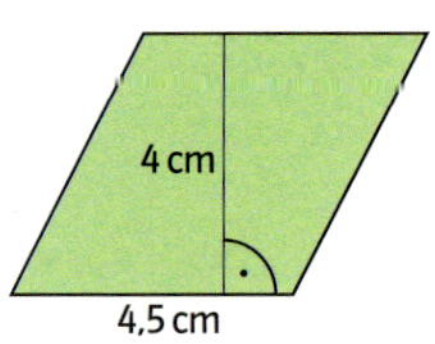

c)
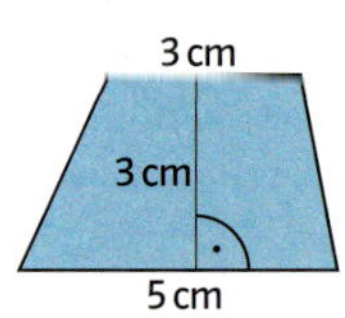

4 Die Bedeutung der zweiten Ableitung – Wendestellen

Fährt man die abgebildete Passstraße mit dem Motorrad hinauf, so befindet man sich abwechselnd in einer Links- und einer Rechtskurve. Beschreiben Sie, in welchen Abschnitten das Motorrad nach links bzw. nach rechts geneigt ist. Wo ist es nicht geneigt?

Im Alltag spricht man bei Straßen von Links- und Rechtskurven. Diese Begriffe kann man auf Graphen übertragen, wenn man sich den Graphen in positiver x-Richtung „durchfahren" denkt. Der Graph in Fig. 1 ist von links nach rechts zuerst linksgekrümmt und dann rechtsgekrümmt.

Wenn f′ auf einem Intervall I streng monoton steigend ist, dann heißt der Graph von f in I **linksgekrümmt**.
Wenn f′ auf I streng monoton fallend ist, dann heißt der Graph von f in I **rechtsgekrümmt**.

Der Punkt, in dem der Graph seine Krümmung ändert, heißt **Wendepunkt**.

Die Einteilung in Links- und Rechtskurve wird mit dem Begriff **Krümmungsverhalten** zusammengefasst. Dieses lässt sich mihilfe des Monotoniesatzes mit der Ableitung f″ bestimmen.

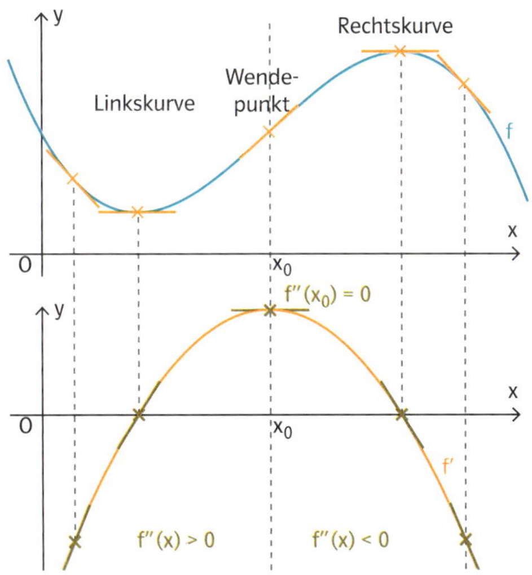

$f''(x) > 0$
↓
f′ nimmt streng monoton zu.
↓
Der Graph von f ist linksgekrümmt.

$f''(x) < 0$
↓
f′ nimmt streng monoton ab.
↓
Der Graph von f ist rechtsgekrümmt.

Fig. 1

Definition: Der Graph einer Funktion f heißt in einem Intervall I **linksgekrümmt**, wenn f′ in I streng monoton steigend ist. Er heißt **rechtsgekrümmt**, wenn f′ in I streng monoton fallend ist. Der Punkt $W(x_0 \mid f(x_0))$ heißt **Wendepunkt**, wenn sich bei x_0 das Krümmungsverhalten ändert.

Satz 1: Wenn für eine Funktion f mit der Definitionsmenge D_f für alle x in einem Intervall I ($I \subseteq D_f$) gilt

$f''(x) > 0$,	$f''(x) < 0$,

dann ist der zugehörige Graph von f in diesem Intervall

linksgekrümmt.	**rechtsgekrümmt**.

Zum Nachweis einer Wendestelle von f orientiert man sich an Fig. 1. Man erkennt: Sind die Kriterien für eine Extremstelle von f′ an einer Stelle x_0 erfüllt, dann hat f an der Stelle x_0 eine Wendestelle.

Satz 2: Die Funktion f ist auf einem Intervall I dreimal differenzierbar und x_0 eine innere Stelle im Intervall I.

Kriterium für Wendestellen mithilfe der dritten Ableitung
Wenn $f''(x_0) = 0$ und $f'''(x_0) \neq 0$ ist, dann hat f bei x_0 eine Wendestelle.

Das Vorzeichenwechsel-Kriterium für Wendestellen
Wenn $f''(x_0) = 0$ ist und f″ bei x_0 einen Vorzeichenwechsel hat, dann hat f bei x_0 eine Wendestelle.

notwendige Bedingung:
$f''(x_0) = 0$
hinreichende Bedingung:
$f'''(x_0) \neq 0$ oder VZW von f″ an der Stelle x_0

Die Tangente an den Graphen in einem Wendepunkt heißt **Wendetangente**. Die Wendetangente verläuft in einer Umgebung des Wendepunktes auf verschiedenen Seiten des Graphen.
Ein Sattelpunkt ist ein Wendepunkt mit waagerechter Tangente.

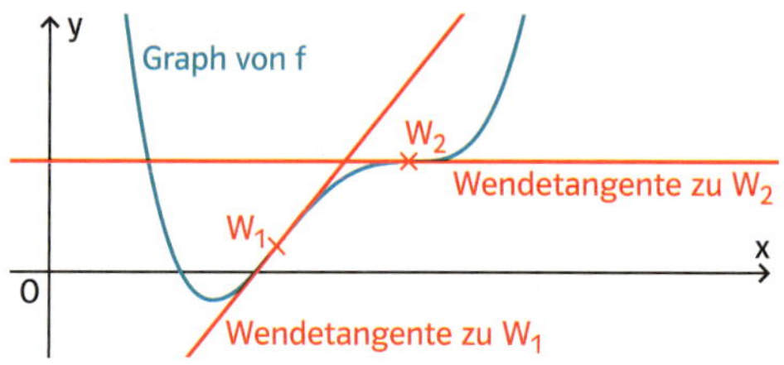

Beispiel 1 Intervalle mit Links- und Rechtskurve bestimmen
Bestimmen Sie die Intervalle, auf welchen der Graph der Funktion f mit $f(x) = x^3 - 6x^2 + 1$ links- bzw. rechtsgekrümmt ist.
Lösung
Die Ableitungen lauten $f'(x) = 3x^2 - 12x$ und $f''(x) = 6x - 12 = 6(x - 2)$. Setzt man die zweite Ableitung mit null gleich, so erhält man bei $x = 2$ eine mögliche Wendestelle. Da $f'''(x) = 6 \neq 0$ für jedes x gilt, ist bei $x = 2$ eine Wendestelle.
Für $x < 2$ ist dann $f''(x) < 0$ und somit der Graph von f im Intervall $(-\infty; 2]$ rechtsgekrümmt.
Für $x > 2$ ist dann $f''(x) > 0$ und somit der Graph von f im Intervall $[2; \infty)$ linksgekrümmt.

Beispiel 2 Wendestellen bei Anwendungen
Die Menge eines Medikaments im Blut eines Patienten wird durch die Funktion f mit
$f(t) = \frac{2t}{8 + t^3}$; $t \geq 0$ (t in Stunden nach der Verabreichung, f(t) in Milliliter) beschrieben.
a) Bestimmen Sie die maximale Menge im Blut.
b) Ermitteln Sie, wann der stärkste Abbau des Medikaments stattfindet. Wie stark ist dann die momentane Abnahme?
Lösung
a) Der Rechner liefert das Maximum an der Stelle $t \approx 1{,}59$. Die maximale Menge beträgt ca. 0,26 ml (Fig. 1).
b) Gesucht ist eine Stelle, an der die Steigung minimal ist. Die Ableitung hat für $t > 0$ ein Minimum an der Stelle $x \approx 2{,}52$ (Fig. 2). Diese ist gleichzeitig Wendestelle von f.
Der stärkste Abbau des Medikaments findet circa zweieinhalb Stunden nach der Verabreichung statt. Die Abnahmestärke entspricht der Steigung der Tangente im Wendepunkt: $f'(2{,}52) \approx -0{,}08$. Die momentane Abnahme beträgt dann $0{,}08\,\frac{\text{ml}}{\text{h}}$.

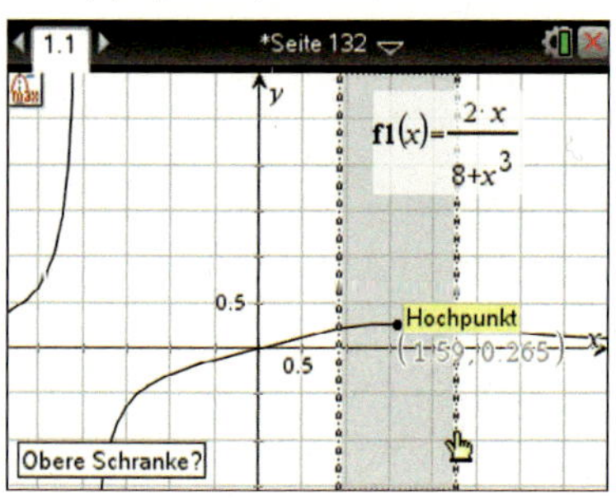

Fig. 1

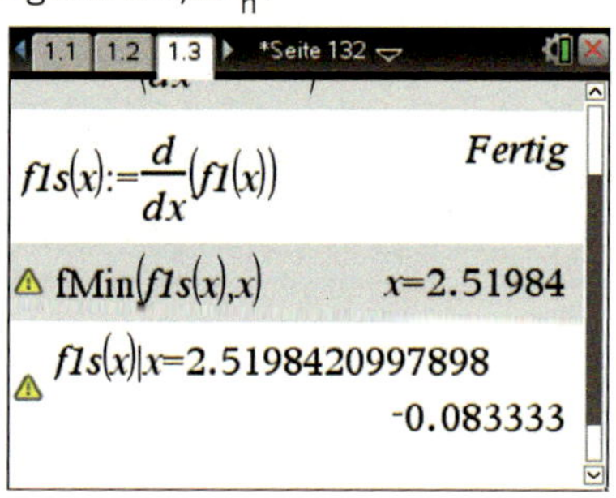

Fig. 2

Beispiel 3 Wendepunkt und Wendetangente bestimmen

Gegeben ist die Funktion f mit $f(x) = x^3 + 3x^2 + x$. Bestimmen Sie den Wendepunkt W des Graphen von f und die Gleichung der Wendetangente in W.

Lösung

- Ableitungen: $f'(x) = 3x^2 + 6x + 1$, $f''(x) = 6x + 6$ und $f'''(x) = 6$.
- Mögliche Wendestellen: $f''(x) = 0 \Leftrightarrow 6x + 6 = 0 \Leftrightarrow 6(x + 1) = 0$, also $x_0 = -1$.
- Untersuchung der möglichen Wendestelle $x_0 = -1$: $f'''(-1) = 6 \neq 0$.
  $x_0 = -1$ ist eine Wendestelle. Es ist $f(-1) = 1$ und $W(-1|1)$ ein Wendepunkt.
- Bestimmung der Tangentengleichung in W:
  $y = mx + c$. Mit $m = f'(-1) = -2$ folgt $y = -2x + c$.
  Punktprobe mit $W(-1|1)$: $1 = -2 \cdot (-1) + c$ und $c = -1$.
  Tangentengleichung: $y = -2x - 1$.

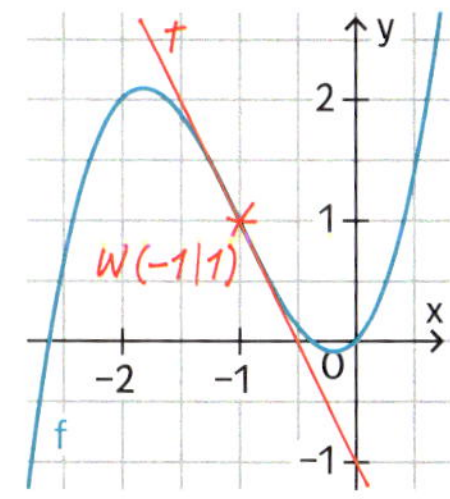

Aufgaben

○ **1** a) Lesen Sie in der Abbildung die Intervalle ab, in welchen der Graph der Funktion f links- bzw. rechtsgekrümmt ist.
b) Geben Sie näherungsweise die Koordinaten der Wendepunkte an.

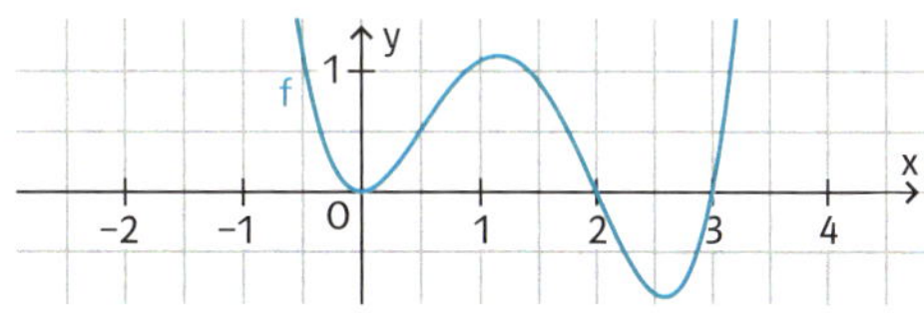

○ **2** Ordnen Sie jedem gelben Kärtchen ein weißes Kärtchen so zu, dass sich auf dem weißen Kärtchen eine Folgerung aus dem gelben Kärtchen befindet.

- 1: $f''(x_0) < 0$
- 2: Der Graph von f hat bei x_0 eine Wendestelle.
- 3: $f'(x_0) < 0$
- 4: f ist streng monoton fallend.
- 5: $f''(x_0) = 0$ und $f'''(x_0) \neq 0$
- 6: Der Graph von f ist eine Rechtskurve.

○ **3** ☒ Untersuchen Sie, ob an der Stelle x_0 eine Wendestelle der Funktion f vorliegt.
a) $f(x) = \frac{1}{6}x^3 + x^2 - 1$; $x_0 = 0$ b) $f(x) = 2x^3 - 6x^2$; $x_0 = 1$ c) $f(x) = x^5 + x^3$; $x_0 = 0$

○ **4** ☒ Bestimmen Sie die Koordinaten der Wendepunkte des Graphen der Funktion f.
a) $f(x) = 2x^3 - 3x^2 - 1$ b) $f(x) = \frac{1}{3}x^3 + 3x^2 - x$ c) $f(x) = x^3 - 6x^2 + 12x - 7$

○ **5** ☒ Geben Sie mithilfe der zweiten Ableitung jeweils die Intervalle an, in denen der Graph von f eine Links- bzw. eine Rechtskurve ist.
a) $f(x) = x^2 - 6x + 9$ b) $f(x) = x^3 - 3x + 1$ c) $f(x) = x^3 - 3x^2$

○ Test → Lösungen | Seite 194

6 Lesen Sie der Abbildung die Intervalle ab, in welchen der Graph der Funktion f links- bzw. rechtsgekrümmt ist. Lesen Sie näherungsweise die Koordinaten der Wendepunkte ab.

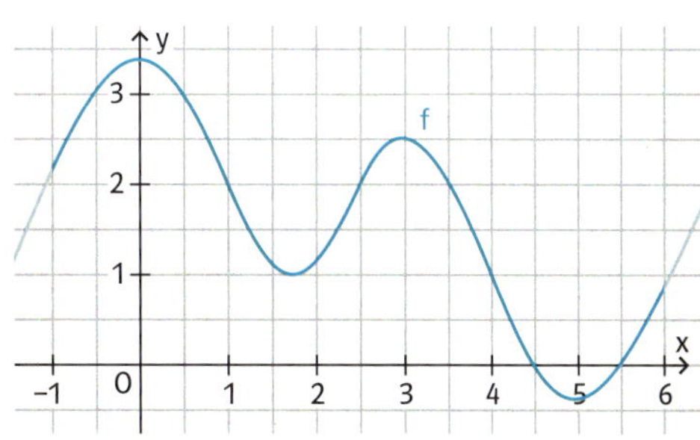

7 ☒ Bestimmen Sie die Koordinaten der Wendepunkte des Graphen der Funktion f.
a) $f(x) = 2x^3 - 6x^2 + 4{,}5x$
b) $f(x) = x^4 - 24x^2$

8 In der Abbildung ist der Graph der Ableitung f′ einer Funktion f gezeichnet. Begründen Sie, ob die Aussage für das Intervall [−3,5; 3,5] wahr oder falsch ist.

a) f hat drei Extremwerte.
b) Der Graph von f hat an der Stelle $x = 0$ einen Wendepunkt.
c) Es gilt $f(-2) > f(-1)$.
d) Der Graph von f hat an der Stelle $x = 3$ einen Hochpunkt.
e) $f'(0) + f''(1) < 0$

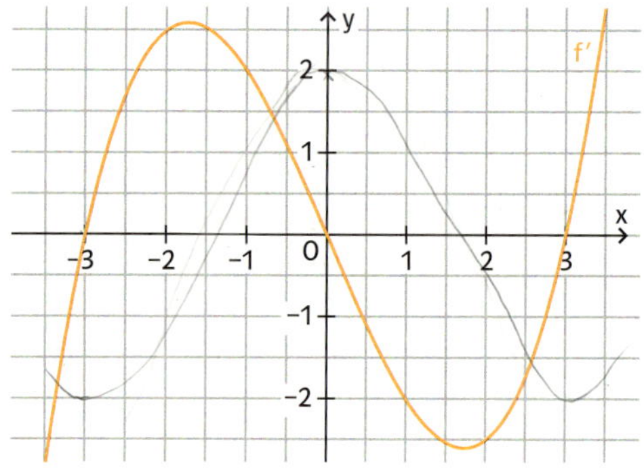

9 Entscheiden Sie mithilfe des VZW-Kriteriums, ob an der angegebenen Stelle ein Wendepunkt vorliegt.

a) $f(x) = 2x^5 + 1;\ x_0 = 0$ b) $f(x) = x^3 - 3x^2 + 3x;\ x_0 = 1$ c) $f(x) = \frac{1}{4}x^4 + 4x;\ x_0 = 0$

10 Bestimmen Sie die Koordinaten des Wendepunktes des Graphen von f und die Gleichung der Wendetangente.

a) $f(x) = x^3 + 1$ b) $f(x) = -\frac{1}{2}x^3 + 3x + 1$ c) $f(x) = 2x^3 - 6x^2$

11 Lea hat eine Faustregel erstellt, wie man von einer Funktion auf Eigenschaften der Ableitung schließen kann. N soll Nullstelle, E Extremstelle und W Wendestelle bedeuten. Hat z. B. f eine Extremstelle, dann hat f′ eine Nullstelle. „Abwärts" gilt die Regel immer, „aufwärts" oft, aber nicht immer. Geben Sie anhand der Funktion f mit $f(x) = x^4$ eine Folgerung an, welche „aufwärts" nicht gilt.

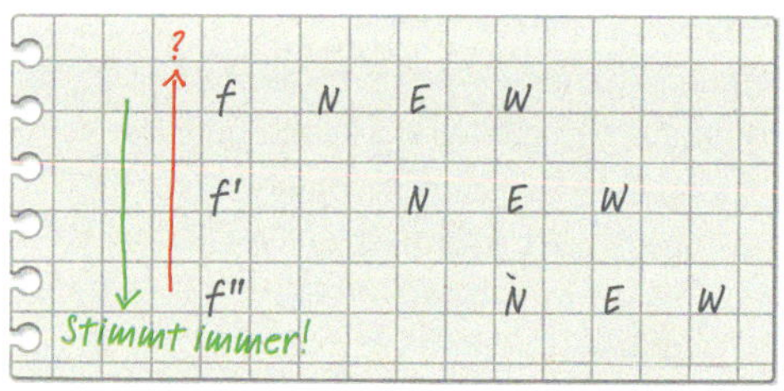

Test

Lösung | Seite 195

12 Die Abbildung zeigt den Graphen der zweiten Ableitung f″ einer Funktion f. Begründen Sie, ob die Aussage wahr oder falsch ist.

a) Der Graph von f ist für $0 < x < 1$ rechtsgekrümmt.
b) Der Graph von f hat an der Stelle $x = 0$ einen Wendepunkt.
c) Der Graph von f′ hat bei $x = 1$ einen Hochpunkt.

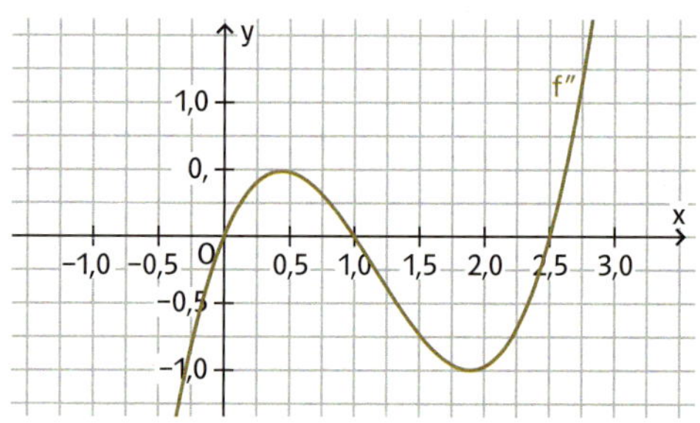

13 Zeigen Sie:

a) Eine ganzrationale Funktion zweiten Grades kann keine Wendestellen haben.
b) Eine ganzrationale Funktion dritten Grades hat immer genau eine Wendestelle.
c) Eine ganzrationale Funktion vierten Grades kann maximal zwei Wendestellen haben.

14 Skizzieren Sie den Graphen der Funktion f mit $f(x) = \frac{1}{x}$. Welche Aussage können Sie über Wendestellen von f treffen? Überprüfen Sie Ihre Beschreibung rechnerisch.

Grundwissen Test

Grundwissen Seite 163
Lösung | Seite 195

15 Berechnen Sie von den Größen r, d, A und U eines Kreises die fehlenden Größen.

a) $d = 20{,}3\,\text{cm}$ b) $A = 1{,}44\pi\,\text{km}^2$ c) $U = \frac{1}{4}\pi\,\text{m}$ d) $A = 200\,\text{m}^2$

5 Vom Funktionsterm zum Graphen

„Keiner der Funktionsterme passt zum jeweiligen Graphen."
„Da wäre ich mir nicht so sicher!"

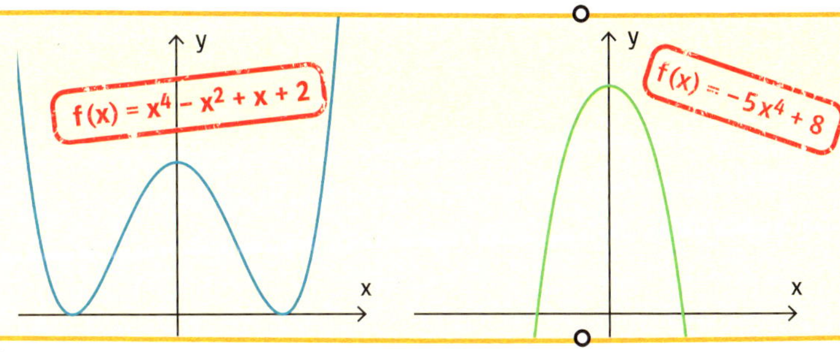

Mithilfe des Funktionsterms einer Funktion lassen sich charakteristische Eigenschaften der Funktion und ihres Graphen finden. Diese sind in der folgenden Tabelle zusammengestellt.

Bedingung	Eigenschaft der Funktion	Eigenschaft des Graphen
$f(-x) = f(x)$	Zu betragsgleichen x-Werten gehören gleiche Funktionswerte.	**Achsensymmetrie** zur y-Achse
$f(-x) = -f(x)$	Zu betragsgleichen x-Werten gehören betragsgleiche Funktionswerte mit verschiedenen Vorzeichen.	**Punktsymmetrie** zum Ursprung
$f(x_0) = 0$	x_0 ist eine **Nullstelle**.	$N(x_0 \mid 0)$ ist ein **Schnittpunkt mit der x-Achse**.
$f(0) = y_0$	y_0 ist der Funktionswert an der Stelle 0.	$P(0 \mid y_0)$ ist der **Schnittpunkt mit der y-Achse**.
$f'(x_0) = 0$ und $f''(x_0) < 0$ *oder* $f'(x_0) = 0$ und f' hat dort einen Vorzeichenwechsel von „+" nach „−"	x_0 ist eine **Extremstelle**. $f(x_0)$ ist ein **Maximum**.	$H(x_0 \mid f(x_0))$ ist ein **Hochpunkt**.
$f'(x_0) = 0$ und $f''(x_0) > 0$ *oder* $f'(x_0) = 0$ und f' hat dort einen Vorzeichenwechsel von „−" nach „+"	x_0 ist eine **Extremstelle**. $f(x_0)$ ist ein **Minimum**.	$T(x_0 \mid f(x_0))$ ist ein **Tiefpunkt**.
$f''(x_0) = 0$ und $f'''(x_0) \neq 0$ *oder* $f''(x_0) = 0$ und f'' hat dort einen Vorzeichenwechsel	x_0 ist eine **Wendestelle**.	$W(x_0 \mid f(x_0))$ ist ein **Wendepunkt**.
$f'(x_0) = 0$ und $f''(x_0) = 0$ und $f'''(x_0) \neq 0$ *oder* $f'(x_0) = 0$ und $f''(x_0) = 0$ und f'' hat dort einen Vorzeichenwechsel	x_0 ist eine Wendestelle mit $f'(x_0) = 0$.	$S(x_0 \mid f(x_0))$ ist ein **Sattelpunkt**.

Achsenschnittpunkte

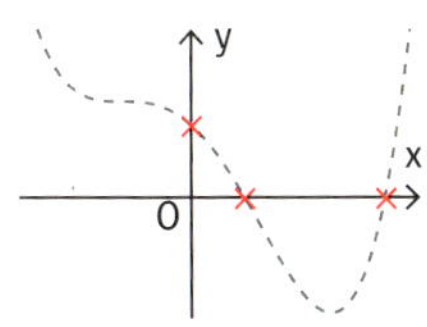

Extrempunkte

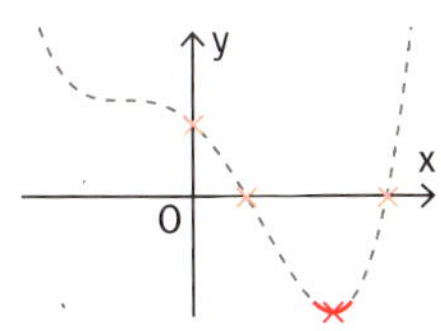

Wendepunkte

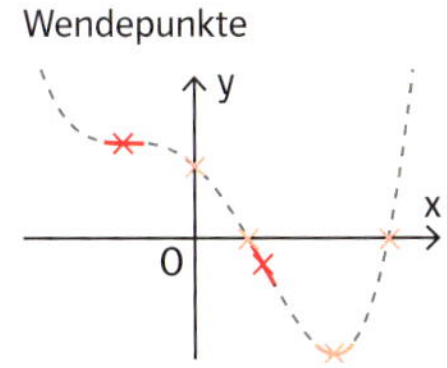

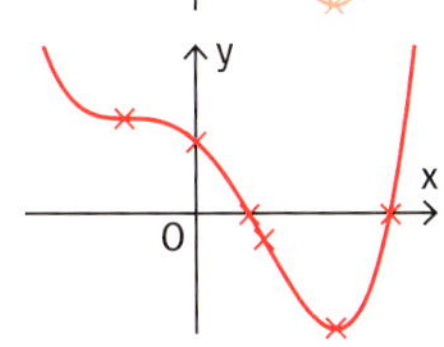

Wenn man darüber hinaus noch das Verhalten der Funktion für $x \to \pm\infty$ untersucht, ist es oft möglich, den Graphen zu skizzieren, ohne noch weitere Werte berechnen zu müssen.

○ **6** ☒ Welche Gleichung gehört zu welchem Graphen? Ordnen Sie zu. Eine Gleichung bleibt übrig. Begründen Sie Ihre Entscheidung.

$f(x) = -x^3 + 4x$ **1**

$f(x) = x^2 - 4x$ **2**

$f(x) = x^2 - 4$ **3**

$f(x) = x^3 - 4x$ **4**

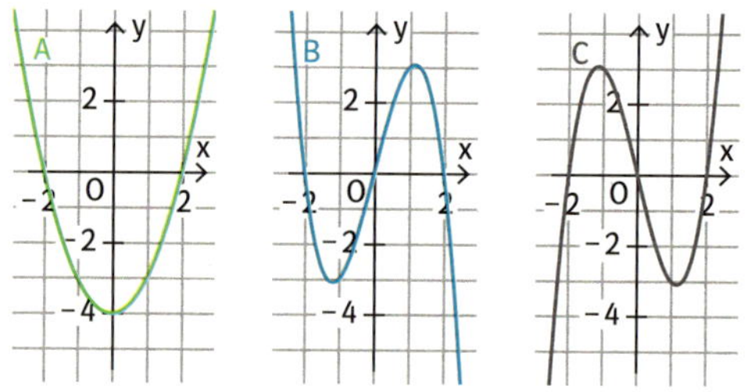

○ Test

Lösungen | Seite 195

7 ☒ Ordnen Sie den gegebenen Funktionsgleichungen den jeweils richtigen Graphen aus der Abbildung zu. Begründen Sie Ihre Entscheidung.

$f(x) = x^4 - x$ **1**

$f(x) = -x^4 + 2x^2$ **2**

$f(x) = \frac{1}{4}(x-1)^4 + \frac{1}{2}$ **3**

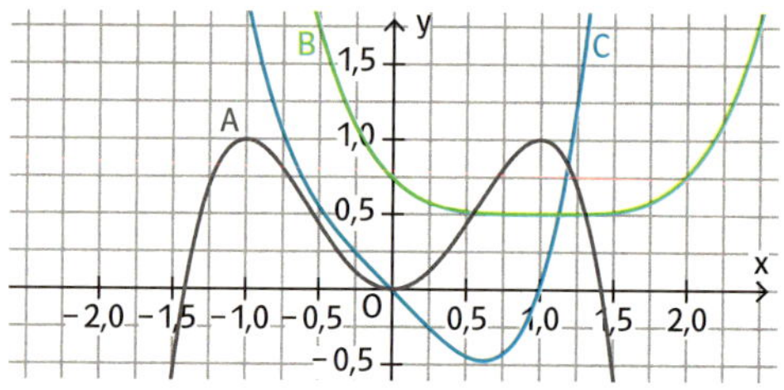

8 Bestimmen Sie Nullstellen von f. Berechnen Sie die Koordinaten der Extrempunkte und der Wendepunkte des Graphen und skizzieren Sie diesen mithilfe der gefundenen Ergebnisse.

a) $f(x) = (x+1)^2(x-2)$ **b)** $f(x) = -(x^2+1)^2 + 4$ **c)** $f(x) = 2 \cdot (x^3+1)^2$

◒ **9** ☒ Ordnen Sie zu. Zu einer Funktionsgleichung können mehrere Kärtchen gehören.

$f(x) = 4$ $g(x) = 2x + 1$ $h(x) = x^2 - 1$ $i(x) = \frac{1}{3}x^3 + 2$

A Die Funktion besitzt genau einen Extremwert.

B Die Funktion ist auf ganz ℝ streng monoton steigend.

C Die Funktion hat nur positive Funktionswerte.

D Der Graph der Funktion ist weder zur y-Achse noch zum Ursprung symmetrisch.

E Die Funktion hat mehr als zwei Nullstellen.

F Der Graph der Funktion hat einen Wendepunkt.

◒ **10** **a)** ☒ Zeigen Sie rechnerisch, dass die Funktion f mit der Gleichung $f(x) = x - \sin(x)$ keine Extremwerte hat.

b) ☒ Bestimmen Sie die Wendepunkte des Graphen im Intervall $[-2\pi; 2\pi]$.

c) ☒ Prüfen Sie, welche der Wendepunkte zugleich auch Sattelpunkte sind.

◒ **11** ☒ Eine ganzrationale Funktion f hat folgende Eigenschaften:

(1) $f(0) = 4$, $f'(0) = 0$ und $f''(0) = -1$ (2) $f''(2) = 0$ und $f'''(2) \neq 0$

(3) $f(x) \to +\infty$ für $x \to \pm\infty$ (4) $f(-x) = f(x)$

a) Welche Bedeutung haben diese Eigenschaften für den Graphen von f?

b) Skizzieren Sie zwei mögliche Graphen von f.

◒ **12** Gegeben ist die Funktion f mit $f(x) = 2x^4 - 8x^2$.

a) Ermitteln Sie die Nullstellen der Funktion f sowie ihr Verhalten für $x \to \pm\infty$ und skizzieren Sie damit zwei mögliche Verläufe des Graphen der Funktion.

b) Bestimmen Sie die Koordinaten der Hoch- und Tiefpunkte des Graphen von f und zeichnen Sie ihn.

13 Begründen Sie mit drei unterschiedlichen Argumenten, dass der Graph nicht zur Funktion h mit $h(x) = x^4 - 4x^2$ gehören kann.

a) 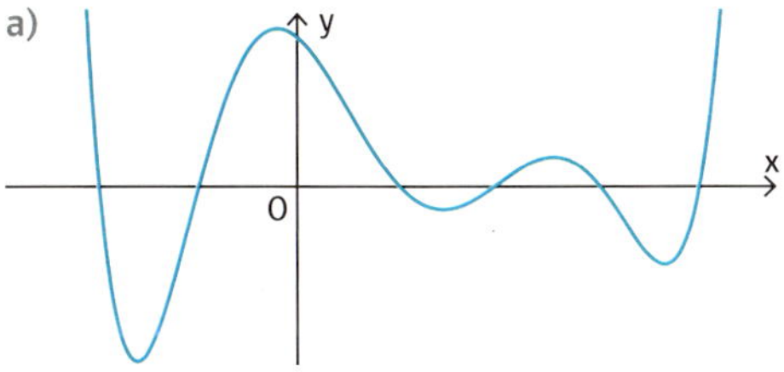

b) 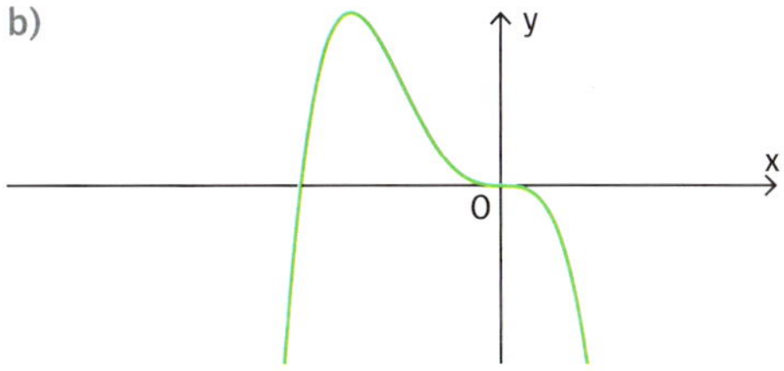

Test

Lösungen | Seite 196

14 Begründen Sie mit drei unterschiedlichen Argumenten, dass der abgebildete Graph nicht zur Funktion h mit $h(x) = x^4 - 5x^2 + 4$ gehören kann.

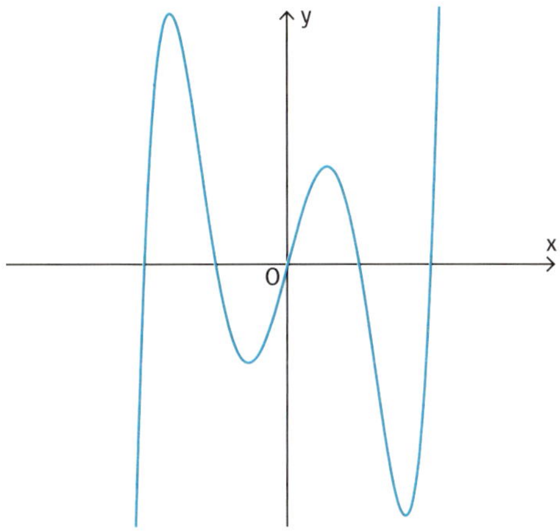

15 Gegeben ist die Funktion f mit $f(x) = 0{,}25x^4 - 2x^3 + 4x^2$.

a) Ermitteln Sie die Nullstellen der Funktion f sowie ihr Verhalten für $x \to \pm\infty$ und skizzieren Sie damit zwei mögliche Verläufe des Graphen der Funktion.

b) Bestimmen Sie die Koordinaten der Hoch- und Tiefpunkte des Graphen von f und zeichnen Sie ihn.

16 Gegeben ist die Funktion f mit $f(x) = x^3 + ax^2 + bx + c$. Formulieren Sie Beziehungen zwischen den Koeffizienten, wenn es nur eine Stelle gibt, an der die Tangente an den Graphen von f parallel zur x-Achse verläuft.

17 Gegeben ist die Funktion f mit $f(x) = x^2 + 1$.

a) Skizzieren Sie die Graphen der Funktionen f und g mit $g(x) = \frac{1}{f(x)}$.

b) Was passiert beim Übergang von f zu g mit der Extremstelle von f? Begründen Sie anschaulich. Wie verändert sich das Verhalten für $x \to \pm\infty$?

18 Skizzieren Sie den Graphen einer Funktion f, welche die folgenden Bedingungen erfüllt.

a) Der Graph von f ist rechtsgekrümmt und besitzt keinen Wendepunkt.

b) Die Ableitungen f′ und f″ haben nur negative Funktionswerte.

Grundwissen Test

Grundwissen Seite 164
Lösung | Seite 196

19 Bei einer quadratischen Pyramide der Höhe 15 m sind die Seiten der Grundfläche 10 m lang.

a) Berechnen Sie den Winkel α zwischen den Seitenflächen und der Grundfläche.

b) Berechnen Sie die Länge der Höhe h_S der Seitenflächen.

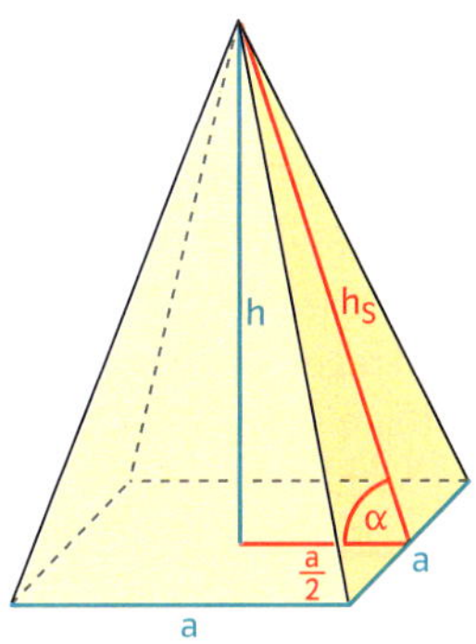

Aufgaben

○ **1** Die Funktion f beschreibt die Höhe einer Sonnenblume (in Metern) in Abhängigkeit von der Zeit t (in Wochen). Geben Sie zu den Alltagsbegriffen die mathematischen Beschreibungen an.

a) Nach zwei Wochen ist die Sonnenblume 0,3 m hoch.

b) Nach 20 Wochen wächst die Sonnenblume nicht mehr.

c) In den ersten fünf Wochen wächst die Sonnenblume um 0,6 m.

d) Die Wachstumsgeschwindigkeit ist nach acht Wochen am höchsten.

○ **2** Die Abbildung zeigt die Konzentration $\left(\text{in } \frac{\text{mg}}{\text{l}}\right)$ eines Schmerzmittels im Blut eines Menschen. t ist die Zeit nach der Aufnahme des Mittels.

a) Wie hoch ist die Konzentration 4 Stunden nach der Aufnahme des Schmerzmittels?

b) In welchen Zeiträumen ist die Konzentration geringer als $20\,\frac{\text{mg}}{\text{l}}$?

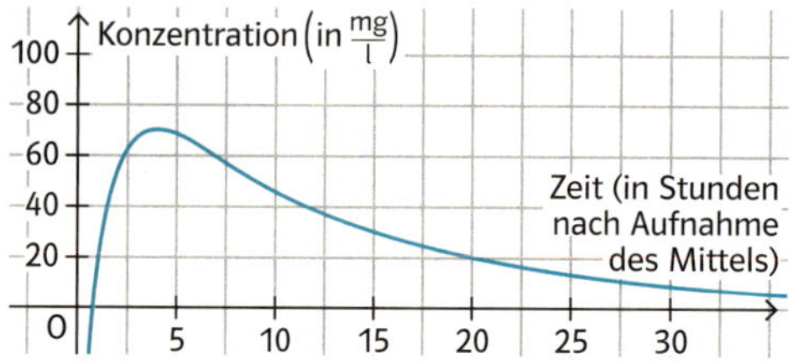

○ **3** Auszug aus dem Protokoll der Mitgliederversammlung eines Fußballvereins:

Protokoll

Top 1. Entwicklung der Mitgliederzahl

Zu Beginn des Jahres sank unsere Mitgliederanzahl, die Abnahme wurde immer geringer und die Anzahl erreichte im März mit 134 Mitgliedern ihren Tiefststand. Anschließend wurde die Anzahl größer, blieb aber bis Mai unter der Anzahl zu Jahresbeginn. Ab Juni stieg die Mitgliederanzahl ununterbrochen bis Oktober an, wo wir mit 205 die meisten Mitglieder aller Zeiten hatten. Am Jahresende hatten wir 197 Mitglieder.

Skizzieren Sie einen Graphen, der den beschriebenen Sachverhalt darstellen könnte, und erläutern Sie den Verlauf Ihres Graphen.

○ **4** Die Funktion f beschreibt die Oberflächentemperatur eines Sees (in °C) in Abhängigkeit von der Zeit (in Tagen ab Beobachtungsbeginn). Wählen Sie die Kärtchen aus, welche die Situation jeweils vollständig beschreiben.

(I) Nach 24 Tagen beträgt die Temperatur 4 °C.

(II) Die höchste Temperatur wird mit 24 °C nach 4 Tagen gemessen.

(III) Die größte Temperaturänderung ist nach 24 Tagen.

O Test

Lösung | Seite 196

5 Die Funktion f beschreibt die Geschwindigkeit eines Autos $\left(\text{in } \frac{\text{m}}{\text{s}}\right)$ in Abhängigkeit von der Zeit t (in s). Beschreiben Sie die geschilderte Situation mithilfe der Funktion f.

a) 10 s nach Beobachtungsbeginn beträgt die Geschwindigkeit $20\,\frac{\text{m}}{\text{s}}$.

b) In den ersten 10 Sekunden nimmt die Geschwindigkeit ständig zu.

c) Nach 30 Sekunden wird für 5 Sekunden abgebremst.

d) Die stärkste Zunahme der Geschwindigkeit ist nach 15 Sekunden.

◒ **6** Um festzustellen, zu welchem Zeitpunkt ein 100-m-Läufer seine Höchstgeschwindigkeit erreicht, erstellt sein Trainer anhand einer Videoaufzeichnung ein Zeit-Weg-Diagramm. Der Lauf kann durch die Zeit-Weg-Funktion s mit $s(t) = 0{,}0056t^4 - 0{,}2t^3 + 2{,}4t^2$ beschrieben werden, wobei s in Metern und t in Sekunden angegeben wird.

a) Berechnen Sie, wie weit der Läufer in den ersten 5 Sekunden gelaufen ist.

b) Bestimmen Sie die durchschnittliche Geschwindigkeit des Läufers in den ersten 5 Sekunden.

c) Berechnen Sie die Geschwindigkeit des Läufers nach 0,5 Sekunden.

d) Zeigen Sie rechnerisch, dass der Läufer nach zehn Sekunden das Ziel noch nicht erreicht hat.

e) Bestimmen Sie näherungsweise die Zeit, die der Läufer für den 100-m-Lauf benötigt.

7 Die Anzahl der Besucher eines Schulfests soll im Zeitraum von 7:30 Uhr bis 16:30 Uhr durch die Funktion f mit $f(t) = -t^3 + 24t^2 - 117t + 182$ beschrieben werden (t in Stunden, $7{,}5 \le t \le 16{,}5$). Bestimmen Sie

a) die Anzahl der Besucher, die um 11 Uhr auf dem Schulfest waren.
b) den Zeitraum, in dem die Zahl der Besucher fortwährend ansteigt.
c) den Zeitpunkt, zu dem die meisten bzw. die wenigsten Besucher auf dem Schulfest waren.

Test

Lösungen | Seite 197

8 Die Funktion O mit $O(t) = -\frac{1}{300}(t^3 - 36t^2 + 324t - 5700)$ beschreibt für $0 \le t \le 24$ näherungsweise die Oberflächentemperatur eines Sees in °C von 0 Uhr bis 24 Uhr.

a) Bestimmen Sie die Oberflächentemperatur des Sees um 15 Uhr.
b) Bestimmen Sie die durchschnittliche Temperaturänderung von 10 bis 17 Uhr.
c) Bestimmen Sie die höchste und die tiefste Temperatur am Beobachtungstag.

9 Die Funktion f mit $f(x) = -0{,}01x^3 + 0{,}2x^2 + 10$ beschreibt für $x \in [6; 20]$ näherungsweise die Temperatur in Grad Celsius von 6 Uhr bis 20 Uhr im Laufe eines Tages.

a) Bestimmen Sie die Temperatur um 10 Uhr und um 20 Uhr.
b) Bestimmen Sie die durchschnittliche Temperaturänderung in den ersten vier Stunden.
c) Bestimmen Sie die momentane Temperaturänderung um 10 Uhr.
d) Bestimmen Sie die Uhrzeit, zu der die Funktion die höchste Temperatur liefert.

10 Einem Unternehmen entstehen bei x Produktionseinheiten die Gesamtkosten K(x) (in €). Die Gesamtkosten können im Bereich $0 \le x \le 50$ erfahrungsgemäß durch die Kostenfunktion K mit $K(x) = 0{,}044x^3 - 2x^2 + 50x + 600$ beschrieben werden.
Jede Produktionseinheit wird für 60 € verkauft. Die Zuordnung $x \to U(x)$, welche x Produktionseinheiten den Umsatz durch den Verkauf zuordnet, heißt Umsatzfunktion.

a) Zeichnen Sie die Graphen der Kosten- und der Umsatzfunktion in ein gemeinsames Koordinatensystem. Lesen Sie den Bereich ab, in dem das Unternehmen Gewinn macht.
b) Bei wie viel Produktionseinheiten wird der Gewinn am größten?
c) Durch ein Überangebot kann das Unternehmen eine Produktionseinheit nur noch für 40 € verkaufen. Zeichnen Sie den Graphen der neuen Umsatzfunktion in das vorhandene Koordinatensystem ein. Warum kann das Unternehmen jetzt nicht mehr mit Gewinn produzieren?
d) Zeichnen Sie den Graphen der Umsatzfunktion ein, bei der das Unternehmen gerade ohne Verlust arbeiten kann. Berechnen Sie den Preis, den das Unternehmen pro Produktionseinheit verlangen muss, um verlustfrei zu produzieren.

Grundwissen Test

Grundwissen Seite 163
Lösung | Seite 197

11 Berechnen Sie das Volumen des Körpers.

a) b) c)

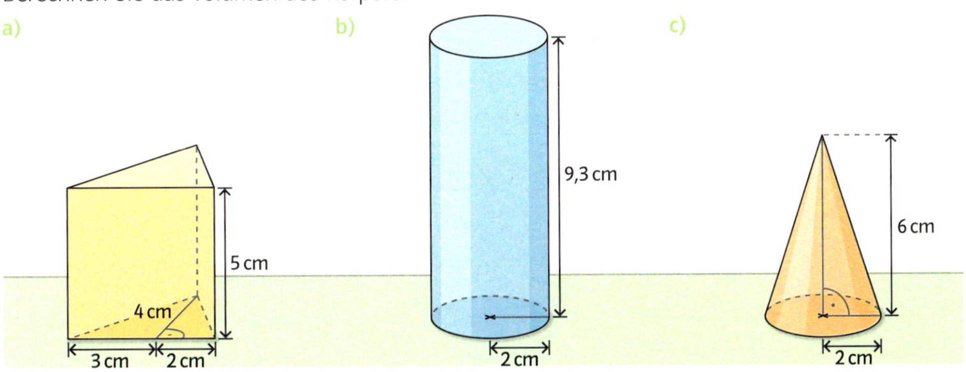

7 Extremwertprobleme mit Nebenbedingungen

Marc: „Warum machst du das Gehege nicht quadratisch?“

Länge und Breite von Fußballfeldern sind nicht exakt festgelegt. Häufig ist das Feld von einer 400-m-Laufbahn umgeben, die sich aus zwei geraden Stücken der Länge x und zwei Halbkreisen mit dem Durchmesser d zusammensetzt. Man kann untersuchen, ob es möglich ist, ein Fußballfeld mit möglichst großem Flächeninhalt A anzulegen.

Es ergibt sich ein **Extremwertproblem**, das man wie folgt lösen kann:
Der Flächeninhalt $A = x \cdot d$ soll maximal werden. Sein Wert ist abhängig von den beiden Variablen x und d. Für die Länge der Laufbahn gilt dabei $l = 2x + d \cdot \pi$.

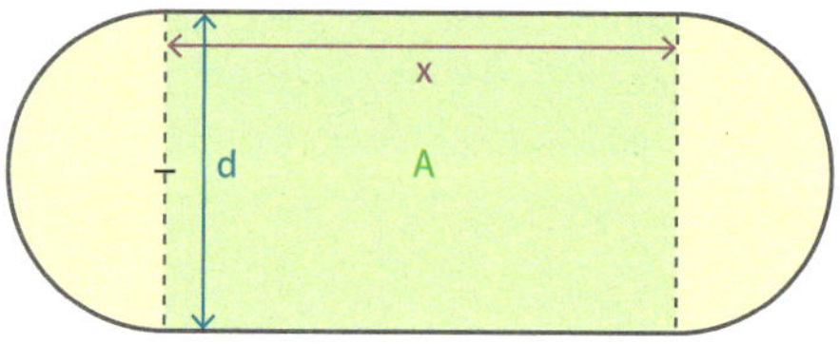

Da die Laufbahn 400 m lang sein soll, ergibt sich als **Nebenbedingung** $2x + d\pi = 400$. Löst man die Nebenbedingung nach d auf, so erhält man $d = \frac{1}{\pi}(400 - 2x)$.

Einsetzen des Terms für d in die Gleichung zur Berechnung des Flächeninhalts ergibt:

$A = x \cdot d = x \cdot \frac{1}{\pi}(400 - 2x) = \frac{1}{\pi}(400x - 2x^2);\ x \in (0;\ 200)$.

Die Funktionswerte der Funktion A mit $A(x) = \frac{1}{\pi}(400x - 2x^2)$ hängen nun nur noch von einer Variablen ab. Eine solche Funktion nennt man **Zielfunktion**.

Um den maximalen Flächeninhalt zu finden, muss man A auf Extrema untersuchen.

Aus $A'(x) = \frac{1}{\pi}(400 - 4x) = 0$ und $A''(x) = -\frac{4}{\pi} < 0$ folgt: Das Maximum von A liegt bei $x = 100$.

Dieser Wert liegt zwischen 0 und 200. Da der Graph von A eine nach unten geöffnete Parabel zweiten Grades ist, erübrigt sich die Untersuchung der Randwerte bei $x = 0$ und $x = 200$.

Einsetzen von $x = 100$ in die Nebenbedingung ergibt $d = \frac{200}{\pi} \approx 63{,}66$.

Das Fußballfeld mit maximalem Flächeninhalt ist 100 m lang und etwa 64 m breit.
Sein Flächeninhalt beträgt etwa $6400\,m^2$. Die Maße liegen innerhalb der zulässigen Grenzen.

Maße eines Fußballfeldes:
Länge: 90 m bis 120 m
Breite: 45 m bis 90 m
Üblich sind eine Länge von 105 m und eine Breite von 70 m.

Strategie zur Lösung von Extremwertproblemen mit Nebenbedingungen

1. Beschreiben der Größe, die extremal werden soll, durch einen Term. Dieser kann von mehreren Variablen abhängen.
2. Formulieren der Nebenbedingung(en).
3. Bestimmen der Zielfunktion und Angeben des Definitionsbereiches.
4. Untersuchen der Zielfunktion auf Extremwerte unter Beachtung der Ränder des Definitionsbereiches.
5. Formulieren des Ergebnisses.

Beispiel Rechteck mit möglichst großem Flächeninhalt

Fig. 1 und Fig. 2 zeigen zwei Glasplatten, aus denen eine Ecke herausgebrochen ist. Die Bruchkante ist annähernd geradlinig. Aus dem Rest soll jeweils eine rechteckige Scheibe mit möglichst großem Flächeninhalt hergestellt werden.

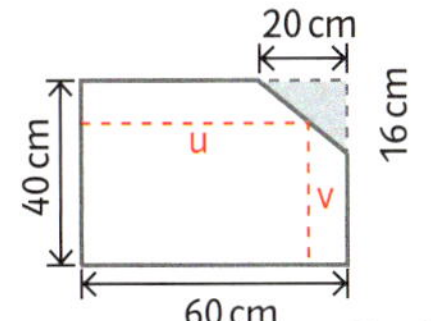

Fig. 1

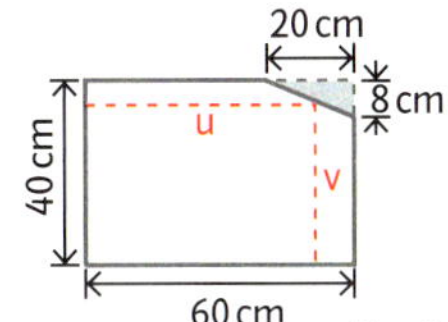

Fig. 2

a) Bestimmen Sie die Länge der in Fig. 1 eingezeichneten Schnittlinien u und v so, dass A maximal ist. Bestimmen Sie anschließend diesen maximalen Flächeninhalt A.

b) Bestimmen Sie die Längen von u und v für die in Fig. 2 dargestellte Platte so, dass A maximal ist und geben Sie den maximalen Flächeninhalt der Scheibe an.

Lösung

a) **1. Beschreibung**

Der Flächeninhalt soll maximal werden.

$A = u \cdot v$

2. Nebenbedingung

Wird die Glasplatte in ein Koordinatensystem gelegt, so lässt sich die Bruchkante $\overline{BC}$ als Teil einer Geraden auffassen, auf der der Eckpunkt $P(u|v)$ des gesuchten Rechtecks liegt.

Die Gerade durch die Punkte B und C hat die Gleichung $y = -\frac{4}{5}x + 72$.

Für die Koordinaten von P gilt also

$v = -\frac{4}{5}u + 72$ mit $40 \leq u \leq 60$.

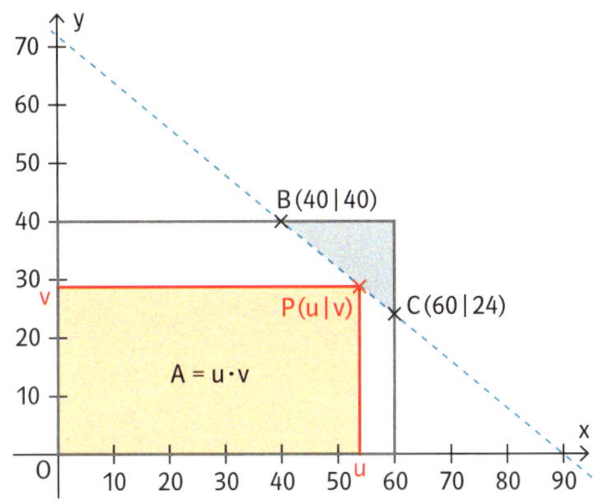

3. Zielfunktion

$A(u) = u\left(-\frac{4}{5}u + 72\right) = -\frac{4}{5}u^2 + 72u$ mit $u \in [40; 60]$.

4. Extremwerte der Zielfunktion im Definitionsbereich

Aus $A'(u) = -\frac{8}{5}u + 72 = 0$ und $A''(u) = -\frac{8}{5} < 0$ folgt: Das Maximum von A liegt bei $u = 45$.

Dieser Wert liegt im vorgegebenen Intervall $[40; 60]$.

Die Untersuchung des Flächeninhaltes an den Rändern $u = 40$ und $u = 60$ ist nicht nötig, da der Graph der Zielfunktion eine nach unten geöffnete Parabel zweiten Grades ist.

Einsetzen von $u = 45$ in die Nebenbedingung ergibt $v = 36$.

5. Ergebnis

Die Scheibe mit maximalem Flächeninhalt ist 45 cm lang und 36 cm breit. Ihr Flächeninhalt beträgt $A = 45\,\text{cm} \cdot 36\,\text{cm} = 1620\,\text{cm}^2$.

b) Für die Glasplatte in Fig. 2 ändert sich die Gleichung der Geraden, auf der der Punkt P liegt. Sie lautet jetzt $y = -\frac{2}{5}x + 56$. Damit ändert sich die Nebenbedingung zu: $v = -\frac{2}{5}u + 56$.

Zulässiges Intervall für u: $[40; 60]$.

Gleichung der Zielfunktion: $A(u) = -\frac{2}{5}u^2 + 56u$. Das Maximum von A liegt bei $u = 70$.

Wegen der Maße der Platte ist ein solcher Schnitt aber nicht möglich, da die Extremstelle außerhalb des zulässigen Intervalls liegt.

Eine Scheibe mit maximalem Flächeninhalt kann also nur dann entstehen, wenn man für u einen der Randwerte des zulässigen Intervalls, also $u = 40$ oder $u = 60$ wählt.

Es gilt $A(40) = 1600$ und $A(60) = 1920$.

Die Scheibe mit dem größtmöglichen Flächeninhalt ist 60 cm lang und 32 cm breit und hat den Flächeninhalt $1920\,\text{cm}^2$.

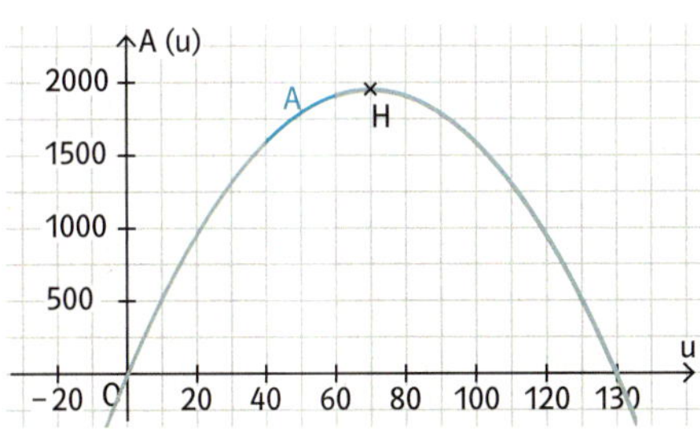

Aufgaben

○ **1** Zerlegen Sie die Zahl 12 so in zwei Summanden, dass
a) das Produkt der Summanden möglichst groß wird,
b) die Summe der Quadrate der Summanden möglichst klein wird.

○ **2** Aus einem Draht der Länge 50 cm soll ein Rechteck gebogen werden, das eine Fläche von maximalem Inhalt umrandet. Berechnen Sie, wie die Länge und Breite zu wählen sind.

○ **3** Ein rechteckiges Grundstück soll den Flächeninhalt $400\,m^2$ erhalten. Bestimmen Sie die Seiten des Rechtecks so, dass der Umfang des Rechtecks minimal wird.

○ **4** Die rechte obere Ecke eines Rechtecks soll auf dem Graphen der Funktion f mit $f(x) = -3x + 1$ liegen und die linke untere Ecke im Ursprung des Koordinatensystems. Die Seiten des Rechtecks liegen auf bzw. parallel zu den Koordinatenachsen.
a) Erstellen Sie eine geeignete Skizze zu dem Sachverhalt.
b) Bestimmen Sie die genaue Lage und Größe des Rechtecks mit dem größten Flächeninhalt.

○ **5** Gegeben sind die Funktionen f und g mit $f(x) = x^2 + 1$ und $g(x) = -(x-2)^2 + 2$. Für welchen Wert $x \in [0; 2]$ wird die Differenz der Funktionswerte minimal?

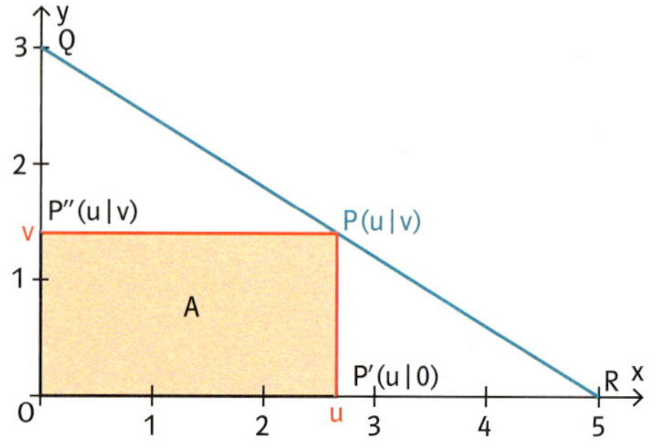

○ **6** Der Punkt $P(u\,|\,v)$ liegt auf der Strecke $\overline{QR}$ mit $Q(0\,|\,3)$ und $R(5\,|\,0)$. Bestimmen Sie die Koordinaten des Punktes P so, dass der Flächeninhalt A des Rechtecks mit den Eckpunkten $O(0\,|\,0)$, $P'(u\,|\,0)$ und $P''(0\,|\,v)$ maximal wird.

○ **7** Gegeben sind die Parabeln mit den Gleichungen $p(x) = x^2 - 2x + 2$ und $q(x) = 0{,}5x^2 + 2$. An welcher Stelle des Intervalls $I = [0; 4]$ wird die Summe, an welcher Stelle die Differenz der Funktionswerte extremal? Geben Sie das Extremum an. Um welche Art handelt es sich?

○ **8** Gegeben ist die Funktion f mit $f(x) = -x^2 + 9$. Die Punkte $A(-u\,|\,0)$, $B(u\,|\,0)$, $C(u\,|\,f(u))$ und $D(-u\,|\,f(-u))$ mit $0 \le u \le 3$ bilden ein Rechteck.
a) Berechnen Sie, für welchen Wert von u der Flächeninhalt des Rechtecks maximal wird. Berechnen Sie den Extremwert.
b) Berechnen Sie, für welchen Wert von u der Umfang des Rechtecks maximal wird. Berechnen Sie den Extremwert.

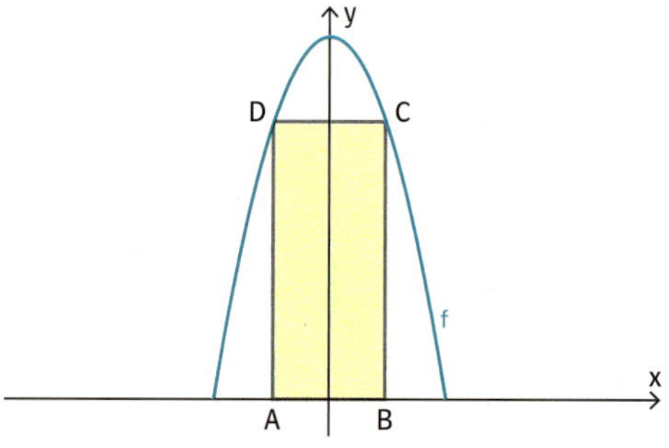

○ **9** Aus einem rechteckigen Stück Pappe der Länge 16 cm und der Breite 10 cm werden an den Ecken Quadrate der Seitenlänge x ausgeschnitten und die überstehenden Teile zu einer nach oben offenen Schachtel hochgebogen. Bestimmen Sie den Wert von x, für den das Volumen maximal wird.

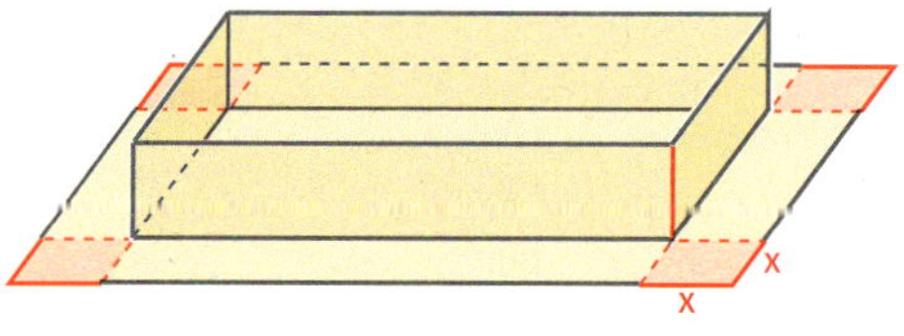

Test

Lösungen | Seite 197

10 a) Welche beiden reellen Zahlen mit der Differenz 1 haben das kleinste Produkt?
b) Für welche positive Zahl wird die Summe der Zahl und ihres Kehrwertes minimal?

11 Gegeben ist die Funktion f mit $f(x) = 16 - x^2$. Der Graph dieser Funktion schließt mit der x-Achse eine Fläche ein. In dieser Fläche soll ein Rechteck liegen, dessen Seiten auf bzw. parallel zu den Koordinatenachsen verlaufen. Die beiden oberen Eckpunkte sollen auf dem Graphen liegen, die unteren Eckpunkte liegen auf der x-Achse.
a) Bestimmen Sie die Nullstellen von f und den Scheitelpunkt des Graphen. Fertigen Sie eine Skizze des Graphen und des Rechtecks an.
b) Berechnen Sie, wo die Eckpunkte liegen müssen, damit das Rechteck einen möglichst großen Flächeninhalt hat.

12 Bestimmen Sie ein Rechteck mit dem Umfang 30 cm und minimaler Diagonale.

13 Welches rechtwinklige Dreieck mit der Hypotenuse 6 cm erzeugt bei Rotation um eine
a) Kathete, b) Hypotenuse
den Rotationskörper größten Volumens?

14 Bestimmen Sie die Maße eines zylindrischen Wasserspeichers ohne Deckel mit dem Volumen 1000 l so, dass der Blechverbrauch minimal ist.

15 Ein nach oben offener Karton mit quadratischer Grundfläche soll bei einem vorgegebenen Oberflächeninhalt von $100\,cm^2$ ein möglichst großes Volumen besitzen. Berechnen Sie die Maße des Kartons. Zeigen Sie, dass es keine weiteren Maxima gibt.

16 Der Querschnitt eines Eisenbahntunnels hat die Form eines Rechtecks mit aufgesetztem Halbkreis. Bestimmen Sie die Maße so, dass bei einer vorgegebenen Querschnittsfläche von $45\,m^2$ der Umfang am kleinsten wird.

17 Die Tragfähigkeit von Holzbalken ist proportional zur Balkenbreite b und zum Quadrat der Balkenhöhe h.
a) Aus einem zylindrischen Baumstamm mit dem Radius $r = 50\,cm$ soll ein Balken maximaler Tragfähigkeit herausgeschnitten werden. Bestimmen Sie Breite und Höhe (Fig. 1).
b) Beurteilen Sie die Genauigkeit der Zimmermannsregel (Fig. 2).

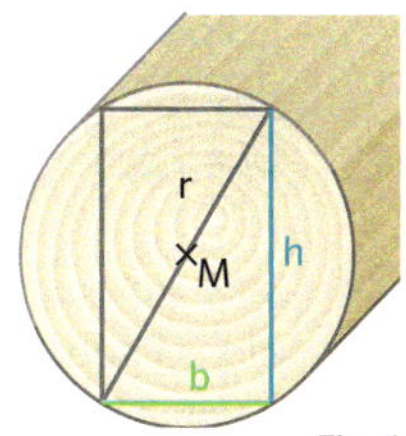

Fig. 1

Zimmermannsregel: Zeichne auf eine kreisförmige Querschnittsfläche des Baumstammes einen Durchmesser; teile diesen in drei Teile; ziehe in jedem Teilpunkt die Senkrechte zum Durchmesser, so ergibt sich der gesuchte Balkenquerschnitt.

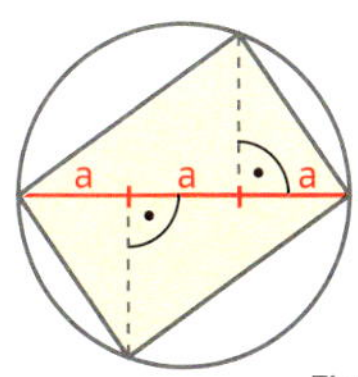

Fig. 2

18 Nomaden bauen mithilfe von vier Stäben der Länge 2,40 m ein pyramidenförmiges Zelt mit quadratischem Grundriss auf. Bestimmen Sie die Abmessungen eines Zeltes mit größtmöglichem Rauminhalt.

19 Die untere und obere Berandung des Querschnitts eines 6 m langen Betonfertigteils (vgl. Fig. 3) sind durch die Graphen der Funktionen f mit $f(x) = -\frac{1}{4}x^2 + \frac{3}{2}x$ und g mit $g(x) = -\frac{1}{10}x^3 + \frac{9}{10}x^2 - \frac{9}{5}x + 4$ gegeben (x, f(x) und g(x) jeweils in m).
Bestimmen Sie die Stellen, an denen die Höhe h des Betonteils extremal ist und berechnen Sie die entsprechende Höhe.

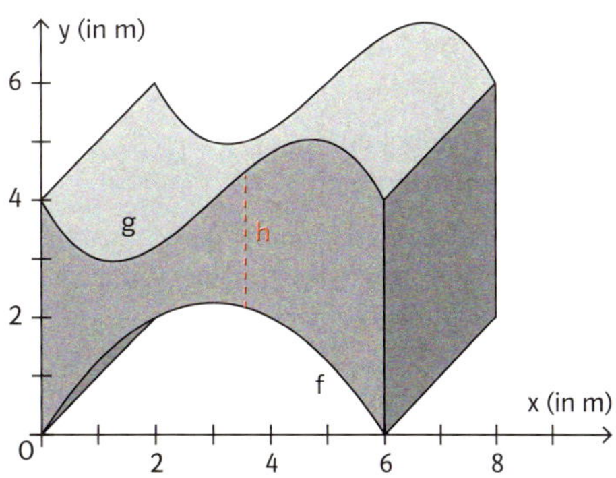

Fig. 3

3 Bestimmen Sie $t \in \mathbb{R}$ so, dass die Funktion f an der Stelle x_0 stetig ist.

a) $f(x) = \begin{cases} t - x^2 & \text{für } x \le 2 \\ \frac{t}{x} & \text{für } x > 2 \end{cases};\ x_0 = 2$

b) $f(x) = \begin{cases} t\sin(x) & \text{für } x < \frac{\pi}{6} \\ t + x & \text{für } x \ge \frac{\pi}{6} \end{cases};\ x_0 = \frac{\pi}{6}$

Differenzierbarkeit

Die Funktion f mit

$f(x) = \begin{cases} x^2 - 1 & \text{für } x \le 2 \\ -x^2 + 6x - 5 & \text{für } x > 2 \end{cases}$

ist stetig.

Linksseitiger Grenzwert:

$\lim\limits_{h \to 0} f(2 + h) = \lim\limits_{h \to 0} ((2 + h)^2 - 1) = 3$

Rechtsseitiger Grenzwert:

$\lim\limits_{h \to 0} f(2 + h) = \lim\limits_{h \to 0} (-(2 + h)^2 + 6(2 + h) - 5) = 3$

Linksseitiger und rechtsseitiger Grenzwert stimmen überein und sind gleich f(2).

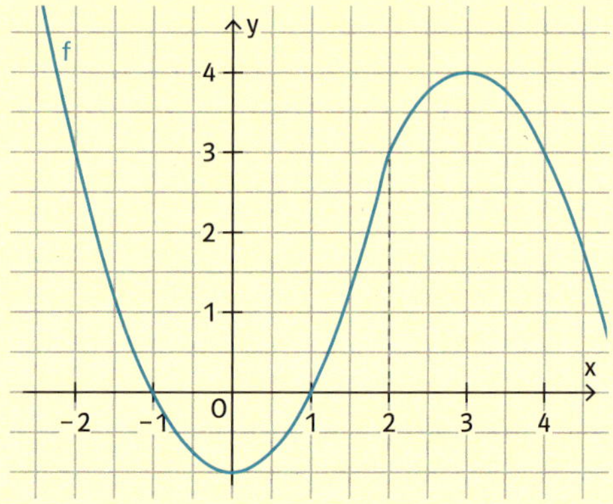

Fig. 1

In Fig. 1 erkennt man, dass der Graph an der Stelle $x_0 = 2$ einen „Knick" hat. An dieser Stelle ist es nicht möglich, eine Tangente an den Graphen zu zeichnen, da deren Steigung nicht eindeutig bestimmbar ist.

Dies lässt sich mithilfe der Ableitungsfunktion f′ (siehe Fig. 2) nachweisen:

$f'(x) = \begin{cases} 2x & \text{für } x \le 2 \\ -2x + 6 & \text{für } x > 2 \end{cases}$

Für $x \le 2$ gilt $\lim\limits_{h \to 0} (2(2 + h)) = 4$

Für $x > 2$ gilt $\lim\limits_{h \to 0} (-2(2 + h) + 6) = 2$

Linksseitiger und rechtsseitiger Grenzwert stimmen nicht überein. Die Ableitungsfunktion f′ ist an der Stelle $x_0 = 2$ nicht stetig. Die Funktion f ist nicht differenzierbar.

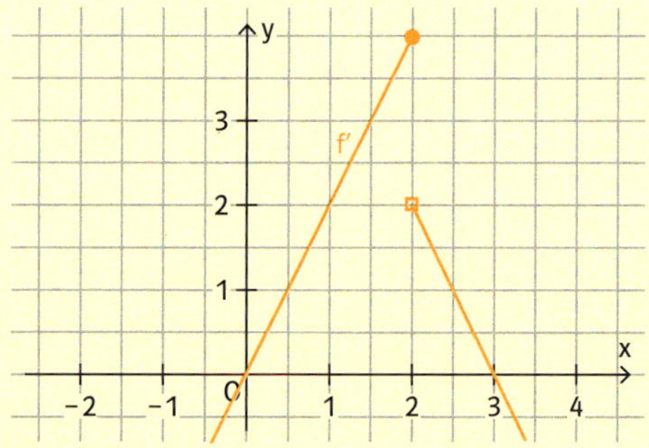

Fig. 2

Fig. 3 zeigt, dass die beiden Teilgraphen der Funktion f mit

$f(x) = \begin{cases} x^2 - 1 & \text{für } x \le 2 \\ -x^2 + 8x - 9 & \text{für } x > 2 \end{cases}$

ohne Knick ineinander übergehen.

Für $x > 2$ gilt

$\lim\limits_{h \to 0} f'(2 + h) = \lim\limits_{h \to 0} (-2(2 + h) + 8)$

$= 4 = f'(2)$

Die Funktion ist **differenzierbar**.

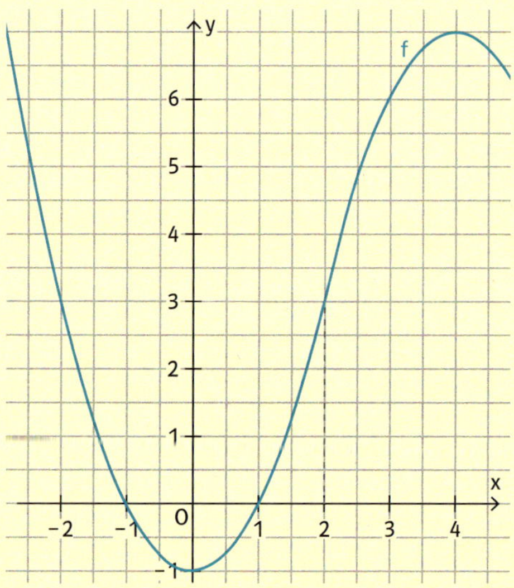

Fig. 3

1 Zeigen Sie mithilfe des Differenzenquotienten, dass jede differenzierbare Funktion stetig ist.

Die Umkehrung gilt nicht.

2 Zeichnen Sie unter Verwendung eines geeigneten Rechners den Graphen der Funktion f und untersuchen Sie, ob f an der Stelle x_0 differenzierbar ist.

a) $f(x) = x \cdot |x|;\ x_0 = 0$

b) $f(x) = x \cdot |x - 2|;\ x_0 = 2$

c) $f(x) = \begin{cases} 1 - x^2 & \text{für } x \leq 1 \\ x^2 - 1 & \text{für } x > 1 \end{cases};\ x_0 = 1$

3 Skizzieren Sie den Graphen einer Funktion, die an der Stelle $x_0 = 1$

a) nicht stetig ist, b) nicht definiert ist, c) stetig ist,

d) stetig und differenzierbar ist, e) stetig und nicht differenzierbar ist.

4 An welchen der markierten Stellen ist die Funktion f stetig, an welchen differenzierbar, wenn der Graph wie folgt aussieht?

a)

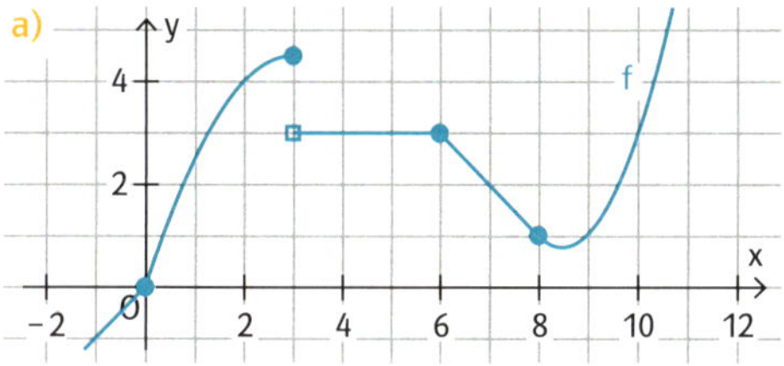

b)

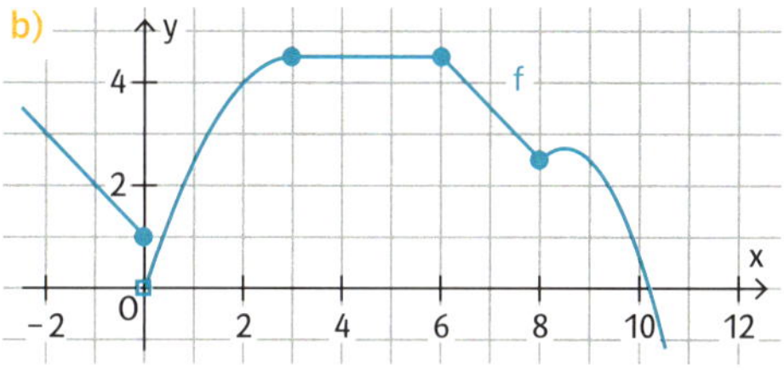

5 Untersuchen Sie die Funktion f mit

$$f(x) = \begin{cases} \frac{1}{4}x^2 - 1 & \text{für } x \leq -2 \\ -\frac{1}{4}x^2 + 1 & \text{für } -2 < x < 2 \\ \frac{1}{4}x^2 - 1 & \text{für } x \geq 2 \end{cases}$$

an den Stellen $x_1 = -2$ und $x_2 = 2$ auf Stetigkeit und Differenzierbarkeit.

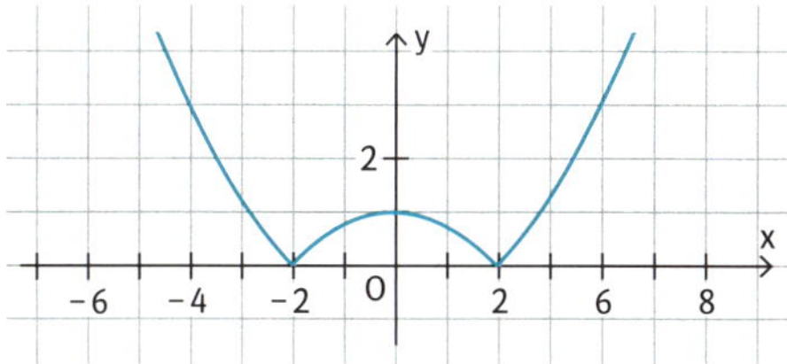

6 Ein Ball liegt auf einem Garagendach und wird angestoßen. Er fällt in einem Bogen vom Dach. Die Höhe h (in m) gegenüber dem Boden in Abhängigkeit von der Zeit t (in s) lässt sich berechnen:

$h(t) = 3{,}2$ für $0 \leq t \leq 1$;

$h(t) = 3{,}2 - 5(t - 1)^2$ für $1 \leq t \leq 1{,}8$;

$h(t) = 0$ für $1{,}8 \leq t \leq 3$.

a) Bestimmen Sie die Ableitung der Funktion h und berechnen Sie h′(0,5), h′(1,5) und h′(2,5).

b) Untersuchen Sie, ob die Funktion h an den Stellen 1 bzw. 1,8 differenzierbar ist.

c) Skizzieren Sie die Graphen von h und h′.

Lösungen | Seite 198

○ **1** Bestimmen Sie anhand des Graphen die Monotonieintervalle der Funktion f ($D_f = \mathbb{R}$).

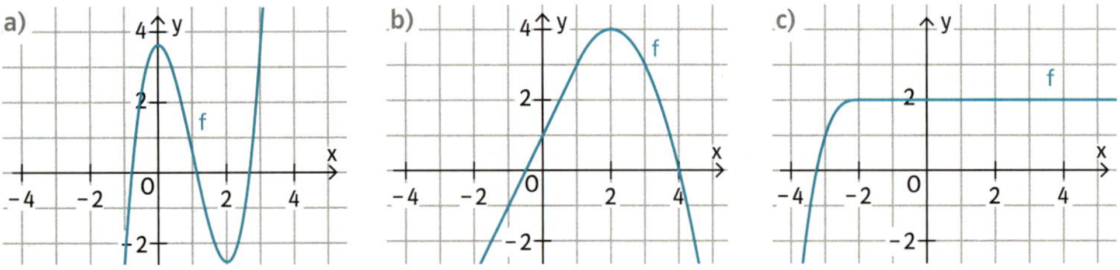

○ **2** Bestimmen Sie die Extrem- und Wendestellen der Funktion f.

a) $f(x) = x^3 - 1{,}5x^2 - 6x$ **b)** $f(x) = x^4 - 6x^2$

○ **3** In Fig. 2 sind die Graphen von f′ und f″ einer Funktion f gezeichnet.

a) Welcher Graph gehört zu f′, welcher zu f″?

b) An welchen Stellen hat der Graph von f waagerechte Tangenten? Was kann man über den Graphen von f aussagen?

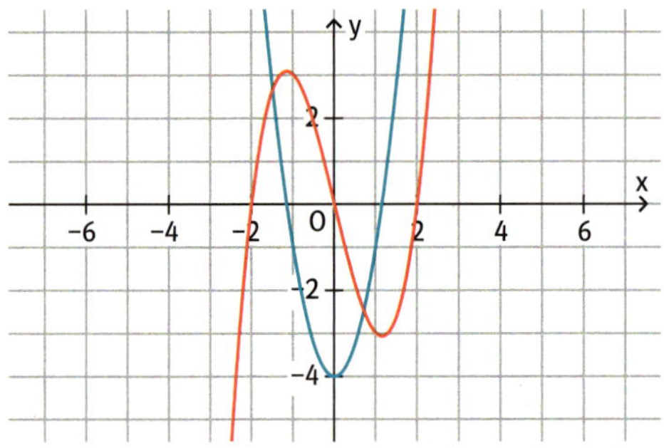

○ **4** Welche der Eigenschaften trifft auf f bzw. den Graphen der Funktion f zu?

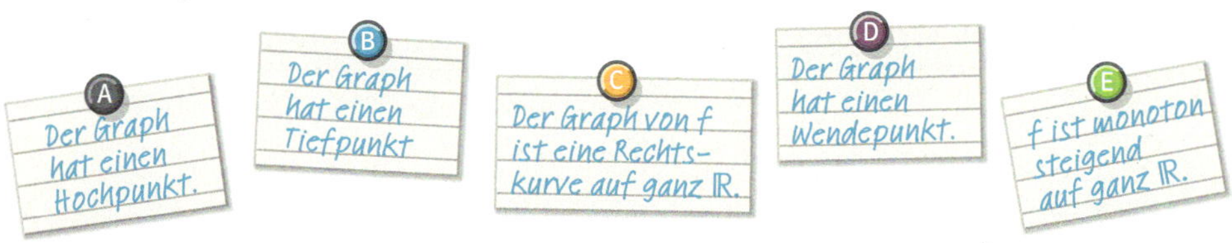

a) $f(x) = -(x-3)^2 + 2$ **b)** $f(x) = (x+1)^3 - 1$ **c)** $f(x) = \frac{1}{20}x^4$

○ **5** Die Funktion f beschreibt die Gesamtverkaufszahlen (in Stück) eines neuen Buches in Abhängigkeit von der Zeit (in Tagen) seit Erscheinen. Es gilt:

(1) Nach 5 Tagen sind 250 Bücher verkauft worden.

(2) Nach 400 Tagen gehen die täglichen Verkaufszahlen zurück.

(3) Nach 600 Tagen wird der Verkauf des Buches eingestellt.

a) Beschreiben Sie die Punkte (1) bis (3) mathematisch.

b) Skizzieren Sie einen möglichen Verlauf des Graphen der Funktion f.

◒ **6** Die Abbildungen zeigen die Graphen der Funktion f mit $f(x) = 2x^3 + 3x^2$, ihrer Ableitungsfunktion f′, der Funktion $f(x) + 3$ und der Funktion g mit $g(x) = f(x+3)$. Ordnen Sie zu.

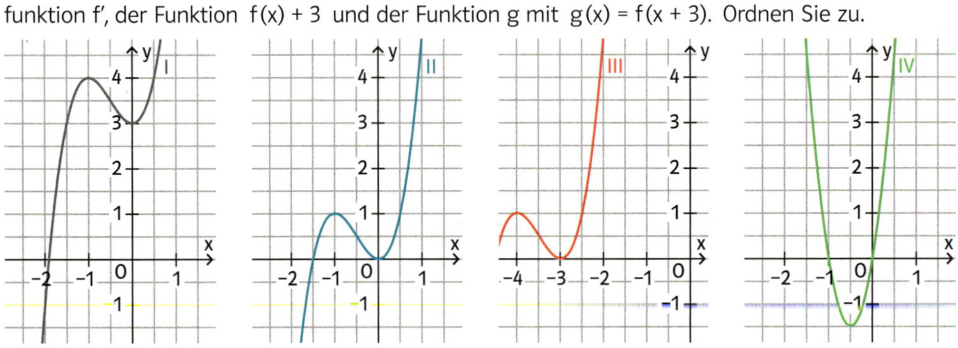

7 Gegeben ist der Graph der Ableitungsfunktion f′ einer Funktion f (Fig. 1).
Ist die Aussage wahr oder falsch? Begründen Sie Ihre Antwort.

a) f hat im Bereich $-3{,}5 < x < 3{,}5$ zwei Extremstellen.

b) f ist im Bereich $-1{,}5 < x < 1{,}5$ monoton steigend.

c) Der Graph von f hat an der Stelle $x = 2$ einen Sattelpunkt.

d) f″ hat im Bereich $-3{,}5 < x < 3{,}5$ zwei Nullstellen.

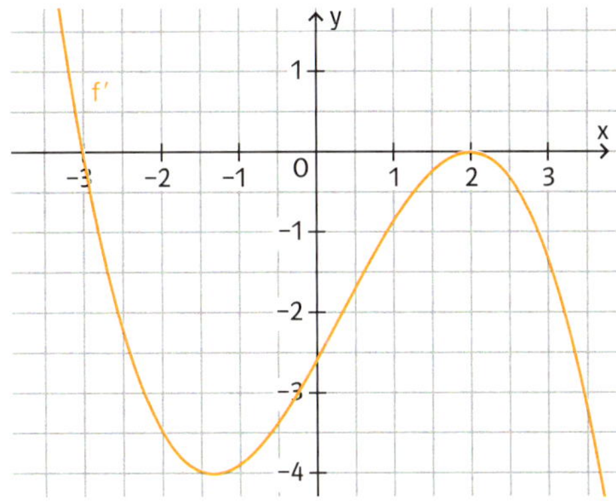

Fig. 1

8 In Fig. 2 ist der Graph der Ableitung f′ einer Funktion f im Intervall $-3 < x < 9$ gezeichnet. Welche Aussagen können Sie daraus über die Funktion f in diesem Intervall hinsichtlich
(1) der Anzahl und Art der Extremstellen,
(2) der Anzahl der Wendestellen,
(3) der Anzahl der Nullstellen
treffen? Begründen Sie Ihre Antwort.

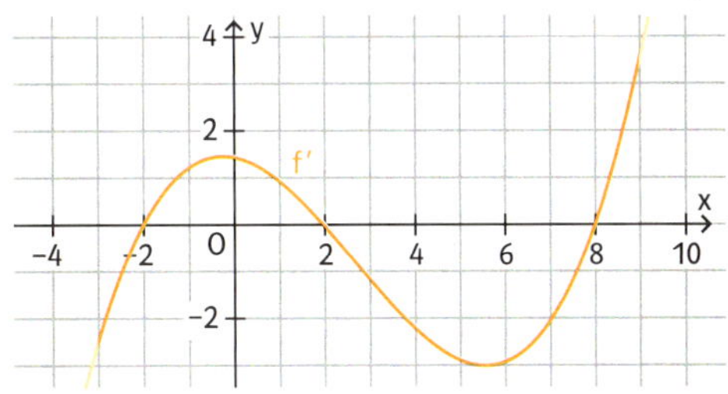

Fig. 2

9 Skizzieren Sie den Graphen einer Funktion f, für die gilt:

a) $f'(1) = 0$ und f hat an der Stelle $x_0 = 1$ ein Maximum.

b) $f'(1) = 0$ und f hat an der Stelle $x_0 = 1$ keine Extremstelle.

10 Von einer Funktion f und deren Ableitungsfunktionen f′ und f″ sind folgende Werte bekannt.
Skizzieren Sie zwei mögliche Verläufe des Graphen von f.

a) $f(0) = 0$; $f'(0) = 0$; $f(2) = 3$; $f'(2) = 0$

b) $f(-1) = 0$; $f'(-1) = 0$; $f''(-1) = -2$; $f(0) = 1$

11 Die Funktion f hat folgende Eigenschaften:
(I) $f(2) = 3$, (II) $f'(1) = 0$, (III) $f'(2) > 0$, (IV) $f''(2) \neq 0$.
Welche Bedeutung haben diese Eigenschaften für den Graphen von f?

12 Begründen Sie: Bei einer quadratischen Funktion f mit $f(x) = ax^2 + bx + c$ (a, b und $c \in \mathbb{R}$; $a \neq 0$) kann man am Wert von a ablesen, ob der Graph einen Hoch- oder einen Tiefpunkt hat.

13 Gegeben sind zwei ganzrationale Funktionen f und g. Es gilt $f'(x) = g'(x)$ für alle $x \in \mathbb{R}$.
Ist die Aussage wahr oder falsch? Begründen Sie Ihre Entscheidung.

a) Es gilt $f(x) = g(x)$ für alle $x \in \mathbb{R}$.

b) Die Funktion $h(x) = f(x) - g(x)$ ist eine konstante Funktion.

14 Zeigen Sie:

a) Eine ganzrationale Funktion f mit $f(x) = ax^3 - cx$ ($a > 0$; $c > 0$) hat drei Nullstellen. Die mittlere Nullstelle hat zu den beiden äußeren Nullstellen denselben Abstand.

b) Jede ganzrationale Funktion dritten Grades hat genau eine Wendestelle.

c) Die Wendestelle einer ganzrationalen Funktion dritten Grades liegt genau in der Mitte zwischen den beiden Extremstellen, falls es Extremstellen gibt.

15 Zeigen Sie, dass sich die Graphen der Funktionen f und g nicht schneiden. Untersuchen Sie dazu die Funktion $f - g$ auf Extremwerte und interpretieren Sie das Ergebnis.

a) $f(x) = 3x^4 + 3$ und $g(x) = 4x^3 + 1$

b) $f(x) = x^2 - 2$ und $g(x) = x^4 - x^2$

Test

Kopiervorlage
Check-out
s26kw6

V Untersuchen von Funktionen

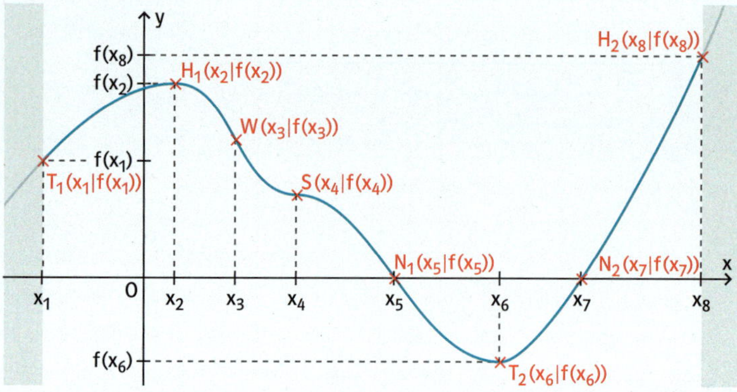

$f(x_2)$, $f(x_8)$	lokale Maxima
$f(x_1)$, $f(x_6)$	lokale Minima
x_1, x_2, x_6, x_8	Extremstellen
H_1, H_2	Hochpunkte
T_1, T_2	Tiefpunkte
$f(x_1)$, $f(x_8)$	Randextrema
W	Wendepunkt
S	Sattelpunkt
N_1, N_2	Schnittpunkte mit der x-Achse
x_5, x_7	Nullstellen

Untersuchung einer Funktion auf Monotonie

Wenn $f'(x) > 0$ für alle $x \in I$ gilt, dann ist f streng monoton steigend in I.
Wenn $f'(x) < 0$ für alle $x \in I$ gilt, dann ist f streng monoton fallend in I.

$f(x) = -x^4 + 4x^3$; $D_f = \mathbb{R}$
$f'(x) = -4x^3 + 12x^2 = 4x^2(-x + 3)$
Für $x < 3$ ist $f'(x) > 0$. f ist streng monoton steigend. Für $x > 3$ ist $f'(x) < 0$. f ist streng monoton fallend.

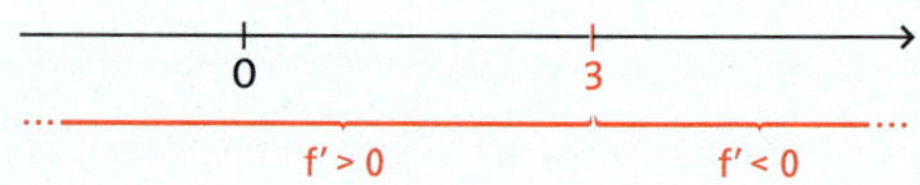

Untersuchung auf lokale Extremwerte

1. f′ und f″ und werden bestimmt.
2. Es wird bestimmt, für welche Stellen $f'(x_0) = 0$ gilt (notwendiges Kriterium).
3. Gilt $f'(x_0) = 0$ und $f''(x_0) < 0$ (hinreichendes Kriterium), dann hat f an der Stelle x_0 ein lokales Maximum.
   Gilt $f'(x_0) = 0$ und $f''(x_0) > 0$ (hinreichendes Kriterium), dann hat f an der Stelle x_0 ein lokales Minimum.
   Im Fall $f'(x_0) = 0$ und $f''(x_0) = 0$ wendet man das VZW-Kriterium an:
   Hat f′ bei x_0 einen VZW von + nach − (hinreichendes Kriterium), so hat f an der Stelle x_0 ein lokales Maximum.
   Hat f′ bei x_0 einen VZW von − nach + (hinreichendes Kriterium), so hat f an der Stelle x_0 ein lokales Minimum.
4. Randstellen werden gesondert untersucht.

1. $f'(x) = -4x^3 + 12x^2$; $f''(x) = -12x^2 + 24x$
2. $f'(x_0) = 0$ für $x_1 = 0$ und $x_2 = 3$
3. $f''(0) = 0$, kein VZW von f′ an der Stelle $x_1 = 0$, also Sattelpunkt bei $O(0|0)$
   $f''(3) = -36 < 0$, lokales Maximum bei $f(3) = 27$
4. f ist auf ganz $\mathbb{R}$ definiert; es gibt keine Randstellen.

Untersuchung auf Wendestellen

1. f′, f″ und f‴ werden bestimmt.
2. Es wird untersucht, für welche Stellen $f''(x_0) = 0$ gilt. (notwendiges Kriterium)
3. Wenn $f''(x_0) = 0$ und $f'''(x_0) \neq 0$ (hinreichendes Kriterium) gilt oder
   wenn $f''(x_0) = 0$ gilt und f″ bei x_0 einen VZW hat (hinreichendes Kriterium), dann hat f an der Stelle x_0 eine Wendestelle.

1. $f''(x) = -12x^2 + 24x$; $f'''(x) = -24x + 24$
2. $f''(x_0) = 0$ für $x_1 = 0$ und $x_3 = 2$
3. $f'''(0) = 24 \neq 0$, Wendestelle bei $x_0 = 0$
   $f'''(2) = -24 \neq 0$, Wendestelle bei $x_3 = 2$
   $W_1(0|0)$ und $W_2(2|16)$

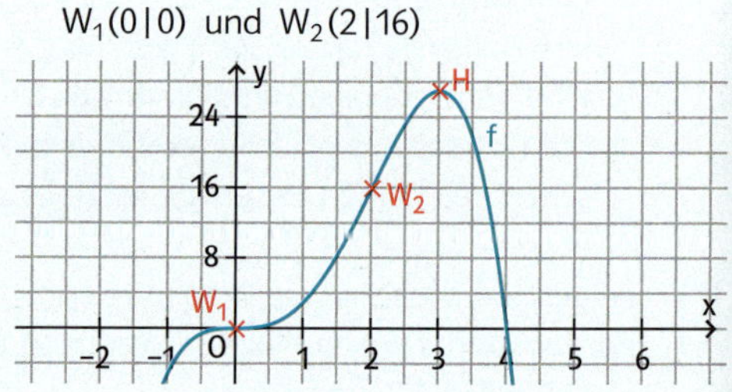

Runde 1

Lösungen | Seite 200

1 Skizzieren Sie den Graphen der Funktion f mit $f(x) = \frac{4}{3}x^3 + 2x^2$.

2 In Koordinatensystem ist der Graph der Ableitungsfunktion f′ einer ganzrationalen Funktion f gezeichnet. Entscheiden Sie begründet, ob die Aussagen wahr oder falsch sind.

a) Der Graph von f hat bei $x = 2$ einen Tiefpunkt.

b) f″ hat in $I = (-1; 2{,}5)$ zwei Nullstellen.

c) Der Grad der Funktion f ist mindestens 5.

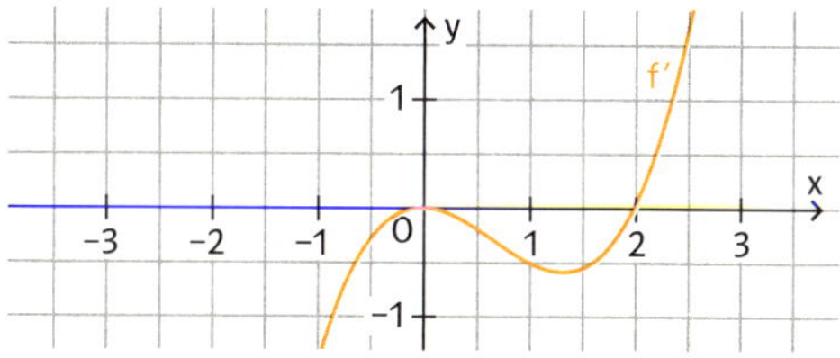

3 a) Bestimmen Sie die Koordinaten des Wendepunktes des Graphen der Funktion f mit $f(x) = \frac{1}{5}x^3 - 2x + 1$ und die Gleichung der Wendetangente.

b) Die Schnittpunkte S und T der Wendetangente mit den Koordinatenachsen und der Ursprung O bilden ein Dreieck OST. Bestimmen Sie den Flächeninhalt dieses Dreiecks.

4 Gegeben ist der Graph der Funktion p mit $p(x) = 4 - \frac{1}{4}x^2$.
Zu jedem Punkt $P(u\,|\,v)$, $0 < u < 4$, des Graphen von p ergibt sich ein gleichschenkliges Dreieck mit den Eckpunkten $O(0\,|\,0)$, $P(u\,|\,v)$ und $P'(-u\,|\,v)$. Bestimmen Sie die Koordinaten des Punktes P so, dass der Flächeninhalt des Dreiecks maximal wird und berechnen Sie diesen Flächeninhalt.

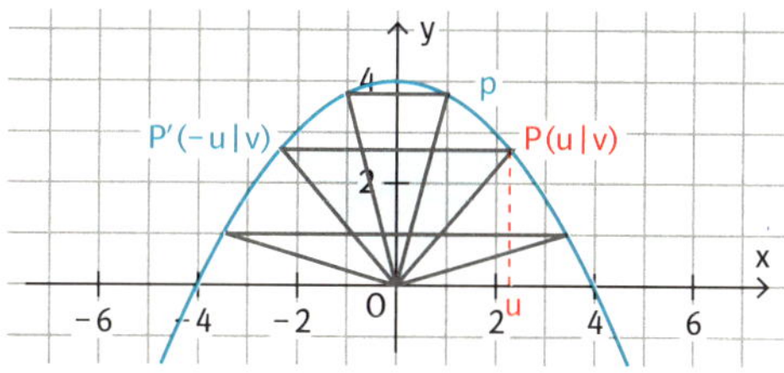

Runde 2

Lösungen | Seite 201

1 ☒ Bestimmen Sie Koordinaten der Hoch-, Tief- und Wendepunkte des Graphen der Funktion f.

a) $f(x) = \frac{1}{2}x^3 + 3x^2 - 6$ b) $f(x) = \frac{1}{3}x^3 - 3x^2 + 8x$ c) $f(x) = x^4 - 6x^2$

2 Von einer Funktion f und deren Ableitungsfunktionen f′ und f″ sind die folgenden Werte bekannt. Skizzieren Sie damit einen möglichen Verlauf des Graphen von f.

a) $f(0) = 0$; $f'(0) = 0$; $f''(0) > 0$; $f(2) = 3$; $f'(2) = 0$; $f''(2) < 0$

b) $f(1) = 2$; $f'(1) = 0$; $f''(1) < 0$; $f(4) = -3$; $f'(4) = 0$; $f''(4) > 0$

3 In Fig. 3 ist der Graph der Ableitungsfunktion f′ einer ganzrationalen Funktion f gezeichnet. Entscheiden Sie, ob die Aussage wahr oder falsch ist. Begründen Sie Ihre Antwort.

a) Der Graph von f hat bei $x = 2$ einen Tiefpunkt.

b) f ist für $1 < x < 2$ monoton fallend.

c) $f(0{,}5) < f(1)$

d) $f'(1) + f''(2) > 0$

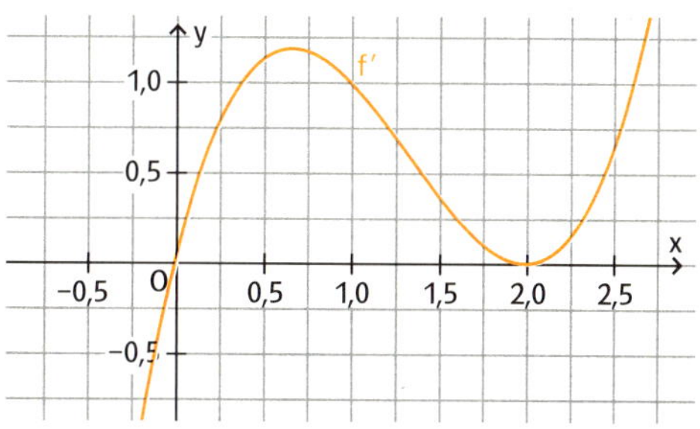

Fig. 3

4 Der Umsatz eines Kleinunternehmens für ein Kalenderjahr lässt sich näherungsweise durch die Funktion U mit $U(t) = \frac{1}{6}t^3 - 2t^2 + 100$, $0 \le t \le 12$ (t in Monaten, U in 1000 €) beschreiben.

a) Wann war der geringste Umsatz? b) Wann war der stärkste Umsatzrückgang?

Potenzen (zu den Grundwissenaufgaben in Kapitel II)

Definitionen (Aufgaben 1 bis 5)

Falls $a \in \mathbb{R}$ und $n \in \mathbb{N}$:

$a^n = \underbrace{a \cdot a \cdot a \cdot \ldots \cdot a}_{\text{n Faktoren}}$

Sonderfall: $a^0 = 1$

$a^{-n} = \frac{1}{a^n}$

Falls $a \in \mathbb{R}_0^+$ und $m, n \in \mathbb{N}$ $(n \neq 0)$:

$a^{\frac{1}{n}}$ ist die nichtnegative Lösung der Gleichung $x^n = a$.

$a^{\frac{m}{n}}$ ist die nichtnegative Lösung der Gleichung $x^n = a^m$.

Potenzen mit gebrochenen Hochzahlen kann man auch als Wurzeln schreiben:

$a^{\frac{1}{n}} = \sqrt[n]{a}$; $a^{\frac{m}{n}} = \sqrt[n]{a^m}$

Potenzgesetze

Potenzen mit gleicher Basis (Aufgaben 6 und 7)

$a^p \cdot a^q = a^{p+q}$; $a^p : a^q = \frac{a^p}{a^q} = a^{p-q}$

$3^4 \cdot 3^{-2} = 3^{4+(-2)} = 3^{4-2} = 3^2 = 9$

$7^{-1} : 7^2 = \frac{7^{-1}}{7^2} = 7^{-1-2} = 7^{-3} = \frac{1}{7^3} = \frac{1}{343}$

Potenzen mit gleichen Exponenten (Aufgabe 8)

$a^p \cdot b^p = (a \cdot b)^p$; $a^p : b^p = \frac{a^p}{b^p} = \left(\frac{a}{b}\right)^p$

$(-6)^2 \cdot 5^2 = (-6 \cdot 5)^2 = (-30)^2 = 900$

$12^4 : 6^4 = \frac{12^4}{6^4} = \left(\frac{12}{6}\right)^4 = 2^4 = 16$

Potenzieren von Potenzen (Aufgaben 9 und 10)

$(a^p)^q = a^{p \cdot q}$

$(5^{-2})^{-3} = 5^{-2 \cdot (-3)} = 5^6 = 15\,625$

Lösen von Potenzgleichungen (Aufgabe 11)

$x^2 = 8$: Lösungen $x_1 = \sqrt{8}$ und $x_2 = -\sqrt{8}$.

$x^2 = -8$: keine Lösung.

$x^3 = 27$: Lösung: $x = \sqrt[3]{27} = 3$.

$x^3 = -27$: Lösung: $x = -\sqrt[3]{27} = -3$.

Grundwissen Test

Lösungen | Seite 204

1 Schreiben Sie ohne negative Exponenten.
a) 2^{-5} b) $3 \cdot 5^{-4}$ c) x^{-7} d) $-4 \cdot a^{-3}$

2 Schreiben Sie ohne Brüche.
a) $\frac{1}{125}$ b) $\frac{7}{36}$ c) $\frac{9}{1000}$ d) $\frac{7}{169}$

3 Schreiben Sie als Dezimalzahl.
a) 10^{-3} b) $\frac{4}{5^2}$ c) $3 \cdot 2^{-4}$ d) $-\frac{1}{4^2}$

4 Berechnen Sie.
a) $(-10)^3 \cdot (4)^{-\frac{1}{2}}$ b) $7^{-1} : (-2)^2$
c) $-3^4 : 27^{\frac{2}{3}}$ d) $10^{-4} \cdot (-10)^3$

5 Stellen Sie in Wurzelschreibweise bzw. in Potenzschreibweise dar $(a, x, n > 0;\ n \in \mathbb{N})$.
a) $2^{\frac{1}{3}}$ b) $2^{\frac{3}{5}}$ c) $2a^{\frac{1}{2}}$ d) $a^{\frac{2}{n}}$
e) $\sqrt[4]{5}$ f) $\sqrt[4]{5^3}$ g) $\sqrt{2x}$ h) $\sqrt[4]{x^n}$

6 Berechnen Sie.
a) $5^3 \cdot 5^{-2}$ b) $7^{-5} : 7^{-4}$ c) $(-4)^2 \cdot (-4)^{-5}$
d) $\frac{2^8}{2^5}$ e) $\frac{11^{-6}}{11^{-8}}$ f) $\frac{(-5)^7}{(-5)^5}$

7 Vereinfachen Sie. $(p, q, x, y, z \neq 0)$
a) $q^7 : q^{-2}$ b) $z^{-4} \cdot z^{-7}$ c) $3^n \cdot 3^{n+1}$
d) $\frac{y^1}{y^{-3}}$ e) $\frac{4^{3k}}{4^{2k}}$ f) $\frac{p^{-6}}{p^{-4}}$

8 Vereinfachen und berechnen Sie ggf. $(a, b, x \neq 0)$
a) $\frac{x^7}{(2x)^7}$ b) $4^{-2} \cdot 25^{-2}$
c) $\left(\frac{5}{3ab}\right)^3 \cdot \left(\frac{3b^2}{10}\right)^3$ d) $12^3 \cdot \left(\frac{1}{3}\right)^3$
e) $(4xy)^8 \cdot (0{,}25)^8$ f) $\frac{0{,}5^{-5}}{\left(\frac{1}{4}\right)^{-5}}$

9 Vereinfachen und berechnen Sie.
a) $(10^6)^{\frac{1}{2}}$ b) $(5^{-1})^3$ c) $(5^2)^{\frac{1}{4}}$ d) $((-3)^2)^2$

10 Vereinfachen Sie die folgenden Ausdrücke so weit wie möglich. $(a, b, c, y, p \neq 0;\ z \geq 0)$
a) $\frac{a^{-7}b^4c^{-5}}{a^{-3}b^2c^{-5}}$ b) $\frac{(3a^2)^{-4}}{(2y^5)^{-3}} : \frac{(2a^{-5})^2}{(3y)^6}$ c) $\left(-3p^{-4}z^{\frac{1}{2}}\right)^3$

11 Lösen Sie die Gleichung, falls möglich.
a) $x^2 = 10$ b) $x^3 = 64$ c) $x^2 = -9$
d) $x^3 = -64$ e) $x^2 + 1 = 37$ f) $x^3 + 2 = 10$
g) $x^4 - 16 = 0$ h) $x^2 + 4 = 0$ i) $(x + 1)^2 = 16$

Terme und Gleichungen (zu den Grundwissenaufgaben in Kapitel III)

Addieren und Subtrahieren von Klammertermen (Aufgabe 1)

$a + (b + c) = a + b + c$ $\quad$ $a + (b - c) = a + b - c$
$a - (b + c) = a - b - c$ $\quad$ $a - (b - c) = a - b + c$

$-8a + (5 - 3a) = -8a + 5 - 3a = -11a + 5$
$5x^2 - (7x + 4) = 5x^2 - 7x - 4$

Distributivgesetz und Anwendungen

Ausmultiplizieren (Aufgabe 2)

$a \cdot (b + c) = ab + ac$
$a \cdot (b - c) = ab - ac$

$-3x^2 \cdot \left(4x + \frac{5}{12}\right) = -12x^3 - \frac{5}{4}x^2$
$6 \cdot (3k - 22) = 18k - 132$

Ausklammern (Aufgaben 3 und 4)

$ab + ac = a \cdot (b + c)$
$ab - ac = a \cdot (b - c)$

$10xy + 15x^2 = 5x \cdot (2y + 3x)$
$21a^3bc^2 - 7abc = 7abc \cdot (3a^2c - 1)$

Summen und Differenzen ausmultiplizieren (Aufgabe 5)

$(a + b) \cdot (c + d) = ac + ad + bc + bd$
$(a + b) \cdot (c - d) = ac - ad + bc - bd$
$(a - b) \cdot (c + d) = ac + ad - bc - bd$
$(a - b) \cdot (c - d) = ac - ad - bc + bd$

$(x + 3) \cdot (2y + 8) = 2xy + 8x + 6y + 24$
$(3x + 5) \cdot (x - 1) = 3x^2 - 3x + 5x - 5 = 3x^2 + 2x - 5$
$(3 - k^2) \cdot (k + 4) = 3k + 12 - k^3 - 4k^2$
$= -k^3 - 4k^2 + 3k + 12$
$(\sqrt{2}a - 3b) \cdot (\sqrt{8} - a) = 4a - \sqrt{2}a^2 - 3\sqrt{8}b + 3ab$

Binomische Formeln (Aufgaben 6 und 7)

$(a + b)^2 = a^2 + 2ab + b^2$
$(a - b)^2 = a^2 - 2ab + b^2$
$(a + b) \cdot (a - b) = a^2 - b^2$

$(x + 7)^2 = x^2 + 2 \cdot x \cdot 7 + 7^2 = x^2 + 14x + 49$
$(3p - 5)^2 = (3p)^2 - 2 \cdot 3p \cdot 5 + 5^2 = 9p^2 - 30p + 25$
$\left(\sqrt{5} + \frac{1}{2}k\right) \cdot \left(\sqrt{5} - \frac{1}{2}k\right) = (\sqrt{5})^2 - \left(\frac{1}{2}k\right)^2 = 5 - \frac{1}{4}k^2$
$x^2 + 6x + 9 = (x + 3)^2$
$\frac{1}{25}u^2 - \frac{4}{5}uv + 4v^2 = \left(\frac{1}{5}u - 2v\right)^2$
$100a^2 - 1 = (10a + 1) \cdot (10a - 1)$

Grundwissen Test

Lösungen | Seite 205

1 Lösen Sie die Klammern auf und fassen Sie so weit wie möglich zusammen.
a) $12x - (5{,}5x + 18) + (9x + 4)$
b) $9a + (7a - 23 - a^2)$
c) $8x - [12x + (13 - 7x)]$
d) $-14y - \left[(2y + 1) - \left(9 - \frac{5}{2}y\right)\right]$

2 Multiplizieren Sie aus.
a) $-7x \cdot (5x + 8)$ $\quad$ b) $\frac{1}{3} \cdot (-3k + k^2)$
c) $(1{,}1 - 3y) \cdot (-7y)$ $\quad$ d) $(8x - 1) : \frac{2}{9}$

3 Klammern Sie so weit wie möglich aus.
a) $\sqrt{5}xy^4 + 5x^3$ $\quad$ b) $26k^2 - 4km + 30k^3$
c) $42abc + 6bc^2 - 3b$ $\quad$ d) $-8x^3 - 2x + 10x^5$

4 Vereinfachen Sie durch Ausklammern und Kürzen.
a) $\frac{3a^4 - 6ab}{9a + 12a^2}$ $\quad$ b) $\frac{144x^3 - 27x}{-12x + 18}$ $\quad$ c) $\frac{xyz + 4x^2z}{16x^2z - xz}$

5 Multiplizieren Sie aus und fassen Sie so weit wie möglich zusammen.
a) $(3x - 4y) \cdot (2x + 10)$ $\quad$ b) $\left(\frac{1}{5}p + 8q\right) \cdot (p + 20q)$
c) $(2{,}5 - z) \cdot (3z - z^4)$ $\quad$ d) $(5k - 7) \cdot (4k + 6)$

6 Multiplizieren Sie mithilfe der binomischen Formeln aus.
a) $(5a + 2b) \cdot (5a - 2b)$ $\quad$ b) $(x - \sqrt{y})^2$
c) $(11 + b)^2$ $\quad$ d) $(a^3 - 6b) \cdot (a^3 + 6b)$

7 Erzeugen Sie mithilfe der binomischen Formeln ein Produkt.
a) $36a^2 - 60a + 25$ $\quad$ b) $81 - 4p^2$
c) $u^4 - v^2$ $\quad$ d) $\frac{49}{64}z^2 + \frac{7}{4}z + 1$

Lineare Gleichungssysteme (zu den Grundwissenaufgaben in Kapitel IV)

2) Keine Lösung:

Das LGS $\left|\begin{array}{l} 2x + y = 2 \\ -2x - y = 1 \end{array}\right|$ mit den zugehörigen Geraden g: $y = -2x + 2$ und h: $y = -2x - 1$ hat keine Lösung, weil g und h parallel (und verschoben) sind.

3) Unendlich viele Lösungen: Das Gleichungssystem $\left|\begin{array}{l} 2x + y = -1 \\ -4x - 2y = 2 \end{array}\right|$ mit den zugehörigen Geraden g: $y = -2x - 1$ und h: $y = -2x - 1$ hat unendlich viele Lösungen, weil g und h identisch sind.

Lösungsverfahren (Aufgaben 7 bis 11)

Gleichsetzungsverfahren

Bei dem LGS $\left|\begin{array}{l} 2x + y = 5 \\ 3x - y = 4 \end{array}\right|$ löst man beide Gleichungen nach einer Variablen auf und setzt die rechten Seiten gleich; eine Gleichung behält man bei und rechnet folgendermaßen weiter:

$$\left|\begin{array}{l} y = -2x + 5 \\ y = 3x - 4 \end{array}\right| \Leftrightarrow$$

$$\left|\begin{array}{r} 3x - 4 = -2x + 5 \\ y = 3x - 4 \end{array}\right| \Leftrightarrow$$

$$\left|\begin{array}{l} 5x = 9 \\ \quad y = 3x - 4 \end{array}\right| \Leftrightarrow$$

$$\left|\begin{array}{l} x = 1{,}8 \\ y = 3 \cdot 1{,}8 - 4 \end{array}\right| \Leftrightarrow$$

$$\left|\begin{array}{l} x = 1{,}8 \\ y = 1{,}4 \end{array}\right|$$

Einsetzungsverfahren

Bei dem LGS $\left|\begin{array}{l} 2x + y = 5 \\ 3x - y = 4 \end{array}\right|$ löst man eine Gleichung nach einer Variablen auf und setzt das Ergebnis in die andere Gleichung ein; eine Gleichung behält man bei und rechnet folgendermaßen weiter:

$$\left|\begin{array}{r} 2x + y = 5 \\ y = 3x - 4 \end{array}\right| \Leftrightarrow$$

$$\left|\begin{array}{r} 2x + (3x - 4) = 5 \\ y = 3x - 4 \end{array}\right| \Leftrightarrow$$

$$\left|\begin{array}{l} 5x = 9 \\ \quad y = 3x - 4 \end{array}\right| \Leftrightarrow$$

$$\left|\begin{array}{l} x = 1{,}8 \\ y = 3 \cdot 1{,}8 - 4 \end{array}\right| \Leftrightarrow$$

$$\left|\begin{array}{l} x = 1{,}8 \\ y = 1{,}4 \end{array}\right|$$

Grundwissen Test → Lösungen | Seite 206

7 Lösen Sie mit dem Gleichsetzungsverfahren.

a) $y = 5x + 12$; $y = 2x - 3$
b) $2y = -6x + 11$; $2y = 10x + 3$
c) $x = 6y - 4$; $x = -12y + 8$
d) $y = \frac{1}{6}x - \frac{1}{2}$; $y = -\frac{2}{5}x + \frac{41}{20}$

8
a) $\left|\begin{array}{r} y = 3x - 5 \\ 3x + y = 4 \end{array}\right|$
b) $\left|\begin{array}{l} 2x + y = 3 \\ 4x + y = 5 \end{array}\right|$
c) $\left|\begin{array}{l} x + y = 0 \\ x - 2y = 3 \end{array}\right|$
d) $\left|\begin{array}{l} \frac{1}{2}x + y = 1 \\ 3x - y = \frac{3}{2} \end{array}\right|$

9 Lösen Sie mit dem Einsetzungsverfahren.

a) $y = \frac{1}{2}x - 3$; $5x + 4y = 58$
b) $y = -2x + 11$; $3x - y = 9$
c) $3x = -7y + 6$; $6x + 10y = -24$
d) $-5y = 8x + 11$; $20x + 15y = -45$

10
a) $\left|\begin{array}{l} 3x - y = 5 \\ 3x + y = 4 \end{array}\right|$
b) $\left|\begin{array}{l} 2x + y = 3 \\ 4x - y = 3 \end{array}\right|$
c) $\left|\begin{array}{l} x + y = 0 \\ x - \frac{1}{5}y = 6 \end{array}\right|$
d) $\left|\begin{array}{l} \frac{1}{2}x + \frac{3}{4}y = 4 \\ 3x - 2y = -2 \end{array}\right|$

11 Lösen Sie mit einem Verfahren Ihrer Wahl.

a) $\left|\begin{array}{r} 3x - y = -7 \\ x + 3y = 1 \end{array}\right|$
b) $\left|\begin{array}{r} x + 2y = 0 \\ 4x - 2y = -5 \end{array}\right|$
c) $\left|\begin{array}{l} x + \frac{1}{3}y = -3 \\ x - \frac{1}{5}y = 5 \end{array}\right|$
d) $\left|\begin{array}{l} \frac{1}{2}x + \frac{3}{4}y = 0{,}5 \\ 3x + 2y = -10 \end{array}\right|$

Geometrie (zu den Grundwissenaufgaben in Kapitel V)

Flächeninhalte

Flächeninhalt von Dreiecken (Aufgabe 1)

$A = \frac{1}{2} \cdot g \cdot h$

$= \frac{1}{2} \cdot 4 \cdot 3 = 6$

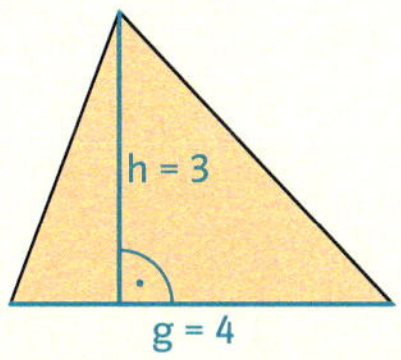

Flächeninhalt von Parallelogrammen (Aufgabe 2)

$A = g \cdot h$

$= 4 \cdot 2 = 8$

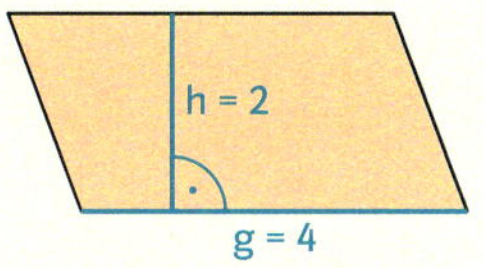

Flächeninhalt von Trapezen (Aufgabe 2)

$A = \frac{1}{2} \cdot (a + c) \cdot h$

$= \frac{1}{2} \cdot (3 + 5) \cdot 2 = 8$

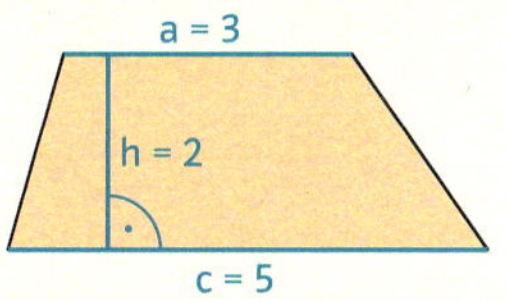

Rauminhalte

Volumen von Prisma und Zylinder (Aufgabe 3)

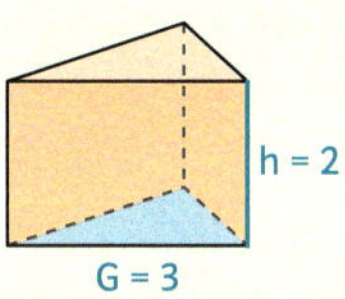

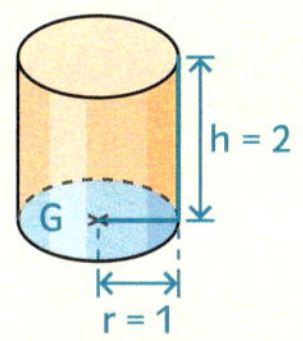

$V = G \cdot h$

$= 3 \cdot 2 = 6$

$V = \pi r^2 \cdot h$

$= \pi \cdot 1^2 \cdot 2 = 2\pi$

Volumen von Pyramide und Kegel (Aufgabe 4)

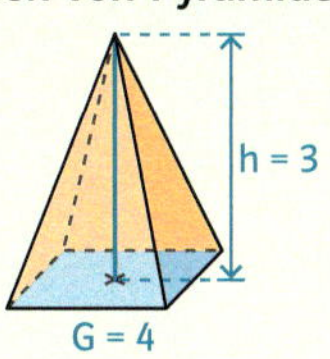

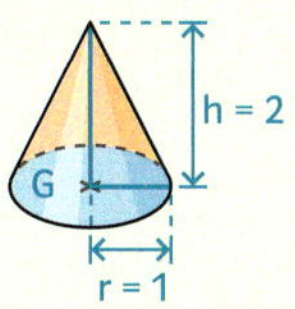

$V = \frac{1}{3} G \cdot h$

$= \frac{1}{3} \cdot 4 \cdot 3 = 4$

$V = \frac{1}{3} G \cdot h$

$= \frac{1}{3}\pi r^2 \cdot h = \frac{1}{3}\pi \cdot 1^2 \cdot 2$

$= \frac{2}{3}\pi$

Grundwissen Test → Lösungen | Seite 206

1 ☒ Bestimmen Sie den Flächeninhalt des Dreiecks.

a)

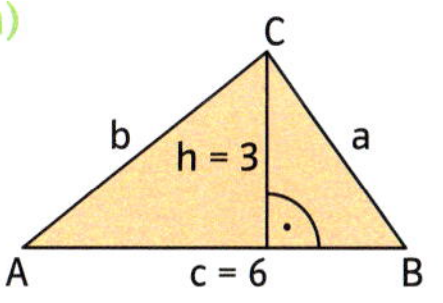

b)

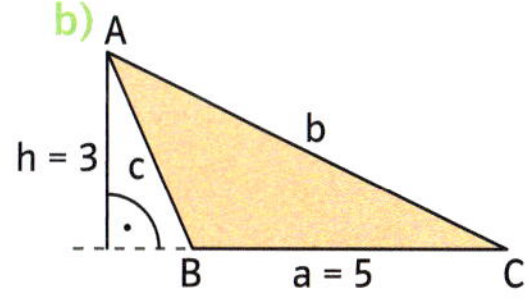

2 ☒ Bestimmen Sie den Flächeninhalt der Figur.

a)

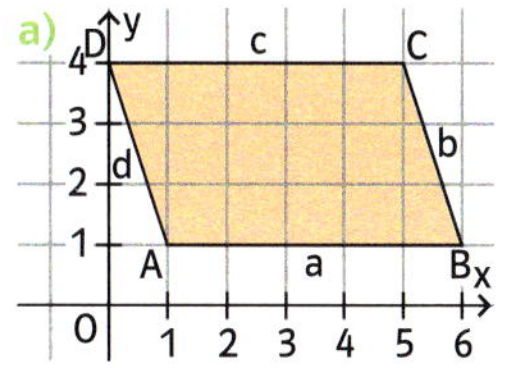

b)

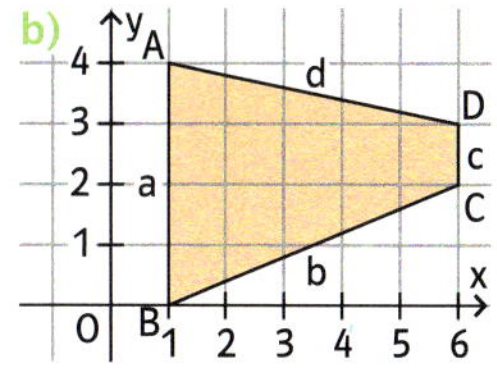

3 Bestimmen Sie das Volumen des abgebildeten Körpers.

a)

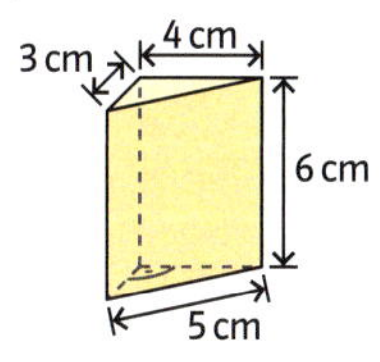

b)

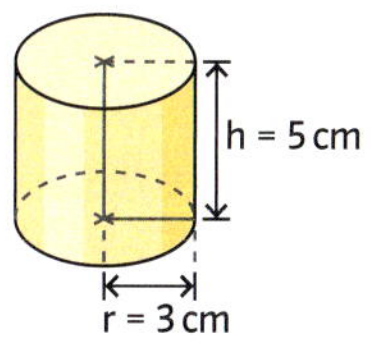

4 Welcher Körper hat das größere Volumen?

a)

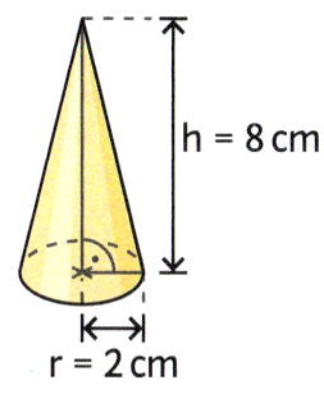

b)

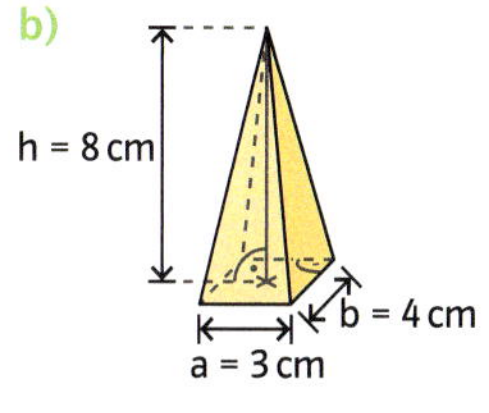

5 Berechnen Sie die Länge der rot gekennzeichneten Strecke.

a)

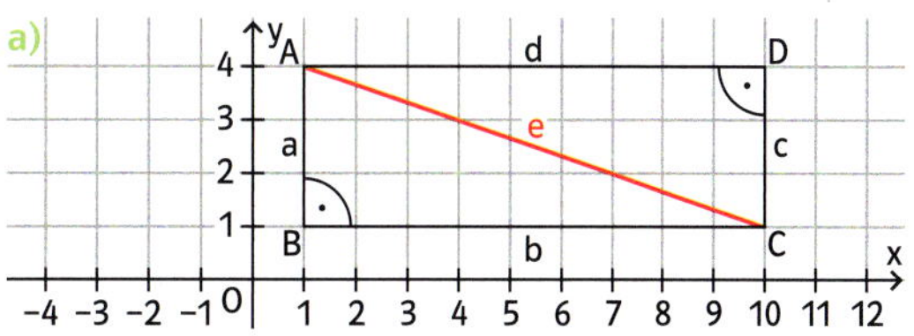

b)

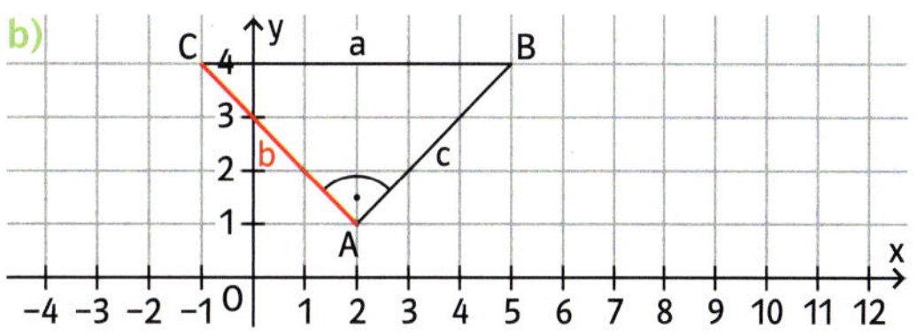

Geometrie (zu den Grundwissenaufgaben in Kapitel V)

Berechnungen an rechtwinkligen Dreiecken

Der Satz des Pythagoras (Aufgaben 5 und 6)
In jedem rechtwinkligen Dreieck ABC mit den Katheten a und b sowie der Hypotenuse c gilt $a^2 + b^2 = c^2$.

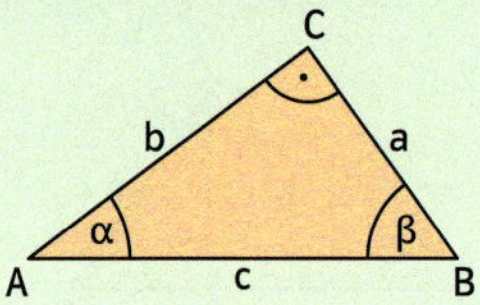

Sinus, Kosinus und Tangens (Aufgaben 7–9)
In jedem rechtwinkligen Dreieck mit $\gamma = 90°$ gilt:

$\sin(\alpha) = \frac{\text{Gegenkathete von } \alpha}{\text{Hypothenuse}}$,

$\cos(\alpha) = \frac{\text{Ankathete von } \alpha}{\text{Hypothenuse}}$,

$\tan(\alpha) = \frac{\text{Gegenkathete von } \alpha}{\text{Ankathete von } \alpha}$.

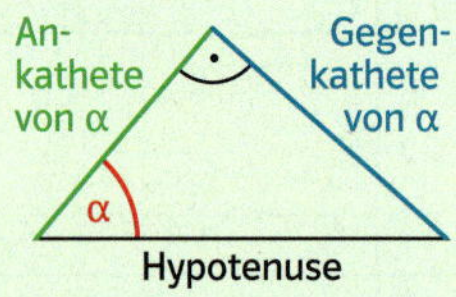

$\sin(\alpha) = \cos(\beta) = \frac{4}{5}$

$\cos(\alpha) = \sin(\beta) = \frac{3}{5}$

$\tan(\alpha) = \frac{4}{3}$, $\tan(\beta) = \frac{3}{4}$

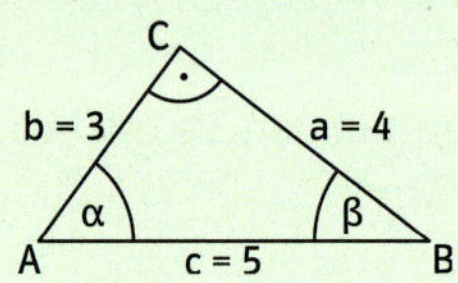

Berechnungen an beliebigen Dreiecken (Aufgabe 10)

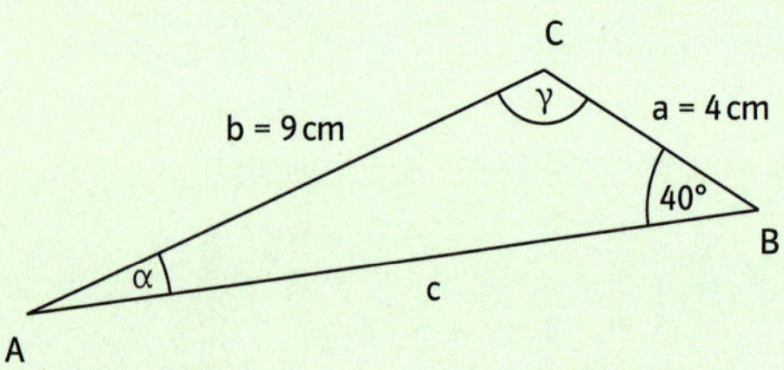

Sinussatz

$\frac{a}{b} = \frac{\sin(\alpha)}{\sin(\beta)}$, also $\sin(\alpha) = \frac{4\,\text{cm}}{9\,\text{cm}} \cdot \sin(40°)$

$\alpha \approx 16{,}6°$

Kosinussatz

$c^2 = a^2 + b^2 - 2ab \cdot \cos(\gamma)$

Mit $\gamma = 123{,}4°$ ergibt sich

$c^2 = (4\,\text{cm})^2 + (9\,\text{cm})^2 - 2 \cdot 4\,\text{cm} \cdot 9\,\text{cm} \cdot \cos(123{,}4°)$

$c = \sqrt{(4\,\text{cm})^2 + (9\,\text{cm})^2 - 2 \cdot 4\,\text{cm} \cdot 9\,\text{cm} \cdot \cos(123{,}4°)}$

$c \approx 11{,}7\,\text{cm}$.

Sinus- und Kosinussatz werden entsprechend für andere Seiten und Winkel des Dreiecks formuliert.

Grundwissen Test → Lösungen | Seite 207

6 Berechnen Sie die fehlenden Seitenlängen in dem gleichschenkligen Dreieck.

a) h = 3 cm, x = 4 cm
b) b = 13 cm, h = 12 cm
c) $\overline{AB}$ = 12 cm, b = 10 cm

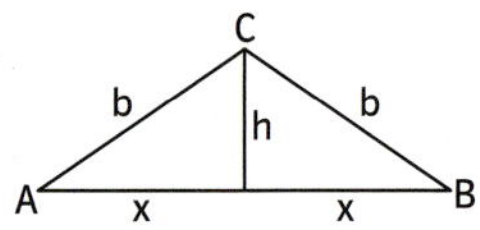

7 Berechnen Sie die fehlenden Größen.

a) b) c)

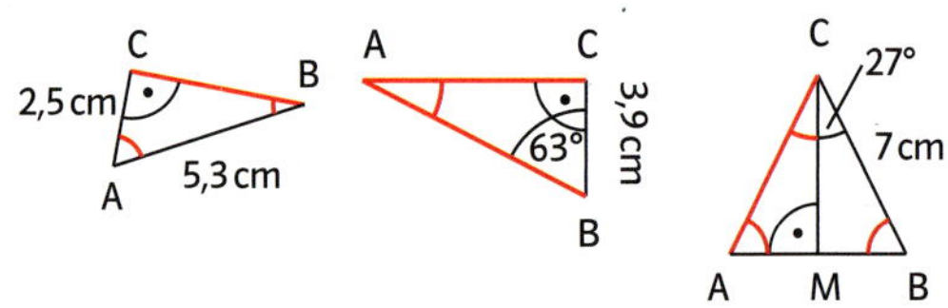

8 Berechnen Sie den Umfang des Rechtecks.

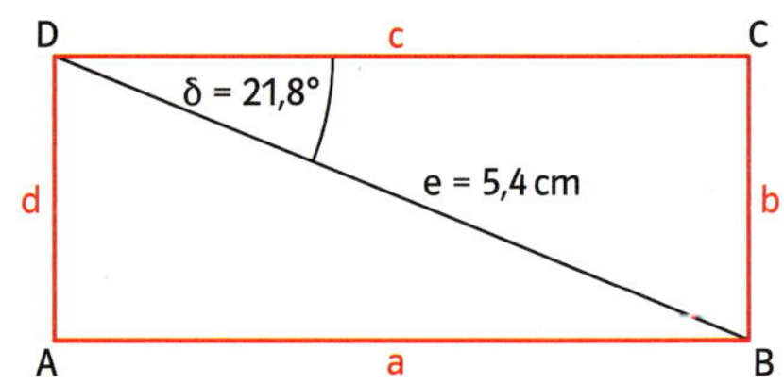

9 Bestimmen Sie im abgebildeten Quader die Länge der Flächendiagonale $\overline{AC}$ sowie die Winkelweite α zwischen der Raum- und der Flächendiagonale.

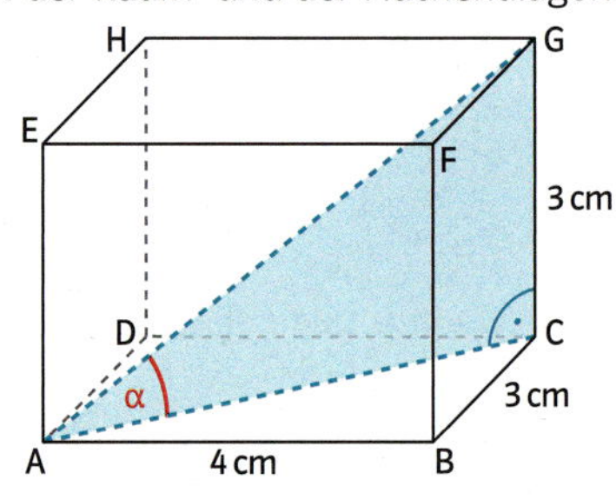

10 Berechnen Sie die fehlenden Werte des Dreiecks ABC.

	a)	b)	c)	d)	e)
a	6 cm		5 cm	11 cm	6 cm
b	8 cm	10 cm			8 cm
c			9 cm		5 cm
α		70°		25°	
β	50°	35°			
γ			85°	105°	

Grundlagen überprüfen und trainieren

Beim Sport wärmen Sie sich vor dem Training oder einem Wettkampf auf.
Sie können sich auch „mathematisch aufwärmen“, bevor Sie mit einem neuen Kapitel Ihres Mathematikbuches beginnen.
Auf den folgenden Seiten finden Sie zu jedem Kapitel einige passende „Aufwärmübungen“.

Bevor mit einem Kapitel begonnen wird, können Sie überprüfen, ob Sie schon fit genug sind.

Für jedes Kapitel gibt es eine Checkliste, mit der Sie zunächst einschätzen können, wie gut Sie bestimmte Dinge noch können, die für das Kapitel wichtig sind. Wenn Sie nicht genau wissen, was gemeint ist, sehen Sie sich die entsprechende Aufgabe an.

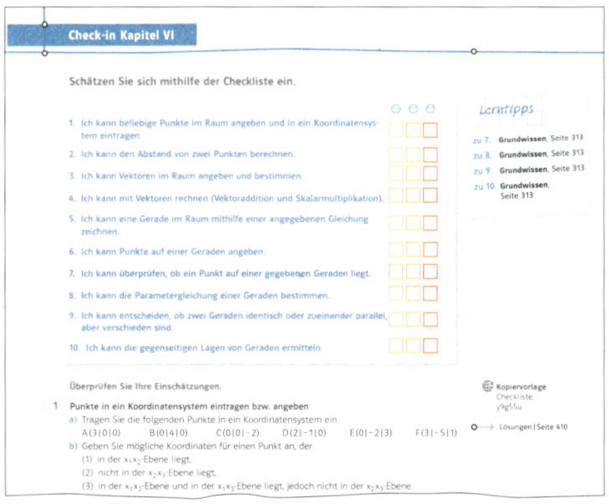

Check-in Kapitel VI

Schätzen Sie sich mithilfe der Checkliste ein.

1. Ich kann beliebige Punkte im Raum angeben und in ein Koordinatensystem eintragen.
2. Ich kann den Abstand von zwei Punkten berechnen.
3. Ich kann Vektoren im Raum angeben und bestimmen.
4. Ich kann mit Vektoren rechnen (Vektoraddition und Skalarmultiplikation).
5. Ich kann eine Gerade im Raum mithilfe einer angegebenen Gleichung zeichnen.
6. Ich kann Punkte auf einer Geraden angeben.
7. Ich kann überprüfen, ob ein Punkt auf einer gegebenen Geraden liegt.
8. Ich kann die Parametergleichung einer Geraden bestimmen.
9. Ich kann entscheiden, ob zwei Geraden identisch oder zueinander parallel, aber verschieden sind.
10. Ich kann die gegenseitigen Lagen von Geraden ermitteln.

Lerntipps
zu 7. **Grundwissen**, Seite 313
zu 8. **Grundwissen**, Seite 313
zu 9. **Grundwissen**, Seite 313
zu 10. **Grundwissen**, Seite 313

Überprüfen Sie Ihre Einschätzungen.

Kopiervorlage Checkliste y9g55u

Lösungen | Seite 410

1 **Punkte in ein Koordinatensystem eintragen bzw. angeben**
a) Tragen Sie die folgenden Punkte in ein Koordinatensystem ein.
A(3|0|0) B(0|4|0) C(0|0|−2) D(2|−1|0) E(0|−2|3) F(3|−5|1)
b) Geben Sie mögliche Koordinaten für einen Punkt an, der
(1) in der x_1x_2-Ebene liegt,
(2) nicht in der x_2x_3-Ebene liegt,
(3) in der x_1x_2-Ebene und in der x_1x_3-Ebene liegt, jedoch nicht in der x_2x_3-Ebene.

Sie können die Liste entweder in Ihr Heft übertragen oder über den angegebenen Code herunterladen. Kreuzen Sie dann die Liste an.

Kontrollieren Sie anschließend Ihre Selbsteinschätzung, indem Sie die Aufgaben bearbeiten.
Zu Punkt 1 gehört Aufgabe 1, zu Punkt 2 gehört Aufgabe 2 usw.

Ihre Ergebnisse können Sie mit den Lösungen ab Seite 207 vergleichen.

Ein Lerntipp zeigt Ihnen, wo Sie im Buch nachlesen können, wenn Sie etwas nicht mehr genau wissen.

Lerntipps

zu 1. **Lehrtext**, Seite 63
zu 3. **Beispiel 1**, Seite 96
zu 8. **Grundwissen**, Seite 160

Wenn es anschließend noch Themen geben sollte, bei denen Sie unsicher sind, sollten Sie diese Inhalte nacharbeiten. Zu manchen Themen bietet Ihnen das Grundwissen ab Seite 156 eine Hilfe.
Ihre Grundlagen können Sie zudem trainieren, indem Sie die Aufgaben im „Grundwissen Test“ am Ende einer jeden Lerneinheit bearbeiten.

Schätzen Sie sich mithilfe der Checkliste ein.

	☺	😐	☹
1. Ich kann Funktionen erkennen.	☐	☐	☐
2. Ich kann Funktionswerte berechnen.	☐	☐	☐
3. Ich kann mithilfe von Wertetabellen Funktionsgraphen zeichnen.	☐	☐	☐
4. Ich kann Terme quadratischer Funktionen ermitteln.	☐	☐	☐
5. Ich kann die Symmetrie bei Potenzfunktionen bestimmen.	☐	☐	☐

Lerntipps

zu 1. **Grundwissen**, Seite 15

zu 2. **Grundwissen**, Seite 15

zu 4. **Grundwissen**, Seite 15

zu 5. **Lehrtext**, Seite 37

Kopiervorlage Checkliste 9pb7sb

Lösungen | Seite 208

Überprüfen Sie Ihre Einschätzungen.

○ **1 Funktionen erkennen**

Geben Sie an, ob der Graph einer Funktion dargestellt ist.

a)

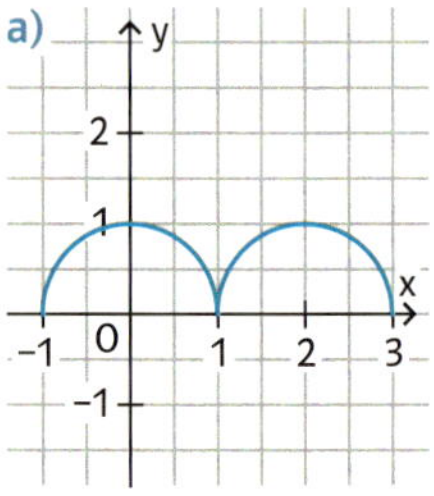

b)

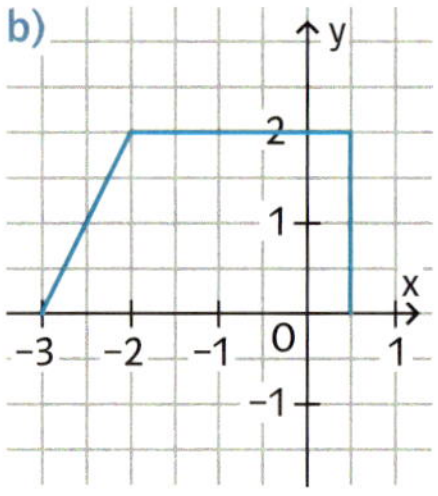

○ **2 Bestimmen Sie die angegebenen Funktionswerte.**

a) $f(x) = -4x + 9$; $f(-3)$

b) $f(x) = 2x^2 + 4x - 5$; $f(4)$

○ **3 Stellen Sie eine Wertetabelle für die Funktion f auf und zeichnen Sie damit den Graphen.**

a) $f(x) = -x + 2$; $-4 \leqq x \leqq 4$

b) $f(x) = \frac{1}{x^2}$; $-3 \leqq x \leqq 3$

○ **4 Terme quadratischer Funktionen ermitteln**

a) Geben Sie die Gleichung einer quadratischen Funktion in allgemeiner Form an, deren Graph gegenüber der Normalparabel um zwei Einheiten nach oben verschoben ist.

b) Geben Sie die Gleichung einer quadratischen Funktion in allgemeiner Form an, deren Graph gegenüber der Normalparabel um drei Einheiten nach links und um 4 Einheiten nach unten verschoben ist.

○ **5 Symmetrie bei Potenzfunktionen bestimmen**

Untersuchen Sie, ob der Graph symmetrisch ist.

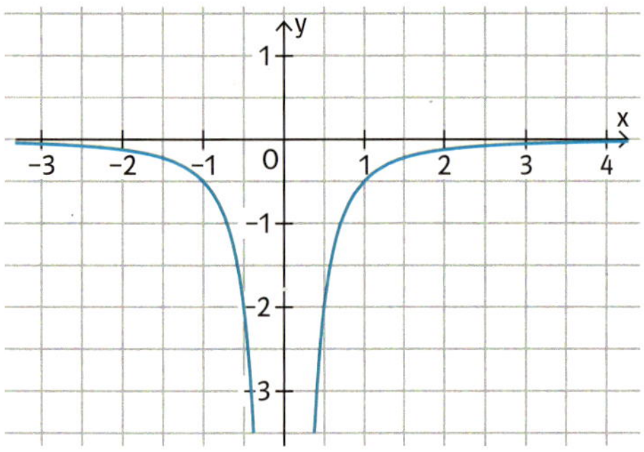

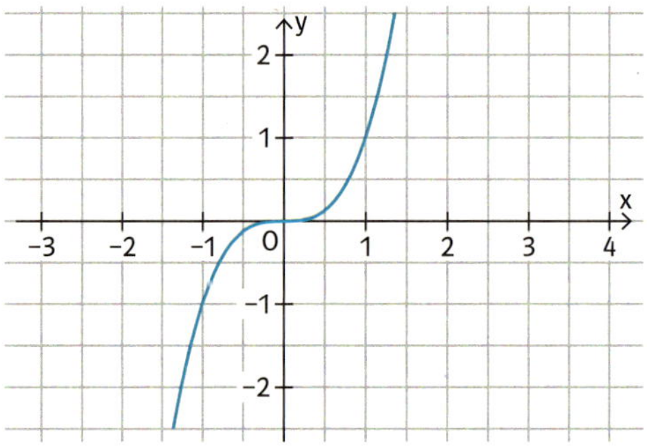

Check-in Kapitel IV

Schätzen Sie sich mithilfe der Checkliste ein.

	☺	😐	☹
1. Ich kann die Steigung einer Geraden im Koordinatensystem ermitteln.	☐	☐	☐
2. Ich kann Funktionswerte aus dem Graphen einer Funktion ablesen.	☐	☐	☐
3. Ich kenne die binomischen Formeln und kann sie anwenden.	☐	☐	☐
4. Ich kann einem Diagramm Informationen entnehmen.	☐	☐	☐

Lerntipps

zu 1. **Grundwissen**, Seiten 156 und 157

zu 3. **Grundwissen**, Seite 159

Kopiervorlage Checkliste z596n2

Lösungen | Seite 209

Überprüfen Sie Ihre Einschätzungen.

○ **1 Steigung einer Geraden ermitteln**

Bestimmen Sie die Steigung der Geraden.

a)
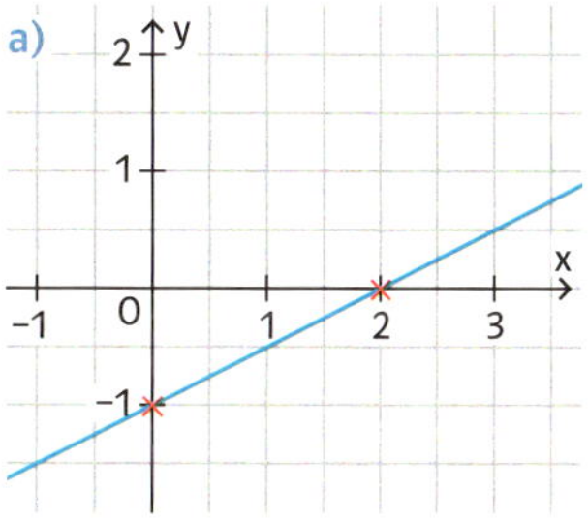

b)
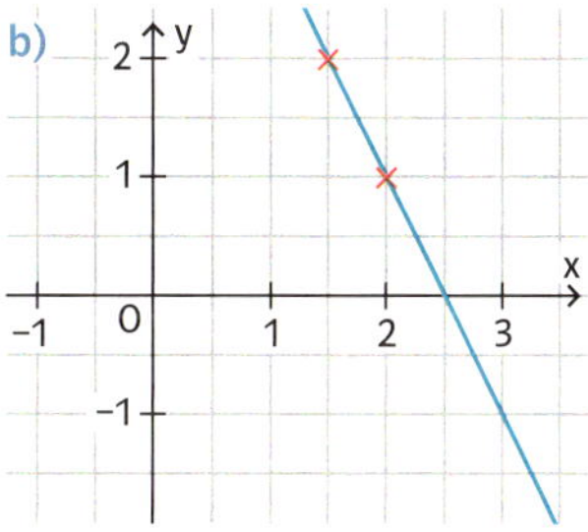

c)
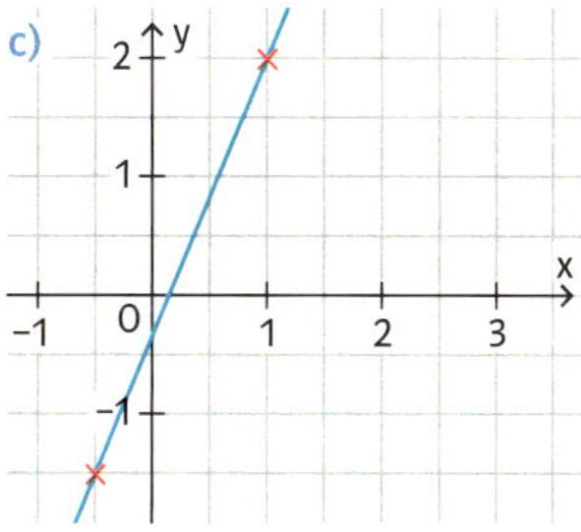

○ **2 Funktionswerte ablesen**

Lesen Sie die Werte aus dem Graphen von f ab.

a) f(1)

b) Funktionswert von f an der Stelle 0,5

c) f(−0,5) − f(−2,5)

d) Nullstellen von f

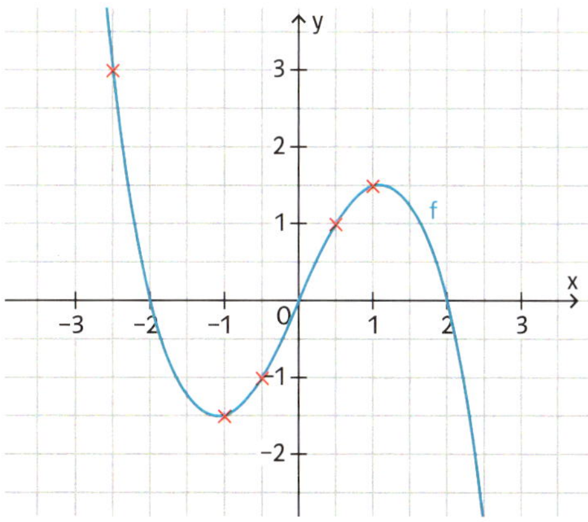

○ **3 Binomische Formeln anwenden**

Formen Sie den Term mithilfe einer binomischen Formel um.

a) $(a + b)^2$ b) $(x + h)^2$

c) $(c - 7)^2$ d) $(a + b) \cdot (a - b)$

e) $x^2 - 7^2$ f) $x^2 - a^2$

○ **4 Diagrammen Informationen entnehmen**

Das Diagramm zeigt die Höhe eines Heißluftballons in Abhängigkeit von der Zeit. Welche der Aussagen über die Fahrt ist wahr, welche falsch? Begründen Sie.

A: Die Ballonfahrt dauert 800 min.

B: 50 Minuten nach dem Start beginnt der Ballon zu sinken.

C: Zwischen 30 und 35 min nach dem Start bleibt der Ballon auf gleicher Höhe.

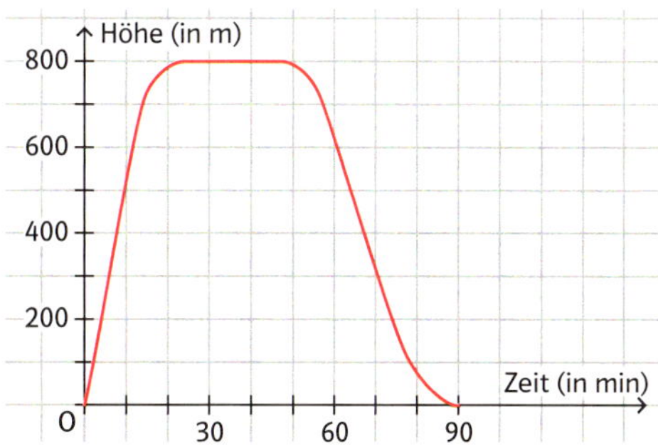

16

a) $2^8 = 256$ b) a^7 c) $10^2 = 100$ d) $(xy)^3$

e) k f) a^{12} g) x^3yz h) $3^4 = 81$

Seite 39

6

a) $p = 64$; $q = -2$; $r = 0{,}1$; $s = -2$

b) $p = 2{,}48832$

11

a) $a = 0{,}5$

b) Der Punkt B liegt nicht auf dem Graphen der Funktion f, der Punkt C liegt darauf.

14

a) $5^{\frac{3}{4}} = \sqrt[4]{5^3}$ b) $10^{\frac{1}{6}} = \sqrt[6]{10}$

c) $8^{\frac{2}{3}} = \sqrt[3]{8^2} = 4$ d) $3^{\frac{1}{2}} = \sqrt{3}$

Seite 43

5

a) Der Punkt P liegt auf dem Graphen der Funktion f, der Punkt Q jedoch nicht.

b) Die y-Koordinate des Punktes R hat den Wert $\frac{3}{8}$.

8

Gesucht ist jeweils eine Funktionsgleichung der Form $y = a \cdot x^{-n}$, $n \in \mathbb{N}$, $a \neq 0$.

a) n ungerade, a beliebig; zum Beispiel $y = 2x^{-3}$

b) n beliebig, $a = -5$; zum Beispiel $y = -5x^{-2}$

c) $n = 2$, a beliebig; zum Beispiel $y = 3x^{-2}$

9

a) $P(2\,|\,-1)$ ist Punkt des Graphen von f, also gilt: $f(2) = a \cdot 2^{-4} = -1$ und damit $a = -16$.

b) $f(-1) = -16 \cdot (-1)^{-4} = -16 \neq 16$; $Q(-1\,|\,16)$ liegt also nicht auf dem Graphen von f, sondern oberhalb des Graphen.
$f(0{,}5) = -16 \cdot (0{,}5)^{-4} = -256$; $R(0{,}5\,|\,-256)$ liegt also auf dem Graphen von f.

12

a) $x^{-2}y^2z^{-1}$ b) y c) 3

d) $6^{-\frac{1}{12}}$ e) $z^{\frac{2}{3}}$ f) x^3y

Seite 46

4

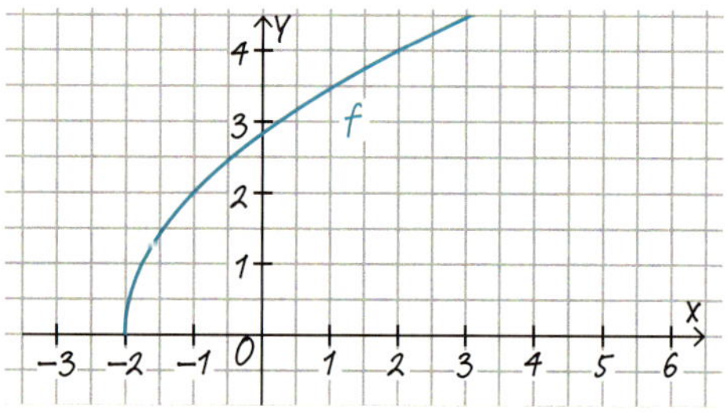

Beide Punkte, P und Q, liegen auf dem Graphen der Funktion f.

8

Setzt man die Koordinaten des Punktes A in die Funktionsgleichung ein, so erhält man $(4 - b)^{\frac{1}{n}} = 1$ und somit $b = 3$.
Hiermit und mithilfe des Punktes B bestimmt man $n = 2$.
Somit ist $f(x) = \sqrt{x - 3}$.

11

Die Temperatur muss um den Faktor $\sqrt{2}$ erhöht werden, da $(\sqrt{2})^4 = 4$ ist.

Seite 49

6

Verschieben des Graphen von f um -2 in x-Richtung ergibt den Graphen von g mit $g(x) = \sqrt{x + 2}$.
Stauchen des Graphen von f mit $-0{,}5$ in y-Richtung ergibt den Graphen von h mit $h(x) = -0{,}5\sqrt{x}$.

7

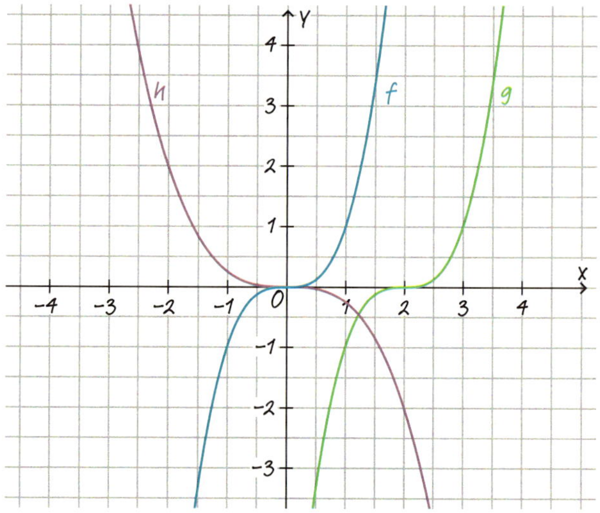

Seite 50

11

(1) Der Graph von f wird mit dem Faktor $\frac{1}{4}$ in y-Richtung gestaucht, um -2 in x-Richtung verschoben und um -1 in y-Richtung verschoben. Es ergibt sich $g(x) = \frac{1}{4}(x + 2)^3 - 1$.

(2) Der Graph von f wird um 2 in x-Richtung verschoben und um -1 in y-Richtung verschoben. Es ergibt sich $g(x) = \frac{1}{x - 2} - 1$.

12

a)

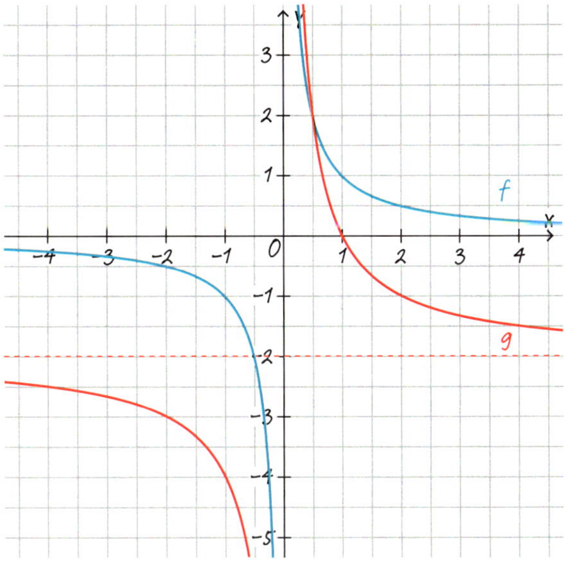

b)

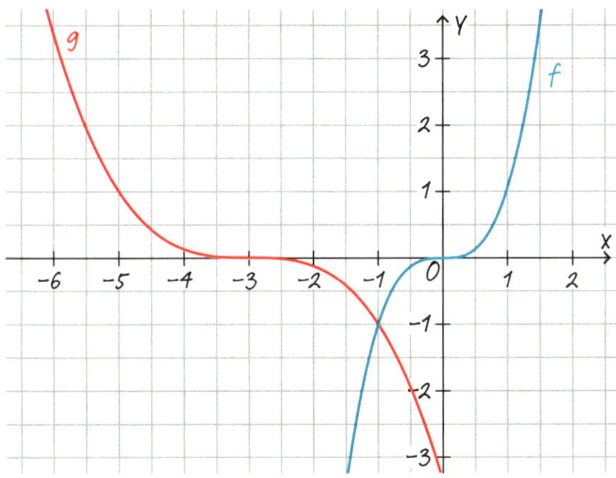

15

a) $x = 4$ b) $x = 5$

c) keine Lösung d) $x = 1{,}5$

Seite 53

1

a) $D_f = \mathbb{R}$, $W_f = [0; \infty)$ und $b = 1{,}6$

b) $D_f = \mathbb{R} \setminus \{0\}$, $W_f = \mathbb{R} \setminus \{0\}$ und $b = -\frac{3}{2}$

c) $D_f = [-3; \infty)$, $W_f = [0; \infty)$ und $b = 1$

d) $D_f = \mathbb{R} \setminus \{0\}$, $W_f = (0; \infty)$ und $b = \frac{1}{8}$

2

a)

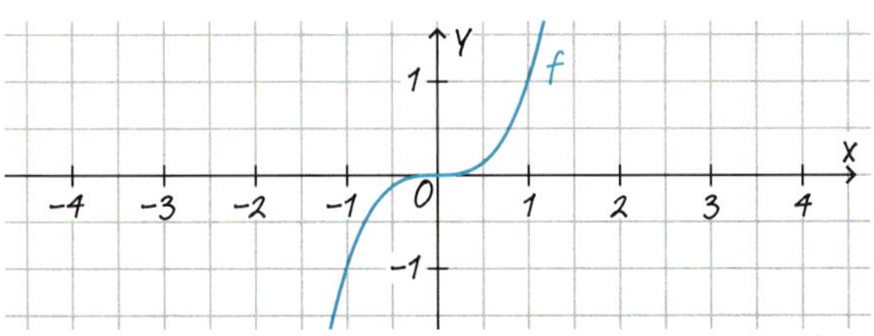

b)

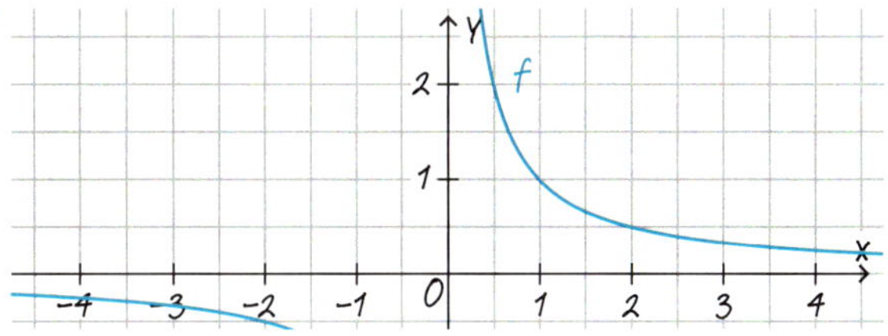

c)

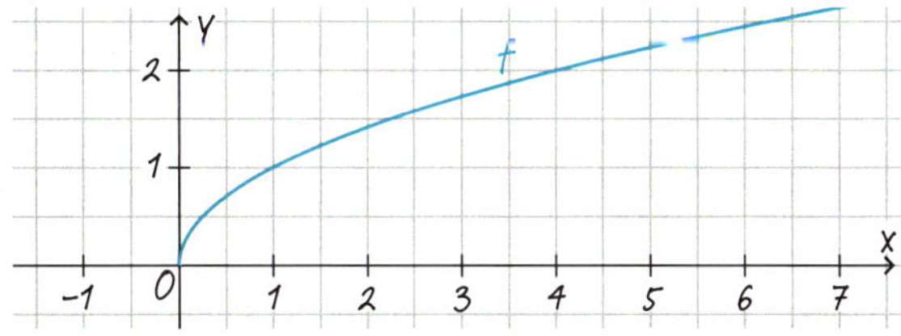

3

$g(x) = \frac{1}{x} + 1{,}5$, $h(x) = \frac{1}{x-2}$

4

a) $a = 4$; $n = 3$; $f(x) = 4x^3$ b) $a = 4$; $n = 5$; $f(x) = 4x^5$

5

a) Von Mitternacht bis um ca. 6 Uhr früh nimmt die Temperatur am Boden bis auf den Tiefststand ab. Danach steigt sie bis zum Nachmittag um ca. 16 Uhr auf ihren Höchststand über 11 °C an. Von dort an nimmt die Temperatur wieder ab.

b) Boden: tiefste Temperatur ca. 6,9 °C
höchste Temperatur ca. 11,3 °C
Spitze: tiefste Temperatur ca. 6 °C
höchste Temperatur ca. 12,3 °C
An der Spitze schwankt die Temperatur stärker.

c) Bis die Temperatur am Boden steigt bzw. abkühlt dauert es im Vergleich zur Spitze etwa eine Stunde länger. Das könnte dadurch erklärt werden, dass die Spitze früher von der Sonne beschienen wird als die Bodenstation, allerdings aufgrund der Höhe auch schneller wieder abkühlt. Hier können mehrere Interpretationen richtig sein.

6

$f(a) = g(a)$ ⇔ f und g haben an der Stelle a den gleichen Funktionswert. (Puzzle-Teile B und F)

$f(x) = 0{,}5x - 2$ ⇔ Die Funktion f ordnet jeder Zahl zwei weniger als ihre Hälfte zu. (Puzzle-Teile A und H)

$g(3) = 7$ ⇔ Der Wert von g für $x = 3$ ist 7. (Puzzle-Teile C und I)

$D_f = \mathbb{R} \setminus \{1\}$ ⇔ Die Definitionsmenge von f besteht aus allen Zahlen außer 1. (Puzzle-Teile E und J)

$f(a) < g(a)$ ⇔ An der Stelle a ist der Funktionswert von g größer als der von f. (Puzzle-Teile D und G)

7

a) zu f: $z = 3$; zu h: $z = 1$; zu g: $z = -1$

b) Der Graph einer Funktion der Form $f(x) = x^z$ mit ungeraden ist punktsymmetrisch zum Ursprung jeweils im 1. und 3. Quadranten des Koordinatensystems.
Der Graph einer Funktion der Form $f(x) = x^z$ ist für $z < 0$ eine Hyperbel, für $z = 1$ die Gerade mit der Gleichung $y = z$ (1. Winkelhalbierende) und für $z \geq 3$ eine Parabel.

Seite 54

8

a) $V = \frac{4}{3}\pi r^3$; $r = \sqrt[3]{\frac{3}{4\pi} \cdot V}$;

$A(V) = 4\pi r^2 = 4\pi \cdot \left(\frac{3}{4\pi}V\right)^{\frac{2}{3}}$

Zeichnung:

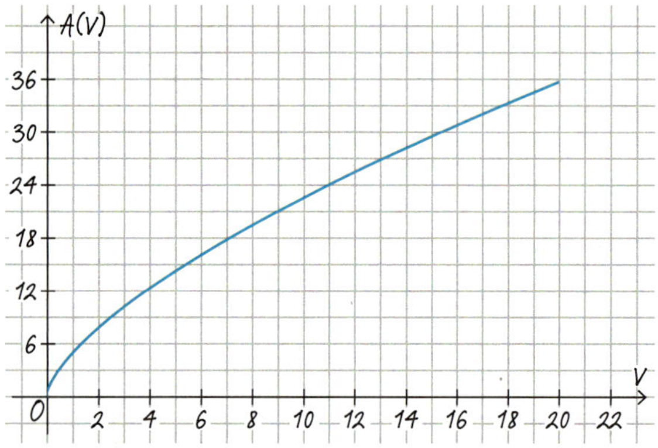

b) $A(5V) = 4\pi \cdot \left(\frac{3}{4\pi}5V\right)^{\frac{2}{3}} = 4\pi \cdot \left(\frac{3}{4\pi}V\right)^{\frac{2}{3}} \cdot (5)^{\frac{2}{3}} \approx A(V) \cdot 2{,}92$

Verfünffacht man das Volumen, wird also der Oberflächeninhalt ungefähr verdreifacht. Die Aussage ist wahr.

9

A: $f(x) = \frac{1}{(x+2)^2} - 1$ B: $f(x) = -\frac{2}{x^2} + 2$

10

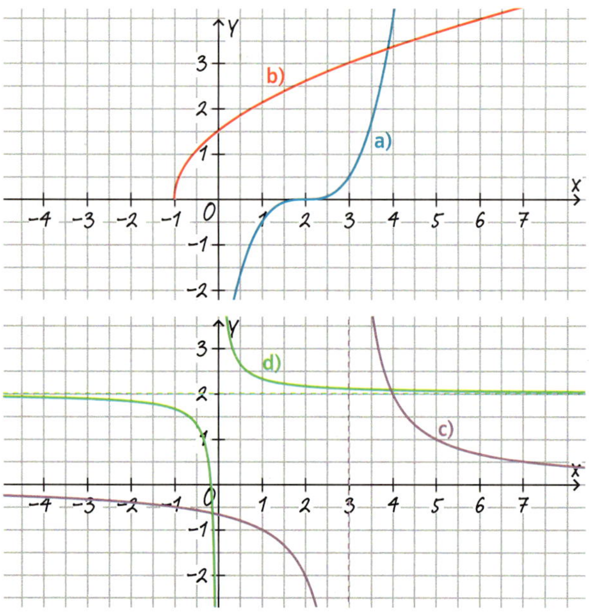

11

a) Aus $r^* = \frac{1}{4}r$ folgt $I^* = \left(\frac{1}{4}\right)^4 \cdot I = \frac{1}{256} \cdot I$. Die Blutstromstärke verringert sich auf $\frac{1}{256}$.

b) Aus $(r^*)^4 = 2r^4$ folgt $r^* = \sqrt[4]{2}\,r \approx 1{,}19 \cdot r$. Der Durchmesser muss um etwa 19 % erweitert werden.

12

a) Bei einem 71 m hohen Turm kann eine Endgeschwindigkeit von etwa $37{,}3\,\frac{m}{s}$ erreicht werden. Das entspricht einer Geschwindigkeit von $134{,}4\,\frac{km}{h}$.

b) Aus $v = \sqrt{2g \cdot h}$ ergibt sich $h = \frac{v^2}{2g}$.

Die Birne ist aus etwa 11,5 m Höhe gefallen

c) Wegen der mit wachsender Geschwindigkeit immer stärker anwachsenden Luftreibung kann die Geschwindigkeit bei der Fallbewegung nicht beliebig groß werden. Mithilfe einer geeigneten Sprungtechnik (vgl. Foto auf Seite 54) kann die Grenzgeschwindigkeit, die erreicht wird, auf etwa $200\,\frac{km}{h}$ begrenzt werden.

13

a) durch Strecken in y-Richtung mit dem Faktor 3
b) durch Strecken in y-Richtung mit dem Faktor 8
c) durch Stauchen in y-Richtung mit dem Faktor $-\frac{1}{3}$
d) durch Stauchen in y-Richtung mit dem Faktor $-\frac{1}{2}$

Seite 55

14

(1) $g(x) = (x+2)^2 - 1$ und $h(x) = -3(x-1)^2$

(2) $g(x) = -(x-2)^3 + 1$ und $h(x) = \frac{1}{8}x^3$

(3) $g(x) = -(x+3)^4 + 1$ und $h(x) = \frac{1}{256}x^4 - 1$

(4) $g(x) = 4x^2 - 1$ und $h(x) = -(x-2)^2$

(5) $g(x) = -x^3 + 2$ und $h(x) = \frac{1}{8}(x-2)^3 + 1$

(6) $g(x) = -(x-1)^4 + 2$ und $h(x) = \frac{1}{81}x^4 - 1$

15

a) $g(x) = -\frac{1}{4}x^3$ b) $g(x) = \frac{1}{4}(-x)^3 = -\frac{1}{4}x^3$

c) $g(x) = 2 \cdot \frac{1}{4}x^3 = \frac{1}{2}x^3$ d) $g(x) = \frac{1}{4}(x-3)^3$

16

a) $g(x) = 0{,}5 \cdot (x-3) + 2 = 0{,}5x - 1{,}5 + 2 = 0{,}5x + 0{,}5$. Beide Funktionsgleichungen sind also gleich.

b) Eine Verschiebung in x-Richtung kann immer als Verschiebung in y-Richtung gedeutet werden, da durch Ausmultiplizieren der Klammer ein absoluter Term entsteht, der zusammen mit dem bisherigen y-Achsenabschnitt einen neuen y-Achsenabschnitt ergibt.

17

a) $f(x) = \frac{1}{2}(x-1)^3 + 2$ b) $f(x) = (x+2)^{-2} + 2$

c) $f(x) = \frac{1}{4}\left(x + \frac{1}{2}\right)^{-1} - 1$

Seite 57

Runde 1

1

a) Der Funktionswert von f an der Stelle 3 ist 4.
b) An der Stelle 2 ist der Funktionswert von g größer als der Funktionswert von h.

c) Für jeden Wert aus dem Intervall von 0 bis 5 (je einschließlich) ist der Funktionswert von f negativ (kleiner als null).

d) Die Definitionsmenge von f besteht aus allen reellen Zahlen außer der Zahl 3.

e) Für alle Zahlen, die größer als null und kleiner oder gleich zehn sind, ist der Funktionswert von f ungleich null.

f) Die Wertemenge von f besteht aus allen reellen Zahlen von −1 bis 1 (jeweils einschließlich).

2

a) Die Punktprobe mit Punkt P ergibt $a = \frac{1}{2}$, also $f(x) = \frac{1}{2}x^3$. Damit hat der Punkt Q die Koordinaten $Q(3\,|\,13{,}5)$.

b) $a = 16$; $Q\left(3\,\middle|\,\frac{16}{9}\right)$

c) $a = \frac{7}{4}$; $Q\left(3\,\middle|\,\frac{4}{5}\right)$

3

$D_f = [2; \infty)$

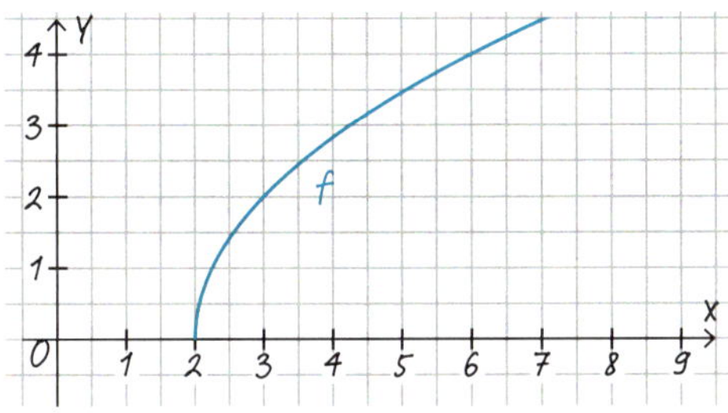

4

Verschieben des Graphen von f um −2 in x-Richtung und Spiegelung an der x-Achse ergibt den Graphen von g mit $g(x) = -(x+2)^4$.

Stauchen des Graphen von f um $\frac{1}{8}$ in y-Richtung und anschließendes Verschieben um −1 in y-Richtung ergibt den Graphen von h mit $h(x) = \frac{1}{8}x^4 - 1$.

5

Man macht die Punktprobe mit dem Punkt P und bestimmt daraus den Wert von a. Es ergibt sich $a = 64$.

Runde 2

1

a) $D_g = [-1; \infty)$; $W_g = (-\infty; 10]$

b)

x	−2	−1	0	1	2	3	4	5	6	7	8
g(x)	−	10	9,0	8,6	8,3	8,0	7,8	7,6	7,4	7,2	7,0

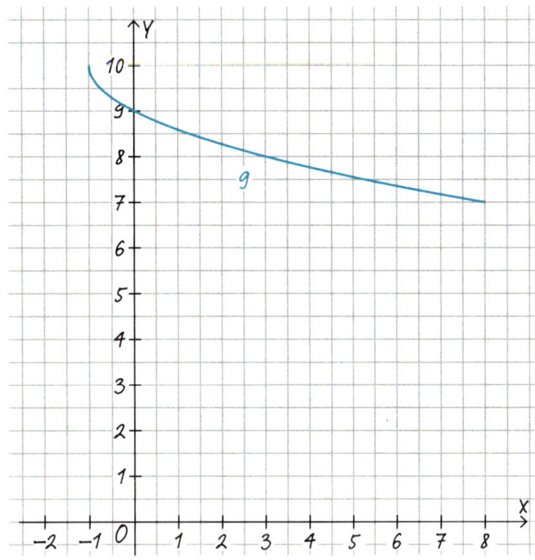

c) $g(1{,}25) = 10 - \sqrt{2{,}25} = 8{,}5$

$g(-0{,}75) = 9{,}5$

$g(x) = 6 \Leftrightarrow 10 - \sqrt{x+1} = 6 \Rightarrow x + 1 = 16 \Leftrightarrow x = 15$

$g(15) = 10 - \sqrt{16} = 10 - 4 = 6$;

$x = 15$ ist Lösung der Gleichung.

2

a) $(-\infty; 5)$ b) $(-7; 3]$ c) $(0; \infty)$

3

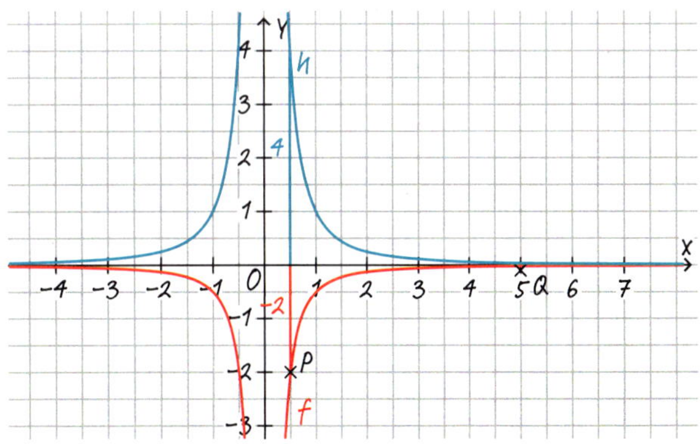

$f(0{,}5) = -0{,}5 \cdot 0{,}5^{-2} = -2$; $P(0{,}5\,|\,-2)$ liegt also auf dem Graphen von f.

$f(5) = -0{,}5 \cdot 0{,}5^{-2} = -0{,}02 \neq -0{,}1$; $Q(5\,|\,-0{,}1)$ liegt also nicht auf dem Graphen von f, sondern unterhalb des Graphen.

4

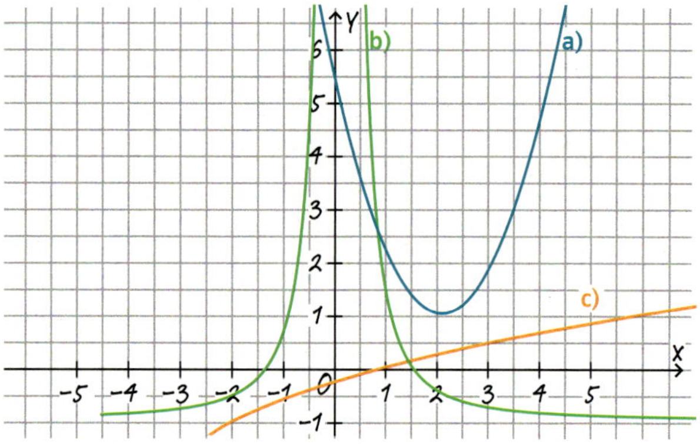

5

a) Falsch. Wenn gewährleistet ist, dass der Radikand nicht negativ werden kann, können alle reelle Zahlen für x eingesetzt werden. Beispiel: $f(x) = \sqrt{x^2 + 1}$.

b) Richtig. Da der Term $\frac{1}{0^n}$ nicht definiert ist, haben diese Funktionen immer eine Definitionslücke bei 0.

III Ganzrationale Funktionen und ihre Graphen

Seite 62

4

a) $D_f = \mathbb{R}\backslash\{0\}$

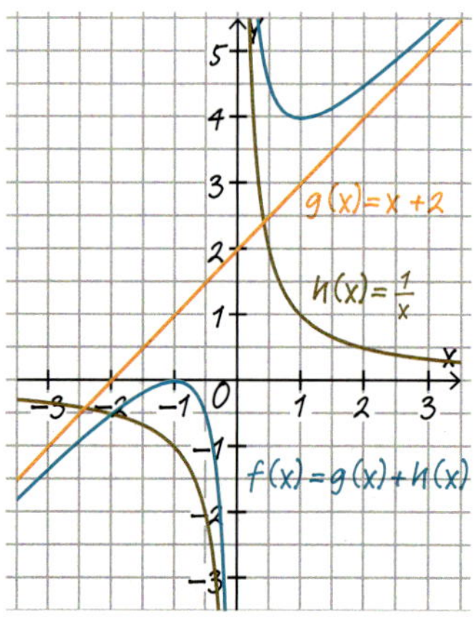

b) $D_f = \mathbb{R}\backslash\{0\}$

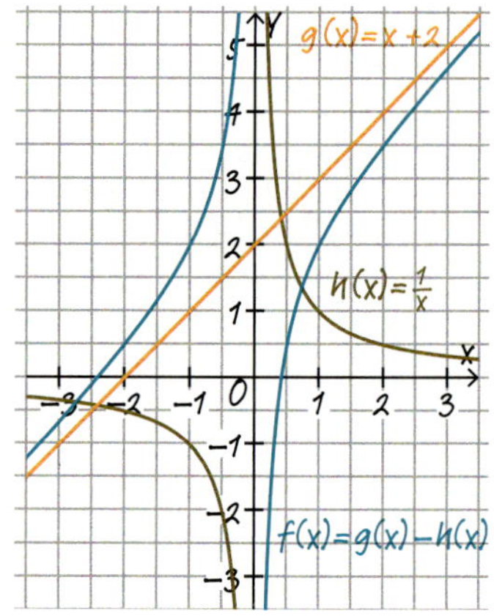

c) $D_f = \mathbb{R}\backslash\{0\}$

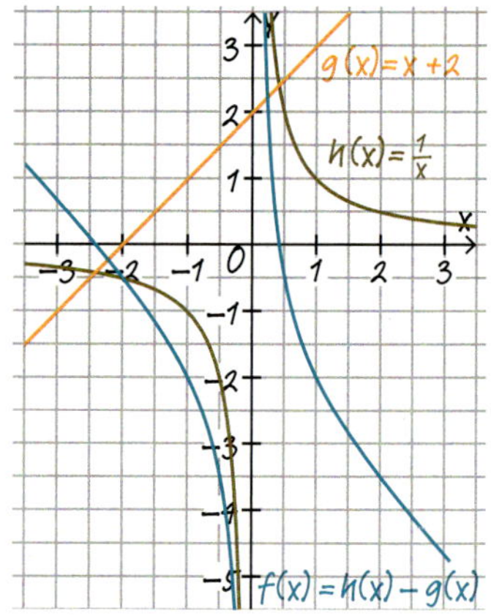

7

$j(4) = i(a) + z$ mit $z > 0$.
$k(4) = i(4) - j(4) = i(4) - (i(4) + z) = -z < 0$.
Die Aussage ist wahr.

9

a) $4(x + 2) = 4x + 8$
b) $-x(1 - x) = -x + x^2$
c) $(a + 2)(3 + b) = 3a + ab + 6 + 2b$
d) $(y - 3)(4 - y) = -y^2 + 7y - 12$

10

a) $7x + 14x^2 + 7a = 7(x + 2x^2 + a)$
b) $x + 12x^2 - 3x^3 = x(1 + 12x - 3x^2)$
c) $-2x^2 + 4x^5 - 6x = 2x(-x + 2x^4 - 3)$
d) $4ab^3 - 8a^4b^2 = 4ab^2(b - 2a^3)$

Seite 65

6

a) Für $x \to +\infty$ gilt $f(x) \to +\infty$, für $x \to -\infty$ gilt $f(x) \to -\infty$.
b) Für $x \to +\infty$ gilt $f(x) \to -\infty$, für $x \to -\infty$ gilt $f(x) \to -\infty$.
c) Für $x \to +\infty$ gilt $f(x) \to -\infty$, für $x \to -\infty$ gilt $f(x) \to +\infty$.
d) Für $x \to +\infty$ gilt $f(x) \to -\infty$, für $x \to -\infty$ gilt $f(x) \to -\infty$.
Begründung: Das Verhalten richtet sich jeweils nach dem Term mit der höchsten Potenz von x.

10

a) n muss eine gerade natürliche Zahl mit $n \geq 4$ sein und a muss negativ sein.

b) Es ist $h(x) = x^3 - x$. Für $x \to -\infty$ gilt $h(x) \to -\infty$, für $x \to +\infty$ gilt $h(x) \to +\infty$.

12

a) $(z + 3)^2 = z^2 + 6z + 9$

b) $(4 - 2x)^2 = 16 - 16x + 4x^2$

c) $(9 + a)(9 - a) = 81 - a^2$

d) $(9 + a)(9 - b) = 81 - 9b + 9a - ab$

13

a) $w^2 - 25w = w(w - 25)$

b) $y^2 - 8y + 16 = (y - 4)^2$

b) $w^2 - 25 = (w + 5)(w - 5)$

c) $4b^2 + 12b + 9 = (2b + 3)^2$

Seite 68

4

Zum Graphen A gehört h. Begründung: Da der Graph A punktsymmetrisch zu O ist, müssen bei der zugehörigen Funktion alle Hochzahlen der Potenzen von x ungerade sein. Dies trifft auf g und h zu. Das Verhalten für $x \to \pm\infty$ passt nur zu h.
Zum Graphen B gehört f. Begründung: Da der Graph B achsensymmetrisch zur y-Achse ist, müssen bei der zugehörigen Funktion alle Hochzahlen der Potenzen von x gerade sein. Dies trifft nur auf f zu. Zudem passt das Verhalten für $x \to \pm\infty$ zu f.

10

Wegen $f(-x) = \frac{-(-x)}{(-x)^2 + 2} = \frac{x}{x^2 + 2} = -f(x)$ ist der Graph von f punktsymmetrisch zum Ursprung.

11

Für die Punktsymmetrie zum Ursprung dürfen nur ungerade Exponenten auftreten, also muss $c = 0$ gelten und b ungerade sein. Aus dem Grenzverhalten folgt $a > 0$.

13

a) $2x + 6 = 38 \Leftrightarrow 2x = 32 \Leftrightarrow x = 16$

b) $6x - 2 = -2x + 4 \Leftrightarrow 8x = 6 \Leftrightarrow x = \frac{3}{4}$

c) $\frac{1}{4}x + 4 = \frac{1}{2}x - 9 \Leftrightarrow 13 = \frac{1}{4}x \Leftrightarrow x = 52$

14

a) $x^2 - 8x - 9 = 0 \Leftrightarrow x_{1,2} = 4 \pm \sqrt{16 + 9} = 4 \pm 5$; $x_1 = 9$, $x_2 = -1$

b) $x^2 + 6x + 7 = 0 \Leftrightarrow x_{1,2} = -3 \pm \sqrt{9 - 7}$;
$x_1 = -3 + \sqrt{2}$, $x_2 = -3 - \sqrt{2}$

c) $2x^2 - 8x + 6 = 0 \Leftrightarrow x^2 - 4x + 3 = 0 \Leftrightarrow x_{1,2} = 2 \pm \sqrt{4 - 3}$;
$x_1 = 3$, $x_2 = 1$

Seite 71

6

a) $x_1 = -2$, $x_2 = -1$, $x_3 = 1$, $x_4 = 2$

b) $(0{,}2x + 3)\left(x^2 - \frac{1}{9}\right) = 0 \Leftrightarrow (0{,}2x + 3) = 0$ oder $\left(x^2 - \frac{1}{9}\right) = 0$;
$x_1 = -15$, $x_2 = \frac{1}{3}$, $x_3 = -\frac{1}{3}$

c) $t^3 - 7t^2 - 8t = 0 \Leftrightarrow t(t^2 - 7t - 8) = 0$; $t_1 = 0$, $t_2 = -1$, $t_3 = 8$

Seite 72

17

Ansatz: $f(x) = g(x) \Leftrightarrow x^3 - 4x + 2 = 2 \Leftrightarrow x^3 - 4x = 0$
$\Leftrightarrow x(x^2 - 4) = 0$.
Lösungen: $x_1 = 0$, $x_2 = -2$ und $x_3 = 2$.
Schnittpunkte der Graphen von f und g: $S_1(0|2)$, $S_2(-2|2)$ und $S_3(2|2)$.

18

a) Die Funktion f hat für $x \to \pm\infty$ ein anderes Verhalten als die Funktion, die zum Graphen A gehört.
Der Graph von f ist nicht punktsymmetrisch zum Ursprung wie Graph B.

b) Zum Skizzieren verwendet man das Verhalten der Funktion f für $x \to \pm\infty$ sowie ihre Nullstellen.
Für $x \to -\infty$ geht f(x) gegen $-\infty$ und für $x \to +\infty$ gegen $+\infty$.
Aus $x^3 + 4x^2 + 3x = x(x^2 + 4x + 3) = 0$ ergeben sich die Nullstellen $x_1 = 0$, $x_2 = -1$ und $x_3 = -3$.

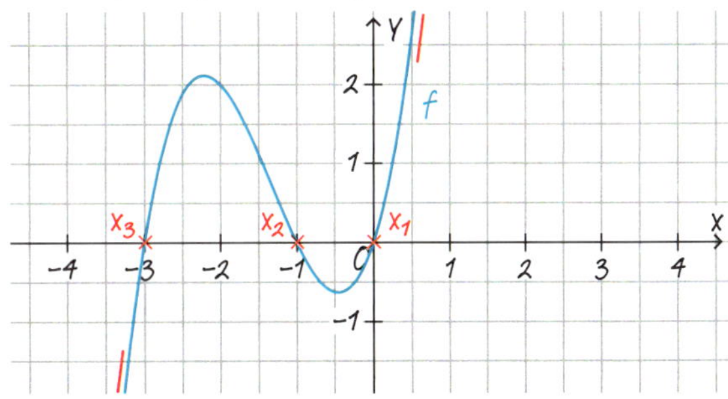

22

a) $3(x + 8) = -2x \Leftrightarrow 3x + 24 = -2x \Leftrightarrow x = -4{,}8$

b) $-6(-x) = 9(2x + 1) \Leftrightarrow 6x = 18x + 9$; $x = -\frac{3}{4}$

c) $(x + 2)^2 - (4 - x)^2 = 0 \Leftrightarrow x^2 + 4x + 4 - 16 + 8x - x^2 = 0$
$\Leftrightarrow 12x - 12 = 0 \Leftrightarrow x = 1$

d) $(2x - 3)^2 + 15 = (x + 3)^2 \Leftrightarrow 4x^2 - 12x + 9 + 15 = x^2 + 6x + 9$
$\Leftrightarrow 3x^2 - 18x + 15 = 0 \Leftrightarrow x^2 - 6x + 5 = 0$; $x_1 = 5$, $x_2 = 1$

Seite 75

5

a) f hat die Nullstellen $x_1 = -7$, $x_2 = 2{,}2$ und $x_3 = 3$.

b) f hat die Nullstellen $x_1 = -8$, $x_2 = 2$ und $x_3 = -2$.

6

z.B. $f(x) = (x + 2)(x - 3) = x^2 - x - 6$

10

$f(x) = k(x + 4)(x + 1)(x - 2)$;
$f(-2) = k(2)(-1)(-4) = 8k = -30 \Leftrightarrow k = -3{,}75$
Also: $f(x) = -3{,}75(x + 4)(x + 1)(x - 2)$

11

$f(x) = 2(x - 7)(x - 1)(x + 5)$;
Die Nullstellen sind $x_1 = 7$, $x_2 = 1$, $x_3 = -5$.

14

a) $x = 3$ b) $x = 4$

c) $2 \cdot 4^{2x} = 8 \Leftrightarrow 4^{2x} = 4 = 4^1;\ x = 0{,}5$

d) $7^{2x-1} = 343 = 7^3 \Leftrightarrow 2x - 1 = 3 \Leftrightarrow x = 2$

Seite 78

4

a) Mit $f(x) = ax^2 + bx + c$ folgt aus den Bedingungen das Gleichungssystem

$$\left| \begin{array}{l} 6{,}25 = a \cdot (-2)^2 + b \cdot (-2) + c \\ 0{,}25 = a \cdot 0^2 \quad + b \cdot 0 \quad + c \\ -4{,}25 = a \cdot 1^2 \quad + b \cdot 1 \quad + c \end{array} \right|$$

Die Lösung ist $a = -0{,}5$, $b = -4$ und $c = 0{,}25$. Die gesuchte Funktion hat die Gleichung $f(x) = -0{,}5x^2 - 4x + 0{,}25$.

b) $f(x) = -3x^3 + x^2 + 6x$

8

a) Ansatz: $f(x) = ax^2 + bx + c$ (x und f(x) in Metern).
Aufgrund der angegebenen Höhen gilt:
$2{,}94 = a \cdot 1^2 + b \cdot 1 + c$
$3{,}94 = a \cdot 2^2 + b \cdot 2 + c$
$4{,}86 = a \cdot 3^2 + b \cdot 3 + c$
Lösung des linearen Gleichungssystems: $a = -\frac{1}{25}$; $b = \frac{28}{25}$; $c = \frac{93}{50}$.
Also ist $f(x) = -\frac{1}{25}x^2 + \frac{28}{25}x + \frac{93}{50}$.

b) Die Abwurfhöhe ist die Höhe nach 0 Metern:
$f(0) = \frac{93}{50} = 1{,}86\,(\text{m})$.
Die maximale Höhe findet sich am Scheitelpunkt:
Scheitelpunktsform: $f(x) = -\frac{1}{25}(x - 14)^2 + \frac{299}{50}$
$x_H = 14$ (da der Graph von f eine nach unten geöffnete Parabel ist, ist der einzige Extrempunkt der gesuchte Hochpunkt).
Maximale Höhe: $f(14) = 9{,}7\,(\text{m})$.
Die Weite des Wurfes ist der Schnittpunkt mit der x-Achse (mit positivem x-Wert).
$-\frac{1}{25}x^2 + \frac{28}{25}x + \frac{93}{50} = 0$. Lösung: $x_1 \approx -1{,}57$; $x_2 \approx 29{,}57$.
Also fliegt der Ball etwa 29,57 m weit.

10

a) $x = \log_3(12) \approx 2{,}26$ b) $x = \frac{1}{2} \cdot \log_4(8) = 0{,}75$

c) $3 - 2x = 0 \Leftrightarrow x = 1{,}5$

Seite 80

1

$\mathbb{D}_{h+g} = \mathbb{R}\backslash\{0\}$; $\mathbb{D}_{h-g} = \mathbb{R}\backslash\{0\}$

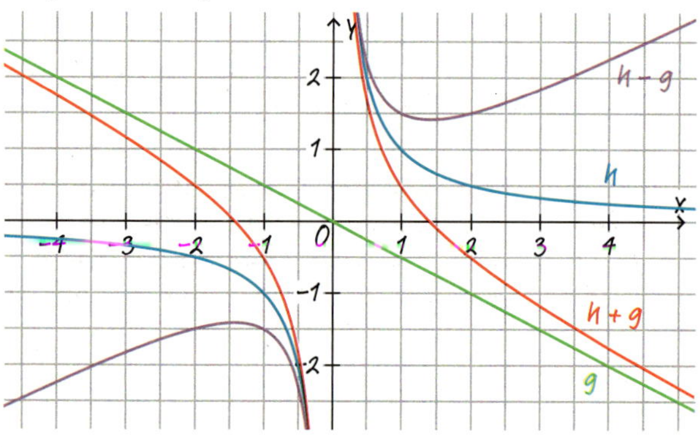

2

a) f ist keine ganzrationale Funktion, sondern eine Exponentialfunktion.

b) f ist ganzrational vom Grad 3; $a_3 = 1$, $a_2 = 0$, $a_1 = -2$, $a_0 = 9$.

c) f ist keine ganzrationale Funktion, sondern eine gebrochenrationale Funktion.

d) f ist ganzrational vom Grad 4; $a_4 = -1$, $a_3 = 0$, $a_2 = 12$, $a_1 = 0$, $a_0 = 0$.

3

a) $x \to \infty$: $f(x) \to \infty$; $x \to -\infty$: $f(x) \to -\infty$

b) $f(x) \to -\infty$ für $x \to \infty$ und $x \to -\infty$

c) $x \to \infty$: $f(x) \to -\infty$; $x \to -\infty$: $f(x) \to \infty$

d) $f(x) \to \infty$ für $x \to \infty$ und $x \to \infty$

Begründung: Das Verhalten richtet sich jeweils nach dem Term mit der höchsten Potenz von x.

4

a) $x_1 = 1$, $x_2 = -7$ b) $x_1 = 2$, $x_2 = 22$

c) $x_1 = -7$, $x_2 = -5$ d) $x_1 = -4$, $x_2 = 2{,}5$

5

a) keine Nullstellen

b) $x_1 = 7$, $x_2 = -9$, $x_3 = -5$, $x_4 = 5$

c) keine Nullstellen

d) $x_1 = -6$, $x_2 = -1{,}4$, $x_3 = 2{,}5$, $x_4 = 9$

6

a) $f(x) = x(x - 2)$; $x_1 = 0$, $x_2 = 2$

b) $f(x) = (x - 7)(x + 1)(x + 2)$; $x_1 = 7$, $x_2 = -1$, $x_3 = -2$

c) $f(x) = 2x^2(4x^2 - 1)$; $x_1 = 0$, $x_2 = -\frac{1}{2}$, $x_3 = \frac{1}{2}$

d) $f(x) = x(x - 2)^2(x^2 + 25)$; $x_1 = 0$, $x_2 = 2$, keine weiteren Nullstellen

7

Achsensymmetrisch zur y-Achse: Graph von i.
Punktsymmetrisch zum Ursprung: Graph von f und Graph von h.
Der Graph von g zeigt keine dieser Symmetrieeigenschaften.

8

f hat für $x \to \pm\infty$ das gleiche Verhalten wie m.
g hat für $x \to \pm\infty$ das gleiche Verhalten wie j.
h hat für $x \to \pm\infty$ das gleiche Verhalten wie l.
i hat für $x \to \pm\infty$ das gleiche Verhalten wie k.

9

a) $x_1 = 0$, $x_2 = -\sqrt{2}$, $x_3 = \sqrt{2}$ b) $x = 3$

10

a) $f(x) = g(x)$; $x^3 = 2x^2 + 3x$; $x^3 - 2x^2 - 3x = 0$;
$x(x^2 - 2x - 3) = 0$; $x_1 = 0$; $x_2 = -1$; $x_3 = 3$;
Schnittpunkte sind $(-1\,|\,-1)$, $(0\,|\,0)$ und $(3\,|\,27)$

b) $f(x) = g(x)$; $x^4 - 7x^2 + 10 = 7x^2 - 8$;
$x^4 - 14x^2 + 18 = 0$; Substitution $z = x^2$: $z^2 - 14z + 18$;
$z_1 = 7 + \sqrt{31}$; $z_2 = 7 - \sqrt{31}$; $x_1 = -\sqrt{7 + \sqrt{31}}$;
$x_2 = \sqrt{7 + \sqrt{31}}$; $x_3 = -\sqrt{7 - \sqrt{31}}$; $x_4 = \sqrt{7 - \sqrt{31}}$;
$g(x_1) = g(x_2) = 7(7 + \sqrt{31}) - 8 = 41 + 7\sqrt{31}$
$g(x_3) = g(x_4) = 7(7 - \sqrt{31}) - 8 = 41 - 7\sqrt{31}$
Schnittpunkte sind $\left(-\sqrt{7 + \sqrt{31}} \,\middle|\, 41 + 7\sqrt{31}\right)$,
$\left(\sqrt{7 + \sqrt{31}} \,\middle|\, 41 + 7\sqrt{31}\right)$, $\left(-\sqrt{7 - \sqrt{31}} \,\middle|\, 41 - 7\sqrt{31}\right)$,
$\left(\sqrt{7 - \sqrt{31}} \,\middle|\, 41 - 7\sqrt{31}\right)$

11
$f(0) = 0$, also gehört zu Funktion f der Graph B.
$g(0) = -1$, also gehört zu Funktion g der Graph C.
A ist der Graph von Funktion h, weil $i(-3) = 0$ ist.

Seite 81

12
a) $f(x) = k(x - 2)(x + 1)$; $f(-2) = k(-4)(-1) = -24$, $k = -6$;
$f(x) = -6(x - 2)(x + 1) = -6x^2 + 6x + 12$
b) $f(x) = 2{,}5(x + 4)(x - 3) = 2{,}5x^2 + 2{,}5x - 30$

13
Mit $f(0) = 0$ folgt aus den Messpunkten für $f(x) = at^3 + bt^2 + ct + d$ die Lösung $a = 0{,}25$, $b = -12$, $c = 144$ und $d = 0$.
Die gesuchte Funktion hat die Gleichung $f(t) = 0{,}25t^3 - 12t^2 + 144t$, die Zuflussgeschwindigkeit nach sechs Stunden beträgt $486\frac{m^3}{h}$.

14
Für $x \to \infty$ gilt $f(x) \to \infty$, für $x \to -\infty$ gilt $f(x) \to -\infty$.
$f(0) = 12$, der Graph schneidet die y-Achse im Punkt $P(0|12)$.
Die Gleichung $f(x) = 0$ hat die Lösungen $x_1 = -3$, $x_2 = 1$, $x_3 = 4$.
Der Graph schneidet die x-Achse in den Punkten $N_1(-3|0)$, $N_2(1|0)$ und $N_3(4|0)$.
Der Graph von f ist weder achsensymmetrisch zur y-Achse noch punktsymmetrisch zum Ursprung.

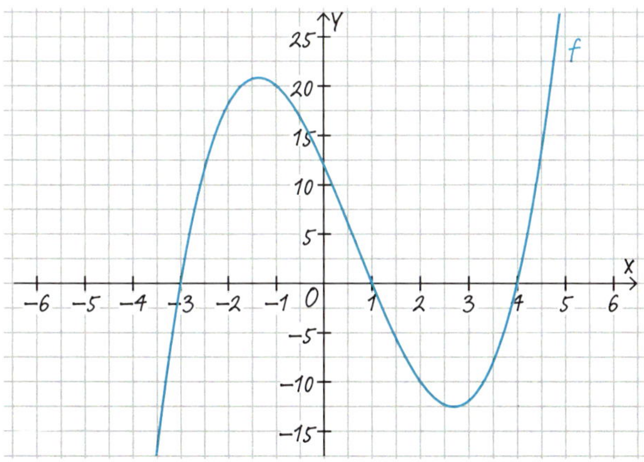

15
Für $x > 0$ ist $x^2 > 0$ und $x^3 > 0$, also $f(x) > 0$.
Für $x < 0$ ist $x^2 > 0$ und $x^3 < 0$. Da für kleine x-Werte ($|x| < 1$) $x^2 > |x^3|$ gilt, ist $f(x) > 0$.
Aus dem Obigen ergibt sich auch die Behauptung für g.

16
a) Wenn die Düse des Springbrunnens in den Ursprung des Koordinatensystems gelegt wird, kann der Verlauf des Wasserstrahls durch den Graph einer quadratischen Funktion f mit der Gleichung $f(x) = ax^2 + bx$ dargestellt werden. x und f(x) besitzen die Einheit Meter. Der Graph ist eine nach unten geöffnete Parabel.
Zeichnung:

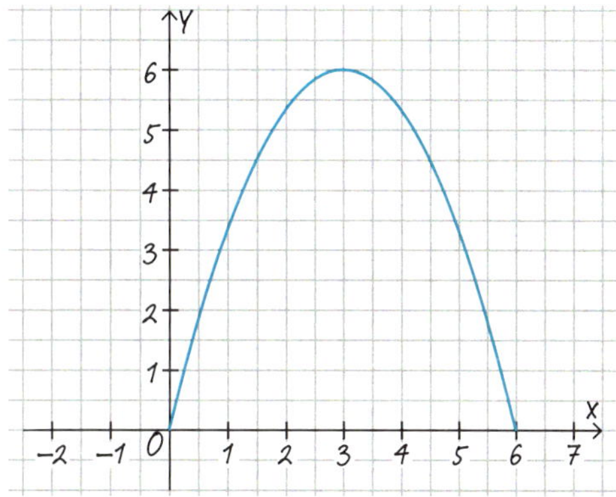

b) Unter Verwendung der Punkte $A(3|6)$ und $B(6|0)$ ergibt sich die Gleichung $f(x) = -\frac{2}{3}x^2 + 4x$.
c) Die Gleichung $f(x) = 1{,}38$ führt auf die Lösungen $x_1 \approx 0{,}37$ und $x_2 \approx 5{,}6$. Tom sollte also mindestens 37 cm (und höchstens 5,6 m) Abstand zur Düse halten.

17
a) Individuelle Lösung, z. B.: $f(x) = x^2 + 1$
b) Individuelle Lösung, z. B.: $f(x) = -x^2(x - 1)(x + 1)$
c) Individuelle Lösung, z. B.: $f(x) = x^2(x - 1)(x + 1)$
d) Begründung: Eine ganzrationale Funktion vom Grad n kann höchstens n Nullstellen haben. Wenn der Grad kleiner als 3 ist, kann die Funktion also nicht drei Nullstellen haben.

18
a) Es muss $a, c \in \mathbb{R}$ gelten und b muss eine gerade natürliche Zahl sein.
b) $(x - a) \cdot (x - b) \cdot (x - c)$
$= x^3 - (a + b + c) \cdot x^2 + (ab + ac + bc) \cdot x + a \cdot b \cdot c$
Es muss also $a + b + c = 0$ und $a \cdot b \cdot c = 0$ gelten. Mindestens eine der Zahlen a, b oder c muss gleich null sein. Wenn zum Beispiel $c = 0$ gilt, muss $a = -b$ gelten.

19
a) Für die Achsensymmetrie zur y-Achse gibt es keine t-Werte, für die Punktsymmetrie zum Ursprung muss $t = 0$ sein.
b) Für eine Punktsymmetrie zum Ursprung gibt es keine t-Werte, für die Achsensymmetrie zur y-Achse muss $t = 2$ sein.

Seite 83

Runde 1

1

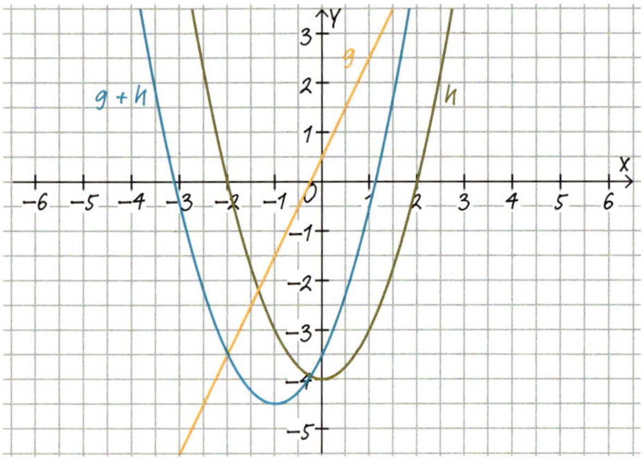

2

a) $x_1 = -3,\ x_2 = 8$
b) $x_1 = -6,\ x_2 = -2$
c) $x_1 = 7,\ x_2 = -3,\ x_3 = 3,\ x_4 = -10$
d) $x_1 = -4,\ x_2 = -0{,}5,\ x_3 = 0{,}5,\ x_4 = 8$

3

$f(x) = x^2(x-3) = x^3 - 3x^2$. Es ist keine Symmetrie des Graphen von f erkennbar.
Es gilt $f(x) \to +\infty$ für $x \to +\infty$ und $f(x) \to -a$ für $x \to -a$.
Schnittpunkte des Graphen von f mit den Koordinatenachsen: $(0|0)$ und $(3|0)$. $x = 0$ ist eine doppelte Nullstelle.

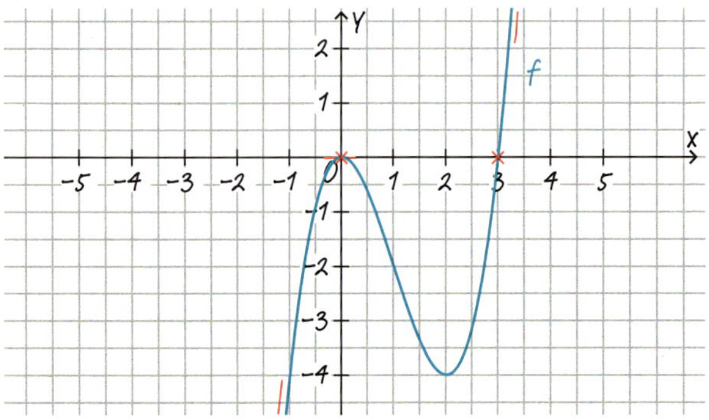

4

a) $f(x) = 0{,}5x^2 - 1{,}5x$ b) $f(x) = 2x^3 + 3x^2 - 4x - 1$

5

a) Individuelle Lösung, zum Beispiel: $f(x) = x^4 + 1$.
b) Für eine ganzrationale Funktion vom Grad fünf erhält man:
Für $x \to +\infty$ gilt $f(x) \to +\infty$ und für $x \to -\infty$ gilt $f(x) \to -\infty$
oder
für $x \to +\infty$ gilt $f(x) \to -\infty$ und für $x \to -\infty$ gilt $f(x) \to +\infty$.
Dies ist bei einer ganzrationalen Funktion nur möglich, wenn mindestens eine Nullstelle vorliegt.

Runde 2

1

C ist der Graph von f, A ist der Graph von g, D ist der Graph von h und B ist der Graph von i.

2

$S_1(0|4)$, $S_2(1|3)$ und $S_3(2|4)$

3

$f(x) = (x+4)(x+1)(x-1)(x-4)$
Nullstellen: $x_1 = -1,\ x_2 = 1,\ x_3 = 4,\ x_4 = -4$.

4

$f(x) = \frac{1}{16}x^4 - x^2 = x^2\left(\frac{1}{16}x^2 - 1\right)$

Es gilt $f(x) \to +\infty$ für $x \to \pm\infty$.
Schnittpunkte von f mit den Koordinatenachsen: $(-4|0)$, $(0|0)$ und $(4|0)$.
$x = 0$ ist eine doppelte Nullstelle.
Der Graph von f ist achsensymmetrisch zur y-Achse.

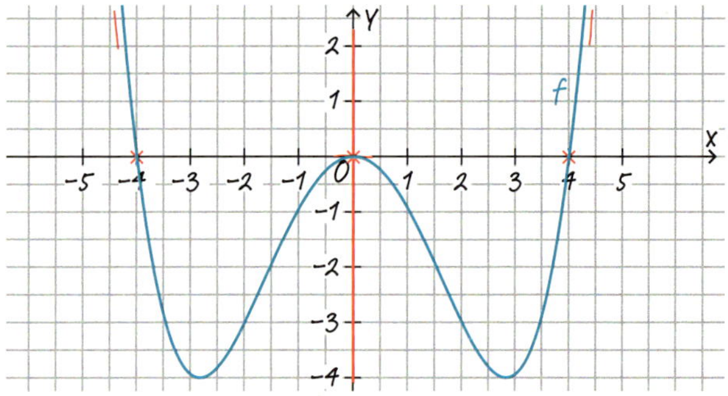

5

$f(x) = a \cdot (x+2)(x-1)(x-4) \cdot x$
Wegen $\lim\limits_{x \to \infty} f(x) = \lim\limits_{x \to -\infty} f(x) = -\infty$ muss der Faktor a negativ sein. Also z.B. $f(x) = -5x(x+2)(x-1)(x-4)$.

6

a) Gegenbeispiel: Der Graph von f mit $f(x) = x^2 + 1$ ist achsensymmetrisch zur y-Achse und hat keine Nullstelle.
b) Gegenbeispiel: Die Funktion f mit $f(x) = x \cdot (x-1) \cdot (x-2) \cdot \ldots \cdot (x-9)(x-10)$ hat die Nullstellen $0, 1, 2, \ldots, 9$ und 10.

IV Ableitung – Differenzialrechnung

Seite 88

5

a) $I = [0; 2]$: $\frac{f(2) - f(0)}{2 - 0} = \frac{-1-3}{2} = -2$
b) $I = [-2; -1]$: $\frac{f(-1) - f(-2)}{-1-(-2)} = \frac{2-(-1)}{1} = 3$

6

a) $I = [1; 4]$: $\frac{f(4) - f(1)}{4 - 1} = \frac{4^3 + 7 - (1^3 + 7)}{3} = 21$

b) $I = [-3; -1]$: $\frac{f(-1) - f(-3)}{-1 - (-3)} = \frac{(-1)^3 + 7 - ((-3)^3 + 7)}{2} = 13$

Seite 89

10

a) (1) $I = [3; 8]$: $\frac{f(8) - f(3)}{8 - 3} = \frac{3\,072\,000 - 96\,000}{5} = 595\,200$

(2) $I = [1; 5]$: $\frac{f(5) - f(1)}{5 - 1} = \frac{384\,000 - 24\,000}{4} = 90\,000$

(3) $I = [-2; 1]$: $\frac{f(1) - f(-2)}{1 - (-2)} = \frac{24\,000 - 3000}{3} = 7000$

b) In den Stunden 3 bis 8 der Messung sind durchschnittlich 595 200 Bakterien pro Stunde hinzugekommen.
In den ersten 5 Stunden der Messung sind durchschnittlich 90 000 Bakterien pro Stunde hinzugekommen.
2 Stunden vor Beginn der Messung bis eine Stunde danach sind durchschnittlich 7000 Bakterien pro Stunde hinzugekommen.
Das Bakterienwachstum ist also rasant angestiegen.

16

a)

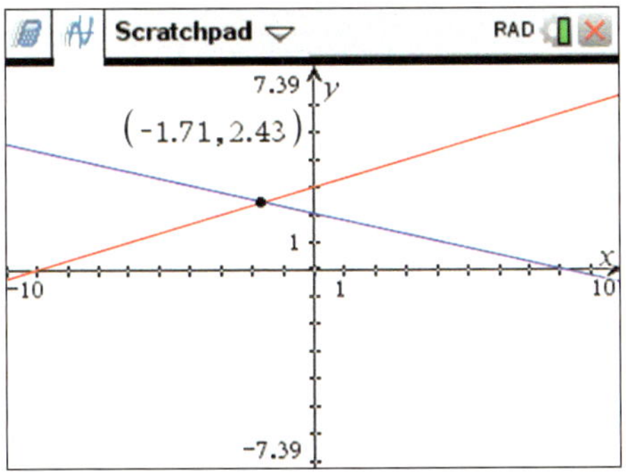

b)

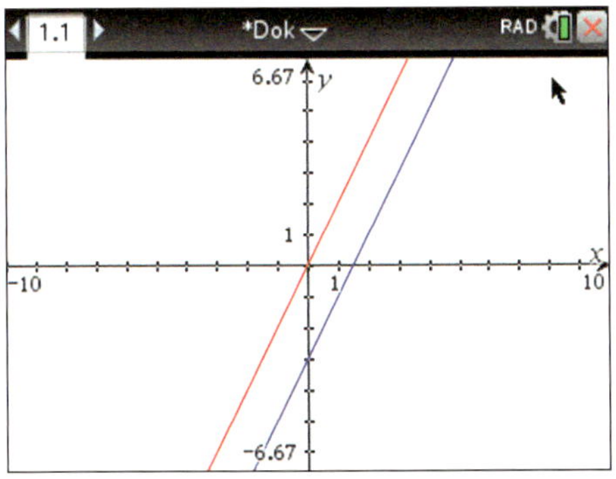

c)

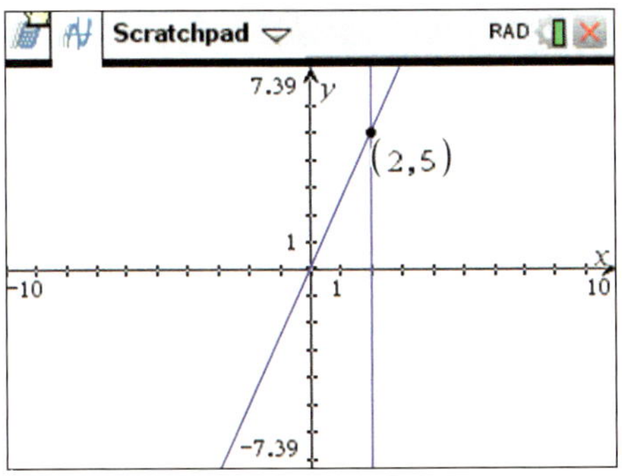

d)

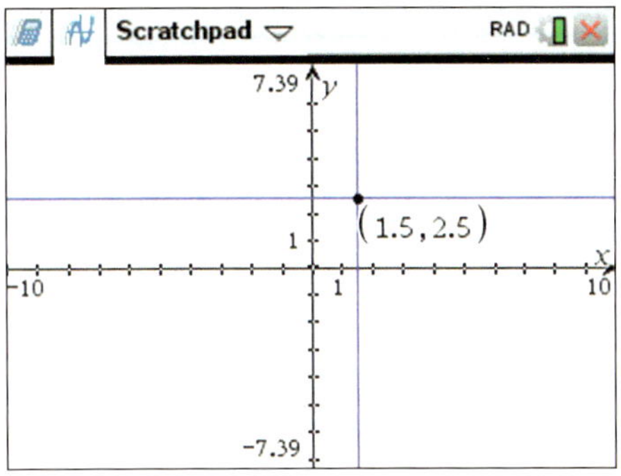

Seite 93

6

a) $\lim\limits_{h \to 0} \frac{f(1 + h) - f(1)}{h}$

$= \lim\limits_{h \to 0} \frac{3 \cdot (1 + h)^2 - 3 \cdot 1^2}{h}$

$= \lim\limits_{h \to 0} \frac{3 + 6h + 3h^2 - 3}{h}$

$= \lim\limits_{h \to 0} \frac{6h + 3h^2}{h}$

$= \lim\limits_{h \to 0} \left(\frac{6h}{h} + \frac{3h^2}{h}\right)$

$= \lim\limits_{h \to 0} (6 + 3h) = 6$

Die Ableitung von f an der Stelle $x_0 = 1$ hat den Wert 6. Der Graph hat im Punkt $P(1 \mid f(1))$ die Steigung 6.
Analog rechnet man:

$\lim\limits_{h \to 0} \frac{f(2 + h) - f(2)}{h} = 12$

Der Graph von f hat im Punkt $Q(2 \mid f(2))$ die Steigung 12.

7

a) $f'(1) = 1$, $f'(-2) = -3$

b) $f'(-1) \approx 1$, $f'(2) \approx -3$, $f'(0) \approx 2{,}5$

Seite 94

12

$f'(3) = \lim\limits_{h \to 0} \frac{f(3 + h) - f(3)}{h}$

$= \lim\limits_{h \to 0} \frac{4 \cdot (3 + h)^2 - 2 - (4 \cdot 3^2 - 2)}{h}$

$= \lim\limits_{h \to 0} \frac{4 \cdot (9 + 6h + h^2) - 2 - 34}{h}$

$= \lim\limits_{h \to 0} \frac{24h + 4h^2}{h}$

$= \lim\limits_{h \to 0} \left(\frac{24h}{h} + \frac{4h^2}{h}\right)$

$= \lim\limits_{h \to 0} (24 + 4h) = 24$

13

Kärtchen A, C und J bezeichnen $f'(3) = 5$.
Kärtchen B und I bezeichnen $f(3) = 5$.
D und G bezeichnen $f(5) = 3$.
Kärtchen E, F und H bezeichnen $f'(5) = 3$.

16

a) nein b) nein c) ja d) nein

c) $f(x) = 2x^3 - x^2$ und $x_0 = 1$

$$\frac{f(1+h) - f(1)}{h} = \frac{2(1+h)^3 - (1+h)^2 - 1}{h}$$
$$= \frac{2(1 + 3h + 3h^2 + h^3) - (1 + 2h + h^2) - 1}{h}$$
$$= \frac{4h + 5h^2 + 2h^3}{h} = 4 + 5h + 2h^2$$

h	f(1 + h) − f(1)	$\frac{f(1+h)-f(1)}{h}$
−0,1	−0,901	0,306801
−0,01	−0,090 001	3,558 095 18
−0,001	−0,009 000 001	3,955 080 995
−0,0001	−0,0009	3,995 500 81
…	…	…

h	f(1 + h) − f(1)	$\frac{f(1+h)-f(1)}{h}$
0,1	0,901	9,316 801
0,01	0,090 001	4,458 105 18
0,001	0,009	4,045 081 005
0,0001	0,0009	4,004 500 81
…	…	…

Die Ableitung von f an der Stelle $x_0 = 1$ liegt zwischen 3,995 500 81 und 4,004 500 81. Sie nähert sich also vermutlich dem Wert $f'(1) = 4$.

d) $f(x) = x^2 - 4x$ und $x_0 = 1$

$$\frac{f(1+h) - f(1)}{h} = \frac{(1+h)^2 - 4(1+h) + 3}{h} = \frac{(1 + 2h + h^2) - 4 - 4h + 3}{h}$$
$$= \frac{-2h + h^2}{h} = -2 + h$$

h	f(1 + h) − f(1)	$\frac{f(1+h)-f(1)}{h}$
−0,1	0,21	−2,1
−0,01	0,0201	−2,01
−0,001	0,002 001	−2,001
−0,0001	0,000 200 01	−2,0001
…	…	…

h	f(1 + h) − f(1)	$\frac{f(1+h)-f(1)}{h}$
0,1	−0,19	−1,9
0,01	−0,0199	−1,99
0,001	−0,001 999	−1,999
0,0001	−0,000 199 99	−1,9999
…	…	…

Die Ableitung von f an der Stelle $x_0 = 1$ liegt zwischen −2,0001 und −1,9999. Sie nähert sich also vermutlich dem Wert $f'(1) = -2$.

4

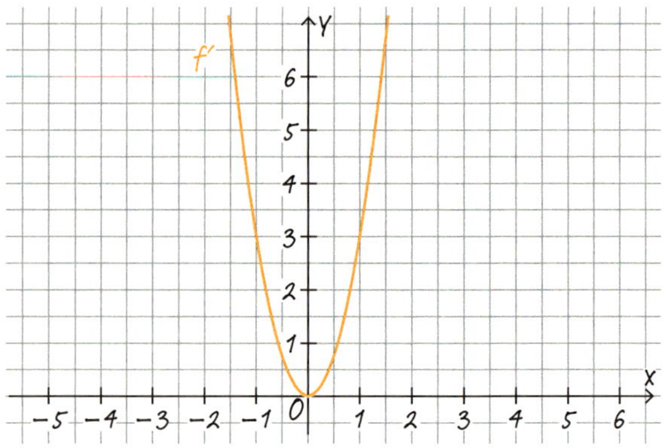

5

a) $x_1 = -1$; $x_2 = 0$; $x_3 = 2$

b) $x_4 = \frac{1 - \sqrt{7}}{3} \approx -0{,}549$; $x_5 = \frac{1 + \sqrt{7}}{3} \approx 1{,}215$

6

a) in keinem Punkt

b) in keinem Punkt

c) $P_1(10 \mid -10)$; $P_2(-10 \mid 10)$

d) $P\left(-\frac{3}{2} \,\middle|\, \frac{9}{4} + a\right)$

e) $P\left(-\frac{3}{2b} \,\middle|\, \frac{9}{4b}\right)$ für $b \neq 0$

f) Nur lösbar für negative Werte von b:

$P_1\left(\frac{1}{\sqrt{-b}} \,\middle|\, -\frac{1}{\sqrt{-b}} + c\right)$; $P_2\left(-\frac{1}{\sqrt{-b}} \,\middle|\, \frac{1}{\sqrt{-b}} + c\right)$

7

a) $f(x) = 4x^5 + 2x^4 - 3x + 7$
$f'(x) = 20x^4 + 8x^3 - 3$
$f''(x) = 80x^3 + 24x^2$
$f'''(x) = 240x^2 + 48x$
$f'(1) = 25$

b) $f(x) = -\sqrt{5}x^6 + 3x^5 + x$
$f'(x) = -6\sqrt{5}x^5 + 15x^4 + 1$
$f''(x) = -30\sqrt{5}x^4 + 60x^3$
$f'''(x) = -120\sqrt{5}x^3 + 180x^2$
$f'(1) = -6\sqrt{5} + 15 + 1 \approx 2{,}58$

8

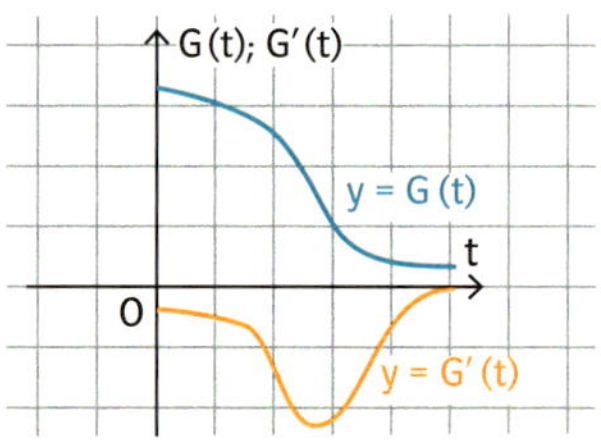

G′(t) gibt an, wie schnell sich das Gewicht des Papierstücks pro Zeit verändert. Da das Gewicht des Papierstücks während des Abbrennens geringer wird, ist G′(t) während dieser Zeit negativ. Sobald das Papierstück abgebrannt ist, ist G(t) konstant und G′(t) null.

9

a) Die elektrische Stromstärke betrug nach 3 Sekunden etwa 1 Ampere. Nach 6 Sekunden war die Stromstärke etwa null.

b) Die elektrische Stromstärke ist nach ca. 4,5 Sekunden mit ca. 2 Ampere am größten.

Seite 113

10

a) Richtig; denn es gilt $f'(x) > 0$, für $-1 \le x \le 1$; also ist die Steigung des Graphen von f positiv.

b) Falsch. Für $2 \le x < 2{,}5$ ist $f'(x) > 0$ und für $x = 2{,}5$ ist die Ableitung gleich null. Also ist die Steigung des Graphen von f zwischen 2 und 2,5 nicht-negativ.

c) Richtig. Es gilt $f'(-2{,}5) = f'(-1{,}5) = f'(2{,}5) = 0$. Damit ist die Steigung des Graphen von f für $x = -2{,}5$; für $x = -1{,}5$ und für $x = 2{,}5$ gleich groß.

d) Falsch. Die Steigung von f' ist an diesen Stellen gleich, nicht aber die von f.

e) Richtig. Die Steigung von f ist im Intervall $[-1{,}5; 2{,}5]$ überall positiv, daher ist auch die mittlere Steigung im Intervall $[-1; 2]$ positiv.

f) Weitere Aussagen über die Steigung des Graphen von f sind denkbar:
- Die Steigung des Graphen von f ist an der Stelle −1,5 null.
- Die Steigung des Graphen von f ist an der Stelle 0 ca. 1,2.

11

a) $f(x) = x^5$, d.h. $f'(x) = 5x^4$. $f'(x) = 3x^2 \cdot 2x$ gilt also nie.

b) Es kommt darauf an, welche Funktionen man betrachtet. Bei der Sinusfunktion ändert sich die Anzahl der Nullstellen nicht. Potenzfunktionen wie $f(x) = x^n$ und ihre Ableitungen haben genau eine Nullstelle. Es kann sogar vorkommen, dass sich die Anzahl der Nullstellen beim Ableiten erhöht:
$f(x) = x^2 + 2x + 2$ hat keine Nullstelle, aber $f'(x) = 2x + 2$ hat bei $x = -1$ eine Nullstelle. Die Aussage ist beispielsweise richtig für die Funktion f mit $f(x) = x^2 + 2x - 3$.
Funktionen, für die die Aussage zutrifft, sind beispielsweise diejenigen ganzrationalen Funktionen, die nur einfache Nullstellen besitzen.

c) Es kommt darauf an, in welchem Punkt des Graphen die Tangente angelegt wird. Häufig gibt es noch (mindestens) einen weiteren gemeinsamen Punkt der Tangente mit dem Graphen der Funktion, etwa wenn sie ihn dort schneidet.

d) Es kommt darauf an:
Unterscheiden sich zwei Funktionsterme nur um einen konstanten Summanden, sind die Ableitungsfunktionen gleich.

e) Die Aussage gilt immer:
Spiegelung eines Graphen an der x-Achse bedeutet Multiplikation des zugehörigen Funktionsterms mit (−1).
Gemäß der Faktorregel wird dann auch der Funktionsterm der Ableitung mit (−1) multipliziert und somit deren Graph an der x-Achse gespiegelt.

f) Die Aussage gilt immer:
Verschiebt man den Graphen einer Funktion in x-Richtung, so verschiebt sich die Tangente an den Graphen entsprechend mit, ohne dass sich deren Steigung ändert.

12

a) Es ist $V(12) = 1093{,}3$ und $V(13) = 1099{,}2$, d.h. die Funktionswerte der Funktion V nehmen dann ab. Da im Laufe des Tages aber selbst bei geringer Zunahme die Funktionswerte immer weiter steigen müssen, hat die Modellierung mit der gegebenen Funktion V nur im angegebenen Intervall Sinn.

b) In dem angegebenen Messraum von 12 Stunden hat der Baum insgesamt etwa 1100 Liter Sauerstoff an seine Umgebung abgegeben.

c) V'(t) gibt die momentane Sauerstoffabgabe pro Stunde an. Es gilt $V'(3) \approx 100{,}3$ und $V'(10) = 80$.

d) Die Scheitelpunktform der Ableitungsfunktion lautet:
$V'(t) = -3{,}3(x - 6{,}06)^2 + 131{,}22$. Es handelt sich um eine gespiegelte Parabel, deren höchster Wert bei etwa 6 liegt, d.h. nach ca. 6 Stunden gibt der Baum den meisten Sauerstoff an seine Umgebung ab. Dies liegt vermutlich an der höheren Sonneneinstrahlung am Mittag.

13

$f(x) = \sqrt{x}$, $f'(x) = \frac{1}{2}x^{-\frac{1}{2}} = \frac{1}{2\sqrt{x}}$

a) Es ist $\tan(14°) \approx 0{,}25$, also hat die Rampe die Steigung $\frac{1}{4}$.
Da $f'(4) = \frac{1}{4}$, liegt die Rampe am Punkt $P(4|2)$ auf der Böschung auf. Ihre Gleichung ist $y = \frac{1}{4}x + 1$. Die Rampe beginnt im Punkt $N(-4|0)$, d.h. 20 m vor der Böschung. Sie reicht bis $P(4|2)$.

b) Die Länge der Rampe beträgt $\sqrt{8^2 + 2^2} = \sqrt{68} \approx 8{,}25$ und ist damit 41,25 Meter lang.

Seite 115

Runde 1

1

a) $f'(x) = 14x$

b) $f'(x) = 8x - 5$

c) $f'(x) = -1 \cdot x^{-2} - 4 = -\frac{1}{x^2} - 4$

d) $f'(x) = -3 \cdot \cos(x) + (-\sin(x)) = -3 \cdot \cos(x) - \sin(x)$

2

a) Zutreffend. Für $x < 2$ ist die Steigung negativ, für $x = 2$ ist die Steigung = 0 und für $x > 2$ ist die Steigung positiv.

b) Falsch. Die Steigung des Graphen im Punkt $(0|f(0))$ ist positiv, daher schneidet der Graph der Ableitungsfunktion an dieser Stelle nicht die x-Achse.

c) Falsch. Die Steigung ist für $1 \le x < 2$ negativ, in diesem Bereich verläuft der Graph unterhalb der x-Achse. Für $x = 2$ ist die Steigung gleich 0, der Graph der Ableitungsfunktion schneidet an dieser Stelle die x-Achse, verläuft also nicht unterhalb von ihr.

3

$R(d) = -0{,}5\,d^3 + 2\,d^2$

a) $R'(d) = -1{,}5\,d^2 + 4\,d$

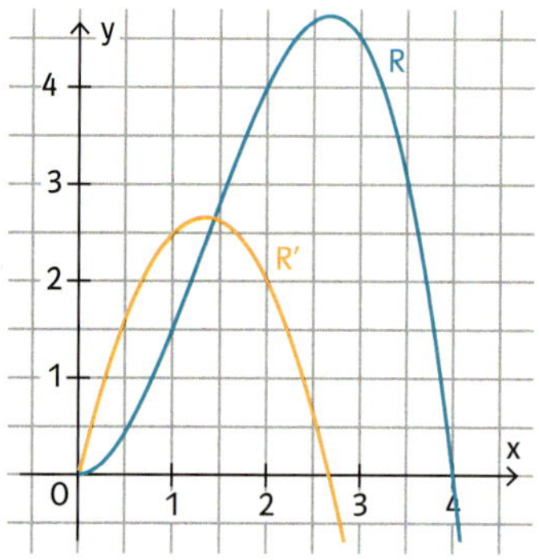

b) Aus den Graphen von R und R′ entnimmt man:
Für $d \approx 2{,}7$ ist die Reaktionsstärke am größten,
für $d \approx 1{,}3$ ist die Empfindlichkeit am größten.

Runde 2

1

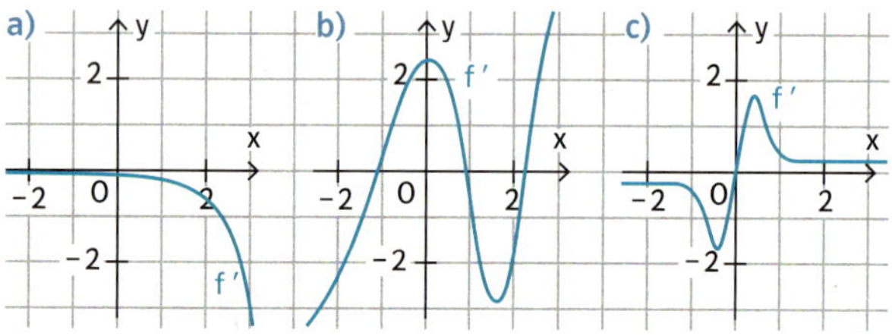

2

Zum Beispiel:

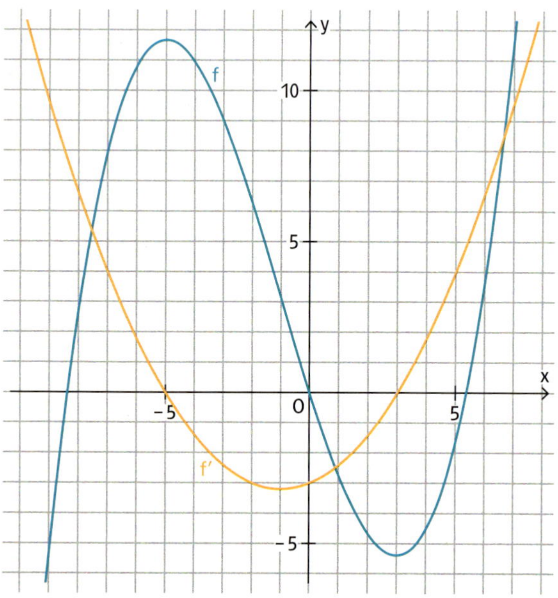

Der Graph von f ist für $x < -5$ monoton steigend und wird immer flacher. Bei $x = -5$ ist die Steigung gleich null. Danach fällt er bis $x = 3$. Die steilste Stelle liegt bei $x = -1$. Für $x > 3$ steigt er wieder und wird immer steiler. Die Skizze zeigt einen möglichen Graphen der Ableitungsfunktion.

3

a) $f(x) = x^2 + 0{,}5x;\ f'(x) = 2x + 0{,}5$

$f(-3) = (-3)^2 + 0{,}5 \cdot (-3) = 7{,}5$, also $P(-3\,|\,7{,}5)$

$f'(-3) = 2 \cdot (-3) + 0{,}5 = -5{,}5 = m$

$y = -5{,}5x + b$ | P einsetzen

$7{,}5 = -5{,}5 \cdot (-3) + b$

$b = -9$

Gleichung der Tangente: $y = -5{,}5x - 9$

b) $f(x) = -2 \cdot \sin(x);\ f'(x) = -2 \cdot \cos(x)$

$f\left(\frac{\pi}{4}\right) \approx -1{,}4142 = \frac{\sqrt{2}}{2} \cdot (-2)$, also $P\left(\frac{\pi}{4}\,\middle|\,-1{,}4142\right)$ bzw. $P\left(\frac{\pi}{4}\,\middle|\,-\sqrt{2}\right)$

$f'\left(\frac{\pi}{4}\right) = -\sqrt{2} = m$

$y = -\sqrt{2}\,x + b$ | P einsetzen

$-\sqrt{2} = -\sqrt{2} \cdot \frac{\pi}{4} + b$

$b \approx -0{,}3035$

Gleichung der Tangente: $y = -\sqrt{2}\,x + 0{,}3035$

4

a) $f(x) = 3\sqrt{x};\ f'(x) = 3 \cdot \frac{1}{2\sqrt{x}} = \frac{3}{2\sqrt{x}}$

$f(4) = 3 \cdot \sqrt{4} = 3 \cdot 2 = 6$, also $P(4\,|\,6)$

$f'(4) = \frac{3}{2\sqrt{4}} = \frac{3}{4} = m_t$

$m_n = -\frac{1}{m_t} = -\frac{4}{3}$

$y = -\frac{4}{3}x + b$ | P einsetzen

$6 = -\frac{4}{3} \cdot 4 + b$

$b = \frac{34}{3} = 11\frac{1}{3}$

Gleichung der Normalen: $y = -\frac{4}{3}x + \frac{34}{3}$

b) $f(x) = \frac{2}{x} + x^2 = 2 \cdot x^{-1} + x^2;\ f'(x) = -\frac{2}{x^2} + 2x$

$f(-1) = \frac{2}{-1} + (-1)^2 = -2 + 1 = -1$, also $P(-1\,|\,-1)$

$f'(-1) = -\frac{2}{(-1)^2} + 2 \cdot (-1) = -2 - 2 = -4 = m_t$

$m_n = -\frac{1}{m_t} = \frac{1}{4}$

$y = \frac{1}{4}x + b$ | P einsetzen

$-1 = \frac{1}{4} \cdot (-1) + b$

$b = -\frac{3}{4}$

Gleichung der Normalen: $y = \frac{1}{4}x - \frac{3}{4}$

V Untersuchen von Funktionen

Seite 122

6

In $I_1 = [-4; -3]$ ist f streng monoton fallend,
in $I_2 = [-3; 0]$ ist f streng monoton wachsend,
in $I_3 = [0; 1]$ ist f streng monoton fallend,
in $I_4 = [1; 2]$ ist f streng monoton wachsend.

7

Ableitung: $f'(x) = x^2 - 3x - 4$.
$f'(x) = 0$: $x^2 - 3x - 4 = 0$.
Lösungen: $x_1 = -1$ und $x_2 = 4$.
Das sind die einzigen Nullstellen von f'. Zwischen den Nullstellen kann f' nur größer oder kleiner null sein. Mit Testwerten wird das Vorzeichen von f' links und rechts der jeweiligen Nullstellen bestimmt:

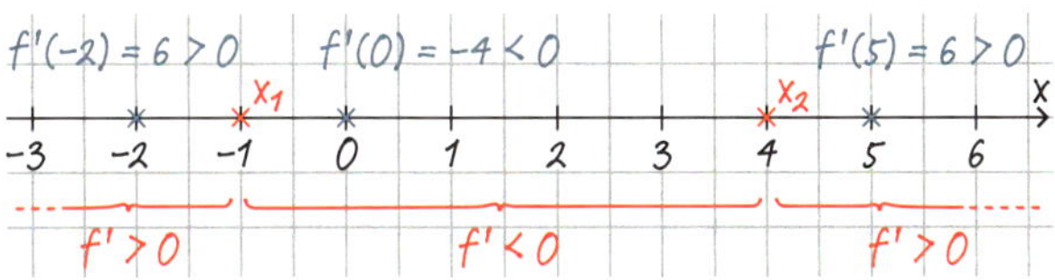

In $(-\infty; -1)$ ist $f' > 0$, f also streng monoton wachsend,
in $(-1; 4)$ ist $f' < 0$, f also streng monoton fallend,
in $(4; \infty)$ ist $f' > 0$, f also streng monoton wachsend.

Seite 123

14

a) Ableitung: $f'(x) = x^4 - 2x^3$.
$f'(x) = 0$: $x^4 - 2x^3 = x^3(x - 2) = 0$.
Lösungen: $x_1 = 0$ und $x_2 = 2$.
Das sind die einzigen Nullstellen von f'. Zwischen den Nullstellen kann f' nur größer oder kleiner null sein. Mit Testwerten wird das Vorzeichen von f' links und rechts der jeweiligen Nullstellen bestimmt:

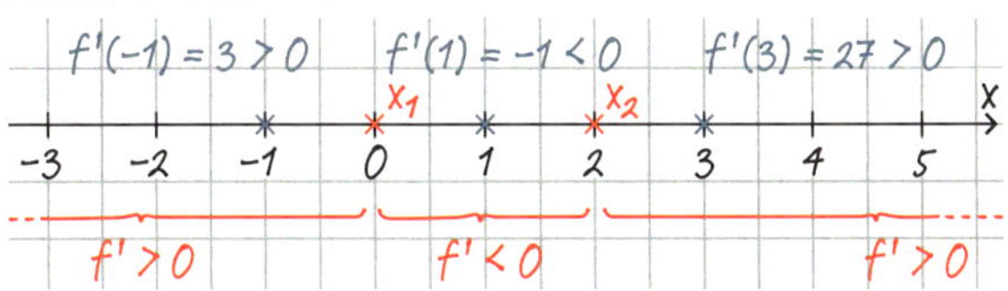

In $(-\infty; 0)$ ist $f'(x) > 0$, f also streng monoton wachsend,
in $(0; 2)$ ist $f'(x) < 0$, f also streng monoton fallend,
in $(2; \infty)$ ist $f'(x) > 0$, f also streng monoton wachsend.

b) Ableitung: $f'(x) = -x^4 - x^2 + 20$.
$f'(x) = 0$: $-x^4 - x^2 + 20 = 0$.
Substitution: $u = x^2$: $-u^2 - u + 20 = 0$. Lösungen: $u_1 = -5$ und $u_2 = 4$.
Die Rücksubstitution führt zu $x_1 = -2$ und $x_2 = 2$. Das sind die einzigen Nullstellen von f'. Zwischen den Nullstellen kann f' nur größer oder kleiner null sein. Mit Testwerten wird das Vorzeichen von f' links und rechts der jeweiligen Nullstellen bestimmt:

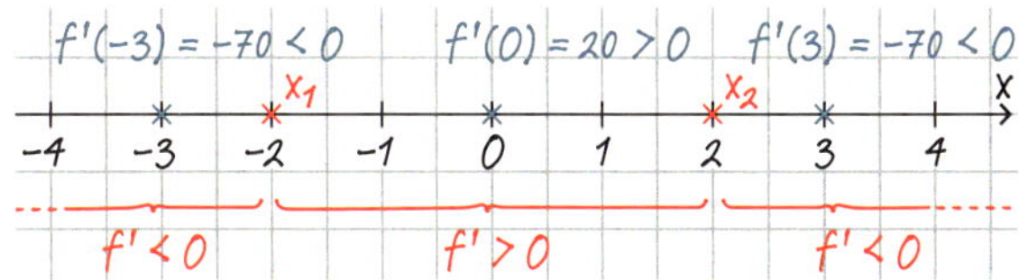

In $(-\infty; -2)$ ist $f' < 0$, f also streng monoton fallend,
in $(-2; 2)$ ist $f' > 0$, f also streng monoton wachsend,
in $(2; \infty)$ ist $f' < 0$, f also streng monoton fallend.

17

a) 53 cm
b) 65 cm
c) $\sqrt{79{,}68}$ m ≈ 8,9 m
d) $\sqrt{47120}$ cm ≈ 217,1 cm

Seite 126

5

$f'(x) = 6x^2 + 18x - 60$
$0 = 6x^2 + 18x - 60$
Mithilfe einer Lösungsformel für quadratische Gleichungen, z.B. der pq-Formel, ergibt sich $x_1 = -5$ und $x_2 = 2$.

6

$x_1 = -2{,}5$; $x_2 = -1{,}5$; $x_3 = -0{,}5$; $x_4 = 0{,}5$; $x_5 = 2$; $x_6 = 2{,}5$
$H_1(-2{,}5 \mid)$; $T_1(-1{,}5 \mid -1)$; $H_2(-0{,}5 \mid -0{,}5)$; $T_2(0{,}5 \mid -1{,}5)$; $H_3(2 \mid 1)$; $T_3(2{,}5 \mid 0{,}5)$.

10

$g(x) = 2(x - 7)^4 - 1$
Der Graph von g ist im Vergleich zum Graphen der Funktion f mit $f(x) = x^4$ um 2 in y-Richtung gestreckt, um 7 in x-Richtung und um −1 in y-Richtung verschoben. Es handelt sich um eine nach oben geöffnete Parabel mit dem Tiefpunkt $T(7 \mid -1)$.

13

a) $a = 8{,}5\,\text{m} \cdot \sin(30°) \approx 4{,}25\,\text{m}$; $b = 8{,}5\,\text{m} \cdot \cos(30°) \approx 7{,}36\,\text{m}$

b) $r = \frac{25{,}2\,\text{km}}{\sin(26°)} \approx 57{,}5\,\text{km}$; $p = r \cdot \cos(26°) \approx 51{,}7\,\text{km}$

c) $\cos(\alpha) = \frac{69\,\text{cm}}{273\,\text{cm}}$, also $\alpha \approx 75{,}4°$; $\sin(\beta) = \frac{69\,\text{cm}}{273\,\text{cm}}$, also $\beta \approx 14{,}6°$; $\alpha + \beta + 90° = 75{,}4° + 14{,}6° + 90° = 180°$

Seite 129

6

a) $f(x) = x^2 - 2x + 2$
Ableitungen: $f'(x) = 2x - 2$ und $f''(x) = 2$.
Mögliche Extremstellen: $f'(x) = 0 \Leftrightarrow 2x - 2 = 0$, also $x_1 = 1$.
Überprüfung der möglichen Extremstelle:
$f''(1) = 2 > 0$. An der Stelle $x_1 = 1$ liegt ein Minimum vor:
$f(1) = 1$. Der Graph von f hat also den Tiefpunkt $T(1 \mid 1)$.

b) $f(x) = x^3 - 3x^2 + 2$
Ableitungen: $f'(x) = 3x^2 - 6x$ und $f''(x) = 6x - 6$.
Mögliche Extremstellen: $f'(x) = 0 \Leftrightarrow 3x^2 - 6x = 3x(x-2) = 0$, also $x_1 = 0$ und $x_2 = 2$.
Überprüfung der möglichen Extremstellen:
1. $x_1 = 0$:
$f''(0) = -6 < 0$. An der Stelle $x_1 = 0$ liegt ein Maximum vor: $f(0) = 2$. Der Graph von f hat also den Hochpunkt $H(0\,|\,2)$.
2. $x_2 = 2$:
$f''(2) = 6 > 0$. An der Stelle $x_2 = 2$ liegt ein Minimum vor: $f(2) = -2$. Der Graph von f hat also den Tiefpunkt $T(2\,|\,-2)$.

c) $f(x) = \frac{1}{3}x^3 - \frac{5}{2}x^2 + 6x$
Ableitungen: $f'(x) = x^2 - 5x + 6$ und $f''(x) = 2x - 5$.
Mögliche Extremstellen: $f'(x) = 0 \Leftrightarrow x^2 - 5x + 6 = 0$, also $x_1 = 2$ und $x_2 = 3$.
Überprüfung der möglichen Extremstellen:
1. $x_1 = 2$:
$f''(2) = -1 < 0$. An der Stelle $x_1 = 2$ liegt ein Maximum vor: $f(2) = \frac{14}{3}$. Der Graph von f hat also den Hochpunkt $H\left(2\,\middle|\,\frac{14}{3}\right)$.
2. $x_2 = 3$:
$f''(3) = 1 > 0$. An der Stelle $x_2 = 3$ liegt ein Minimum vor: $f(3) = 4{,}5$. Der Graph von f hat also den Tiefpunkt $T(3\,|\,4{,}5)$.

7
f′ hat eine Nullstelle bei $x_1 = -2$ und es ist $f''(-2) < 0$.
Die Funktion f hat an der Stelle $x_1 = -2$ ein lokales Maximum.
f′ hat eine Nullstelle bei $x_2 = 1$ und es ist $f''(1) > 0$.
Die Funktion f hat an der Stelle $x_2 = 1$ ein lokales Minimum.
f′ hat eine Nullstelle bei $x_3 = 3$ und es ist $f''(3) < 0$.
Die Funktion f hat an der Stelle $x_3 = 3$ ein lokales Maximum.
f′ hat eine Nullstelle bei $x_4 = 5$ und es ist $f''(5) > 0$.
Die Funktion f hat an der Stelle $x_4 = 5$ ein lokales Minimum.

Seite 130

13
a) $f(x) = 3x^4 + 7$
Ableitungen: $f'(x) = 12x^3$ und $f''(x) = 36x^2$.
Mögliche Extremstellen: $f'(x) = 0 \Leftrightarrow 12x^3 = 0$, also $x_1 = 0$.
Überprüfung der möglichen Extremstelle:
$f''(0) = 0$; VZW-Kriterium: $f'(-1) = -12 < 0$ und $f'(1) = 12 > 0$.
f′ hat an der Stelle $x_1 = 0$ einen VZW von − nach +. Somit hat die Funktion f an der Stelle $x_1 = 0$ ein Minimum: $f(0) = 7$.
Der Graph von f hat also den Tiefpunkt $T(0\,|\,7)$.

b) $f(x) = 3x^4 - 4x^3$
Ableitungen: $f'(x) = 12x^3 - 12x^2$ und $f''(x) = 36x^2 - 24x$.
Mögliche Extremstellen: $f'(x) = 0 \Leftrightarrow 12x^3 - 12x^2 = 12x^2(x-1) = 0$, also $x_1 = 0$ und $x_2 = 1$.
Überprüfung der möglichen Extremstellen:
1. $x_1 = 0$:
$f''(0) = 0$; VZW-Kriterium: $f'(-1) = -24 < 0$; $f'(0{,}5) = -1{,}5 < 0$.
f′ hat an der Stelle $x_1 = 0$ keinen VZW. Somit hat die Funktion f an der Stelle $x_1 = 0$ kein Extremum. Es liegt ein Sattelpunkt vor: $S(0\,|\,0)$.
2. $x_2 = 1$:
$f''(1) = 12 > 0$. An der Stelle $x_2 = 1$ liegt ein Minimum vor: $f(1) = -1$. Der Graph von f hat also den Tiefpunkt $T(1\,|\,-1)$.

c) $f(x) = \frac{1}{3}x^3 - 4x^2 + 12x - 5$
Ableitungen: $f'(x) = x^2 - 8x + 12$ und $f''(x) = 2x - 8$.
Mögliche Extremstellen: $f'(x) = 0 \Leftrightarrow x^2 - 8x + 12 = 0$, also $x_1 = 2$ und $x_2 = 6$.
Überprüfung der möglichen Extremstellen:
1. $x_1 = 2$:
$f''(2) = -4 < 0$. An der Stelle $x_1 = 2$ liegt ein Maximum vor: $f(2) = \frac{17}{3}$. Der Graph von f hat also den Hochpunkt $H\left(2\,\middle|\,\frac{17}{3}\right)$
2. $x_2 = 6$:
$f''(6) = 4 > 0$. An der Stelle $x_2 = 6$ liegt ein Minimum vor: $f(6) = -5$. Der Graph von f hat also den Tiefpunkt $T(6\,|\,-5)$.

18
a) $A = \frac{1}{2} \cdot 5 \cdot 2 = 5$
Der Flächeninhalt beträgt $5\,cm^2$.
b) $A = 4{,}5 \cdot 4 = 18$
Der Flächeninhalt beträgt $18\,cm^2$.
c) $A = \frac{5+3}{2} \cdot 3 = 12$
Der Flächeninhalt beträgt $12\,cm^2$.

Seite 133

6
Der Graph von f ist in den Intervallen $(1;\,2{,}5)$ und $(4;\,6)$ linksgekrümmt.
Der Graph von f ist in den Intervallen $(-1;\,1)$ und $(2{,}5;\,4)$ rechtsgekrümmt.
Die Wendepunkte sind näherungsweise $W_1(1\,|\,2)$, $W_2(2{,}5\,|\,2)$ und $W_3(4\,|\,1)$.

7
a) $f(x) = 2x^3 - 6x^2 + 4{,}5x$
Ableitungen: $f'(x) = 6x^2 - 12x + 4{,}5$, $f''(x) = 12x - 12$ und $f'''(x) = 12$.
Mögliche Wendestellen: $f''(x) = 0 \Leftrightarrow 12x - 12 = 0$, also $x_1 = 1$.
Überprüfung der möglichen Wendestelle: $f'''(1) = 12 \neq 0$.
Wendepunkt: $W(1\,|\,0{,}5)$.

b) $f(x) = x^4 - 24x^2$
Ableitungen: $f'(x) = 4x^3 - 48x$, $f''(x) = 12x^2 - 48$ und $f'''(x) = 24x$.
Mögliche Wendestellen: $f''(x) = 0 \Leftrightarrow 12x^2 - 48 = 0$ $\Leftrightarrow 12x^2 = 48 \Leftrightarrow x^2 = 4$, also $x_1 = -2$ und $x_2 = 2$.
Überprüfung der möglichen Wendestellen:
1. $x_1 = -2$:
$f'''(-2) = -48 \neq 0$.
Wendepunkt: $W_1(-2\,|\,-80)$.
2. $x_2 = 2$:
$f'''(2) = 48 \neq 0$.
Wendepunkt: $W_2(2\,|\,-80)$.

Seite 134

12

a) Falsch. Da f″ für $0 < x < 1$ größer als null ist, ist der Graph von f dort linksgekrümmt.

b) Wahr. f″ hat an der Stelle $x = 0$ eine Nullstelle mit Vorzeichenwechsel von − nach +. Also hat f an der Stelle $x = 0$ einen Wendestelle und der Graph von f dort einen Wendepunkt.

c) Wahr. f″, also die Ableitung von f′, hat an der Stelle $x = 1$ eine Nullstelle mit VZW von + nach −. Also hat f′ an der Stelle $x = 1$ ein Maximum und der Graph von f′ dort einen Hochpunkt.

15

a) $r = 10{,}15\,\text{cm}$; $A = \pi r^2 \approx 323{,}65\,\text{cm}^2$; $U = \pi d \approx 63{,}77\,\text{cm}$

b) $r = \sqrt{\frac{A}{\pi}} = 1{,}2\,\text{km}$; $d = 2{,}4\,\text{km}$; $U \approx 7{,}54\,\text{km}$

c) $r = \frac{U}{2\pi} = \frac{1}{8}\text{m}$; $d = \frac{1}{4}\text{m}$; $A \approx 4{,}91\,\text{dm}^2$

d) $r = 7{,}98\,\text{m}$; $d \approx 15{,}96\,\text{m}$; $U \approx 50{,}13\,\text{m}$

Seite 138

7

Zur Funktion (1) $f(x) = x^4 - x$ gehört der Graph C.
Begründung: Für $x \to \pm\infty$ gilt $f(x) \to +\infty$. Nullstellen: $(0\,|\,0)$ und $(1\,|\,0)$.
Zur Funktion (2) $f(x) = -x^4 + 2x^2$ gehört der Graph A.
Begründung: Der Graph ist symmetrisch zur y-Achse. Für $x \to \pm\infty$ gilt $f(x) \to -\infty$. Nullstellen: $(0\,|\,0)$ und $(-\sqrt{2}\,|\,0)$ und $(\sqrt{2}\,|\,0)$.
Zur Funktion (3) $f(x) = \frac{1}{4}(x-1)^4 + \frac{1}{2}$ gehört der Graph B.
Begründung: Man erhält den Graphen aus dem Graphen von f mit $f(x) = x^4$, indem man ihn mit dem Faktor $\frac{1}{4}$ in y-Richtung streckt, um 1 in positiver x-Richtung und um $\frac{1}{2}$ in positiver y-Richtung verschiebt.

8

a) $f(x) = (x+1)^2(x-2)$
Nullstellen von f: $x_1 = -1$ und $x_2 = 2$
Durch Ausmultiplizieren erhält man: $f(x) = x^3 - 3x - 2$
$f'(x) = 3x^2 - 3$; $f''(x) = 6x$; $f'''(x) = 6$
Nullstellen von f′: $x_1 = -1$ und $x_3 = 1$
$f''(-1) = -6 < 0$; $f''(1) = 6 > 0$
Hochpunkt $H(-1\,|\,0)$; Tiefpunkt $T(1\,|\,-4)$
mögliche Wendestelle: $f''(x) = 0$ bei $x_4 = 0$;
$f'''(0) \neq 0$ für alle x; also Wendepunkt $W(0\,|\,-2)$
Verhalten für $x \to \pm\infty$: Es gilt $\lim\limits_{x \to \infty} f(x) \to \infty$ und $\lim\limits_{x \to -\infty} f(x) \to -\infty$.

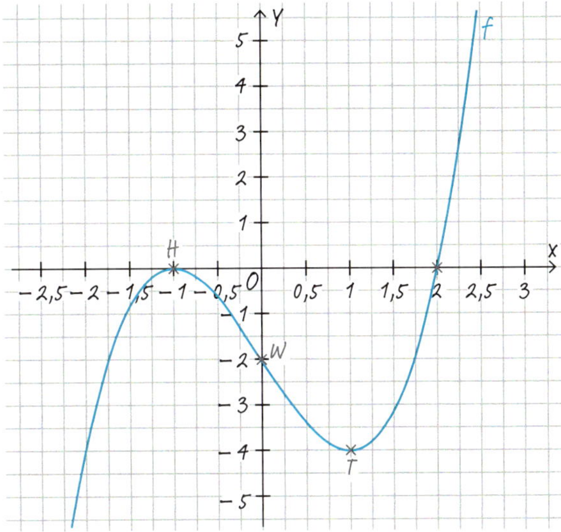

b) $f(x) = -(x^2+1)^2 + 4 = -x^4 - 2x^2 + 3$
Berechnen der Nullstellen mithilfe der Substitution $z = x^2$
Nullstellen von f: − 1 und 1
$f'(x) = -4x^3 - 4x$; $f''(x) = -12x^2 - 4$; $f'''(x) = -24x$
einzige Nullstelle von f′: $x = 0$
$f''(0) = -6 < 0$; Hochpunkt $H(0\,|\,3)$
Da $f''(x) = -4(3x^2 + 1) \neq 0$ für alle x-Werte gilt, hat der Graph von f keine Wendepunkte.
Für $x \to \pm\infty$ gilt $x \to \pm -\infty$.

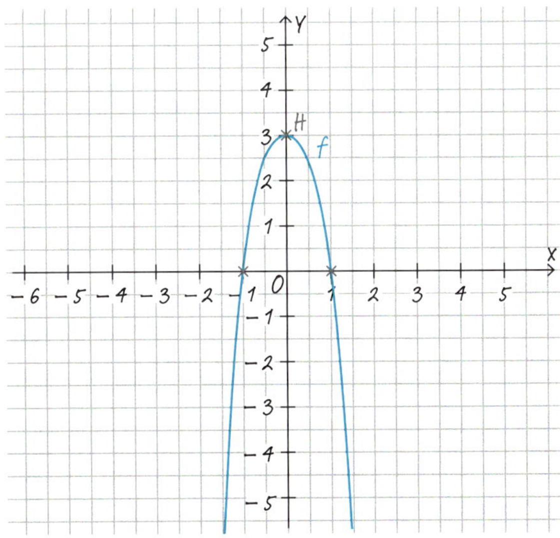

c) $f(x) = 2(x^3 + 1)^2$
Nullstellen von f:
$2(x^3 + 1)^2 = 0$ bedeutet $x^3 + 1 = 0$; also $x = \sqrt[3]{-1} = -1$
ausmultiplizieren: $f(x) = 2x^6 + 4x^3 + 2$
$f'(x) = 12x^5 + 12x^2$; $f''(x) = 60x^4 + 24x$; $f'''(x) = 240x^3 + 24$
Nullstellen von f':
$f'(x) = 12x^5 + 12x^2 = 12x^2(x^3 + 1) = 0$ bedeutet $x = 0$ oder $x^3 + 1 = 0$; also $x_1 = 0$ und $x_2 = -1$
$f''(0) = 0$; $f''(-1) = 36 > 0$
$f(0) = 2$; $f(-1) = 0$
Tiefpunkt $T(-1|0)$; da $f''(0) = 0$ überprüfen mithilfe von $f'''(0)$: $f'''(0) = 24 \neq 0 \Rightarrow$ Wendestelle bei $x_1 = 0$
Damit ist $S(0|2)$ kein Extrempunkt sondern Sattelpunkt.
weitere mögliche Wendestellen:
$f''(x) = 60x^4 + 24x = 12x(5x^3 + 2) = 0$ bedeutet $x = 0$ oder $5x^3 + 2 = 0$.
An der Stelle $x_3 = -\sqrt[3]{\frac{2}{5}} \approx -0{,}737$ nimmt f'' ebenfalls den Wert null an.
$f'''(x_3) = 120 \neq 0 \Rightarrow$ Wendestelle bei x_3
Wendepunkt $W\left(-\sqrt[3]{\frac{2}{5}} \middle| \frac{18}{25}\right)$
Für $x \to \pm\infty$ gilt $f(x) \to \infty$.

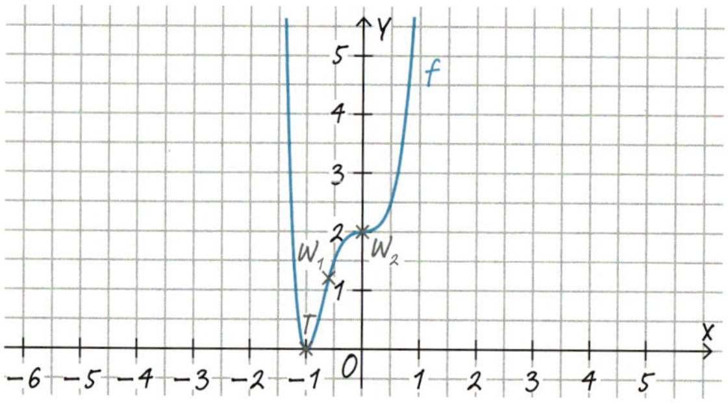

Seite 139

14
Mögliche Argumente:
Für den Graphen zur Funktion h mit $h(x) = x^4 - 5x^2 + 4$ gilt:
- Er verläuft durch den Punkt $P(0|4)$.
- Er ist achsensymmetrisch zur y-Achse.
- Er hat maximal vier Schnittpunkte mit der x-Achse.
- Er hat maximal drei Extrempunkte.
- Für $x \to \pm\infty$ gilt $g(x) \to +\infty$.

15
a) $f(x) = 0{,}25x^4 - 2x^3 + 4x^2 = 0{,}25x^2(x^2 - 8x + 16)$
$= 0{,}25x^2(x - 4)^2 = 0$;
Nullstellen: $x_1 = 0$; $x_2 = 4$
Für $x \to \pm\infty$ gilt $f(x) \to +\infty$.
Aus der Form $f(x) = 0{,}25x^2(x - 4)^2$ erkennt man zudem:
$f(x) \geq 0$ für alle x-Werte.
Mögliche Graphen:

b) $f'(x) = x^3 - 6x^2 + 8x$; $f''(x) = 3x^2 - 12x + 8$; $f'''(x) = 6x - 12$
Nullstellen von f':
$f'(x) = x^3 - 6x^2 + 8x = x(x^2 - 6x + 8) = 0$ bedeutet $x = 0$ oder $x^2 - 6x + 8 = 0$; also $x_1 = 0$; $x_2 = 2$; $x_3 = 4$
$f''(0) = 8 > 0$; $f''(2) = -4 < 0$; $f''(4) = 8 > 0$
$f(0) = 0$; $f(2) = 4$; $f(4) = 0$
Tiefpunkte: $T_1(0|0)$, $T_2(4|0)$; Hochpunkt: $H(2|4)$

19
a) Es ist $\tan(\alpha) = \frac{15}{5} = 3$. Damit ist $\alpha \approx 71{,}6°$.
b) Es ist $h_s = \sqrt{15^2 + 5^2} = \sqrt{250} \approx 15{,}81$.
Die Höhe der Seitenflächen beträgt ca. 15,81 m.

Seite 142

5
a) $f(10) = 20$
b) $f'(t) > 0$ für $0 \leq t \leq 10$ bzw. f ist streng monoton steigend für $0 \leq t \leq 10$
c) $f'(t) < 0$ für $30 \leq t \leq 35$
d) Dies bedeutet: Der Graph von f hat bei $t = 15$ einen Wendepunkt mit positiver Steigung.
Es gilt also $f'(15) > 0$ und $f''(15) = 0$.

Seite 143

8

a) $O(t) = -\frac{1}{300} \cdot (t^3 - 36t^2 + 324t - 5700)$

$O(15) = -\frac{1}{300} \cdot (15^3 - 36 \cdot 15^2 + 324 \cdot 15 - 5700) = \frac{371}{20} \approx 18{,}6$

Die Oberflächentemperatur des Sees beträgt um 15 Uhr etwa 18,6 °C.

b) $\frac{O(17) - O(10)}{17 - 10} = \frac{\frac{5683}{300} - \frac{253}{15}}{7} = \frac{89}{300} \approx 0{,}3$

Die durchschnittliche Temperaturänderung von 10 bis 17 Uhr beträgt etwa 0,3 °C pro Stunde.

c) Mit $O'(t) = -\frac{1}{100}(t^2 - 24t + 108)$ und $O''(t) = \frac{1}{50}(12 - t)$ erhält man $H(18\,|\,19)$ und $T(6\,|\,16{,}12)$. (Da die Randwerte die Punkte $P(0\,|\,19)$ und $Q(24\,|\,16{,}12)$ liefern, kann man folgern, dass an diesem Tag um 0 Uhr und um 18 Uhr die Temperatur mit 19 °C am höchsten und um 6 Uhr sowie um 24 Uhr mit 16,12 °C am niedrigsten war.)

9

a) $f(10) = 20$; $f(20) = 10$; Um 10 Uhr beträgt die Temperatur 20 °C und um 20 Uhr beträgt sie 10 °C.

b) $\frac{f(10) - f(6)}{10 - 6} = \frac{20 - 15{,}04}{4} = \frac{4{,}96}{4} = 1{,}24.$

Die durchschnittliche Temperaturänderung in den ersten vier Stunden seit Beobachtungsbeginn beträgt 1,24 °C pro Stunde.

c) $f'(x) = -0{,}03x^2 + 0{,}4x$; $f'(10) = -3 + 4 = 1$. Die momentane Temperaturänderung um 10 Uhr morgens beträgt 1 °C pro Stunde.

d) $f'(x) = 0$ liefert $x = 13{,}3$. $f(13{,}3) \approx 21{,}9$.

Also ist die Temperatur des Tages um 13:18 Uhr am höchsten. Sie beträgt dann etwa 21,9 °C.

11

a) $V = G \cdot h = \left(\frac{1}{2} \cdot 5 \cdot 4\right) \cdot 5 = 50$. Das Volumen beträgt $50\,cm^3$.

b) $V = G \cdot h = \pi r^2 \cdot h = \pi \cdot 2^2 \cdot 9{,}3 = 37{,}2\pi \approx 116{,}87$.

Das Volumen beträgt ca. $116{,}87\,cm^3$.

c) $V = \frac{1}{3}G \cdot h = \frac{1}{3}\pi r^2 \cdot h = \frac{1}{3}\pi \cdot 2^2 \cdot 6 = 8\pi \approx 25{,}13$.

Das Volumen beträgt ca. $25{,}13\,cm^3$.

Seite 147

10

a) Bezeichnet man die Zahlen mit a und b, so erhält man folgende Rechnung:

Das Produkt soll minimal werden: $P = a \cdot b$

Nebenbedingung: $b = a + 1$

Zielfunktion: $P(a) = a \cdot (a + 1) = a^2 + a$

Mit $P'(a) = 2a + 1$ und $P''(a) = 2$ erhält man das Minimum bei $a = -\frac{1}{2}$.

Somit sind $a = -\frac{1}{2}$ und $b = \frac{1}{2}$ die gesuchten reellen Zahlen.

b) Die gesuchte Zahl sei x (wobei $x > 0$).

Zu minimieren: $S(x) = x + \frac{1}{x}$ $(= x + x^{-1})$

Mit $S'(x) = 1 - \frac{1}{x^2}$ und $S''(x) = \frac{2}{x^3}$ erhält man das Minimum für $x = 1$.

11

a) Nullstellen bei $x = -4$ und $x = 4$.

Scheitelpunkt $S(0\,|\,16)$

Skizze siehe Fig. 1.

b) Zu maximieren: $A = 2a \cdot b$

Nebenbedingung: $b = f(a) = 16 - a^2$

Zielfunktion: $A(a) = 2a \cdot (16 - a^2) = 32a - 2a^3$

Mit $A'(a) = 32 - 6a^2$ und $A''(a) = -12a$ erhält man unter Berücksichtigung der Randwerte $a = 0$ und $a = 4$ den maximalen Flächenhinhalt für $a = \sqrt{\frac{16}{3}} \approx 2{,}3$.

Die entsprechenden Eckpunkte sind dann $A\left(\sqrt{\frac{16}{3}}\,\middle|\,0\right)$, $B\left(\sqrt{\frac{16}{3}}\,\middle|\,\frac{32}{3}\right)$, $C\left(-\sqrt{\frac{16}{3}}\,\middle|\,\frac{32}{3}\right)$ und $D\left(-\sqrt{\frac{16}{3}}\,\middle|\,0\right)$.

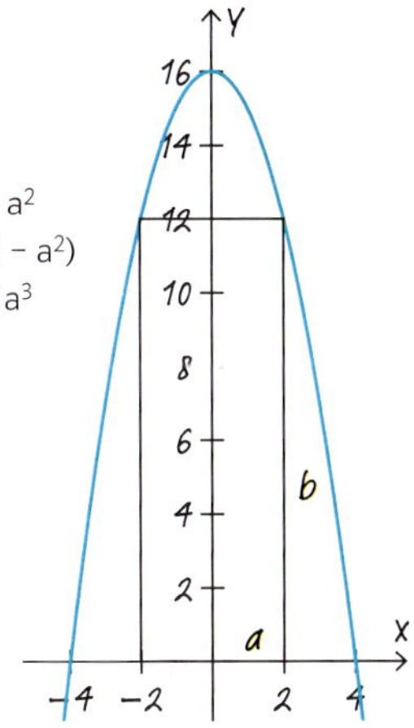

Fig. 1

Seite 148

21

a) Scheitelpunkt von g: $S_g(0\,|\,-2)$

Scheitelpunkt von f: $S_f(0\,|\,4)$

Schnittpunkte bei $x_{1/2} = \pm\sqrt{8}$: $S_1(-\sqrt{8}\,|\,2)$; $S_2(\sqrt{8}\,|\,2)$

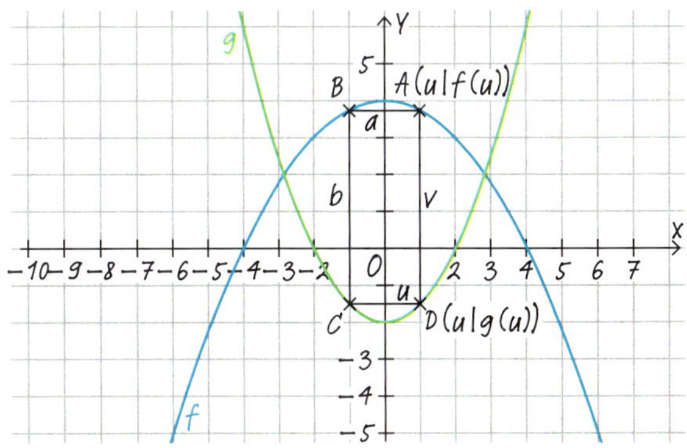

b) Zu maximieren: $A = 2u \cdot v$

Nebenbedingungen:

$v = f(u) - g(u) = 4 - 0{,}25u^2 - 0{,}5u^2 + 2 = -0{,}75u^2 + 6$

Zielfunktion: $A(u) = 2u(-0{,}75u^2 + 6) = -1{,}5u^3 + 12u$

$D_A = [0;\,\sqrt{8}]$

c) Mit $A'(u) = -4{,}5u^2 + 12$ und $A''(u) = -9u$ erhält man ein Maximum für $u = \sqrt{\frac{8}{3}}$.

An den Definitionsrändern ist der Flächeninhalt jeweils 0, sodass der maximale Flächeninhalt bei $u = \sqrt{\frac{8}{3}}$ erreicht wird.

Man erhält die Eckpunkte $A\left(\sqrt{\frac{8}{3}}\,\middle|\,\frac{10}{3}\right)$, $B\left(-\sqrt{\frac{8}{3}}\,\middle|\,\frac{10}{3}\right)$, $C\left(-\sqrt{\frac{8}{3}}\,\middle|\,-\frac{2}{3}\right)$, $D\left(\sqrt{\frac{8}{3}}\,\middle|\,-\frac{2}{3}\right)$.

26

a) Der linke Blumenkübel hat die Form eines Pyramidenstumpfes. Für sein Volumen gilt (vgl. Seite 161 im Schülerbuch)

$V_P = \frac{1}{3}h\left(G_1 + \sqrt{G_1 G_2} + G_2\right)$ mit $h = 30\,cm - 6\,cm = 24\,cm$,

$G_1 = (90\,cm - 2 \cdot 4{,}5\,cm)^2 = 6561\,cm^2$ und

$G_2 = (70\,cm - 2 \cdot 4{,}5\,cm)^2 = 3721\,cm^2$.

Man erhält somit $V_P = 121784\,cm^3 \approx 121{,}8\,l$.

Man benötigt knapp 122 l Erde.

Der rechte Blumenkübel hat die Form eines Kegelstumpfes. Für sein Volumen gilt (vgl. Seite 163 im Schülerbuch)

$V_K = \frac{1}{3}\pi h\left(r_1^2 + r_1 r_2 + r_2^2\right)$ mit $h = 40\,cm - 6\,cm = 34\,cm$,

$r_1 = \frac{1}{2}(90\,cm - 2 \cdot 4{,}5\,cm) = 40{,}5\,cm$ und

$r_2 = \frac{1}{2}(45\,cm - 2 \cdot 4{,}5\,cm) = 18\,cm$.

Es ergibt sich also $V_K \approx 95892\,cm^3 \approx 95{,}9\,l$.

Man benötigt etwa 96 l Erde.

b) In Teilaufgabe a) wurde das Volumen berechnet, das in die Kübel passt. Jetzt muss man das Volumen des Betons berechen. Dieses ergibt sich aus der Differenz der Volumina zweier Pyramiden- bzw. Kegelstümpfe. Die Volumina der inneren Körper wurden bereits in Teilaufgabe a) berechnet.

linker Blumenkübel: $h_{außen} = 30\,cm$

$G_{1_{außen}} = (90\,cm)^2 = 8100\,cm^2$

$G_{2_{außen}} = (70\,cm)^2 = 4900\,cm^2$

$V_{Beton} = V_{P_{außen}} - V_{P_{innen}}$

$= \frac{1}{3} \cdot 30\,cm \cdot$

$\left(8100\,cm^2 + \sqrt{8100\,cm^2 \cdot 4900\,cm^2} + 4900\,cm^2\right)$

$- 121\,784\,cm^3$

$= 71\,216\,cm^3$

Masse: $m_{Beton} = 2{,}3\frac{g}{cm^3} \cdot 71\,216\,cm^3 = 163\,796{,}8\,g \approx 164\,kg$

rechter Blumenkübel: $h_{außen} = 40\,cm$;

$r_{1_{außen}} = 45\,cm$; $r_{2_{außen}} = 22{,}5\,cm$

$V_{Beton} = V_{K_{außen}} - V_{K_{innen}}$

$\approx \frac{1}{3}\pi \cdot 40\,cm \cdot$

$((45\,cm)^2 + 45\,cm \cdot 22{,}5\,cm + (22{,}5\,cm)^2) - 95\,892\,cm^3$

$\approx 52\,548\,cm^3$

Masse: $m_{Beton} \approx 2{,}3\frac{g}{cm^3} \cdot 52\,548\,cm^3 \approx 120\,861\,g \approx 121\,kg$

Seite 152

1

a) Die dargestellte Funktion ist überall streng monoton. In den Intervallen $I_1 = (-\infty; 0]$ und $I_2 = [2; \infty)$ ist sie streng monoton zunehmend und im Intervall $I_3 = [0; 2]$ ist sie streng monoton abnehmend.

b) Die dargestellte Funktion ist im Intervall $I_1 = (-\infty; 2]$ streng monoton zunehmend und im Intervall $I_2 = [2; \infty)$ streng monoton abnehmend.

c) Die Funktion ist im Intervall $I_1 = (-\infty; -2]$ streng monoton zunehmend und im Intervall $I_2 = [-2; \infty)$ monoton zunehmend (oder monoton abnehmend).

2

a) Ableitungen: $f'(x) = 3x^2 - 3x - 6$, $f''(x) = 6x - 3$ und $f'''(x) = 6$.

Mögliche Extremstellen: $f'(x) = 0 \Leftrightarrow 3x^2 - 3x - 6 = 3(x^2 - x - 2) = 0$, also $x_1 = -1$ und $x_2 = 2$ (Lösungsformel).

Überprüfung der möglichen Extremstellen:

1. $x_1 = -1$:
   $f''(-1) = -9 < 0$. Die Stelle $x_1 = -1$ ist eine Extremstelle (Maximum).
2. $x_2 = 2$:
   $f''(2) = 9 > 0$. Die Stelle $x_2 = 2$ ist eine Extremstelle (Minimum).

Mögliche Wendestellen: $f''(x) = 0 \Leftrightarrow 6x - 3 = 0$, also $x_3 = \frac{1}{2}$.

Überprüfung der möglichen Wendestelle: $f'''\left(\frac{1}{2}\right) = 6 \neq 0$.

Die Stelle $x_3 = \frac{1}{2}$ ist eine Wendestelle.

b) Ableitungen: $f'(x) = 4x^3 - 12x$, $f''(x) = 12x^2 - 12$ und $f'''(x) = 24x$.

Mögliche Extremstellen: $f'(x) = 0 \Leftrightarrow 4x^3 - 12x = 4x(x^2 - 3) = 0$, also $x_1 = 0$, $x_2 = -\sqrt{3}$ und $x_3 = \sqrt{3}$.

Überprüfung der möglichen Extremstellen:

1. $x_1 = 0$:
   $f''(0) = -12 < 0$. Die Stelle $x_1 = 0$ ist eine Extremstelle (Maximum).
2. $x_2 = -\sqrt{3}$:
   $f''(-\sqrt{3}) = 24 > 0$. Die Stelle $x_2 = -\sqrt{3}$ ist eine Extremstelle (Minimum).
3. $x_3 = \sqrt{3}$:
   $f''(\sqrt{3}) = 24 > 0$. Die Stelle $x_2 = \sqrt{3}$ ist eine Extremstelle (Minimum).

Mögliche Wendestellen: $f''(x) = 0 \Leftrightarrow 12x^2 - 12 = 0$, also $x_4 = -1$ und $x_5 = 1$.

Überprüfung der möglichen Wendestellen:

1. $x_4 = -1$:
   $f'''(-1) = -24 \neq 0$. Die Stelle $x_5 = -1$ ist eine Wendestelle.
2. $x_5 = 1$:
   $f'''(1) = 24 \neq 0$. Die Stelle $x_5 = 1$ ist eine Wendestelle.

3

a) Der rote Graph gehört zu f′, der blaue zu f″.
Begründung (in der Aufgabe nicht gefordert): An den Extremstellen von f′ hat f″ Nullstellen.

b) Der Graph von f hat bei den Nullstellen von f′ waagerechte Tangenten: $x_1 = -2$, $x_2 = 0$ und $x_3 = 2$.
Da $f''(-2) > 0$ und $f''(2) > 0$ ist, hat der Graph an diesen Stellen jeweils einen Tiefpunkt. Da $f''(0) < 0$ ist, hat der Graph von f an dieser Stelle einen Hochpunkt.

4

a) Auf den Graphen der Funktion f treffen die Eigenschaften A und C zu.

b) Auf den Graphen der Funktion f trifft die Eigenschaft D zu, auf die Funktion f trifft die Eigenschaft E zu.

c) Auf den Graphen der Funktion f trifft die Eigenschaft B zu.

5

a) (1) $f(5) = 250$

(2) $f''(x) < 0$ für $x > 400$.

(3) $f'(x) = 0$ für $x > 600$.

b) Möglicher Verlauf des Graphen von f:

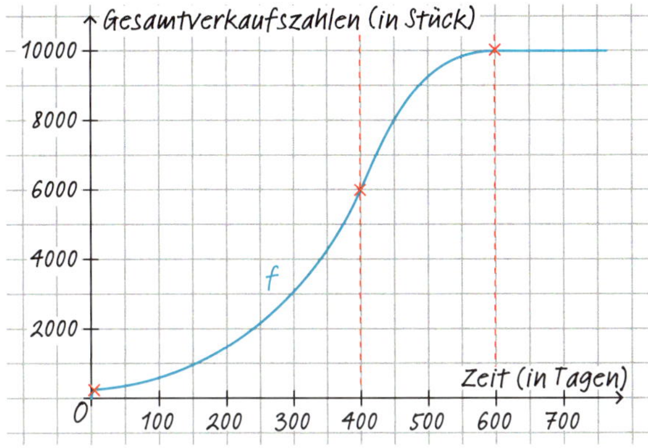

6

Graph (I) gehört zur $f(x) + 3$.

Graph (II) gehört zur Funktion f.

Graph (III) gehört zur Funktion $f(x + 3)$.

Graph (IV) gehört zur Ableitungsfunktion f'.

Seite 153

7

a) Falsch. f' hat nur eine Nullstelle mit Vorzeichenwechsel ($x = -3$). Bei $x = 2$ hat f' eine Nullstelle ohne VZW.

b) Falsch. Es ist $f'(x) < 0$ in diesem Bereich. Somit ist f streng monoton fallend.

c) Wahr. f' hat an der Stelle $x = 2$ eine Nullstelle ohne Vorzeichenwechsel (vgl. Teilaufgabe a)). Der Graph von f hat an dieser Stelle einen Sattelpunkt.

d) Wahr. f' hat in diesem Bereich zwei Extremstellen und diese sind die Nullstellen von f''.

8

(1) f' hat drei Nullstellen:

$x_1 = -2$ (mit VZW von − nach +). f hat bei $x_1 = -2$ ein Minimum.

$x_2 = 2$ (mit VZW von + nach −). f hat bei $x_2 = 2$ ein Maximum.

$x_3 = 8$ (mit VZW von − nach +). f hat bei $x_3 = 8$ ein Minimum.

(2) f'' hat zwei Extremstellen. Also hat f an diesen Stellen Wendestellen.

(3) Über die Nullstellen von f kann keine Aussage getroffen werden.

9

a)

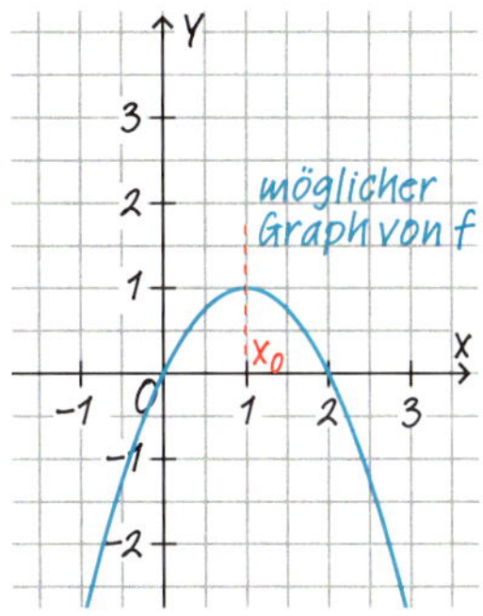

b)

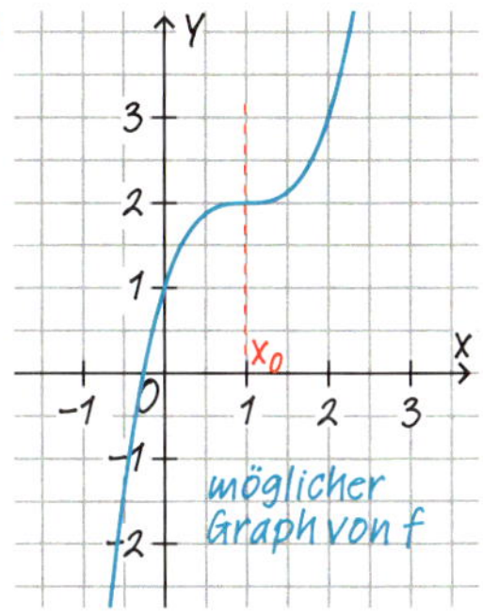

10

a)

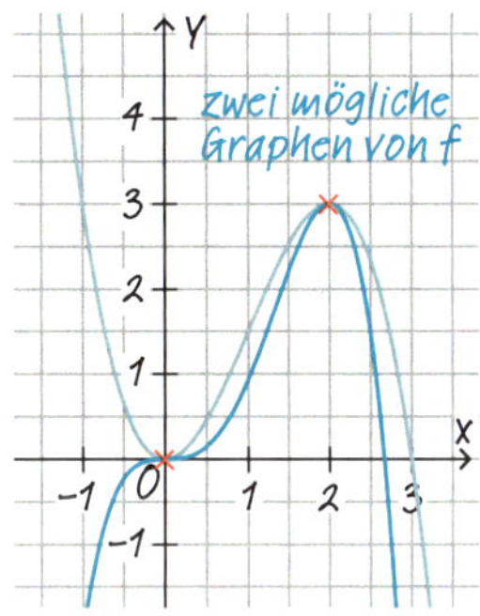

b)

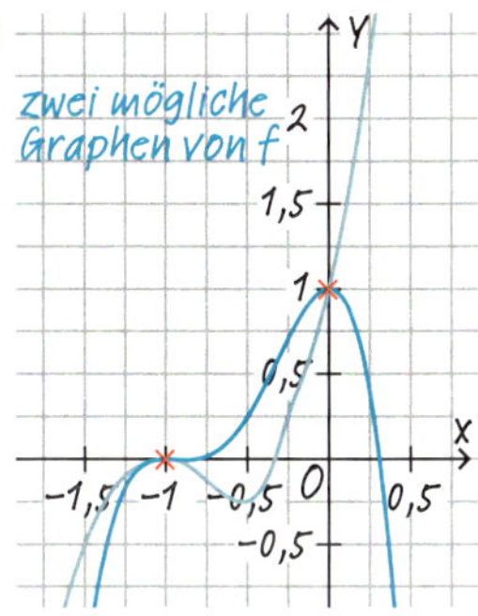

11

(I) $f(2) = 3$: Der Graph von f verläuft durch den Punkt $P(2|3)$.

(II) $f'(1) = 0$: Der Graph von f hat an der Stelle $x = 1$ eine waagerechte Tangente.

(III) $f'(2) > 0$: Die Steigung des Graphen von f ist an der Stelle $x = 2$ positiv.

(IV) $f''(2) \neq 0$: Der Graph kann an dieser Stelle keinen Wendepunkt haben.

12

Der Graph von f ist eine Parabel. Am Vorzeichen von a kann man ablesen, ob die Parabel nach oben oder nach unten geöffnet ist.

Ist $a > 0$, so ist die Parabel nach oben geöffnet und der Graph hat einen Tiefpunkt.

Ist $a < 0$, so ist die Parabel nach unten geöffnet und der Graph hat einen Hochpunkt.

13

a) Falsch. Auch wenn zwei Funktionen dieselbe Ableitung haben, sind sie nicht unbedingt identisch. Beispiel: $f(x) = x^2$ und $g(x) = x^2 + 1$ (Ableitungen: $f'(x) = g'(x) = 2x$).

b) Wahr. Da die beiden Funktionen an jeder Stelle dieselbe Steigung haben, können sie sich nur durch eine Verschiebung in y-Richtung unterscheiden. Es gilt also $f(x) = g(x) + d$, $d \in \mathbb{R}$. Die Differenz $f(x) - g(x) = d$ ist konstant.

14

a) $f(x) = ax^3 - cx$

Nullstellen: $f(x) = 0 \Leftrightarrow ax^3 - cx = x(ax^2 - c) = 0$, also $x_1 = 0$,

$x_2 = -\sqrt{\frac{c}{a}}$ und $x_3 = \sqrt{\frac{c}{a}}$.

Die Nullstellen x_2 und x_3 liegen symmetrisch zur Nullstelle $x_1 = 0$; der Abstand von x_1 zu x_2 und von x_1 zu x_3 ist gleich.

b) Allgemeine ganzrationale Funktion dritten Grades:
$f(x) = ax^3 + bx^2 + cx + d\,(a \neq 0)$.
Ableitungen: $f'(x) = 3ax^2 + 2bx + c$, $f''(x) = 6ax + 2b$ und $f'''(x) = 6a$.
Mögliche Wendestellen: $f''(x) = 0 \Leftrightarrow 6ax + 2b = 0$, also
$x_1 = -\frac{2b}{6a} = -\frac{b}{3a}$.
Überprüfung der möglichen Wendestelle: $f'''\left(-\frac{b}{3a}\right) = 6a \neq 0$.
Somit hat f genau eine Wendestelle.

c) Mögliche Extremstellen (mit den Ableitungen aus Teilaufgabe b)):
$f'(x) = 0 \Leftrightarrow 3ax^2 + 2bx + c$, also $x_1 = \frac{-2b - \sqrt{4b^2 - 12ac}}{6a}$ und
$x_2 = \frac{-2b + \sqrt{4b^2 - 12ac}}{6a}$ (Lösungsformel), falls $4b^2 - 12ac \geq 0$.
Für $4b^2 - 12ac = 0$ ist $x_1 = x_2 = -\frac{b}{3a}$. Dies ist die Wendestelle aus Teilaufgabe b). Im Folgenden geht man von $4b^2 - 12ac > 0$ aus.

Überprüfung der möglichen Extremstellen:

1. $x_1 = \frac{-2b - \sqrt{4b^2 - 12ac}}{6a}$:
   $f''\left(\frac{-2b - \sqrt{4b^2 - 12ac}}{6a}\right) = 6a \cdot \frac{-2b - \sqrt{4b^2 - 12ac}}{6a} + 2b$
   $= -\sqrt{4b^2 - 12ac} < 0$. Die Stelle $x_1 = \frac{-2b - \sqrt{4b^2 - 12ac}}{6a}$ ist eine Extremstelle (Maximum).
2. $x_2 = \frac{-2b + \sqrt{4b^2 - 12ac}}{6a}$:
   $f''\left(\frac{-2b + \sqrt{4b^2 - 12ac}}{6a}\right) = 6a \cdot \left(\frac{-2b - \sqrt{4b^2 - 12ac}}{6a}\right) + 2b$
   $= \sqrt{4b^2 - 12ac} > 0$. Die Stelle $x_2 = \frac{-2b + \sqrt{4b^2 - 12ac}}{6a}$ ist eine Extremstelle (Minimum).

Bestimmung der Mitte von x_1 und x_2:
$\frac{x_1 + x_2}{2} = \frac{-2b - \sqrt{4b^2 - 12ac} + \left(-2b + \sqrt{4b^2 - 12ac}\right)}{2 \cdot 6a} = \frac{-4b}{12a} = -\frac{b}{3a}$.
Das ist die Wendestelle aus Teilaufgabe b).

15

$f(x) = g(x)$ führt zu $f(x) - g(x) = 0$. Betrachtet wird daher die Funktion $h(x) = f(x) - g(x)$.
Wenn $h(x) \to +\infty$ für $x \to \pm\infty$ gilt und die Minima von h nur positiv sind, hat h keine Nullstellen und somit schneiden sich f und g nicht.
Analog kann man argumentieren, wenn $h(x) \to -\infty$ für $x \to \pm\infty$ gilt.

a) $h(x) = f(x) - g(x) = 3x^4 + 3 - (4x^3 + 1) = 3x^4 - 4x^3 + 2$
Ableitungen: $h'(x) = 12x^3 - 12x^2$ und $h''(x) = 36x^2 - 24x$.
Mögliche Extremstellen: $h'(x) = 0 \Leftrightarrow 12x^3 - 12x^2 = 12x^2(x - 1) = 0$, also $x_1 = 0$ und $x_2 = 1$.
Überprüfung der möglichen Extremstellen:

1. $x_1 = 0$:
   $h''(0) = 4 = 0$; VZW-Kriterium: $h'(-1) = -24 < 0$ und $h'(0{,}5) = -1{,}5$.
   f' hat an der Stelle $x_1 = 0$ keinen VZW. Somit hat die Funktion f an der Stelle $x_1 = 0$ kein Extremum.
2. $x_2 = 1$:
   $h''(1) = 12 > 0$. Die Stelle $x_2 = 1$ ist eine Extremstelle (Minimum).

Das Minimum $h(1) = 1$ ist größer als null. Für $x \to \pm\infty$ gilt $h(x) \to \infty$. Das heißt, h hat keine Nullstellen, die Graphen von f und g schneiden sich also nicht.

b) $h(x) = f(x) - g(x) = x^2 - 2 - (x^4 - x^2) = -x^4 + 2x^2 - 2$
Ableitungen: $h'(x) = -4x^3 + 4x$ und $h''(x) = -12x^2 + 4$.
Mögliche Extremstellen: $h'(x) = 0 \Leftrightarrow -4x^3 + 4x = 4x(-x^2 + 1) = 0$, also $x_1 = 0$, $x_2 = -1$ und $x_3 = 1$.
Überprüfung der möglichen Extremstellen:

1. $x_1 = 0$:
   $h''(0) = 4 > 0$. Die Stelle $x_1 = 0$ ist eine Extremstelle (Minimum).
2. $x_2 = -1$:
   $h''(-1) = -8 < 0$. Die Stelle $x_2 = -1$ ist eine Extremstelle (Maximum).
3. $x_3 = 1$:
   $h''(1) = -8 < 0$. Die Stelle $x_3 = 1$ ist eine Extremstelle (Maximum).

Sämtliche Maxima sind kleiner als null ($h(-1) = -1$, $h(1) = -1$).
Für $x \to \pm\infty$ gilt $h(x) \to -\infty$. Das heißt, h hat keine Nullstellen, die Graphen von f und g schneiden sich also nicht.

Seite 155

Runde 1

1

Um den Graphen von f zu skizzieren, betrachtet man die Nullstellen von f und das Verhalten von f für $x \to \pm\infty$.
Nullstellen: $f(x) = 0 \Leftrightarrow \frac{4}{3}x^3 + 2x^2 = x^2\left(\frac{4}{3}x + 2\right) = 0$, also $x_1 = 0$ und $x_2 = -\frac{3}{2}$.

Für $x \to \infty$ gilt $f(x) \to +\infty$, für $x \to -\infty$ gilt: $f(x) \to -\infty$.
Mögliche Verläufe des Graphen von f:

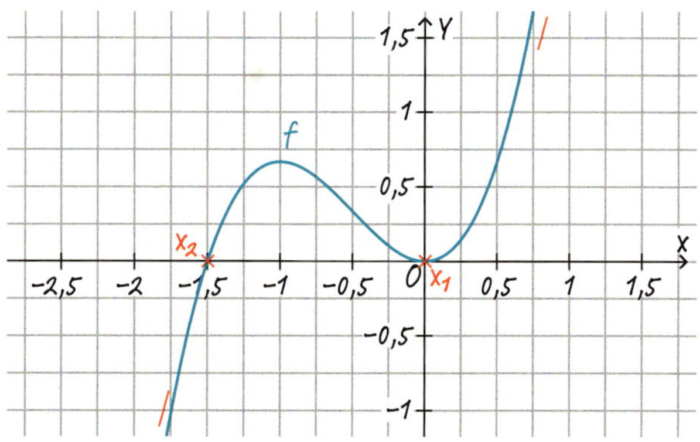

2

a) Wahr. f' hat eine Nullstelle mit VZW von − nach +. Daher hat der Graph von f an der Stelle $x = 2$ einen Tiefpunkt.

b) Wahr. f' hat in $I = (-1; 2{,}5)$ zwei Extremstellen. Diese Stellen sind Nullstellen von f''.

c) Falsch. Der Grad der Funktion f ist mindestens vier, da der Grad von f' mindestens drei ist (zwei Extremwerte).

3

a) Ableitungen: $f'(x) = \frac{3}{5}x^2 - 2$, $f''(x) = \frac{6}{5}x$ und $f'''(x) = \frac{6}{5}$.

Mögliche Wendestellen: $f''(x) = 0 \Leftrightarrow 2x = 0$, also $x_1 = 0$.

Überprüfung der möglichen Wendestelle: $f'''(0) = \frac{6}{5} \neq 0$.
Die Stelle $x_1 = 0$ ist eine Wendestelle, der Wendepunkt ist $W(0\,|\,1)$.
Gleichung der Wendetangente:
$f'(0) = -2$; Ansatz: $y = -2x + c$.
Punktprobe mit $W(0\,|\,1)$: $1 = -2 \cdot 0 + c \Leftrightarrow c = 1$.
Gleichung der Wendetangente: $y = -2x + 1$.

b) Schnittpunkte der Wendetangente mit den Achsen:
Mit der y-Achse: $x = 0 \Leftrightarrow y = -2 \cdot 0 + 1 = 1$; $S(0\,|\,1)$.
Mit der x-Achse: $y = 0 \Leftrightarrow 0 = -2x + 1$; $x = 0{,}5$; $N(0{,}5\,|\,0)$.
Flächeninhalt des Dreiecks OST: $A = \frac{1}{2} \cdot 0{,}5 \cdot 1 = \frac{1}{4}$.

4

Flächeninhalt des Dreiecks: $A = u \cdot v$
Nebenbedingung: $v = p(u) = 4 - \frac{1}{4}u^2$
$A(u) = u \cdot p(u) = u\left(4 - \frac{1}{4}u^2\right) = 4u - \frac{1}{4}u^3\,(0 \le u \le 4)$.
$A'(u) = 4 - \frac{3}{4}u^2 = 0$; $u_1 = \frac{4}{\sqrt{3}} \approx 2{,}31$
$A''(u) = -\frac{3}{2}u$ und damit $A''\left(\frac{4}{\sqrt{3}}\right) = -\frac{6}{\sqrt{3}} < 0$
A hat an der Stelle $\frac{4}{\sqrt{3}}$ ihr Maximum.
$p(u_1) = p\left(\frac{4}{\sqrt{3}}\right) = 4 - \frac{1}{4} \cdot \left(\frac{4}{\sqrt{3}}\right)^2 = 4 - \frac{4}{3} = \frac{8}{3}$
Randwerte: $A(0) = A(4) = 0$
$A\left(\frac{4}{\sqrt{3}}\right) = \frac{4}{\sqrt{3}} \cdot \frac{8}{3} = \frac{32}{3\sqrt{3}} \approx 6{,}16$
Für $P\left(\frac{4}{\sqrt{3}}\,\middle|\,\frac{8}{3}\right)$ hat das Dreieck den maximalen Flächeninhalt. Er beträgt etwa 6,16 Flächeneinheiten.

Runde 2

1

a) Ableitungen: $f'(x) = \frac{3}{2}x^2 + 6x$, $f''(x) = 3x + 6$ und $f'''(x) = 3$.

Mögliche Extremstellen: $f'(x) = 0 \Leftrightarrow \frac{3}{2}x^2 + 6x = x\left(\frac{3}{2}x + 6\right) = 0$,

also $x_1 = 0$ und $x_2 = -4$.
Überprüfung der möglichen Extremstellen:
1. $x_1 = 0$:
$f''(0) = 6 > 0$. An der Stelle $x_1 = 0$ liegt ein Minimum vor: $f(0) = -6$. Der Graph von f hat also den Tiefpunkt $T(0\,|\,-6)$.
2. $x_2 = -4$:
$f''(-4) = -6 < 0$. An der Stelle $x_2 = -4$ liegt ein Maximum vor: $f(-4) = 10$. Der Graph von f hat also den Hochpunkt $H(-4\,|\,10)$.

Mögliche Wendestellen: $f''(x) = 0 \Leftrightarrow 3x + 6 = 0$, also $x_3 = -2$.
Überprüfung der möglichen Wendestelle: $f'''(-2) = 3 \neq 0$.
Die Stelle $x_3 = -2$ ist eine Wendestelle, der Wendepunkt ist $W(-2\,|\,2)$.

b) Ableitungen: $f'(x) = x^2 - 6x + 8$, $f''(x) = 2x - 6$ und $f'''(x) = 2$.
Mögliche Extremstellen: $f'(x) = 0 \Leftrightarrow x^2 - 6x + 8 = 0$,
also $x_1 = 2$ und $x_2 = 4$ (Lösungsformel).
Überprüfung der möglichen Extremstellen:
1. $x_1 = 2$:
$f''(2) = -2 < 0$. An der Stelle $x_1 = 2$ liegt ein Maximum vor:
$f(2) = 6\frac{2}{3}$. Der Graph von f hat also den Hochpunkt $H\left(2\,\middle|\,6\frac{2}{3}\right)$.
2. $x_2 = 4$:
$f''(4) = 2 > 0$. An der Stelle $x_2 = 4$ liegt ein Minimum vor:
$f(4) = 5\frac{1}{3}$. Der Graph von f hat also den Tiefpunkt $T\left(4\,\middle|\,5\frac{1}{3}\right)$.

Mögliche Wendestellen: $f''(x) = 0 \Leftrightarrow 2x - 6 = 0$, also $x_3 = 3$
Überprüfung der möglichen Wendestelle: $f'''(3) = 2 \neq 0$.
Die Stelle $x_3 = 3$ ist eine Wendestelle, der Wendepunkt ist $W(3\,|\,6)$.

c) Ableitungen: $f'(x) = 4x^3 - 12x$, $f''(x) = 12x^2 - 12$ und $f'''(x) = 24x$.
Mögliche Extremstellen: $f'(x) = 0 \Leftrightarrow 4x^3 - 12x = 4x(x^2 - 3) = 0$, also $x_1 = 0$, $x_2 = -\sqrt{3}$ und $x_3 = \sqrt{3}$.
Überprüfung der möglichen Extremstellen:
1. $x_1 = 0$:
$f''(0) = -12 < 0$. An der Stelle $x_1 = 0$ liegt ein Maximum vor: $f(0) = 0$. Der Graph von f hat also den Hochpunkt $H(0\,|\,0)$.
2. $x_2 = -\sqrt{3}$:
$f''(-\sqrt{3}) = 24 > 0$. An der Stelle $x_2 = 0$ liegt ein Minimum vor: $f(-\sqrt{3}) = -9$. Der Graph von f hat also den Tiefpunkt $T_1(-\sqrt{3}\,|\,-9)$.
3. $x_3 = \sqrt{3}$:
$f''(\sqrt{3}) = 24 > 0$. An der Stelle $x_3 = 0$ liegt ein Minimum vor: $f(\sqrt{3}) = -9$. Der Graph von f hat also den Tiefpunkt $T_2(\sqrt{3}\,|\,-9)$.

Mögliche Wendestellen: $f''(x) = 0 \Leftrightarrow 12x^2 - 12 = 0$, also $x_4 = -1$ und $x_5 = 1$.
Überprüfung der möglichen Wendestellen:
1. $x_4 = -1$:
$f'''(-1) = -24 \neq 0$. Die Stelle $x_4 = -1$ ist eine Wendestelle, der Wendepunkt ist $W(-1\,|\,-5)$.
2. $x_5 = 1$:
$f'''(1) = 24 \neq 0$. Die Stelle $x_5 = 1$ ist eine Wendestelle, der Wendepunkt ist $W(1\,|\,-5)$.

2

a)

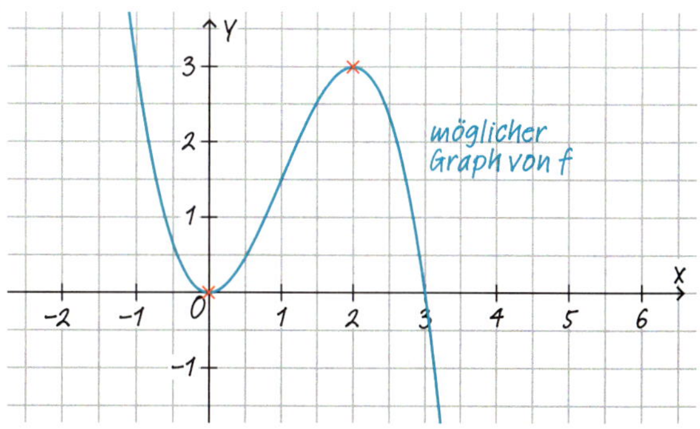

b)

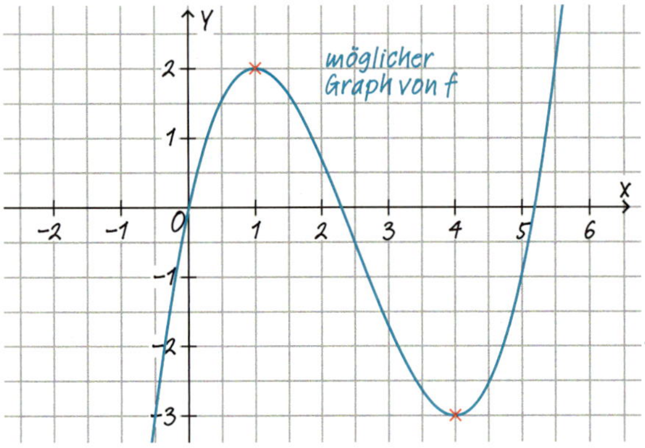

3

a) Falsch. f′ hat an der Stelle $x = 2$ eine Nullstelle ohne VZW und der Graph von f damit an dieser Stelle einen Sattelpunkt.

b) Falsch. Wegen $f'(x) > 0$ ist f in diesem Intervall streng monoton wachsend.

c) Wahr. Wegen $f'(x) > 0$ für $0,5 < x < 1$ ist f in diesem Intervall streng monoton steigend.

d) Wahr. $f'(1) = 1$ und $f''(2) = 0$, da der Graph von f′ an der Stelle $x = 2$ einen Extrempunkt hat.

4

Ableitungen: $U'(t) = \frac{1}{2}t^2 - 4t$, $U''(t) = t - 4$ und $U'''(t) = 1$.

a) Mögliche Extremstellen: $U'(t) = 0 \Leftrightarrow \frac{1}{2}t^2 - 4t = t\left(\frac{1}{2}t - 4\right) = 0$,

also $t_1 = 0$ und $t_2 = 8$.
Überprüfung der möglichen Extremstellen:

1. $t_1 = 0$:
$t_1 = 0$ liegt am Rand der Definitionsmenge und wird daher gesondert untersucht.

2. $t_2 = 8$:
$U''(8) = 4 > 0$. An der Stelle $t_2 = 8$ liegt ein Minimum vor:
$U(8) = 57\frac{1}{3}$. Der Graph von U hat also den Tiefpunkt $T\left(8 \middle| 57\frac{1}{3}\right)$.

Überprüfung auf Randextremwerte: $U(0) = U(12) = 100$.
Das Unternehmen hatte den geringsten Umsatz nach 8 Monaten mit 57333 € Umsatz.

b) Mögliche Wendestellen: $U''(t) = 0 \Leftrightarrow t - 4 = 0$, also $t_3 = 4$.
Überprüfung der möglichen Wendestelle:
$U'''(4) = 1 \neq 0$. Die Stelle $t_3 = 4$ ist eine Wendestelle.
$U'(4) = -8$
Der Graph von U hat bei $t_3 = 4$ einen Wendepunkt mit negativer Steigung.
Der stärkste Umsatzrückgang war nach 4 Monaten.

Grundwissen

Seite 156

1

Graph b) stellt keine Funktion dar.

2

a) $f(x) = 2x - 1$: $f(2) = 3$; $f(-3) = -7$; $f\left(\frac{1}{2}\right) = 0$; $f(-0,2) = -1,4$

b) $f(x) = \frac{1}{4} - x^2$: $f(2) = -\frac{15}{4}$; $f(-3) = -\frac{35}{4}$; $f\left(\frac{1}{2}\right) = 0$; $f(-0,2) = 0,21$

c) $f(x) = x^2 + \frac{1}{5}x$: $f(2) = \frac{22}{5}$; $f(-3) = \frac{42}{5}$; $f\left(\frac{1}{2}\right) = \frac{7}{20}$; $f(-0,2) = 0$

3

a) $f(1) = 1$, $f(-1) = 1$, $f(1,5) = -0,25$.

x	−3	−2,5	−2	−1,5	−1	−0,5	0
f(x)	−7	−4,25	−2	−0,25	1	1,75	2

x	0,5	1	1,5	2	2,5	3
f(x)	1,75	1	−0,25	−2	−4,25	−7

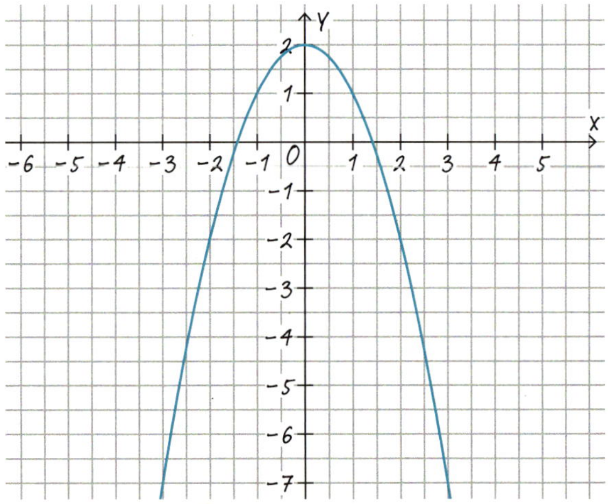

c) $f(-\sqrt{2}) = 0$, $f(\sqrt{2}) = 0$, $f(1) = 1$, $f(-1) = 1$; es gibt kein u mit $f(u) = 3$.

d) $W_f = (-\infty; 2]$.

4

a)–c)

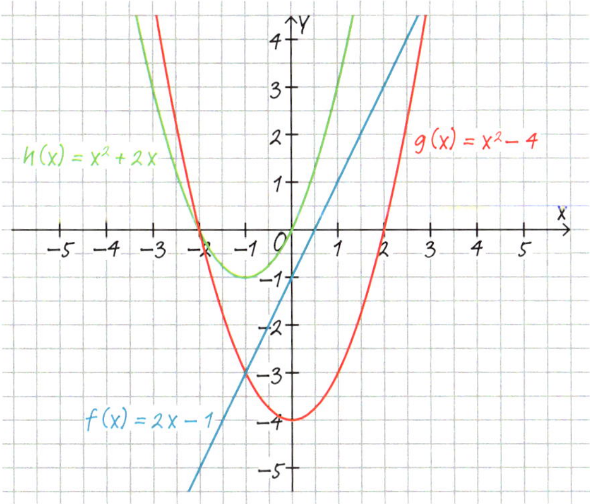

5

a)

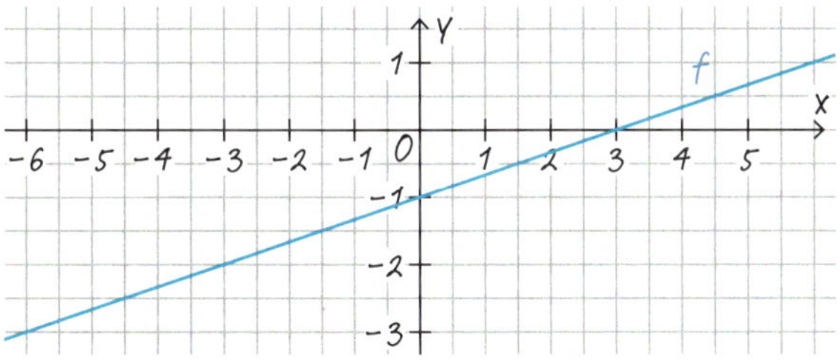

b) $P\left(2\,\middle|\,-\frac{1}{3}\right)$; $Q(9\,|\,2)$.

c) nein, denn $f(3{,}6) = 0{,}2$

6

a)

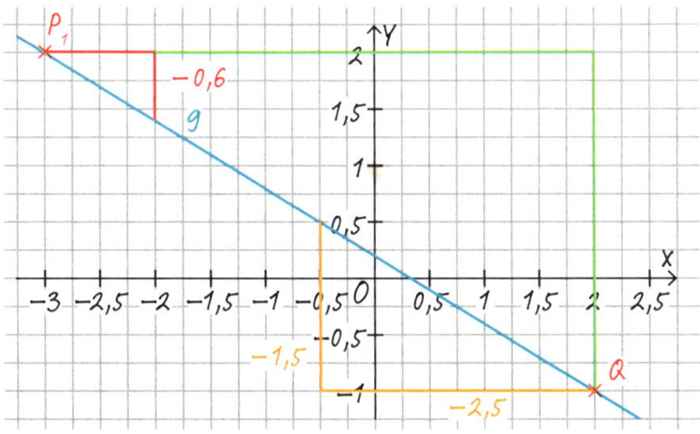

Steigung: in beiden Fällen −0,6

b) Alle Steigungsdreiecke sind ähnlich, weil der Winkel mit der Horizontalen und der rechte Winkel übereinstimmen. Die Steigung ist der Tangens des Winkels mit der Horizontalen, der daher immer denselben Wert liefert.

7

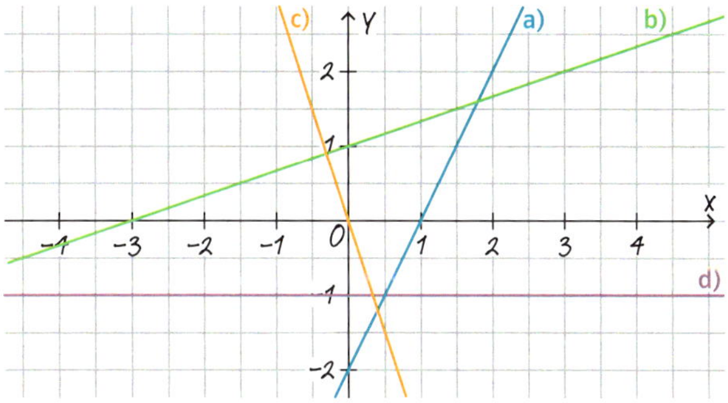

Seite 157

8

$g(x) = -x + 1{,}5$; $h(x) = \frac{1}{4}x - 2$

9

a) $f(x) = -\frac{2}{3}x + \frac{11}{3}$ b) $f(x) = x - 4$ c) $f(x) = 4x + 7$

10

Gegeben ist die Gerade $g\colon y = -2x + 6$.

a) Punktprobe mit $P(1\,|\,4)$: $4 = -2 \cdot 1 + 6$ ✓ P liegt auf g.

b) Punktprobe mit $Q(2\,|\,a)$: $a = -2 \cdot 2 + 6 \Leftrightarrow a = 2$.
Für $a = 2$ liegt Q auf g.

11

a) $f(x) = x^2 + 2x - 1$

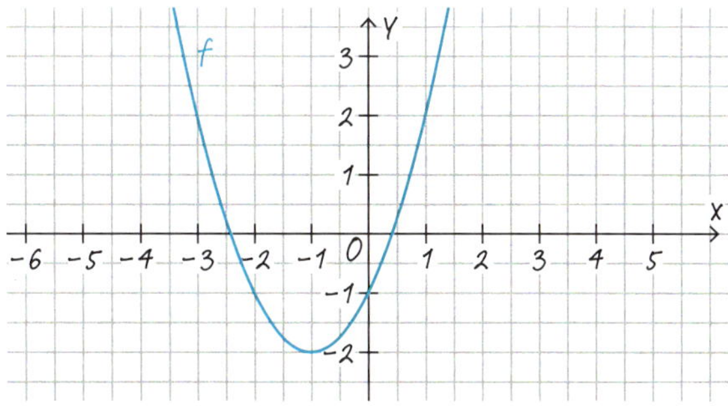

b) $f(x) = \frac{1}{2}x^2 - 2x + 1$

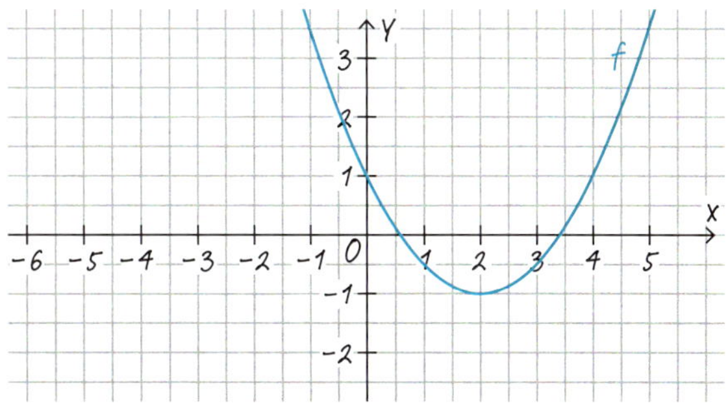

c) $f(x) = (x-1)^2 + 2$

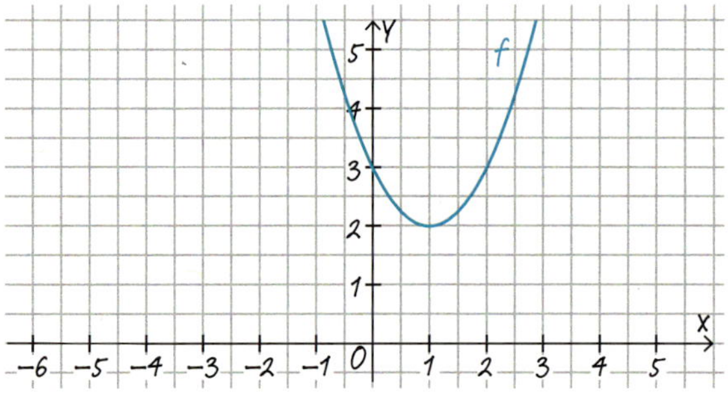

d) $f(x) = 2(x-1)\cdot(x+2)$

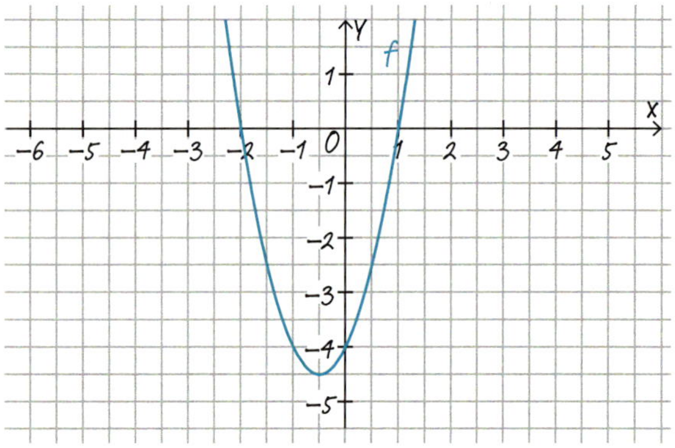

12

a) Nullstellen: $x_1 = 1$, $x_2 = 9$, $S(5\,|\,-16)$

b) Nullstellen: $x_1 = -\frac{5}{2}$, $x_2 = -\frac{1}{2}$, $S\left(-\frac{3}{2}\,\middle|\,-4\right)$

c) Nullstellen: $x_1 = -\frac{5}{4}$, $x_2 = \frac{3}{4}$, $S\left(-\frac{1}{4}\,\middle|\,-1\right)$

d) Nullstellen: $x_1 = -12$, $x_2 = -6$, $S\left(-9\,\middle|\,-\frac{9}{2}\right)$

13

a) Schnittpunkte: $S_1(1\,|\,-1)$, $S_2(-7\,|\,-49)$

b) Schnittpunkte: $S_1(-3\,|\,-7)$, $S_2(2\,|\,3)$

c) Schnittpunkte: $S_1(-2\,|\,-7)$, $S_2(5\,|\,-70)$

14

$f(x) = 3x^2 - 12x + 11$

15

$f(x) = (x-2)^2 - 1$

Seite 158

1

a) $\frac{1}{32}$ b) $\frac{3}{625}$ c) $\frac{1}{x^7}$ d) $-\frac{4}{a^3}$

2

a) 5^{-3} b) $7\cdot 6^{-2}$ c) $9\cdot 10^{-3}$ d) $7\cdot 13^{-2}$

3

a) $\frac{1}{1000} = 0{,}001$ b) $\frac{4}{25} = 0{,}16$

c) $\frac{3}{2^4} = \frac{3}{16} = 0{,}1875$ d) $-\frac{1}{16} = -0{,}0625$

4

a) $(-10)^3\cdot(4)^{-\frac{1}{2}} = \frac{-1000}{\sqrt{4}} = -500$

b) $7^{-1} : (-2)^2 = \frac{1}{7} : 4 = \frac{1}{28}$

c) $-3^4 : 27^{\frac{2}{3}} = -81 : (\sqrt[3]{27})^2 = -9$

d) $10^{-4}\cdot(-10)^3 = \frac{1}{10\,000}\cdot(-1000) = -\frac{1}{10}$

5

a) $\sqrt[3]{2}$ b) $\sqrt[5]{2^3}$ c) $2\cdot\sqrt{a}$ d) $\sqrt[n]{a^2}$

e) $5^{\frac{1}{4}}$ f) $5^{\frac{3}{4}}$ g) $(2x)^{\frac{1}{2}}$ h) $x^{\frac{n}{4}}$

6

a) $5^3\cdot 5^{-2} = 5^{3+(-2)} = 5$

b) $7^{-5} : 7^{-4} = 7^{-5-(-4)} = 7^{-1} = \frac{1}{7}$

c) $(-4)^2\cdot(-4)^{-5} = (-4)^{2-5} = (-4)^{-3} = -\frac{1}{64}$

d) $\frac{2^8}{2^5} = 2^{8-5} = 2^3 = 8$

e) $\frac{11^{-6}}{11^{-8}} = 11^{-6-(-8)} = 11^2 = 121$

f) $\frac{(-5)^7}{(-5)^5} = (-5)^{7-5} = (-5)^2 = 25$

7

a) $q^7 : q^{-2} = q^{7-(-2)} = q^9$ b) $z^{-4}\cdot z^{-7} = z^{-4-7} = z^{-11} = \frac{1}{z^{11}}$

c) $3^n\cdot 3^{n+1} = 3^{n+n+1} = 3^{2n+1}$ d) $\frac{y^1}{y^{-3}} = y^{1-(-3)} = y^4$

e) $\frac{4^{3k}}{4^{2k}} = 4^{3k-2k} = 4^k$ f) $\frac{p^{-6}}{p^{-4}} = p^{-6-(-4)} = p^{-2} = \frac{1}{p^2}$

8

a) $\frac{x^7}{(2x)^7} = \left(\frac{x}{2x}\right)^7 = \left(\frac{1}{2}\right)^7 = \frac{1}{128}$

b) $4^{-2}\cdot 25^{-2} = (4\cdot 25)^{-2} = 100^{-2} = \frac{1}{100^2} = \frac{1}{10\,000}$

c) $\left(\frac{5}{3ab}\right)^3\cdot\left(\frac{3b^2}{10}\right)^3 = \left(\frac{5\cdot 3b^2}{3ab\cdot 10}\right)^3 = \left(\frac{b}{2a}\right)^3 = \frac{b^3}{8a^3}$

d) $12^3\cdot\left(\frac{1}{3}\right)^3 = \left(\frac{12}{3}\right)^3 = 4^3 = 64$

e) $(4xy)^8\cdot(0{,}25)^8 = \left(4xy\cdot\frac{1}{4}\right)^8 = (xy)^8 = x^8y^8$

f) $\frac{0{,}5^{-5}}{\left(\frac{1}{4}\right)^{-5}} = \left(\frac{1}{2} : \frac{1}{4}\right)^{-5} = \left(\frac{1}{2}\cdot 4\right)^{-5} = 2^{-5} = \frac{1}{2^5} = \frac{1}{32}$

9

a) $(10^6)^{\frac{1}{2}} = 10^{6\cdot\frac{1}{2}} = 10^3 = 1000$ b) $(5^{-1})^3 = 5^{-1\cdot 3} = 5^{-3} = \frac{1}{5^3} = \frac{1}{125}$

c) $(5^2)^{\frac{1}{4}} = 5^{2\cdot\frac{1}{4}} = 5^{\frac{1}{2}} = \sqrt{5}$ d) $((-3)^2)^2 = (-3)^{2\cdot 2} = (-3)^4 = 81$

10

a) $\frac{a^{-7}b^4c^{-5}}{a^{-3}b^2c^{-5}} = \frac{a^3b^4c^5}{a^7b^2c^5} = \frac{b^2}{a^4}$

b) $\frac{(3a^2)^{-4}}{(2y^5)^{-3}} : \frac{(2a^{-5})^2}{(3y)^6} = \frac{3^{-4}a^{-8}}{2^{-3}y^{-15}} : \frac{2^2a^{-10}}{3^6y^6} = \frac{2^3y^{15}}{3^4a^8}\cdot\frac{3^6y^6}{2^2a^{-10}} = \frac{2\cdot 3^2y^{21}}{a^{-2}} = 18a^2y^{21}$

c) $\left(-3p^{-4}z^{\frac{1}{2}}\right)^3 = (-3)^3p^{-12}z^{\frac{3}{2}} = \frac{-27\cdot\sqrt{z^3}}{p^{12}}$

11

a) $x_1 = \sqrt{10}$; $x_2 = -\sqrt{10}$ b) $x = \sqrt[3]{64} = 4$

c) keine Lösung d) $x = -\sqrt[3]{64} = -4$

e) $x^2 + 1 = 37 \quad |-1$

$\Leftrightarrow \quad x^2 = 36$

$x_1 = 6$ und $x_2 = -6$

f) $x^3 + 2 = 10 \quad |-2$

$\Leftrightarrow \quad x^3 = 8 \quad |\sqrt[3]{\ }$

$\Leftrightarrow \quad x = 2$

g) $x^4 - 16 = 0 \quad |+16$

$\Leftrightarrow \quad x^4 = 16$

$x_1 = 2$ und $x_2 = -2$

h) $x^2 + 4 = 0$

$\Leftrightarrow \quad x^2 = -4$

keine Lösung

i) $(x+1)^2 = 16$
$x+1 = 4$ oder $x+1 = -4$
$x_1 = 3$ und $x_2 = -5$

Seite 159

1

a) $15{,}5x - 14$ b) $-a^2 + 16a - 23$
c) $3x - 13$ d) $-18{,}5y + 8$

2

a) $-35x^2 - 56x$ b) $\frac{1}{3}k^2 - k$
c) $21y^2 - 7{,}7y$ d) $36x - 4{,}5$

3

a) $\sqrt{5}x \cdot (y^4 + \sqrt{5}x^2)$ b) $2k \cdot (13k - 2m + 15k^2)$
c) $3b \cdot (14ac + 2c^2 - 1)$ d) $-2x \cdot (4x^2 + 1 - 5x^4)$

4

a) $\frac{3a \cdot (a^3 - 2b)}{3a \cdot (3 + 4a)} = \frac{a^3 - 2b}{3 + 4a}$ b) $\frac{9x \cdot (16x^2 - 3)}{6 \cdot (-2x + 3)} = \frac{3x \cdot (16x^2 - 3)}{2 \cdot (-2x + 3)}$
c) $\frac{xz \cdot (y + 4x)}{xz \cdot (16x - 1)} = \frac{y + 4x}{16x - 1}$

5

a) $6x^2 + 30x - 8xy - 40y$ b) $\frac{1}{5}p^2 + 12pq + 160q^2$
c) $z^5 - 2{,}5z^4 - 3z^2 + 7{,}5z$ d) $20k^2 + 2k - 42$

6

a) $25a^2 - 4b^2$ b) $x^2 - 2x\sqrt{y} + y$
c) $121 + 22b + b^2$ d) $a^6 - 36b^2$

7

a) $(6a - 5)^2$ b) $(9 + 2p) \cdot (9 - 2p)$
c) $(u^2 - v) \cdot (u^2 + v)$ d) $\left(\frac{7}{8}z + 1\right)^2$

Seite 160

8

a) $x = -2$ b) $x = 7$ c) $x = -2$ d) $x = 4$

9

a) $3x + 24 = -9x - 96$
$x = -10$
b) $35x - 70 = 9x - 18$
$x = 2$
c) $-4x - 24 = -3x + 21$
$x = -45$

10

a) $x^2 + 16x + 64 = x^2 - 5x + 1$
$x = -3$
b) $20x^2 + 26x - 8 = 20x^2 - 94x - 88$
$x = -\frac{2}{3}$
c) $16x^2 + 40x + 25 = 16x^2 + 2x - 13$
$x = -1$

11

a) $L = \{-2; 4\}$ b) $L = \{-2; 3\}$ c) $L = \left\{-2; \frac{1}{2}\right\}$ d) $L = \{-5; 0{,}2\}$
e) $L = \{-4; 2\}$ f) $L = \{-10; 4\}$ g) $L = \left\{-1; \frac{1}{3}\right\}$ i) $L = \{-3; 1{,}4\}$

12

a) Ja, die Gleichung hat eine Lösung.
$x^2 + 6x + 9 = 0$
$x_{1/2} = -\frac{6}{2} \pm \sqrt{\left(\frac{6}{2}\right)^2 - 9}$
$= -3 \pm \sqrt{0}$
$x = -3$

b) Ja, die Gleichung hat keine Lösung.
$x^2 - 10x + 27 = 0$
$x_{1/2} = -\frac{-10}{2} \pm \sqrt{\left(\frac{-10}{2}\right)^2 - 27}$
$= 5 \pm \sqrt{-2}$
$L = \{\ \}$

c) Nein, die Gleichung hat zwei Lösungen.
$x^2 - \frac{3}{2}x - 1 = 0$
$x_{1/2} = -\frac{-\frac{3}{2}}{2} \pm \sqrt{\left(-\frac{3}{4}\right)^2 + 1}$
$= \frac{3}{4} \pm \sqrt{\frac{25}{16}}$
$x_1 = \frac{3}{4} + \frac{5}{4} = \frac{8}{4} = 2$
$x_2 = \frac{3}{4} - \frac{5}{4} = -\frac{2}{4} = -\frac{1}{2}$

d) Ja, die Gleichung hat keine Lösung.
$x^2 + 2x + 8 = 0$
$x_{1/2} = -\frac{2}{2} \pm \sqrt{\left(\frac{2}{2}\right)^2 - 8}$
$= -1 \pm \sqrt{-7}$
$L = \{\ \}$

13

a) $L = \{-4; 14\}$ b) $L = \{-1; 0\}$ c) $L = \{\ \}$ d) $L = \left\{-1; \frac{9}{2}\right\}$

14

a) $x \cdot (x + 27) = 0$
$x_1 = 0;\ x_2 = -27$
b) $4x \cdot (x - 3) = 0$
$x_1 = 0;\ x_2 = 3$
c) $x \cdot (x^2 - 36) = 0$
$x \cdot (x - 6) \cdot (x + 6) = 0$
$x_1 = 0;\ x_2 = 6;\ x_3 = -6$
d) $x \cdot (x^2 - 11x + 28) = 0$
$x_1 = 0;\ x_2 = 7;\ x_3 = 4$
e) $x^3 - 5x^2 = 0$
$x^2 \cdot (x - 5) = 0$
$x_1 = 0;\ x_2 = 0;\ x_3 = 5$
f) $5x^3 + 8x^2 - 4x = 0$
$x \cdot (5x^2 + 8x - 4) = 0$
$x \cdot 5 \cdot \left(x^2 + \frac{8}{5}x - \frac{4}{5}\right) = 0$
$x_1 = 0;\ x_2 = \frac{2}{5};\ x_3 = -2$

15

Man erhält die Lösungen durch Probieren mit ganzen Zahlen, bei h) mit einem einfachen Bruch.

a) $x = 6$ b) $x = 3$
c) $x = 5$ und $x = -5$ d) $x = 7$
e) $x = 5$ f) $x = 2$
g) $x = 3$ h) $x = \frac{1}{2}$

16

a) $x = \frac{\log_{10}(6)}{\log_{10}(2)}$ b) $x = \frac{\log_{10}(0{,}1)}{\log_{10}(2)} = -\frac{1}{\log_{10}(2)}$
c) $x = \frac{\log_{10}(2)}{\log_{10}(6)}$ d) $x = \frac{\log_{10}(2)}{\log_{10}(10^2)} = \frac{\log_{10}(2)}{2}$

Seite 161

1

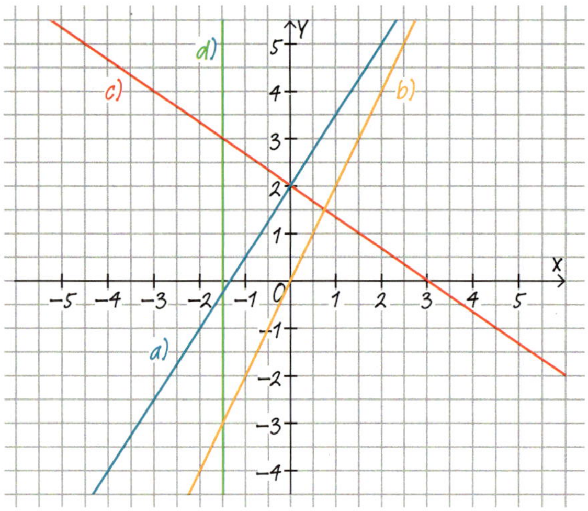

2

a) z.B. $-x + 2y = -4$

b) z.B. $x + y = 2$

3

a) $0x + 1y = -2$ bzw. $y = -2$

b) $1x + 0y = 3$ bzw. $x = 3$

4

Das LGS hat

a) keine Lösung, weil die zugehörigen Geraden zueinander parallel sind,

b) genau eine Lösung, weil die zugehörigen Geraden nicht zueinander parallel sind,

c) unendlich viele Lösungen, weil die zugehörigen zueinander Geraden identisch sind,

d) keine Lösung, weil die zugehörigen zueinander Geraden parallel sind.

5

Ein LGS mit zwei Gleichungen und zwei Variablen kann nicht genau zwei Lösungen haben, weil sonst die zugehörigen Geraden zwei Schnittpunkte haben müssten.

6

a) $-1{,}5x - 4 = \frac{3}{4}x - 4$

$-\frac{9}{4}x = 0$

$x = 0;\ y = -4$

Die Geraden schneiden sich im Punkt $P(0\,|\,-4)$.

b) Die Geraden sind identisch, wie man durch Umformen der Geradengleichungen sieht. Alle Punkte auf dieser Geraden sind Schnittpunkte.

c) $-5x + 8 = 0{,}5x - 2$

$-5{,}5x = -10$

$x = \frac{20}{11};\ y = -\frac{12}{11}$

Die Geraden schneiden sich im Punkt $P\left(\frac{20}{11}\,\middle|\,-\frac{12}{11}\right)$.

d) $-\frac{2}{8}x + 1 = -0{,}25x + \frac{3}{4}$

$1 = \frac{3}{4}$

Die Geraden sind parallel.

Seite 162

7

a) $5x + 12 = 2x - 3$

$3x = -15$

$x = -5;\ y = -13$

b) $-6x + 11 = 10x + 3$

$-16x = -8$

$x = \frac{1}{2};\ y = 4$

c) $6y - 4 = -12y + 8$

$18y = 12$

$y = \frac{2}{3};\ x = 0$

d) $\frac{1}{6}x - \frac{1}{2} = -\frac{2}{5}x + \frac{41}{20}$

$\frac{17}{30}x = \frac{51}{20}$

$x = \frac{9}{2};\ y = \frac{1}{4}$

8

a) $x = \frac{3}{2};\ y = -\frac{1}{2}$

b) $x = 1;\ y = 1$

c) $x = 1;\ y = -1$

d) $x = \frac{5}{7};\ y = \frac{9}{14}$

9

a) $5x + 4 \cdot \left(\frac{1}{2}x - 3\right) = 58$

$7x = 70$

$x = 10;\ y = 2$

b) $3x - (-2x + 11) = 9$

$5x = 20$

$x = 4;\ y = 3$

c) $2 \cdot (-7y + 6) + 10y = -24$

$-4y = -36$

$y = 9;\ x = -19$

d) $20x + 3 \cdot (-8x - 11) = -45$

$-4x = -12$

$x = 3;\ y = -7$

10

a) $x = \frac{3}{2};\ y = -\frac{1}{2}$

b) $x = 1;\ y = 1$

c) $x = 5;\ y = -5$

d) $x = 2;\ y = 4$

11

a) $x = -2;\ y = 1$

b) $x = -1;\ y = \frac{1}{2}$

c) $x = 2;\ y = -15$

d) $x = -6{,}8;\ y = 5{,}2$

Seite 163

1

a) $A = \frac{1}{2} \cdot 6 \cdot 3 = 9$

b) $A = \frac{1}{2} \cdot 5 \cdot 3 = \frac{15}{2} = 7{,}5$

2

a) Durch Ablesen erhält man $a = 6 - 1 = 5$ und $h_a = 4 - 1 = 3$.

$A = 5 \cdot 3 = 15$

b) Durch Ablesen erhält man $a = 4 - 0 = 4$, $c = 3 - 2 = 1$ und $h_a = 6 - 1 = 5$.

$A = \frac{4 + 1}{2} \cdot 5 = 12{,}5$

3

a) Grundfläche des Prismas: $G = \frac{1}{2} \cdot 4 \cdot 3 = 6$.

Volumen des Prismas: $V = 6 \cdot 6 = 36$.

Das Volumen des Prismas beträgt $V = 36\,cm^3$.

b) Grundfläche des Zylinders: $G = \pi \cdot 3^2 = 9\pi$.

Volumen des Zylinders: $V = 9\pi \cdot 5 = 45\pi$.

Das Volumen des Zylinders beträgt $V = 45\pi\,cm^3 \approx 141{,}37\,cm^3$.

4

Volumen des Kegels: $V_K = \frac{1}{3} \cdot 2^2\pi \cdot 8 = \frac{32}{3} \cdot \pi \approx 33{,}5$.

Volumen der Pyramide: $V_P = \frac{1}{3} \cdot 3 \cdot 4 \cdot 8 = 32$.

Der Kegel hat das größere Volumen.

5

a) Durch Ablesen erhält man $a = 4 - 1 = 3$ und $b = 10 - 1 = 9$.
Satz des Pythagoras: $e^2 = a^2 + b^2$.
$e^2 = 3^2 + 9^2 \Leftrightarrow e^2 = 90$
$e = \sqrt{90} = \sqrt{9 \cdot 10} = 3\sqrt{10} \approx 9{,}49$

b) Durch Ablesen erhält man $a = 5 - (-1) = 6$. Die zugehörige Höhe ist $h_a = 4 - 1 = 3$.
Satz des Pythagoras: $b^2 = \left(\frac{a}{2}\right)^2 + h_a^2$.
$b^2 = 3^2 + 3^2 \Leftrightarrow b^2 = 18$
$b = \sqrt{18} = 3\sqrt{2} \approx 4{,}24$

Seite 164

6

a) $b = \sqrt{x^2 + h^2} = 5\,\text{cm}$

b) $x = \sqrt{b^2 - h^2} = 5\,\text{cm}$

c) $x = 0{,}5 \cdot \overline{AB} = 6\,\text{cm}$; $h = \sqrt{b^2 - x^2} = 8\,\text{cm}$

7

a) $\beta = \arcsin\left(\frac{2{,}5}{5{,}3}\right) \approx 28{,}1°$

$\alpha = \arccos\left(\frac{2{,}5}{5{,}3}\right) \approx 61{,}9°$ oder $\alpha = 180° - 90° - 28{,}1°$

$a = 5{,}3\,\text{cm} \cdot \cos(\beta) \approx 4{,}7\,\text{cm}$

b) $\alpha = 180° - (90° + 63°) = 27°$

$c = \frac{3{,}9\,\text{cm}}{\cos(63°)} \approx 8{,}6\,\text{cm}$

$b = 3{,}9\,\text{cm} \cdot \tan(63°) \approx 7{,}7\,\text{cm}$

c) Das Dreieck ist gleichschenklig, also $\gamma_1 = \gamma_2 = 27°$;
$a = b = 7\,\text{cm}$
$\alpha = \beta = 180° - (90° + 27°) = 63°$
$c = 2 \cdot 7\,\text{cm} \cdot \sin(27°) \approx 6{,}4\,\text{cm}$

8

$\sin(21{,}8°) = \frac{b}{5{,}4} \Leftrightarrow b = 5{,}4 \cdot \sin(21{,}8°) \approx 2{,}01$

$\cos(21{,}8°) = \frac{c}{5{,}4} \Leftrightarrow c = 5{,}4 \cdot \cos(21{,}8°) \approx 5{,}01$

Umfang des Rechtecks: $U \approx 2 \cdot (2 + 5) = 20$.
Der Umfang des Rechtecks beträgt etwa 20 cm.

9

Länge der Flächendiagonale $\overline{AC}$:
$\overline{AC}^2 = \overline{AB}^2 + \overline{BC}^2$
$\overline{AC}^2 = 4^2 + 3^2 = 25$
$\overline{AC} = 5\,\text{cm}$
Winkelweite α: $\tan(\alpha) = \frac{3}{5}$
$\alpha \approx 31{,}0°$

10

	a)	b)	c)	d)	e)
a	6 cm	16,4 cm	5 cm	11 cm	6 cm
b	8 cm	10 cm	7,9 cm	19,9 cm	8 cm
c	10,4 cm	16,8 cm	9 cm	25,1 cm	5 cm
α	35°	70°	33,6°	25°	48,5°
β	50°	35°	61,4°	50°	92,9°
γ	95°	75°	85°	105°	38,6°

a) $\alpha = \arcsin\left(\frac{6}{8} \cdot \sin(50°)\right) \approx 35°$

$\gamma = 180° - (50° + 35°) \approx 95°$

$c = \sqrt{(6\,\text{cm})^2 + (8\,\text{cm})^2 - 2 \cdot 6\,\text{cm} \cdot 8\,\text{cm} \cdot \cos(\gamma)} \approx 10{,}4\,\text{cm}$

b) $\gamma = 180° - (70° + 35°) = 75°$

$a = 10\,\text{cm} \cdot \frac{\sin(70°)}{\sin(35°)} \approx 16{,}4\,\text{cm}$

$c = 10\,\text{cm} \cdot \frac{\sin(75°)}{\sin(35°)} \approx 16{,}8\,\text{cm}$

c) $\alpha = \arcsin\left(\frac{5}{9} \cdot \sin(85°)\right) \approx 33{,}6°$

$\beta = 180° - (85° + 34°) \approx 48{,}5°$

$b = 9\,\text{cm} \cdot \frac{\sin(\beta)}{\sin(85°)} \approx 7{,}9\,\text{cm}$

d) $c = 11\,\text{cm} \cdot \frac{\sin(105°)}{\sin(25°)} \approx 25{,}1\,\text{cm}$

$\beta = 180° - (105° + 25°) = 50°$

$b = 11\,\text{cm} \cdot \frac{\sin(50°)}{\sin(25°)} \approx 19{,}9\,\text{cm}$

e) $\gamma = \arccos\left(\frac{(5\,\text{cm})^2 - (6\,\text{cm})^2 - (8\,\text{cm})^2}{-2 \cdot 6\,\text{cm} \cdot 8\,\text{cm}}\right) \approx 38{,}6°$

$\beta = \arccos\left(\frac{(8\,\text{cm})^2 - (6\,\text{cm})^2 - (5\,\text{cm})^2}{-2 \cdot 6\,\text{cm} \cdot 5\,\text{cm}}\right) \approx 92{,}9°$

$\alpha = 180° - (39° + 93°) \approx 48{,}5°$

Check-in

Seite 166

1

a) $\frac{4}{5} = 0{,}8 = 80\,\%$, $\frac{7}{20} = 0{,}35 = 35\,\%$, $\frac{1}{6} \approx 0{,}17$ bzw. 16,67 %.

b) $0{,}4 = \frac{2}{5} = 40\,\%$; $0{,}75 = \frac{3}{4} = 75\,\%$; $0{,}\overline{3} = \frac{1}{3} \approx 33{,}33\,\%$.

c) $19\,\% = 0{,}19 = \frac{19}{100}$; $60\,\% = 0{,}6 = \frac{3}{5}$; $20{,}5\,\% = 0{,}205 = \frac{205}{1000}$.

2

Augenzahl	1	2	3	4	5	6
Anzahl	4	2	3	2	2	5

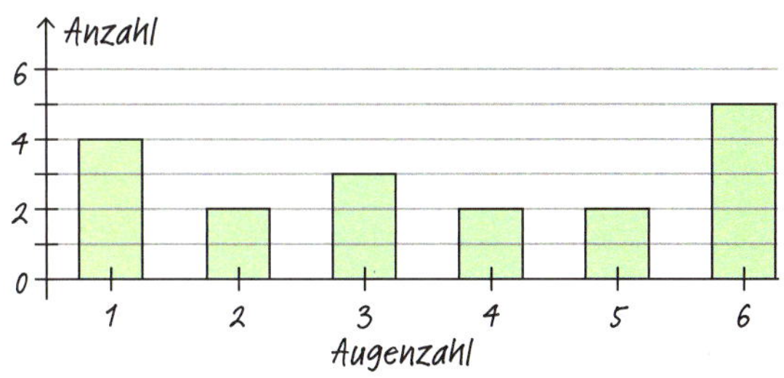

3

a) Die absolute Häufigkeit der Längen im Bereich von 198 mm bis 202 mm beträgt 17.

b) $\frac{8}{25} = 32\,\%$ der Ergebnisse weichen um mindestens 3 mm von der Soll-Länge 200 mm ab.

4

a) Spannweite ist die Differenz des größten und kleinsten Wertes, hier also $84 - 43 = 41$ (kg).

b) Modalwert ist 72 (kg).

c) Mittelwert (arithmetisches Mittel) ist 66,45 kg. Seine Bedeutung: Er fasst die Daten durch eine Zahl zusammen, die eine Vorstellung von der durchschnittlichen Größe der Daten insgesamt ergibt. Wenn alle Personen 66,45 kg schwer wären, so würde sich dafür dasselbe Gesamtgewicht wie bei den gegebenen Daten ergeben.

5

a) $\sqrt{81} = 9$, $\sqrt{\frac{25}{64}} = \frac{5}{8}$, $\sqrt{0{,}49} = 0{,}7$, $\sqrt{0{,}3^2 + 0{,}4^2} = 0{,}5$

b) $\sqrt{2} \approx 1{,}4$, $\sqrt{\frac{2}{9}} = \frac{\sqrt{2}}{3} \approx 0{,}5$, $\sqrt{0{,}5} \approx 0{,}7$, $\sqrt{50} \approx 7$

c) $2 \le \sqrt{5} \le 3$, $3 \le \sqrt{10} \le 4$, $4 \le \sqrt{20} \le 5$, $9 \le \sqrt{90{,}5} \le 10$

Seite 167

1

	Term	1	2	−4	$\sqrt{6}$
a)	$4x + 3$	7	11	−13	$4\sqrt{6} + 3$
b)	$0{,}5x^2 - 2$	−1,5	0	6	1
c)	$(2 - x)^2 + 2$	3	2	38	$12 - 4\sqrt{6}$
d)	$2\sqrt{6}x - 4$	$2\sqrt{6} - 4$	$4\sqrt{6} - 4$	$-8\sqrt{6} - 4$	8

2

a) $f(x) = (x - 2)^2 + 3$

b) $f(x) = 3(x + 1)^2 - 4$

3

a) A b) B c) C d) D

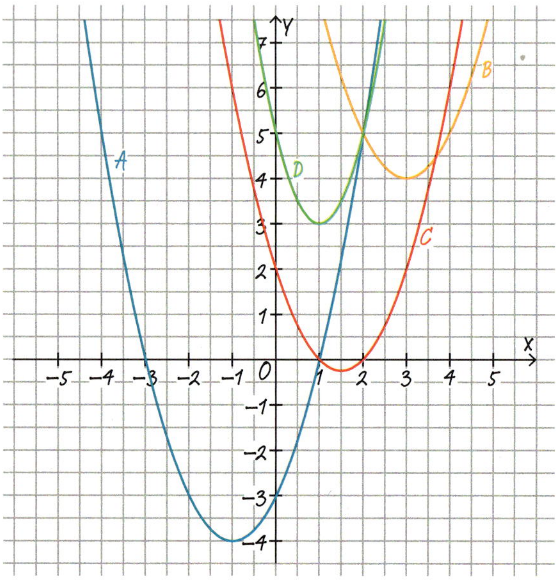

4

a) A b) B c) C

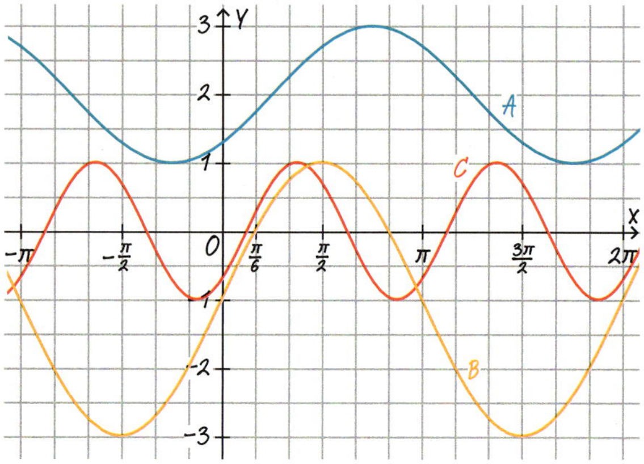

5

Der blaue Graph A gehört zur Funktion $f(x) = 2^x$, da er durch den Punkt (0|1) verläuft. Der Graph der Funktion $g(x) = 0{,}5 \cdot 2^x$ verläuft durch den Punkt (0|0,5), also gehört der gelbe Graph C zur Funktion g. Der Graph von $h(x) = 2^x - 1$ ist gegenüber dem Graphen von f um eine Einheit nach unten verschoben. Es ist also der grüne Graph B.

Seite 168

1

a) Es handelt sich um einen Funktionsgraphen.

b) Kein Funktionsgraph, da dem Wert $x = 0{,}5$ unendlich viele y-Werte zugeordnet sind.

2

a) $f(-3) = 21 + 2$

b) $f(4) = 43$

3

a)

x	−4	−3	−2	−1	0
f(x)	6	5	4	3	2

x	1	2	3	4
f(x)	1	0	−1	−2

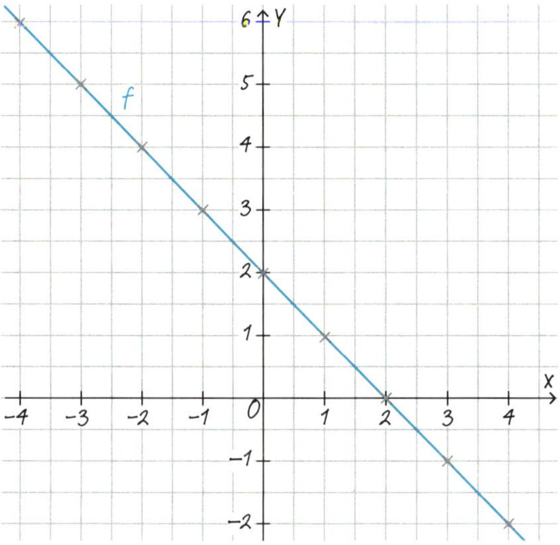

b)

x	−3	−2	−1	$-\frac{1}{2}$	$\frac{1}{2}$	1	2	3
f(x)	$\frac{1}{9}$	$\frac{1}{4}$	1	4	4	1	$\frac{1}{4}$	$\frac{1}{9}$

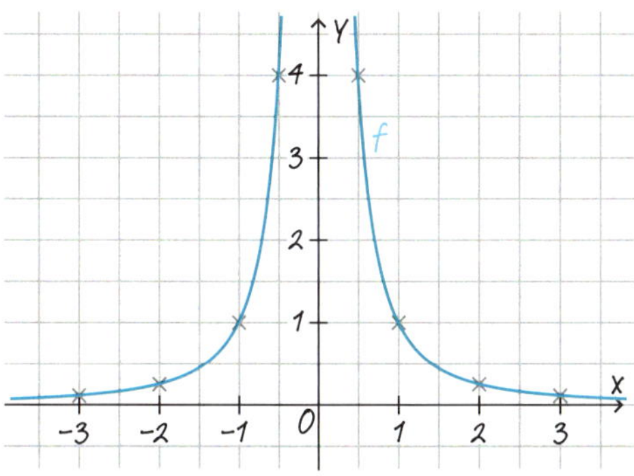

4

a) $f(x) = x^2 + 2$

b) $f(x) = (x + 3)^2 - 4 = x^2 + 6x + 5$

5

a) Der Graph ist achsensymmetrisch zur y-Achse.

b) Der Graph ist punktsymmetrisch zum Ursprung.

Seite 169

1

a) Steigung $\frac{1}{2}$ b) Steigung -2 c) Steigung $\frac{7}{3}$

2

a) $f(1) = 1{,}5$ b) $f(0{,}5) = 1$

c) $f(-0{,}5) - f(-2{,}5) = -1 - 3 = -4$

d) Nullstellen: −2; 0 und 2.

3

a) $(a + b)^2 = a^2 + 2ab + b^2$ b) $(x + h)^2 = x^2 + 2xh + h^2$

c) $(c - 7)^2 = c^2 - 14c + 49$ d) $(a + b) \cdot (a - b) = a^2 - b^2$

e) $x^2 - 7^2 = (x + 7) \cdot (x - 7)$ f) $x^2 - a^2 = (x - a) \cdot (x + a)$

4

A: Falsch. Die Ballonfahrt dauert nur 90 min (an der Zeitachse ablesen).

B: Wahr. Ab $t = 50$ nehmen die Funktionswerte von h ab.

C: Wahr. Auf dem Intervall [30; 35] ist die Funktion h konstant.

Seite 170

1

a) $x_1 = 3$ und $x_2 = -1$ b) $x_1 = 0$ und $x_2 = 4$

c) $x_1 = 3$ und $x_2 = 1$ d) $x_1 = 1$ und $x_2 = -3$

e) $x_1 = 0$ und $x_2 = 2$ f) $x_1 = -\sqrt{5}$ und $x_2 = \sqrt{5}$

2

a) Für $x \to +\infty$ gilt $f(x) \to +\infty$ und für $x \to -\infty$ gilt $f(x) \to +\infty$.

b) Für $x \to +\infty$ gilt $f(x) \to -\infty$ und für $x \to -\infty$ gilt $f(x) \to +\infty$.

c) Für $x \to +\infty$ gilt $f(x) \to -\infty$ und für $x \to -\infty$ gilt $f(x) \to -\infty$.

3

a) $f'(x) = 12x^2 - 10x$ b) $f'(x) = -75x^4 + 12x^3 - 60x^2$

c) $f'(x) = 4\sqrt{5}\,x^3 - \pi$ d) $f'(x) = 2tx - 2$

e) $f'(x) = -\frac{1}{x^2}$ f) $f'(x) = -\frac{2}{x^3}$

4

a) $f'(x) = 3x^2$; $f'(2) = 12$ b) $f'(x) = -4x + 4$; $f'(-1) = 8$

c) $f'(x) = x^2 - 4$; $f'(0) = -4$

5

Graphen der Ableitungsfunktion f':

a)

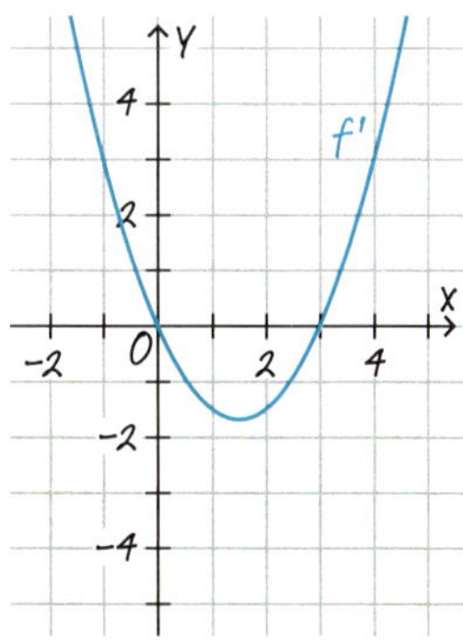

b)

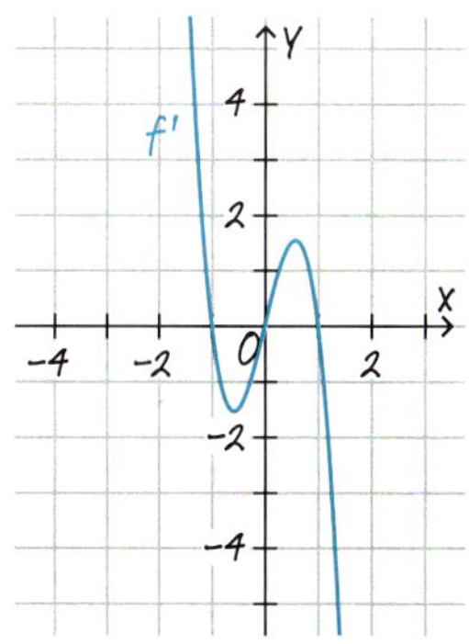

c)

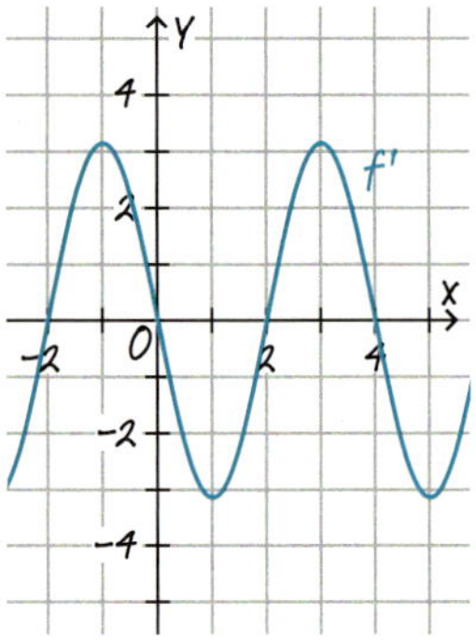

d)

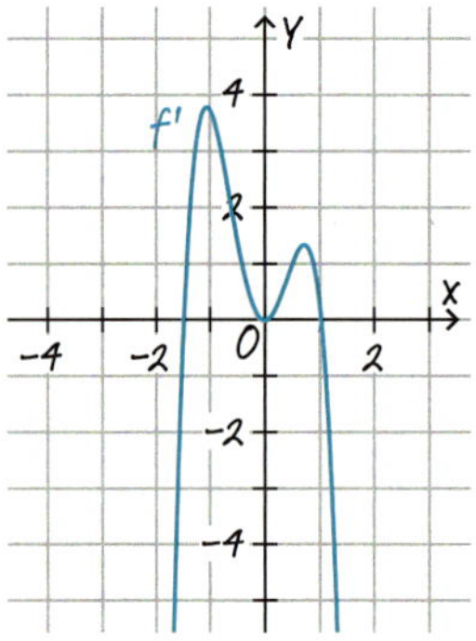

A

Ableiten **95**
Ableitung an einer Stelle **91**
Ableitung, dritte 132
Ableitung, höhere 127
Ableitung, zweite 127
Ableitungsfunktion **95**
Achsenschnittpunkte 135
Achsensymmetrie 37, **66**, 135
Änderungsrate, mittlere **36**
Änderungsrate, lokale **91**
Änderungsrate, momentane 91
Antenne **22**
arithmetisches Mittel **10**
Asymptote **41**

B

Berührpunkt 104
binomische Formeln 159
Boxplot **22**

D

Definitionsmenge **32**, 156
Dichte **18**
Differenzenquotient **86**, 140
Differenzfunktion **60**
Differenzialrechnung 110
Differenzierbarkeit **91, 150**
Differenzieren 95
Dreieck 163
Durchschnitt 10

E

Einsetzungsverfahren 162
Euler, Leonhard 111
Exponentialgleichung 160
Extrempunkt **124**
Extremstelle **124**, 125, 135
Extremum **124**
Extremwert **124**
Extremwertproblem **144**

F

Faktorregel **101**
Flächeninhalt 163
Funktion **32**, 33, 156
Funktion, ganzrationale **63**
Funktion, gerade **37**
Funktion, kubische 51
Funktion, lineare 156
Funktion, ungerade **37**
Funktionsbestimmung 76
Funktionsgleichung **32**, 156
Funktionsname **32**
Funktionsterm **32**
Funktionsvorschrift **32**
Funktionswert **32**, 33, 140

G

ganzrationale Funktion **63**
gerade Funktion **37**
Gerade 156
Gleichsetzungsverfahren 162
Gleichung, lineare 160
Gleichungssystem 76
Gleichungssystem, lineares 161
Grad einer ganzrationalen Funktion **63**
Graph einer Funktion **33**, 156
Grenzwert **91**
Grundgesamtheit **6**

H

Häufigkeitsdichte **18**
hinreichende Bedingung **127**, 128
Histogramm **18**
Hochpunkt **124**, 135
Hyperbel n-ter Ordnung **40**

K

Kegel 163
Klammerterme 159
Klasse 18
Klassenbreite 18
Koeffizient **63**
Kosinus 164
Kosinusfunktion 107
Kosinussatz 164
Krümmungsverhalten **131**
kubische Funktion 51

L

Lagemaß 10
Leibniz, Gottfried Wilhelm 110
LGS 161, 162
Limes **91**
lineare Funktion 156
lineare Gleichung 160
lineares Gleichungssystem 161, 162
Linearfaktor **73**
linksgekrümmt 131
lokale Änderungsrate **91**

M

Maximum **124**, 125, 135, 140
Median **10**
Merkmal 6
Merkmalsausprägungen 6
Merkmalsträger 6
Minimum **124**, 125, 135
Mittelwert 10
mittlere Änderungsrate **86**
Modalwert **10**
momentane Änderungsrate **91**
Monotonie 120
Monotonieintervall 121, 140
Monotoniesatz **120**

N

Nebenbedingung 144
Newton, Isaac 109
Normale **105**
notwendige Bedingung **127**
Nullprodukt 69
Nullstelle 69, 73, 135, 140

P

Parabel n-ter Ordnung **36**
Parallelogramm 163
Parameter **47**
Polynom **63**
Polynomdivision **79**
Polynomfunktion **63**
Potenz 158
Potenzfunktion n-ten Grades **36**
Potenzgesetze 158
Potenzgleichung 158

fett = Begriffserklärung

Potenzregel **100**
pq-Formel 69, 157, 160
Prisma 163
Punktprobe 104
Punktsymmetrie 37, **66**, 135
Pyramide 163

Q

quadratische Funktion 157
Quartil **22**
Quartilsabstand **22**

R

Randextremum **125**
Randstelle **125**, 140
Rauminhalt 163
rechtsgekrümmt 131
repräsentative Stichprobe 6

S

Sachproblem 140
Sattelpunkt **127**, 135
Satz des Pythagoras 164
Sekante **86**
Sinus 164
Sinusfunktion 107
Sinussatz 164
Spannweite **14**
Spiegelung 47, 51
Standardabweichung **14**
statistische Erhebung 6
Stauchung 47
Steigungsdreieck 156
Stetigkeit **149**
Stichprobe **6**
Stichprobenumfang **6**
Streckfaktor 47
Streckung 47
Summenfunktion **60**
Summenregel **101**
Symmetrie 66

T

Tangens 164
Tangente **91**, 104
Termumformung 159
Tiefpunkt **124**, 135
Trapez 163

U

Überlagerung **60**
Umkehrfunktion **51**
ungerade Funktion **37**
Urliste **6**

V

Varianz **14**
Verhalten für $x \to \pm\infty$ 63, 135
Verschiebung 47
Volumen 163
Vorzeichenwechsel 125
Vorzeichenwechsel-Kriterium **125, 132**

W

Weierstraß, Karl 111
Wendepunkt **131**, 135
Wendestelle 135
Wendetangente 132
Wertemenge **32**, 156
Wertetabelle 156
Wurzelfunktion **44**, 51

Z

Zielfunktion 144
Zuordnung 32
zweite Ableitung 127
Zylinder 163

fett = Begriffserklärung

Bildquellen

1.1 Getty Images (Moment/John Hemmingsen), München; **1.2** shutterstock (Alekcey), New York, NY; **2.1** Getty Images (sonjalazukic), München; **2.2** akg-images (André Held), Berlin; **2.3** Getty Images (The Image Bank/Grant Faint), München; **3.1** laif (Xinhua/Polaris), Köln; **3.2** Alamy stock photo (Glasshouse Images), Abingdon, Oxon; **4.1** Getty Images (Leander Bärenz), München; **4.2** Getty Images (Fuse), München; **5.1** Getty Images (sonjalazukic), München; **6.1** shutterstock (Soloviova Liudmyla), New York, NY; **10.1** shutterstock (Look Studio), New York, NY; **12.1** PIXTAL, New York NY; **14.1** iStockphoto (no_limit_pictures), Calgary, Alberta; **20.1** Thinkstock (Comstock), München; **22.1** Klett-Archiv (Simianer und Blühdorn), Stuttgart; **23.1** Thinkstock (Creatas), München; **24.1** iStockphoto (technotr), Calgary, Alberta; **26.1** shutterstock (Doug James), New York, NY; **31.1** akg-images (André Held), Berlin; **32.1** shutterstock (Monkey Business Images), New York, NY; **54.1** Fotolia.com (Birgitt.Bautze), New York; **54.2** iStockphoto (Jeff McDonald), Calgary, Alberta; **58.1** Fotolia.com (maxwell292001), New York; **59.1** Getty Images (The Image Bank/Grant Faint), München; **62.1** iStockphoto (Nancy Nehring), Calgary, Alberta; **78.1** Fotolia.com (lavizzara), New York; **81.2** Picture-Alliance (ZB/euroluftbild.de/Gerhard Launer), Frankfurt; **84.1** Picture-Alliance (Augenklick/Roth), Frankfurt; **85.1** f1 online digitale Bildagentur (Score. by Aflo), Frankfurt; **85.2** laif (Xinhua/Polaris), Köln; **89.4** shutterstock (Jag_cz), New York, NY; **90.1** iStockphoto (Jelena83), Calgary, Alberta; **90.1** Thinkstock (Henryk Sadura), München; **94.1** Thinkstock (Photodisc/Digital Vision), München; **102.1** Fotolia.com (Mike Brown), New York; **104.1** Picture-Alliance (dpa/ Oliver Weiken), Frankfurt; **109.1** PIXTAL, New York NY; **109.2** Interfoto (Science & Society), München; **110.1** Getty Images (Bettmann), München; **111.1** akg-images, Berlin; **111.2** akg-images, Berlin; **113.1** Fotolia.com (Christian Jung), New York; **118.1** Corbis (Onne van der Wal), Berlin; **119.1** Alamy stock photo (Glasshouse Images), Abingdon, Oxon; **131.1** PantherMedia GmbH (Kiefer), München; **141.1** shutterstock (RZ Design), New York, NY; **141.2** Fotolia.com (PhotographyByMK), New York; **165.1** Getty Images (Photodisc/Jacqueline Veissid), München

Textquellen

4.1 aus: August Bebel, Die Frau und der Sozialismus, 1879; **10.1** Aus: FAZ vom 09.01.2017 © Frankfurter Allgemeine Zeitung GmbH; **12.1** Aus: „Die Bürgschaft" (1799) von Friedrich Schiller; **110.1** Gottfried Wilhelm Leibniz (1646 - 1716)

Sollte es in einem Einzelfall nicht gelungen sein, den korrekten Rechteinhaber ausfindig zu machen, so werden berechtigte Ansprüche selbstverständlich im Rahmen der üblichen Regelungen abgegolten.